L'HISTOIRE DES SCIENCES
TEXTES ET ÉTUDES

MACHINE ET COMMUNICATION

DU THÉÂTRE DES MACHINES
A
LA MÉCANIQUE INDUSTRIELLE

par

Jean-Pierre SÉRIS

PARIS
LIBRAIRIE PHILOSOPHIQUE J. VRIN
6, PLACE DE LA SORBONNE, V°

1987

Printed in France

ISBN 2-7116-0947-2

I N T R O D U C T I O N

Archimède ne demandait qu'un point fixe, et se disait capable de soulever le monde. Cette fanfaronnade syracusaine que les siècles n'ont cessé de répéter avec une admiration béate ne fut remise en question que par Lazare Carnot, quelques années avant la Révolution française. S'il se fût agi de soutenir la Terre, ce n'est pas Archimède, mais le point fixe, qui l'eût soutenue. Et s'il se fût agi de la soulever, d'un mouvement effectif, celui-ci n'aurait pu être qu'imperceptible, au bout d'autant de temps qu'on voudra, car Archimède aurait dû alors tirer de son propre fonds. Apologue plaisant, où se trouvent confrontées une pensée statique des machines simples, et l'exigence nouvelle de penser la machine comme communication de travail. Deux grilles de lecture, deux cadres généraux pour la compréhension des phénomènes mécaniques, autorisant deux programmes. On ne s'étonnera guère que, dans le premier, les audaces ne soient qu'à l'état de promesse, mais on notera que le second, contemporain de l'apparition d'un machinisme industriel conquérant, donne à celui-ci les moyens de réaliser son ambition: il n'a pas besoin de soulever la Terre pour changer le monde.

Qu'elle soit mathématiquement appréhendée par les doctes comme dans les Méchaniques, ou qu'elle soit représentée dans les planches des grands recueils didactiques, la machine retient longtemps, autour de son efficace et de ses performances, de son automatisme et de sa complication, les paradoxes du génie et l'éclat du merveilleux. Partant de l'âge baroque, où cet éclat est le plus vif, dans le spectacle de la fête princière et de la guerre de siège, on a choisi de prendre pour terme, deux siècles plus tard, le moment où la machine, passée pour la première fois au premier rang des préoccupations technologiques, est définitivement enfermée dans le sérieux quotidien, dans l'économie méticuleuse de la production des richesses, et prise dans la positivité d'un savoir que se renvoient mutuellement les usines et les écoles: celui du travail, grâce auquel la science devient directement opératoire. La mécanique industrielle revendique désormais la responsabilité de la prospérité publique. Chassés du discours froid de l'analyse, fascination et mystère se retrouvent alors dans celui de la littérature (1). Il nous est apparu que l'année 1829 pouvait à bon droit marquer l'accomplissement de cette transformation. Les machines seront, ultérieurement, prises dans d'autres configurations du savoir. En nous arrêtant à celle qui s'impose à cette date, nous avons voulu donner à cette étude l'unité et la limitation propres à celle de la formation d'un concept.

Notre intention n'est ni une histoire des techniques (2), ni une histoire des idées. Pas plus qu'une chronologie des inventions mémorables, on ne trouvera ici un panorama diachronique des idées sur les machines, telles que l'esprit du temps aurait pu successivement les concevoir et les faire miroiter entre le règne de Louis XIII et les lendemains de l'Empire. Notre tâche est plus nettement circonscrite. C'est l'histoire non des machines, mais de la constitution d'un savoir sur celles-ci. Entre la machine et nous, dût-on le regretter, la bibliothèque. Mais quels livres, quels textes? Ecrits de savants et de philosophes, mémoires et articles de techniciens et d'ingénieurs, souvent mais pas toujours dans un rapport étroit à la science institutionnalisée des Académies et des revues savantes puis technologiques, manuscrits d'artisans, devis, contrats, textes de brevets, règlements, instructions, ordonnances, manuels d'enseignement, quand il en existe, ou traités didactiques à l'usage du grand public, Théâtres de machines ou Encyclopédies, comptes rendus des délibérations des Comités révolutionnaires, il aurait fallu tout lire. Nous avons le sentiment, d'avoir lu beaucoup, et fort peu. Lectures austères, mais que leur disparate préserve toujours, croyons-nous, d'être uniformément grises. Au fil de ces pages, en tout cas, nous avons cru déceler des événements qui ne figurent avec un tel relief dans aucune histoire des machines, et tenté de ressaisir, dans le jeu et la nécessité qui les commandent, quelques concepts qu'aucune histoire des idées n'aurait atteints et retenus.

D'abord, l'essoufflement, puis la disparition d'un genre: celui du Théâtre des machines, somme mécanique abondamment illustrée, mais quelquefois aussi bavarde, où la représentation de celles-ci en leurs plus astucieuses combinaisons semble avoir pour loi la contamination de l'imaginaire et le vertige de l'imbroglio. Entre les théorèmes des Méchaniques, où elles sont platement réduites aux cinq ou six figures canoniques, et assignées de surcroît à l'équilibre et au repos, et l'exhibition des cabinets de curiosités, où elles sont noyées dans un capharnaüm hétéroclite, les machines trouvent dans le Théâtre le registre proprement baroque de leur manifestation. Peu à peu, grâce aux injonctions de savants et de philosophes, mais aussi d'ingénieurs et d'entrepreneurs, puis brusquement, par la volonté du prince, la curiosité publique est amenée à porter sur les machines un autre regard, ce qu'on peut en dire prend une tout autre forme en s'émancipant de l'image. L'émerveillement cesse d'avoir pour objet le spectaculaire théâtral, mais surgit de la scène quotidienne d'abord négligée et méconnue, des machines au travail dans les manufactures et les grandes constructions pivées et publiques. On regarde la machine de Desargues, les pompes de la Samaritaine et du Pont Notre-Dame, la machine de Marly et le métier à bas. Il a falluque la machine apparaisse clairement comme le seul analogon convenable d'elle-même, à la rigueur sous la forme réduite mais opérante du modèle, qui pourra entrer dans un conservatoire, pour que le savoir d'un Pascal, d'un Huygens, d'un Leibniz, tous trois constructeurs et inventeurs, puisse avoir prise sur elle. Il a fallu qu'elle se montre ainsi pour qu'ait pu être saisi ce qu'on en démontre.

Une fois modifié le cadre général de l'appréhension des machines, la science des machines n'a pourtant pas marché d'un pas égal avec la mécanique rationnelle. Que le mécanisme cartésien n'ait pas aidé à circonscrire son objet, ou que les principes de la mécanique classique ne se soient pas prêtés directement à l'étude de la puissance qu'on peut tirer d'une machine à mouvement uniforme, toujours est-il que la constitution d'une science générale des machines n'a pas suivi l'événement, directement saisissable, de la mathématisation de l'horloge par Huygens (1673). Pour suivre cette constitution dans ses tâtonnements, il a donc fallu, au risque de paraître arbitraire, rapprocher des tentatives dispersées, rassembler les textes de savants, de techniciens, de professeurs ou d'administrateurs où s'affirme et se développe le projet d'une telle science, et retenir ceux qui en élaborent les instruments conceptuels. Contre le reproche toujours possible d'une sélection exagérément restrictive des problèmes examinés (mathématisation de la manoeuvre des vaisseaux, étude expérimentale et théorique des frottements et des engrenages, interprétation mécanique de la force qui meut les machines et de l'effet qu'elles produisent), précisons la contribution spécifique de chacune de ces questions à la problématique de la <u>communication</u>, figure décisive de toute science des machines.

La mathématisation de la manoeuvre des vaisseaux, outre qu'elle est intrinsèquement une belle séquence d'histoire des sciences, est emblématique de l'ambition matinale de toute théorie mécanique, mettant le savoir aux commandes d'une machine entre toutes conquérante. Le vaisseau, jouet des hasards, produit un peu mystérieux du génie et de la tradition, qui n'apparaît vers 1650 que comme une énigme, finit par devenir un siècle plus tard un paradigme singulier de la réussite mécanique et de la réussite théorique, une machine qui ne fait que ce qu'on lui fait faire, une machine où la commande est tout, l'idéal du contrôle parfait. C'est la toute-puissance par la manoeuvre, celle-ci étant réduite en théorèmes.

Le savoir mécanique le plus ancien était une théorie et une pratique de l'obstacle. Mais théorie et pratique s'y articulaient d'une curieuse façon: la théorie traitait de l'équilibre, et laissait à la pratique le soin de fixer le presque rien devant donner le branle à la machine. Mathématisation de première approximation: le presque rien de la chiquenaude est laissé dans l'indétermination de l'à-peu-près. La théorie de l'obstacle prend son parti de cet obstacle à la théorie, car, ainsi interprété, il ôte aux faits le dangereux pouvoir de démentir ses prévisions. Les frottements font partie de cet à-peu-près dont les Méchaniques n'ont rien à dire. Or, dans le dernier tiers du XVIIe siècle tout indique une attention soudain portée à cette part incertaine des frottements, nom générique de toutes les résistances longtemps clandestines et subreptices, jusqu'alors tares inévitables de la matérialité. Volte-face qui mène à découvrir en eux un phénomène mesurable, et qui du même coup renouvelle profondément la conception des rapports entre la théorie mécanique et le réel machinal. Le savoir de la communication est indissociablement savoir des obstacles à la communication. En outre, l'étude des échecs de la transmission, jointe à l'élaboration par les géomètres d'une théorie des engrenages, annonce dès l'aube de notre période la double face de la communication mécanique, telle que la théoriseront un siècle plus tard la cinématique et la mécanique appliquée.

La puissance consommée et l'effet produit par une machine en mouvement touchent enfin, d'une façon encore plus évidente, au centre même d'une pensée de la communication et d'une science des machines en général. Sur la roue hydraulique, et ses multiples variantes, se concentre inlassablement la pensée de plus d'un siècle. Parallèlement à l'intérêt que la mécanique rationnelle manifeste pour la dynamique des fluides, et à l'interminable débat sur la définition de la force motrice, une histoire plus souterraine mène de la machine "la plus parfaite", définie par le maximum d'effet, à la machine idéale, processus maîtrisé de la communication mécanique. Séquence dont le terme sera la définition de ce que les machines en vérité communiquent, et de ce qui se paie dans leur fonctionnement, à savoir, le travail. Le travail, quantité directement pertinente dans la phénoménologie des machines, bien que convertible en force vive, se distingue de cette dernière en ce qu'il est industriellement, et économiquement, significatif sans transposition. La "science du travail des forces", la mécanique industrielle, devient une science opératoire, "capable d'éclairer et de diriger les travaux des arts".

Au terme d'une histoire qui fait dialoguer des savants obscurs (Renau, Amontons, Parent, Pitot...) et des hommes de science de premier plan (Huygens, D. Bernoulli, Lazare Carnot, Navier...), des philosophes (Descartes, Leibniz, Comte...) et des techniciens (D. Papin, Smeaton...), la machine trouve enfin dans les écoles d'ingénieurs un statut officiel de savoir stratégiquement déterminant. Aux alentours de 1830, la science des machines est constituée par l'assemblage de deux figures de la communication: une géométrie descriptive de la communication des mouvements, la cinématique issue de Monge, et une physique de la communication du travail, ou mécanique appliquée. Mais ces deux modèles, pourtant associés, sont intrinsèquement antinomiques. Le premier dispose dans l'espace les moyens d'une transformation qui n'est en vérité rien d'autre qu'une correspondance réversible réglée. Le second établit un processus physique commandé par l'idée de dépense et de coût, dont la conservation est le terme idéal et dont une déperdition est la condition incontournable. Le travail est une "monnaie mécanique", mais la circulation de celle-ci s'accompagne de déficit. La pratique et la nécessité de la substitution des forces motrices, dans la perspective de l'économie et du profit, qui motive l'intervention des hommes de science, conduit à arraisonner la machine entre les deux positivités du travail et de l'argent. Le modèle linguistique et mathématique de la communication aujourd'hui prédominant, dans l'intelligence des machines, et dans tant de discours qui s'autorisent de son nom pour promettre une société de la transparence et une reconquête de l'immédiation, ce modèle a donc été précédé, au début du XIXe siècle, par une tout autre figure, où les machines servent essentiellement à canaliser à toutes fins utiles les travaux disponibles, dans un monde où une dépense incessante est la loi inexorable. Consommer et produire: conception laborieuse et sérieuse d'une société et d'une nature qui y sont également astreintes.

C H A P I T R E   I

L ' I M A G E   E T   L E   M O D E L E

1. Le Théâtre des Machines.

Un mot, d'abord, de ce théâtre où les machines semblent longtemps rester prisonnières.

Les machines n'ont jamais eu le même statut épistémologique que les procédés techniques des métiers. Les métiers, depuis toujours, ont leurs secrets, produits de l'empirisme et de la routine professionnelle, protégés dans l'isolement des corporations, transmis par initiation et inaccessibles, pour les initiés eux-mêmes, au langage clair et transparent, communicable, d'une théorie. D'où la méprise étymologique, dont Marx lui-même se fait l'écho: "Jusqu'au XVIIIe siècle, les métiers portèrent le nom de mystères" (1). Contre ce système de cloisonnement, et contre le mépris où étaient couramment et institutionnellement tenus les "arts mécaniques", il est bien établi que l'entreprise de Diderot et de d'Alembert n'est ni la seule ni même la première. Leibniz exprime sans cesse, à propos des pratiques artisanales, le souci de faire passer l'implicite à des formules, le muet à une écriture: il faut marquer ce savoir enveloppé, plus considérable que ce qui est par ailleurs enregistré dans les bibliothèques. "Pour ce qui est des connaissances non-écrites, qui se trouvent dispersées parmi les hommes de différentes professions, écrit-il dans le Discours touchant la méthode de la certitude et l'art d'inventer, je suis persuadé qu'ils passent de beaucoup tant à l'égard de la multitude que de l'importance, tout ce qui se trouve dans les livres, et que la meilleure partie de notre trésor n'est pas encore enregistrée...Pour concevoir ce qu'il nous faudrait choisir pour ces descriptions réelles et propres à la pratique, on n'a qu'à se figurer de combien de lumières on aurait besoin pour se pouvoir faire à soi-même dans une île déserte, ou faire faire par des peuples barbares, si on s'y trouvait transporté par un coup de vent, tout ce que nous peut fournir d'utile et de commode l'abondance d'une grande ville toute pleine des meilleurs ouvriers et des plus habiles gens de toutes sortes de conditions" (2). Mais tout est encore à faire, lorsque Diderot souhaite, dans le Prospectus de l'Encyclopédie, que celle-ci devienne "un sanctuaire où les connaissances des hommes soient à l'abri du temps et des révolutions". Avec les artisans qu'on est allé interroger dans leurs ateliers,"il a fallu ...exercer la fonction dont se glorifiait Socrate, la fonction pénible et délicate de faire accoucher les esprits, obstetrix animorum" (3).

L'Académie royale des Sciences a tenté aussi de réaliser un vaste programme de description des arts, auquel Filleau des Billettes, le Père Sébastien et Jaugeon avaient mis le première main dès 1692, et qui fut poursuivi plus officiellement au début du siècle suivant (4). La qualité des quelques métiers dont la description fut achevée, mais non publiée avant longtemps, fait regretter que l'enquête n'ait pas été menée de façon plus systématique et avec plus d'énergie (5). Sans doute était-il impossible qu'elle le soit, à la fin du Grand Siècle: la multiplicité des efforts déployés, longtemps en vain, pour délivrer les manoeuvres de l'artisan du secret où les maintenait le mode de production pré-capitaliste indique bien la force des résistances de tous ordres qui s'opposaient à leur divulgation, et en définitive le faible intérêt dont ils étaient pour la plupart l'objet. Aveuglement ou indifférence du public ("il est étonnant combien de choses sont devant nos yeux sans que nous les voyions" écrit Fontenelle en 1699 à ce propos), volonté jalouse de dissimulation des artisans, difficulté de décrire les manoeuvres des arts aussi bien par des mots intelligibles à tous que par des images fixes et muettes,tout préserve et renforce le secret. Près d'un siècle après Colbert, il pèse encore. Seule exception, les techniques minières donnent lieu, depuis le milieu du XVIe siècle environ, à une littérature abondante et bien informée. Le De Re Metallica d'Agricola et la Beschreibung d'Ercker (6) sont constamment réédités. Si bien que malgré la publication de traités plus récents comme le Bericht vom Bergwerck de G. E. Löhneyss, Leibniz, observateur vigilant des mines de son temps, promoteur lui-même d'innovations en ce domaine, n'a pas tort de se plaindre en 1692 que "ces choses ne se trouvent encore nulle part décrites de la manière qu'elles se pratiquent, et on sait maintenant bien des choses inconnues à Agricola et Ercker" (7).Même pour les procédés métallurgiques, donc, la mise à jour des sources d'information est insuffisante. Et Leibniz signale un besoin ancien et urgent, une étrange lacune, quand il écrit: "Sans négliger aucune observation extraordinaire, il nous faut un véritable Théâtre de vie humaine, tiré de la pratique des hommes, bien différent de celui que quelques savants hommes nous ont laissé". Peu importe l'allusion au Theatrum vitae humanae de Th. Zwinger (8), sorte de florilège de moralités; ce qui compte, c'est le rêve, prématuré, d'enregistrer les "adresses ingénieuses" des professions, les "observations et tours d'adresse en toute sorte de métiers".

Or ce théâtre, pour les machines, il existe déjà, et depuis

longtemps. La scène où elles s'exhibent est une longue lignée de livres abondamment illustrés, qui à en juger par le nombre de leurs rééditions jouirent d'un succès aussi large que durable. Succès international et populaire: les éditions en langues vulgaires en accroissent la diffusion auprès des hommes sans lettres, tandis que le latin fait communiquer cette connaissance avec le savoir des doctes. Car ces ouvrages allient des prestiges ambigus: la nouveauté toujours revendiquée des dispositifs mécaniques s'étaye curieusement sur une tradition qui fait remonter ses titres jusqu'à Alexandrie et Syracuse. Si chaque machine est présentée et représentée comme invention, pointe ultime d'un effort renouvelé d'ingéniosité, c'est dans l'éternel présent du spectacle, du paradoxe et de la surprise. Tout au long de cette tradition du nouveau sugissent les percées de l'inattendu mais aussi s'affirment les répétitions insistantes de l'imaginaire. Une nécessité obscure fait qu'on appelle couramment "théâtres" ceux mêmes de ces ouvrages qui n'en portent pas expressément le titre. Peut-on comprendre cette affinité de la machine et du théâtre? Peut-on saisir ce qui est en train de se défaire et ce qui est en train de naître, lorsque vers le milieu du XVIIe siècle cette tradition commence à s'essouffler? Quelle lumière, pour éclairer les machines, quand elles ne brillent plus de l'éclat du spectacle?

Qu'est-ce qui pourrait, à vrai dire, maintenir longtemps les machines au secret? L'ignorance ou la méconnaissance des utilisateurs. Au XVIIe siècle, elles sont peu répandues dans les ateliers et les manufactures, en tant que machines-outils. Diderot souligne au siècle suivant que les ouvriers qui actionnent les métiers à filer et à tisser, en leur fournissant bien souvent la force motrice, travaillent parfois "depuis quarante années sans rien connaître à leurs machines". D'Alembert, après Leibniz et d'autres, dont Bacon, déplore que l'histoire n'ait pas retenu le nom des grands inventeurs. C'est d'ailleurs beaucoup moins vrai au temps de Leibniz qu'au temps de Bacon, et beaucoup moins encore au temps de d'Alembert: au XVIIIe siècle, les machines ont un nom propre. Mais le serait-ce, l'histoire oublie leur nom plus qu'elle ne l'efface. La machine au moins perpétue et enregistre l'invention. La montre est un recueil des inventions marquantes du passé, dont elle constitue le résultat, par adoption, adaptation et intégration. Même si elles sont méconnues par leurs utilisateurs, les machines du seul fait qu'elles fonctionnent, qu'on les reproduit et qu'on cherche à les perfectionner exhibent un modèle intelligible que l'attention méticuleuse peut enregistrer mentalement. C'est ce que confirme l'anecdote du métier à bas, ou celle que rapporte Condorcet dans l'éloge de Vaucanson: le petit garçon curieux ayant contemplé une horloge à poids en vient de proche en proche à en bricoler une du même genre. Devrait-on invoquer alors la jalousie des inventeurs, et des possesseurs de machines nouvelles? Mais le seul moyen de garantir leurs droits de façon irrécusable, c'est justement la publication! Le secret dont on peut entourer les machines n'a certainement pas en ces temps les racines profondes de celui qui protège les procédés artisanaux. C'est, à la rigueur, la machine récemment trouvée qu'on protège, tandis que ce sont les procédés hérités, immémoriaux, irremplaçables qu'on occulte. En matière de mécanismes, le secret semble toujours temporaire, à l'image d'un privilège qui n'aura qu'un temps, toujours près d'expirer, ou d'un artifice toujours en passe d'être découvert. Défi à la curiosité, toute innovation recherche une certaine publicité. Les dispositifs d'occultation d'une machine sont de ceux qu'une clé peut toujours ouvrir. Ce que l'on cache avec un malin plaisir n'est là que pour piquer la curiosité. Peu ou prou, toute machine est une montre, dont le cadran montre et cache. Le jeu délibérément instrumenté entre l'ouverture et la fermeture produit ce qui se nommera effet, artifice ou simulation. Cette tension permanente entre la montre et un secret toujours en sursis, on la découvre dans la vieille floraison des Théâtres de Machines.

Ils reflètent le plus vieux statut de celles-ci, entre l'ombre et la lumière. D'abord, pour éviter les malentendus, de quoi faisait-on encore le "Théâtre"? Le terme n'est pas propre aux machines, loin de là. C'est le titre couramment employé pour les ouvrages totalisateurs et systématiques offrant la représentation illustrée des villes et des pays, vues générales et cartes, livres de référence comme le "Thesaurus" l'était pour les mots, les médailles et les statues. Citons le Théâtre des Cités du monde de G. Braun ou le Théâtre du Monde ou Nouvel Atlas de G. et J. Blaeu (9). De la cartographie proprement dite au guide illustré, leur fonction essentielle, qui les distingue des récits de voyages, est de donner à voir, d'étaler en surface et de déployer tout le visible dans une simultanéité parfaite. Le théâtre est aussi le mode de représentation traditionnel des espèces et des monstres (Paré), l'exposition didactique exhaustive et simultanée du merveilleux naturel. P. Castelli est l'auteur d'un Theatrum Florae (1o), Gaspard Bauin d'un Pinax Theatri Botanici. La Thaumaturgia naturalis de John Johnston (11) prend, dans des éditions ultérieures, le titre deTheatrum universale omnium animalium, piscium, avium, quadrupedum...Grâce aux ressources de la gravure sur bois et de la chalcographie, les livres s'emplissent de "pourtraicts", icônes et effigies de tous les êtres. Fabuleuse mise en images de ce dont l'histoire n'avait jusqu'alors fait le catalogue qu'avec des mots. Le Théâtre d'Agriculture d'Olivier de Serres, pour sa part, suggère une autre dimension de la didactique illustrée: on y a "desseigné" les actions des hommes et les pratiques du "mesnage des champs". Enfin, le Theatrum Chemicum Britannicum d'Elias Ashmole (1652), qui promet la révélation de tous les "hermetique mysteries", ou le Theatrum Hieroglyphicum de Kircher, signalent une composante irréductible sans doute de tous les Théâtres: le dévoilement des mystères. Ambition ou simple promesse, il s'agit de faire tomber tous les obstacles à une saisie intuitive de l'envers du décor. Par ce coup d'oeil audacieux sur les procédures de la dissimulation, le théâtre atteint une perspective limite qui le conduit à mettre en scène et à dénoncer le mécanisme de l'illusion.

A des degrés divers, on retrouve tout cela dans les Théâtres de Machines. En vertu d'une sorte de loi du genre ou d'un a priori sémantique déterminant, ils se présentent comme de grands recueils systématiques donnant à voir moins une collection arbitraire de fontaines et de moulins, de forges et de scies, que la totalité du monde mécanique ou d'un monde gagné par la mécanique, saturé de machines. C'est lui qui se trame d'image en image et qui miroite au frontispice des Théâtres. Certes, le livre ne se réduit pas à une série de figures: les images s'accompagnent d'un texte plus ou moins prolixe. Mais le discours, qui n'est que d'explication, de "déclaration" comme dit Veranzio, s'organise autour d'elles, en articule dans un va-et-vient perpétuel la lecture. Si le dessin est bien fait, le texte devient même inutile: "Les amateurs le regardant de près ne demanderont rien davantage, les projets et desseins étant si clairs, que du premier abord ils y trouveront le commencement, progrès et effect de chacune machine" écrit O. de Strada en tête de l'édition qu'il donne des Desseins artificiaux de toutes sortes de moulins de son ancêtre Jacques. J. Androuet du Cerceau, architecte du roi, a "voulu convenir avec moy, écrit J. Besson, non seulement de pourtraire, mais de naïvement sculpter et représenter (pour votre contentement) toutes nos inventions et ordonnances"...(12) Plaisir de voir et plaisir de comprendre intimement mélés, ainsi que le suggère partout l'auteur: le dessin et la "raison mathématique" concourent à montrer les avantages de la machine. Ainsi s'affirme la supériorité didactique de l'image, non seulement sur les mots mais sur la chose même. Et cette prééminence alimente l'espoir d'une totalisation de la connaissance fondée sur l'ubiquité de l'oeil et l'organisation du spectacle.

Plus encore que les mille et une curiosités de la nature, on devine que moulins et pompes, fontaines et grues ont besoin du théâtre pour révéler le jeu de leurs mouvements et le dynamisme de leur animation. Et sur ce théâtre, la mobilité même doit apparaître, malgré l'immobilité de l'image. Car le théâtre ne dévoile pas ici des ressemblances cachées ou des interprétations abstruses, il ne se contente pas de dessiner les emblèmes d'un allégorisme saugrenu ou les figures de l'étrange, il exhibe et "démontre" des opérations variées et sûres ("per varie e sicure operationi" dit Vittorio Zonca), projetées, calculées, voulues par l'inventeur, dans sa "sottigliezza d'ingegno" (13). Comme la "fabrique" du corps humain, l'anatomie des machines débouche sur l'action, elle amorce un exercice. Elle a vocation opérative et gestuelle. Elle illustre les "forces mouvantes". Tout l'artifice, ici, tend à produire, reproduire, entretenir et répéter le mouvement. Celui-ci, imperturbable et réglé, est l'aspect spécifiquement mécanique du merveilleux. Ce n'est pas la finalité des machines qui est purement spectaculaire, c'est leur fonctionnement. "Je ne parle pas, écrit Strada, de ces ornements admirables pour les fontaines et autres conduits artificiels des eaux, et d'autres choses semblables, ne de ces horribles machines dont on se sert es guerres: aussi ne parle je de celles qui souventes fois procèdent d'une louable curiosité, comme les petits horologes et autres semblables, comme on lit d'un certain Architas Tarentinus, qui fit une colombe de bois tellement composée et contrepesée, qu'elle s'élevait en l'air, comme si elle eût été vivante; mais seulement parle jede ces machines, lesquelles, pour l'entretien de cette vie, sont très nécessaires: à savoir toutes sortes de moulins à eau, à vent, à cheval, à la main, non seulement pour y moudre le froment, mais aussi pour autres effets tant utiles que nécessaires" (14).Ainsi le théâtre n'est pas une forme accidentelle ou artificielle de présentation de l'univers mécanique, mais la scène où, nécessairement, l'artifice exécute ses tours. C'est le lieu naturel du merveilleux machinal.

En lui convergent trois traditions distinctes: celle des ingénieurs de la Renaissance, illustrée par Francesco di Giorgio Martini et par Léonard de Vinci, véhiculée par des manuscrits et des carnets de notes, des recueils de dessins de machines (15), celle des carnets d'ingénieurs et d'architectes médiévaux, comme Villard de Honnecourt et Guy de Vigevano, et enfin la tradition antique, archimédienne, même si Archimède lui-même jugea indigne de laisser un écrit de mécanique. Les Pneumatiques d'Héron d'Alexandrie sont édités avec une traduction latine et des illustrations par Federico Commandino en 1575 à Urbin et le De Automatorum Fabrica du même en traduction italienne à Venise en 1589 par Baldi. Végèce, Vitruve,Athénée, Apollodore, Philon de Byzance sont traduits,, édités et lus avec un immense intéret. Cependant, ce sont les Théâtres de Machines qui assurent principalement la diffusion et l'illustration de l'invention mécanique. Ils n'apparaissent pas, même quand ils s'inspirent de cette tradition ancienne,comme des compilations. Beaucoup des machines qu'ils présentent sont d'ailleurs récentes. Que retiennent-ils donc de la tradition?

Les machines y étaient saisies sous deux aspects inséparables:

--comme des prodiges provoquant l'admiration et la surprise. Philon parle de <u>thaumatourgèmata</u>. La science qui les produit est qualifiée de <u>thaumatopoïètikè</u>. Orgues hydrauliques, automates, oiseaux chanteurs, éolipyle, relèvent du spectacle et du jeu. Le livre des <u>Automates</u> d'Héron ne décrit-il pas les mécanismes permettant la représentation entièrement automatique d'un drame sur un théâtre de marionnettes? Fruits d'une ingéniosité exubérante, ces machines d'agrément et de spectacle seront remises en honneur comme élément de la fête maniériste et du décor baroque, à l'exemple de ces grottes animées de Saint-Germain en Laye, inspirées par Salomon de Caus, évoquées par Descartes au début de la seconde partie du Traité de l'Homme. Dans le voisinage des Théâtres proprement dits, les ouvrages de Mario Bettino (16), du P. Kircher (17), ou de Gaspard Schott (18) prolongent en plein XVIIe siècle les fantasmagories de Giambattista della Porta (19) et les savantes curiosités de Cardan (20). Comme les perspectives curieuses et les anamorphoses, la machinerie est productrice d'effets merveilleux. Alors qu'importe si les ouvrages de Jacques Besson et de Ramelli (21), initiateurs du genre, ne portent pas explicitement ce titre? L'intention spectaculaire s'y affirme partout et la tendance au merveilleux perce jusque dans les dispositifs d'allure résolument utilitaire que l'allégresse mécanicienne s'ingénie à multiplier avec un brio étourdissant. Un certain charlatanisme à la verve drue convoque la postérité à la féerie de leurs effets pour la délectation de l'oeil et de l'intelligence.

-- Les machines étaient aussi saisies, dans la tradition archimédienne, comme applications ingénieuses de la géométrie et du calcul. Des réalisations parées de tout le prestige des mathématiques. Les "Méchaniques" sont en fait une annexe des arts libéraux. La machine est la partie noble de la pratique. L'ingénieur, son nom le dit, est homme de savoir. La mécanique est traitée par théorèmes et démonstrations. <u>Studium</u> et <u>Labor</u>

sont les deux piliers du Théâtre de Boeckler: sur le frontispice, le rideau de scène est soulevé à gauche par la figure antiquisante d'Archimède, à droite par celle d'un ingénieur moderne.Au compas, aux figures géométriques du premier répondent la règle, la roue à aubes et les instruments du second. Besson n'affirmait-il pas déjà: "Il n'y a rien en tout ceci qui ne soit ferme et stable,et particulièrement expérimenté et muni en toutes parts...de raisons pregnantes et nécessaires, tirées tant de la mathématique que de la physique" ? La mécanique est l'articulation d'une spéculation et d'une pratique: "Spéculative est cette partie qui s'opère dans l'esprit même, seulement par intellect et raison: comprenant le nombre la pesée et la mesure par lesquels Dieu, artiste très savant, a produit toutes les créatures", écrit Boeckler, "mais il est d'autre part une Mécanique pratique, consistant en opérations manuelles et exercices divers qui réalisent d'innombrables artifices et des machines très utiles". Réalisée par l'industrie manuelle, la diversité des machines ne laisse pas d'être le produit de l'<u>ingenium</u> et du <u>studium</u>. Bettini tire même argument de cette dualité pour excuser certains échecs:"Souviens-toi, équitable lecteur, qu'il s'agit d'abstractions et de philosophie mathématique affranchies de l'inertie de la matière physique, reposant sur leur propre légitimité de théories admirables,confirmées par géométrie et raison philosophique" (22). Il y a une "pugna materiae contra theoremata". Mersenne distingue la "mathématique mixte" de la géométrie universelle (23). Les machines sont un objet scientifique parce qu'il existe, depuis Archimède, une théorie des machines simples. Elle a été poussée plus avant au XVIe siècle par Federico Commandino (<u>Liber de Centro gravitatis solidorum,</u> Bologne, 1565), par Guido Ubaldo (<u>Mechanicorum Liber</u>, 1577), par S. Stevin, dont la <u>Statique</u> paraît en flamand en 1586, et exercera une grande influence grâce à la traduction française d'Albert Girard (1634), par Galilée dont les <u>Méchaniques</u> sont rédigées à Padoue entre 1593 et 1599, par Luca Valerio

(De centro gravitatis solidorum, Rome, 1604).Objets d'une géométrie mixte, les machines se situent au voisinage des "instruments inventés par raison géométrique et méchanique" (Besson), tel ce Cosmolabe ou instrument universel concernant toutes les observations qui se peuvent faire par les sciences mathématiques "tant au ciel, en la terre comme en la mer".

Prestige de l'artifice et prestige des mathématiques: le Théâtre des machines retient un reflet de ces deux idées qui font tout son jeu. On ne se contente plus de faire remonter tous les "paradoxes" de la machine aux paradoxes du cercle comme les Questions mécaniques attribuées à Aristote. Les effets admirables de la Mécanique ne trompent ni ne vainquent la nature, insiste Galilée, contre l'opinion tenace des mécaniciens vulgaires.Si chez l'un et chez l'autre le merveilleux est toujours un certain effet de méconnaissance, derrière le merveilleux aristotélicien se profile une nature génératrice et finaliste, un merveilleux d'où le merveilleux sort sans contradiction, tandis que pour Galilée, il n'apparaît, au regard provisoirement ignorant, que sur fond d'une rationalité mathématique.

Le théâtre des machines est théâtre au second degré, exhibant, en deçà de la scène, par delà le décor, les dessous de la thaumaturgie mécanique. Il puise un supplément de pouvoir de séduction et l'essentiel de son attrait dans la révélation des ressorts, poulies, roues et courroies habituellement dissimulés, ainsi que dans l'explication des "raisons", c'est-à-dire des proportions et des nombres. Il démonte les mécanismes de l'illusion. L'image montre ce que la machine montre et ce qu'elle cache. Premier redoublement iconographique, qui apparaît, par exemple, sur cette gravure des forgerons automates illustrant les quatre théorèmes ajoutés par J. B. Aleotti aux Pneumatiques d'Héron, ou sur le cartouche inférieur du frontispice des Desseins artificiaux de Strada qui met en exergue les deux étages où s'accomplit le processus mécanique: meules au premier, engrenages au sous-sol. Ces pans qui s'écartent, ces charpentes qui s'entr'ouvrent, ces regards venant à point nommé permettre une échappée sur le dedans et le dessous, le fond du puits ou l'intérieur de la pompe, tout au long du livre admirable de Ramelli, induisent l'oeil vigilant à traquer partout un mystère qui n'a plus de réduit où se réfugier. Grâce à eux, l'oeil peut suivre le cycle complet du mouvement. Ces gravures ressortissent de la même technique de représentation que les planches de la Fabrica de Vésale, si elles sont loin; le plus souvent, d'en avoir l'éminente et émouvante qualité artistique. L'image rend sensible la subordination de la structure à la fonction, de la construction au mouvement. Comme les planches d'anatomie situent l'individu dans un monde organisé pour l'homme et par l'homme, de même il n'y a rien d'inhumain dans l'univers "machinique" de Besson ou de Ramelli, que l'homme s'y dépense allègrement comme moteur, ou qu'il contemple, utilisateur comblé, ces prolongements affairés et dociles de lui-même. Quelle affirmation de maîtrise et de puissance dans ces structures dont, l'enveloppe ôtée, l'esprit peut ressaisir l'efficace, pas à pas, aussi sûrement et aussi intégralement que l'oeil peut en voir les articulations! L'homme est-il même complètement absent, comme sur la figure del'oiseau chanteur mu par l'eau, chez S. de Caus, quel joli jouet, pour sa délectation! Le théâtre illustre l'espoir d'une théorie figurée et figurative de toutes les machines.

Cependant, cette omniprésence du regard ne va pas sans quelques problèmes. Chez Ramelli et Besson, la scénographie affirme d'entrée de jeu ses droits; c'est la représentation perspective qui prend en charge la "démonstration". Une seule image donne à voir toute la machine, et suggère l'enchainement dans le temps des déplacements de ses parties. Comme si une perspective unitaire cohérente ne pouvait y réussir, on voit chez Ramelli des perspectives plurielles se raccorder tant bien que mal, pour montrer les différents organes mécaniques sous l'angle où ils s'explicitent le mieux, tout en maintenant la fiction d'un unique point de vue.Une lumière violente et brusque arrache aux ténèbres les organes mécaniques des "diverse et artificiose macchine", elle les découpe comme de pittoresques apparitions mouvantes. Les chalcographies d'Androuet du Cerceau pour Besson n'ont jamais cet effet dynamique proprement baroque. Le mouvement n'y est le plus souvent introduit que par l'acrobatique gesticulation de l'ouvrier qui fournit la force motrice, ou par la péremptoire oscillation de quelque gigantesque balancier.

Mais les exigences de la représentation claire des machines ne laissent pas longtemps la scénographie, même spécieuse régner seule dans les "desseins artificiaux". Le besoin d'un autre procédé de transcription apparaît très tôt, avec S. de Caus. Pour faciliter l'intelligence de ses dispositifs il a recours, dans les Raisons des forces mouvantes, à la juxtapposition de deux systèmes représentatifs, qui s'assistent mutuellement. Se souvenant sans doute qu'il a publié en 1612 à Londres un ouvrage d'optique catoptrique, laPerspective, avec la raison des ombres et des miroirs, S. de Caus distingue les coupes, horizontales ou verticales, appelées "plans ingnografiques", ou ichnographiques, et les vues frontales ou "plans perspectifs", ou encore "plans de l'orthographie". Par exemple feuille 12 verso et feuille 13 recto, il a "représenté...le plan de l'orthographie afin que par iceluy on puisse entendre le mouvement et rencontre des trois roues E, D et F". Mais, irremplaçable pour faire voir l'enchainement des déplacements relatifs, la scénographie est insuffisante quand il s'agit de l'inscription graphique rigoureuse des "raisons". La conjugaison de ces deux techniques constitue le deuxième redoublement iconographique propre aux théâtres de machines. S. de Caus semble aussi l'inventeur de l'usage des "lignes punctées", ou pointillées. Chez Besson et Ramelli, les pointillés ne servaient qu'à marquer le trajet ou les traces de l'ouvrier faisant mouvoir la machine. Maintenant, ils ont une toute autre signification: ils montrent les parties cachées, tout en montrant qu'on ne les voit pas. Le graphisme du "dessein" de machines s'accommode fort mal des procédés de représentation plane dont se satisfont les architectes. A vrai dire, quand on compare les illustrations des Théâtres, de Besson à Leupold (25), l'ichnographie prend de plus en plus le relais de la scénographie initiale, mais la juxtaposition d'images partielles serait inintelligible sans l'image synthétique et dynamique de la machine en action. En l'absence d'une géométrie descriptive cohérente, qu'elle contribuera à rendre indispensable sinon à élaborer --que lui doivent Desargues et Monge? -- la spécieuse mécanique est le lieu où se concentrent les disparates de techniques graphiques empiriques et relativement autonomes: stéréotomie, architecture, poliorcétique, gnomonique, perspective...Les artifices aménageant la perspective unitaire rigoureuse et essayant de concilier les multiples contraintes antinomiques font de cette iconographie maniériste et baroque des machines un très curieux chapitre de l'histoire des arts du dessin et de la phénoménologie de l'espace et du mouvement.

L'inventeur de machines, l'"ingénieux ès sciences mathématiques", est un artiste que les rois aiment s'attacher. De Francesco di Giorgio et Léonard de Vinci à Francini, Samuel Morland ou Arnold de Ville, la grande lignée des ingénieurs illustres n'a que faire du secret. Dans la compétition qui les oppose, la machine est une oeuvre agonistique. Les machines merveilleuses aux effets délectables, les "_spectacula machinaria nobilissima_"comme dit Mario Bettini, d'une part, et les machines utilitaires de l'autre ne relèvent pas de deux branches antinomiques de l'invention comme la fantaisie opposée au sérieux. Les unes et les autres revendiquent un succès de curiosité. Le prestige des grands, les divertissements dont ils s'entourent ne sont pas choses moins sérieuses que l'amélioration des adductions d'eaux, lesquelles d'ailleurs sont souvent destinées aux jets d'eaux de leurs jardins. Dans cette société du spectacle, dont il incombe aux machines de renouveler sans cesse l'appareil, la guerre est le moment majeur, la fête de la ruse et de la géométrie, le rendez-vous des "virtuosi". En 1587, Ambroise Bachot, directeur des fortifications à Melun, publie à Paris le Timon, "lequel conduira le lecteur parmi les guerrières mathématiques"...On pense à ces jeunes hommes nommés Descartes, Roberval et Desargues qui, en 1628, prennent quelques jours de vacances et se retrouvent, mus par une même curiosité, au siège de La Rochelle.

On a peut-être tort aussi de regretter, comme une inconséquence ou un manque de scrupule, l'absence de distinction tranchée, dans les Théâtres, entre machines imaginaires et machines réalisées. Certes l'historien ne regarde pas du même oeil un inventaire des machines de l'époque, un catalogue d'inventions et un recueil de rêveries mécaniques. Mais il est troublant de constater que l'indistinction est une sorte de loi du genre, qui semble exiger un passage continuel de l'un à l'autre de ces aspects. Des systèmes vus en fonctionnement ou réalisés (en grand ou en petit) induisent des reprises imaginaires. Ne parlons pas des fantaisies franchement oniriques, comme celles dont est fertile la Pyrotechnie de Jean Appier dit Hanzelet (1630) ni de tant d'inventions chimériques multipliant les images complaisantes d'un univers docile à tous les caprices des hommes. Chez les ingénieurs les plus soucieux de de réalisation, tout se passe comme si les mécanismes dynamisaient irrésistiblement l'imagination. Ils emplissent, jusqu'à le saturer, l'espace scénique de l'image, ils poussent des prolongements dans la profondeur perspective qu'elle leur ouvre. Cette connivence de l'image de la machine et de la mécanique imaginaire, cet infléchissement de la première à la seconde, c'est le troisième redoublement iconographique partout repérable dans les Théâtres de machines.

Il ne faut pas s'étonner que, des raisons de circonstance aidant, la distinction soit si difficile entre l'invention et la copie. Le désir de briller incite plus d'un auteur à s'attribuer comme invention ce qui n'est qu'emprunt. Il faut alors déguiser. Il faut colorer de merveilleux des dispositifs qu'on a vu réellement fonctionner. L'image qui introduit le regard pénétrant au plus profond de l'anatomie machinale feint en même temps de lui réserver la primeur d'une découverte. Clé qui ouvre de nouvelles perspectives, le dessin franchit toujours les frontières du déjà vu. La recherche de l'effet conduit Ramelli à compliquer les systèmes, à multiplier, souvent inutilement, relais et transmissions, en une véritable débauche d'engrenages: l'âge théâtral des machines n'est pas celui de l'économie. La machine prend possession de l'espace dynamisé et mouvant, de l'espace baroque, comme architectures et anatomies avaient jalonné les perspectives stables de l'espace classique. Dire qu'elle est vouée à l'effet, c'est dire qu'elle se meut dans cet excès permanent de l'inquiétude et de l'animation sur la science, essentiellement statique, qui en est le substrat.

Le genre obéit donc à un double principe: -- compliquer les effets, multiplier les usages et les rouages, jusqu'à redondance et saturation, prolonger l'écho spéculaire des transmissions, enrichir la nomenclature jusqu'à la pédanterie -- mais aussi fournir des explications faciles, des raisons simples ou simplistes aux affets les plus étonnants. Cela le maintient à distance à la fois d'une entreprise technologique de perfectionnement des machines existantes, et d'une physique pouvant déboucher sur une science positive de celles-ci. Le secret libéralement dévoilé ne garde tout son prix que par l'écart inscrit entre le principe élémentaire et l'application inattendue. Le mérite de l'auteur et le plaisir du lecteur se mesurent à l'amplitude de cet écart. En mécanique comme dans les arts plastiques, tout est dans la "manière". Mais la fantaisie virtuose tourne souvent à la fantaisie laborieuse. Complication et facilité sont les deux pentes où se laissent entraîner les épigones, tel M. Bettini qui promet des démonstrations "facillimae". En promettant des explications faciles des machines, aux alentours de 1640, on ne songe pas du tout à permettre aux gens de métiers d'accéder à un savoir, en se mettant à leur portée, en donnant des règles pratiques dont ils puissent tirer profit, on ne vise qu'à ménager des effets surprenants. La scénographie turbulente et capricieuse est une complication purement spectaculaire d'éléments sans surprise et immuablement simples. Elle se résout partout à la géométrie la plus commune. L'artifice mécanique loge ainsi tout entier dans cette aventure du regard.

Beaucoup de titres mentionnent la nouveauté des machines proposées: Machinae Novae de F. Veranzio (Venise,vers 1595), ou Novo Teatro di Machine et Edificii de V. Zonca (Padoue, 1607), ou encore Le Machine, Volume nuovo (Rome, 1629) de G. Branca. Des machines, il y aurait trop peu à montrer, et sans doute rien à dire, si l'on se contentait de celles qui sont en usage. Mais les nouvelles machines mises en scène ne sont pas des machines révolutionnaires: ce sont des dispositifs imprévus, des idées piquantes. Le génie inventif réside dans la faculté de cristalliser des modèles triviaux en une profusion de dispositifs anecdotiquement variés. Le monde mécanique est, sinon un univers utopique, du moins une rallonge de l'univers réel,ou une projection atteinte par variation imaginaire et création lexicale. L'ingéniosité du démonstrateur se donne le beau rôle sans aborder aucun problème urgent, sans affronter aucune requète authentique des praticiens. L'innovation porte ainsi de préférence sur des usages aussi insignifiants que saugrenus, au premier rang desquels on trouve tournebroches et automates hydrauliques, l'hydraulique étant, selon S. de Caus, "l'art ou la science de faire chanter les eaux"! Les machines proposées restent sur la scène où on nous les présente, tournant le dos aux initiatives obscures des praticiens.

Nul souci de conduire l'analyse des mécanismes vers des points de vue qui pourraient ordonner le divers dans une perspective unifiante. Rien, dans ces ouvrages dont Léonard est pourtant la source lointaine, comme après Th. Beck L. Reti l'a établi, ne fait écho à l'étonnante revue critique des organes mécaniques présentée dans le Codex Madrid I (26). Dans un même recueil, il ne faut donc pas trouver si étrange le manque de cohérence entre les solutions adoptées tour à tour pour un même problème: par exemple, chez Ramelli, le dispositif plus rationnel de la bielle-manivelle, qui apparaît plusieurs fois, ne rend pas caducs des procédés plus archaïques, et la transmission par cordes enroulées deux ou trois fois autour de poulies n'apparaît qu'aux planches 171, 175 et 183, comme le remarque Reuleaux (27). Le rideau du théâtre ne s'ouvre que sur une interprétation foncièrement qualitative, peu soucieuse de déterminer rigoureusement des unités fonctionnelles. Ramelli n'a pas de mot, si étonnant que cela paraisse,pour désigner les pompes: il use de périphrases, définissant la machine par son effet. On a déjà dit un mot de la nomenclature fantaisiste de Boeckler, opposant deux gandes familles, les Mylo- et les Hydrotechnèmata, respectivement moulins et machines à élever l'eau, sans être gêné par les recouvrements et les répétitions que cela implique.

Toutes les "idées" proposées se valent, elles sont de même niveau. Aucune considération technologique ou économique ne vient effectuer un tri. Le frontispice du Théâtre de Boeckler, paysage hérissé d'aqueducs, envahi de moulins, tout bruissant de roues à aubes et d'engrenages, où évoluent des personnages calmement affairés, ne doit pas faire illusion. Plus qu'un monde transformé, et surtout transformable par une laborieuse industrie, il évoque un étalage de fictions indépendantes et rivales. Il déploie un éventail de moulins dont il juxtapose les figures, laissant les hommes qui l'habitent -- ne devrait-on pas plutôt dire les figurants qui s'y promènent gauchement? -- à l'embarras d'un choix qu'aucune sanction de la pratique ne viendra orienter.

Ainsi, rien de moins historique que ces recueils de "nouveautés". L'antiquité gréco-romaine n'y est conçue que comme modèle idéal de toutes les perfections, qu'il serait vain de prétendre égaler, même si Ramelli est couramment surnommé "le moderne Archimède". Cette référence et cette révérence ne créent pas une perspective historique. On ne songe jamais à montrer dans une machine l'origine dont d'autres machines seraient le développement, un stade antérieur qui rend possibles les stades ultérieurs. L'ingéniosité ne serait pas ingénieuse si elle ne partait à chaque fois à nouveaux frais, sur la scène intemporelle du théâtre. Dans l'esprit du temps, l'exhibition est aussi éloignée de l'archéologie que de l'anticipation. C'est pourquoi les reprises marquent rarement des progrès, et occasionnent plus rarement encore une critique des dispositifs empruntés. Les réactualisations sont timorées et subreptices. Mais elles sont nombreuses. Pour qui s'efforce de suivre dans cette littérature des lignées, les originaux sont en tous points supérieurs aux plagiaires. Ramelli, du triple point de vue de la diversité des mécanismes, de l'à-propos de leur intégration et de la qualité de l'illustration dépasse largement ses successeurs. Zeisincg se contente de populariser des gravures empruntées à Cardan, Rivius, Vitruve, Besson, Ramelli et Zonca. Ce qui lui vaut un durable succès. Boeckler doit ses meilleures idées à Octave de Strada et donc à travers lui à Jacques de Strada,qui avait servi les trois empereurs Ferdinand Ier (1556-1564), Maximilien II (1564-1576) et

Rodolphe II (1576-1612); en 1662, il utilise donc les dessins d'un contemporain de Ramelli! Seul fait nouveau, il reconnaît sa dette. Bien loin de refléter un perfectionnement des machines au cours du siècle où il connaît un franc succès, de 1570 à 1670 environ, le théâtre des machines s'enferme dans une répétition monotone. Mais ses modèles inlassablement ressassés s'abâtardissent. Les plus ingénieux, la turbine à vapeur ou la turbine hydraulique à réaction de G. Branca, tombent dans l'oubli. Une insurmontable dérive éloigne le théâtre de sa source, les carnets et manuscrits d'ingénieurs, où le monde merveilleux des machines était resté longtemps confiné. Le témoignage de Vasari et de Lomazzo, quant à l'influence de Léonard sur le développement des arts techniques est de quelque poids contre le préjugé de l'inaccessibilité de ses cahiers. "En admettant même son désir de garder secrets certains de ses projets -- comme l'indique Richtie Calder dans son <u>Leonardo and the Age of the Eye</u> (Londres, 1970, p.116) -- il ne pouvait empécher leur diffusion une fois qu'en avaient pris connaissance et ses assistants et les commanditaires". Mais bien que de répétition en répétition, le théâtre donne une image de plus en plus fruste des originaux, rien ne l'entraine à se rapprocher des pratiques ingénieuses des différents pays, ce qui serait faire preuve de fidélité authentique à ses inspirateurs. A la différence des traités de Biringuccio (1540) et d'Agricola (1556), d'Ercker (1573) et de Löhneyss (1617), qui sont fondés sur l'expérience pratique et fournissent un reflet assez exact du développement contemporain des techniques minières, le Théâtre des machines n'est qu'indirectement et comme malgré lui un miroir de son temps.

Il ne s'agit pas de refuser à ses planches, en particulier celles de Ramelli et de Besson, de Zonca et de Strada, la capacité de représenter des dispositifs effecttivement réalisables. "Les dessins de Ramelli sont réalisables, écrit L. Reti, et ils donnent suffisamment de détails pour répondre à la plupart des questions touchant la construction et le mécanisme", bien que l'extrême complication de ses machines rende parfois difficile l'identification du principe qui détermine leurs opérations" (28). La bibliothèque tournante de Ramelli (planche CLXXXVIII) passait pour une fantaisie frivole et impraticable jusqu'à ce que l'érudit Dante Gnudi réalise un modèle rigoureusement conforme aux indications de l'auteur, qui fonctionne parfaitement si les détails de l'engrenage épicyclique sont fidèlement respectés (29). Usage ludique de l'engrenage épicyclique, mais peu importe. Il n'est pas interdit de penser que les Théâtres ont contribué à faire pénétrer les inventions technologiques de Léonard de Vinci au coeur de la pratique technologique européenne. Justement dans la mesure où ils ne pensaient pas à en être le reflet.

L'effet de toutes ces machines est conçu en termes purement géométriques, "raison" est synonyme de "proportion" comme dans les disciplines que le savoir contemporain range dans le même secteur: optique, catoptrique, gnomonique, harmonie, architecture...La raison des effets est contenue dans le dessin. Bien que S. de Caus semble remettre en question l'acquis de ses prédécesseurs ("...pour revenir à ceux qui ont eu connaissance des machines mouvantes et hydrauliques, peu en ont écrit de notre temps; bien est vrai que Jacob Besson, et Augustin Ramelli et quelques autres ont mis en lumières quelques machines par eux inventées sur le papier, mais peu d'icelles peuvent avoir aucun effet, et ont cru que par une multiplication de roues dentelées lesdites machines auraient effet, selon leur pensée, et n'ont pas considéré que ladite multiplication est liée avec le temps, comme il sera montré en son lieu"), c'est toujours de la même manière qu'il conçoit la liaison entre les effets et les raisons: "Aucuns hommes se sont fort abusés en la construction de plusieurs machines, lesquelles après avoir été faites n'ont point réussi ni fait l'effet ainsi qu'ils pensaient, d'autant qu'ils ont ignoré les raisons des forces mouvantes" (feuille 5 verso). L'effet des machines, à l'âge du théâtre, est irréductible au pur et simple spectacle. Elles exhibent leurs réussites ponctuelles comme les innombrables retombées d'une science des proportions, la "raison des forces mouvantes". La conception géométrique de la raison des effets n'est pas incompatible avec l'interprétation théâtrale de leur production. En ce sens, l'ingénieur est indifféremment technicien de la construction et de la fiction. Les machines sont l'intermédiaire pzr lequel le réel communique perpétuellement avec l'imaginaire. Justifié et garanti par de savantes proportions, l'effet ne s'affranchit jamais de sa composante spectaculaire: c'est la réussite, psychologique et matérielle, d'un artifice.

L'érudition moderne a pu trouver dans les Théâtres de précieux renseignements. Leur intérêt ne se limite pas à cela. Leur floraison sanctionne, dans l'Europe maniériste baroque, l'âge théâtral des machines; éclairées d'une lumière apprétée, elles y tiennent leur posture historique originale. L'imagination des constructeurs, artistes et savants, les projette sur cette scène qui leur est, dirait-on, indispensable pour déployer leur artifice. Image promettant le savoir, le théâtre est le lieu de l'inscription et le lieu de la révélation des inventions mécaniques. Grâce à l'imprimerie, une curiosité où se mêlent le désir de savoir et la pulsion de voir trouve à se satisfaire dans le pendant livresque de la collection.

L'événement qui nous intéressera maintenant se produit lorsque, dans la deuxième moitié du XVIIe siècle, les machines quittent, brusquement et pour toujours, la scène féerique de ce théâtre.

2. Modèles, collections, expositions.

Le succès des Théâtres de machines est contemporain de la mode des cabinets, des _Kunst-_ und _Wunderkammern_. J. de Strada passe pour avoir installé celui des Wittelsbach à Munich et de Rodolphe II à Prague. De la collection au théâtre, la relation semble n'être pas accidentelle. Car le double aspect, hédoniste et érudit, du collectionnisme maniériste tient au fait que la présentation ds choses y est indissociable d'une représentation et d'un spectacle. Le rassemblement des objets, bien plus que l'instrument d'une connaissance sur pièces, est l'occasion d'une scénographie où il trouve son véritable motif. Dans la profondeur des vitrines du cabinet, sur les degrés de ses étagères, dans le creux de ses innombrables tiroirs, les curiosités dont il recueille la moisson éclectique prennent tout leur relief. L'accroissement du monde connu et l'extension du champ de vision coïncident avec une pratique de la connaissance non exclusivement livresque et par ouï-dire, illustrée par Vésale, stimulée souvent par l'attrait du bizarre et la fascination de l'insolite. Si depuis Copernic la Terre n'occupe plus le centre du Cosmos, le savoir n'affronte la diversité inépuisable du monde, la variété prodigieuse des êtres et les subtilités singulières des inventions qu'avec la ferme conviction de voir triompher partout d'innombrables correspondances et le souci de décrypter les analogies secrètes qui en constituent la trame. Une pratique du divers à la recherche de l'universelle similitude, un éparpillement où tout conspire. Comme les similitudes sont à lire dans la poussière des choses, la collection est une pratique indissociable de la science. Elle fait voisiner les "naturalia" et les "artificialia", le merveilleux humain dans ses ouvrages extraordinaires et les êtres insolites qu'engendre le monde dans ses profondeurs lointaines: animaux rares empaillés ou conservés dans l'alcool, insectes, poissons, reptiles, monstres, fossiles, cristaux, pierres précieuses, perles, coquillages,armes, poisons, remèdes, plantes, statues antiques, portraits d'hommes illustres, instruments mathématiques et astronomiques, sabliers, clepsydres, horloges, automates, cartes, sphères armillaires...Qu'il soit condamné comme "vanité" (quel renversement, entre les instruments d'optique et d'astronomie, et l'anamorphose de la mort autour des Ambassadeurs de Holbein!) ou conçu comme un catalogue méthodique de l'univers (à l'exemple de la collection d'Elias Ashmole léguée à l'Université d'Oxford ou de celle dont Sir Hans Sloane devait faire don à la nation anglaise) ou encore qu'il soit délibérément enrichi de toutes sortes d'"invenzioni di stupore" et de promesses de révélations (telle la collection d'Athanase Kircher au Collegio Romano), le cabinet de curiosités est le théâtre du savoir. Comment s'étonner que l'artifice mécanique y soit noyé dans le merveilleux indistinct de tant de prodiges?

"La Représentation qui se fit à Paris septemb. 1675. sur la rivière deSeine, d'une Machine qui sert à marcher sur l'eau, m'a fait naître la pensée suivante, laquelle quelque drôle qu'elle paraisse, ne laisserait pas d'être de conséquence, si elle était bien exécutée. Supposons que quelques personnes de considération, entendues aux belles curiosités, et surtout aux machines, soyent d'accord ensemble, pour en faire des représentations publiques"... On aura reconnu la "Drôle de pensée touchant une nouvelle sorte de représentation" et son auteur: Leibniz. Son idée n'est pas tant de rassembler des choses, en une concentration totalisante des cabinets de curiosités, que d'instrumenter des représentations, des démonstrations, des effets. Quant aux spectacles, ce serait trahir le texte que de le résumer, ou d'en choisir quelques uns au détriment des autres. Ce qui est beau, c'est qu'ils y sont tous: toutes les foires, toutes les expositions,tous les conservatoires, tous les musées, tous les opéras, toutes les bibliothèques, discothèques, cinémathèques, planetariums laboratoires, jardins botaniques, ménageries, tous les casinos, les ludothèques, les carousels et les salles d'armes passés, présents et à venir! Ce texte étourdissant (30) se situe à la charnière de deux époques: alors qu'il semble récapituler et amplifier démesurément le mode théâtral traditionnel de l'exhibition mécanique, faisant surgir devant nos yeux le théâtre des inventions, il anticipe sur les modes ultérieurs de présentation, d'appréhension, de conservation et même de perfectionnement des machines: modèles réduits, maquettes, machines expérimentales, conservatoires, laboratoires, bureaux d'études.

A propos des véhicules et des procédures de l'information en matière de machines, dans cette deuxième moitié du XVIIe siècle, on peut rassembler des renseignements épars et relever certains indices convergents de l'affleurement de pratiques nouvelles. D'abord, certaines collections commencent à se spécialiser. A Nuremberg, à Berlin, à Milan et à Bologne, des collectionneurs marquent une prédilection pour les machines, horloges et automates. Il en est de même à Genève, à Berne et à Bâle. On peut se faire une idée de ce que pouvait être le sort réservé aux machines dans les cabinets d'amateurs d'après le <u>Recueil d'ouvrages curieux de mathématique et de mécanique</u> ou Description du cabinet de M. Grollier de Servière (Lyon, 1719). Grollier décrit le cabinet de son grand-père, dont la disposition n'a pas changé, depuis deux générations. "M. de Servière a seul inventé tout ce qu'on y voit". Et on y voit principalement des machines. Comme je ne dois pas m'écarter de l'idée de feu M. de Servière, laquelle a été de laisser deviner aux personnes curieuses les moyens dont il s'est servi pour exécuter la plupart de ses ouvrages, on ne doit pas trouver mauvais que, dans la première et la seconde partie...je me réduise à une explication simple des effets des horloges sans développer l'Art qu'il a employé pour leur donner le mouvement. Je n'en userai pourtant pas de même dans la troisième partie, qui est celle dont le public peut tirer de l'utilité. Non seulement je donnerai des figures des machines qui la composent, mais encore je les expliquerai le plus clairement qu'il me sera possible; et je n'oublierai rien de ce qui pourra contribuer à l'exécution des idées de cet illustre mathématicien". Cette dualité dans le mode d'exposition fait des deux premières parties un recueil de curiosités, au lieu que la troisième présente des machines utiles au travail.

Mais la question qui se pose aussitôt est la suivante: comment ces machines étaient-elles exécutées, et fonctionnaient-elles, dans le cabinet de Lyon? S'il s'agissait véritablement de "modèles" comme le dit le texte, quelles en étaient les dimensions? Faisait-on fonctionner devant les visiteurs les pompes et les moulins? Il serait intéressant de le savoir, pour comprendre comment s'articulent littérature et démonstration, exposition et représentation, en un temps où la publication des machines va devenir une préoccupation primordiale et une affaire d'Etat. Or il est douteux que le gentilhomme lyonnais, né trois ans avant Descartes, ait exécuté des maquettes de tous les dispositifs évoqués et qu'il les ait exposés. Les gravures nous montrent des machines en situation, non des modèles réduits ou des pièces de collection. Elles ressemblent à des planches de Théâtres plus qu'à des représentations d'après nature. Les soi-disant inventions de la troisième partie sont souvent des machines traditionnelles, ou des idées de machines dont un dessin a pu conserver la trace. Grollier a peut-être eu un porte-feuille de gravures pour les premières et il l'aura enrichi de ses propres inventions. En tout cas, les modèles dont on nous parle ne sont ni les copies à échelle réduite d'une machine réellement en usage, ni le moyen d'expérimenter sur une idée nouvelle, ni l'archétype à partir duquel exécuter en grandeur rélle autant de répliques que l'on voudrait. Le "modèle" et le cabinet ne font référence à rien d'extérieur à eux-mêmes.

Peut-on généraliser? Il serait téméraire de conclure à partir de ce seul exemple que les machines étaient absentes des cabinets d'amateurs. Il existe d'autres raisons qui incitent à penser que les modèles de machines réellement en usage ont une autre origine et une autre destination. Bien qu'il témoigne d'une spécialisation mécanique très nette, par quoi il se distingue des cabinets curieux du XVIIIe siècle, le cabinet de Servière n'est assimilable ni au cabinet de physique expérimentale et mondaine du siècle suivant, ni au cabinet de modèles tel qu'il commence à apparaître au début du règne de Louis XIV, à la Bibliothèque du roi ou à l'Observatoire. Il reste à l'écart du grand mouvement qui un peu partout se dessine, à partir duquel les machines seront saisies à travers un réseau ne devant plus rien au théâtre et qui fera des "modelles en petit" l'instrument irremplaçable de la diffusion et de l'étude des mécanismes.

Les collections d'instruments nouveaux, utilisés et non seulement exhibés par des hommes cultivés comme Peiresc, Louis de Puget, de Thou, Hesselin ont joué un rôle beaucoup plus significatif (31). C'est qu'elles rassemblent des appareils de mesure et que savants et artisans y font ensemble l'apprentissage de la mesure précise du temps et de l'espace. Alexandre Koyré a écrit des pages inoubliables sur cette "conversion de l'*épistèmè* à la *technè* qui a rendu possible le passage de la machine éotechnique à la machine paléotechnique: "C'est la technologie naissante qui a donné à la seconde ce qui forme son caractère propre et la distingue radicalement de la première, et qui n'est rien d'autre que la *précision*" (32). Il fait ressortir la "situation paradoxale de la science moderne au moment de sa naissance: possession de lois mathématiques exactes et impossibilité de les appliquer parce qu'une mesure précise de la grandeur fondamentale de la dynamique, c'est-à-dire le temps, n'était pas réalisable" (33).Du moins, pour la réaliser, il fallait que des raports d'un type nouveau s'établissent entre fabricateurs et utilisateurs d'instruments. Dans la coopération qui s'instaure entre l'homme de science et l'artisan, entre Descartes et Ferrier ou entre Ch. Huygens et Salomon Coster ou Isaac Thuret, l'utilisateur devient l'inventeur de dispositifs nouveaux réalisés sur ses directives et sous son contrôle. Collaboration difficile: plus elle se révèle indispensable, plus elle débouche sur des rapports orageux. On se rappelle aussi les démélés de Pascal avec "un ouvrier de la ville de Rouen", auteur d'un "petit avorton" qui faillit décourager l'inventeur de la machine arithmétique (34).

Sur quelles représentations,provisoires, de la machine projetée essaient-ils de se mettre d'accord? "Depuis que je vous ai quitté, écrit Descartes à Ferrier le 18 juin 1629, j'ai beaucoup appris touchant nos verres, en sorte qu'il y a moyen de faire quelque chose qui passe ce qui a été vu; et le tout semble si facile à exécuter, et est si certain, que je ne doute quasi plus de ce qui dépend de la main, comme je faisais auparavant. Mais c'est une chose que je ne saurais écrire; car il arrive mille rencontres en travaillant,qui ne se peuvent prévoir sur le papier et qui se corrigent souvent d'une parole quand on est présent" (35). Bien que Descartes la trouve insuffisante, la description par mots et figures est indispensable, au moins au départ: "Afin que vous jugiez, auparavant que de vous y employer, si c'est chose qui puisse réussir, je vous décrirai ici une partie de ce que j'en ai pensé et vous en enverrai des modèles au prochain voyage" (36). Des plans, des dessins, accompagnés d'explications, voilà ce que sont ces "modèles" promis par Descartes. Mais rien ne vaut, pour s'entendre et pour comprendre, un "modèle" ou analogon matériel. Le tourneur d'Amsterdam qui a pris le relais de Ferrier pour fabriquer la machine à tailler les verres hyperboliques "me dit qu'il ferait premièrement un modèle de bois de toute la machine; je crois que c'est par là qu'il doit commencer; et sitôt qu'il l'aura fait, j'irai très volontiers à Amsterdam exprès pour la voir, et lors il lui sera aisé de comprendre tant les choses qui doivent y être observées, que celles auxquelles il n'est pas besoin de s'astreindre" (37). "J'étais jeudi dernier à Amsterdam, où je vis un modèle de bois qu'il avait fait, lequel me servit à lui faire entendre toutes les menues circonstances qui me semblent devoir être observées en la machine" . Mais Descartes ajoute qu'il ne saurait s'attendre à réussir de si tôt, car "il lui faudra du temps pour préparer ses machines et il lui faudra un peu d'exercice pour acquérir l'usage, qu'il ne possède pas encore, de polir les verres" (38).

La "pascaline", exposée et mise en vente chez Roberval, est l'occasion d'une remarque significative, dans l'*Avis nécessaire à ceux qui auront la curiosité de voir la machine arithmétique et de s'en servir*... daté de 1645: le public sera peut-être surpris que l'inventeur n'ait pas pris la peine d'expliquer "par écrit et sa construction et son usage, et que, pour rendre ce discours intelligible", il n'ait pas représenté "suivant la méthode des géomètres...par figures les dimensions, la disposition et le rapport de toutes les pièces et comment chacune doit être placée pour composer l'instrument et mettre son mouvement en sa perfection". L'inventeur lui répond: "J'espère que tu approuveras que je me sois abstenu de ce discours, si tu prends la peine de faire réflexion d'une part sur la facilité qu'il y a d'expliquer de bouche et d'entendre par une brève conférence la construction et l'usage de cette machine, et d'autre part sur l'embarras et la difficulté qu'il y eût eu d'exprimer par écrit les mesures, les formes, les proportions, les situations, et le surplus des propriétés de tant de pièces différentes; lors tu jugeras que cette doctrine est de celles qui ne peuvent être enseignées que de vive voix; et qu'un discours écrit en cette matière serait autant et plus inutile et embarrassant que celui qu'on emploierait à la description d'une montre, dont toutefois l'explication est si facile, quand elle est faite de bouche à bouche" (39). La mécanique nouvelle n'est pas spectaculaire: la description verbale en serait inutilement prolixe. Les procédés traditionnels d'appréhension et de communication sont remis en cause. Un coup d'oeil sur l'original et quelques mots: les machines les plus authentiquement originales ne demandent pas plus. Mais du même coup, la réalisation matérielle de l'idée, avec ses détails de façon et de fabrication, les manoeuvres de son emploi, devient porteuse d'une information irremplaçable. Pour l'auteur de l'invention, seul importe désormais le travail qui en transporte le "dessein" dans la matière machinale. C'est d'abord pour cela que les machines quittent le théâtre et renoncent à l'illusion d'une existence sur le papier. Les Théâtres prétendaient être le lieu d'apparition des nouveautés; mais l'innovation mécanique décisive ne pouvait se réaliser qu'en récusant le théâtre.

Il existe bien d'autres indices d'une conversion singulière de la curiosité mécanique aux alentours de 1650. Les inventions ne sont plus seulement ces dispositifs toujours à venir, ces promesses en image qu'on faisait miroiter dans les livres: on les découvre autour de soi, déjà réalisées, et bientôt on les y cherche. L'idée ingénieuse n'est plus obligatoirement au futur: on lui découvre un présent et un passé, non plus fabuleux et antique, mais laborieux et familier. Les machines n'ont plus dans les livres leur domaine privilégié; il en existe d'innombrables dans les ateliers et les fabriques, utilisées, méconnues ou oubliées. Vers elles se tournent alors les regards, vers l'obscur théâtre où se façonnent les étoffes et les armes, les ustensiles et les outils de tous les jours. L'abbé Michel de Marolles rassemble, à partir de 1644,une collection d'estampes sur les arts; en 1667, il en avait acquis environ cent-vingt-trois mille. Son objet est inépuisable: "toutes les Mécaniques qui s'exercent dans Paris" (40). Dans ses deux Catalogues des Livres d'estampes et de figures en taille-douce (41), on trouve, à côté de toute l'iconographie des vieux livres de machines, des pièces sans nom d'auteur, dont des estampes concernant l'orfèvrerie, les dentelles, la broderie,, un Recueil des figures et pièces du métier à bas, le Fidèle serrurier de Mathurin Jousse,... autant de témoignages d'une curiosité pour le monde du travail. Les graveurs scrutent machines et outil d'un oeil aigu. Le catalogue de 1666 se termine par l'esquisse d'une grande histoire de tous les arts. En 1667, Colbert acheta ce cabinet d'estampes pour la Bibliothèque u roi, sensible à l'intérêt politico-économique du regroupement de ces témoignages. Mais ces documents de valeur inégale et aux visées disparates ne pouvaient suffire à la grande entreprise dont il défendait l'idée.

Si la machine en action est le seul index sui, il importe d'aller la voir là où elle se trouve, d'où l'enquête, et d'élaborer un sytème de signes permettant de la reproduire, d'où les recherches sur la représentation par modèles.

Les voies du progrès passent par la connaissance de ce qui existe déjà. Aux Maire et Echevins d'Amiens, Colbert écrit le 26 septembre 1670 : "Comme Sa Majesté désire être informée de l'état de ladite manufacture, du nombre des métiers qui y sont présentement montés, battant et actuellement travaillant, comme aussi quel nombre d'ouvriers français et étrangers y sont employés, ...son intention est que vous vous transportiez en ladite manufacture, pour dresser votre procès verbal des choses ci-dessus" (42). Le Roi assortit ses subventions d'un contrôle aussi minutieux et régulier que possible. Le ministre prépare soigneusement les tournées de l'Inspecteur Général des Manufactures, Bellinzani, par des mémoires attirant son attention sur les personnes soupçonnées de laxisme, ou les manufactures connues pour leur laisser-aller (43).A Voisin de la Noiraye, Intendant à Tours, il adresse en revanche le satisfecit suivant: "Je suis bien aise de voir par toutes vos lettres le soin que vous prenez de visiter les manufactures établies dans quelques villes de votre généralité et de tenir la main à l'exécution des statuts et règlements. Vous ne pouvez rien faire qui soit plus utile et plus avantageux aux peuples" (pièce n° 132). A la curiosité nécessairement dispersée dont témoignaient les gravures de la collection de Marolles répond donc l'inspection systématique et continuelle mise en place par Colbert, avec ces relais du pouvoir central que sont les inspecteurs généraux et régionaux des manufactures, chargés non seulement d'enquêter mais aussi de promouvoir les inventions et de favoriser l'emploi des machines. Choisis parmi les marchands et les industriels les plus avertis, possesseurs à ce titre de connaissances techniques, ces hommes assurent la police de la fabrication.

Leministre nes'en tient pas à cet échange de correspondance. Le 29 juin 1670, il écrit aux propriétaires de la fabrique de draps d'or et de rubans de Chevreuse: "Le Roi désirant faire mettre dans sa Bibliothèque des modèles des machines les plus curieuses, les intéressés en la manufacture de rubans établie à Chevreuse feront voir au Sieur Niquet les nouveaux métiers sur lesquels se font plusieurs rubans à la fois, et lui laisseront prendre sur lesdits métiers les mesures dont il a besoin". Les procédés graphiques sont trop imparfaits pour qu'on se satisfasse d'une gravure ou même d'un plan. A défaut de la machine elle-même, le modèle réduit est la seule représentation convenable. L'information qu'il fournit, sur la structure, les matières, est la plus complète qu'on puisse imaginer à l'époque. Il est plus probant aussi que tout autre analogon puisqu'on peut -- ou ne peut pas! -- le faire fonctionner. Enfin, par expérimentation sur les dimensions relatives des parties de la machine, il est un instrument pour connaître et améliorer les mécanismes. Les vues de Colbert en économie politique recoupent les souhaits d'un savant comme Huygens, qui écrivait en 1667: "Pour les inventions qui consistent en pratique comme des machines utiles ...et parce que l'intelligence de celles qu'on voit donne souvent occasion et moyen d'en inventer d'autres comme aussi de perfectionner ces premières, il serait bon de faire construire des modèles de toutes les machines utiles qui sont en usage, comme de différents moulins, de pompes et autres inventions pour élévation des eaux, de celles qui servent à mouvoir de grandes pesanteurs, et autres qu'on emploie dans différents métiers, lesquels modèles on arrangerait dans une chambre, avec l'éclaircissement nécessaire par écrit ajouté à celles qui en ont besoin" (44). Postérieur à la machine effective, le modèle devient, entre les mains d'un expérimentateur, un artefact manipulable, la matrice de machines futures. Niquet puis Couplet, mécaniciens-pensionnaires de l'Académie royale des sciences ont la charge de réunir et de conserver dans la Bibliothèque du roi ce Cabinet des modèles, qui n'a plus rien de commun avec les collections mentionnées plus haut. Cependant, il est loin de réaliser tous les espoirs mis en lui par Huygens. Conservatoire des dispositifs les plus ingénieux de l'industrie du royaume, sorte de vue synoptique des techniques les plus perfectionnées, il peut à la rigueur fournir une norme aux réalisations à venir et un instrument à la politique économique. Il s'adresse aux manufacturiers, aux inspecteurs bien plus qu'aux curieux, certes, mais aussi bien plus qu'aux savants. Enfin, Diderot n'a pas été le premier à "aller dans les ateliers", mais il a dit l'avoir fait pour d'autres raisons: précisément pour qu'une histoire générale des arts ne soit pas "renfermée dans la bibliothèque du monarque et inaccessible à d'autres yeux que les siens, un livre de l'Etat et non du peuple".

L'exposition de modèles de 1683, rue de la Harpe (45), supposait bien la réalisation de véritables maquettes, mais on a pu établir que leur origine était le plus souvent livresque. Il n'y avait là aucune de ces machines en usage dont la présentation aurait effectivement constitué la première exposition documentaire. Autre déception: la méthode de réduction n'adopte pas, pour une même machine, une échelle unitaire, ce qui est d'autant plus curieux que l'auteur du catalogue fait de la proportionalité stricte, qu'il relie expressément à l'effet, la condition de validité du modèle. Tout se passe comme si l'idée de conservatoire était apparue avant même que l'on fût en mesure de réaliser de véritables modèles réduits.

L'Académie avait été cependant associée relativement tôt à la tâche. Dès 1668, s'il faut croire Fontenelle, elle "chargea MM. Niquet et Couplet de faire faire des modèles de diverses machines les plus en usage; elle crut qu'en les examinant avec attention, elle trouverait peut-être des moyens de les perfectionner ou de les simplifier" (46). Et pour l'année 1671, Fontenelle mentionne: "On ne négligea pas le sensible de la Mécanique. Diverses machines renvoyées à l'Académie par ordre de M. Colbert furent examinées: telle fut par exemple une machine pour nettoyer les ports, et une autre pour broyer et moudre les grains etc. MM. Niquet et Couplet continuèrent aussi à faire exécuter des modèles des machines les plus en usage dans les différents arts" (47). Les machines nouvelles étaient-elles réalisées en petit, ou examinait-on des plans, voire des descriptions? En faisait-on l'épreuve pour démasquer les "inventions spécieuses" (48) ? On a, en tout état de cause, rapproché très tôt, à l'Académie, l'examen théorique des machines et la construction de modèles à finalité probatoire, mais sans que ceux-ci relèvent d'une enquête systématique sur les ressources mécaniques du temps.

Le 19 juin 1675, par la voix de Claude Perrault, Colbert enjoint à l'Académie "d'examiner les moyens de faire un traité des mécaniques, avec une description exacte de tous les arts et métiers dont on se sert à présent en France et en toute l'Europe" (49). Plusieurs traits singularisent cette intervention. La source de l'injonction: derrière Colbert, le Roi. Ses destinataires: l'Académie, le corps des savants. Et sa brusquerie, rompant avec le passé et la tradition. La compagnie est investie par le monarque d'une charge dont les savants n'ont pas eu jusqu'alors l'idée claire: puiser dans le fonds des machines utilisées les spécimens dont la théorie et la description seront systématiquement développées. On ne se contente plus du pittoresque anecdotique des tailles-douces: dans une réflexion laborieuse, le savoir établi est invité à se retourner sur les besognes aveugles mais opérantes que leur banalité avait déconsidérées, et de cette réflexion, les machines sont le principal objet. Et leur importance se mesure alors à leur utilité, à leur valeur d'usage et à leur fonction dans l'économie des transformations de l'objet fabriqué. Enfin, le "Traité de mécaniques" et la "description", dont les rapports demandent à être précisés, se répondent comme deux éléments corrélatifs de l'entreprise.

Colbert poursuivait: "Sa Majesté veut que ce traité soit d'utilité, et puisse être entendu et pratiqué facilement par toutes sortes de personnes"...On demande au corps des savants de formuler en un langage à la portée des hommes de métiers intelligents mais sans instruction les applications sûres de la théorie, les avantages indiscutables que la pratique peut tirer des enseignements de la science, épurés des vaines disputes d'école (50). Si un tel ouvrage fait encore défaut, on doit noter que, dans l'esprit du commanditaire, le contenu théorique semble être tenu pour déjà acquis: le travail consiste seulement en une mise en forme méthodique. Et il ne doit durer que quelques jours. Même si l'on s'adresse à des savants connus pour leurs recherches "fondamentales" en ce domaine, on n'attend pas d'innovation théorique en matière de mécanique. Disons-le carrément, il ne s'agit pas de généraliser à toutes les machines une application de la géométrie comparable à celle que Huygens vient de réussir dans son Horologium Oscillatorium de 1673. Une sorte de répartition des domaines est, peut-on supposer, tacitement admise: Huygens est chargé de l'horlogerie, Blondel des principes des machines de force en usage dans l'architecture et à la guerre, Mariotte de l'hydraulique, Picard des instruments de précision.

"On a chargé M. Buot de faire un catalogue et une description des principales machines, pour être rapporté à la compagnie; il sera aidé pour cela par MM. Pasquier et Duvivier". Est-ce donc seulement un livre qui se voit investi de la fonction du conservatoire? Certes, du théâtre que l'on quitte, on ne peut plus clairement prendre congé: c'est un miroir fidèle que l'on veut, pour l'instruction présente et future, pour conserver la mémoire d'un temps où les techniques ont acquis de l'aveu de tous un degré de perfection jamais égalé. Cette précaution, si les Anciens en avaient eu l'idée, aurait épargné bien des peines. En ce sens, mais en ce sens seulement, l'entreprise de 1675 rencontre l'idée de progrès. Faire le point, laisser une marque de ce que l'on sait faire, en un moment privilégié dont les réussites sont estimées exemplaires et après lequel ne saurait venir, nécessairement, que la décadence. La description conduit les arts à leur achèvement, à leur perfection. Mais la préparation de ce catalogue ou de ce livre recoupe très vite les tentatives de construction de modèles. Comme si les académiciens avaient été conduits par une incontournable nécessité à contester le pouvoir des mots et les vertus de l'image: "M. Buot commença dès lors à en décrire quelques unes des plus en usage, ou d'un usage plus connu; on ne fit faire des modèles qui ont été conservés" écrira Fontenelle dans l'Histoire de l'Académie. "A cette occasion, plusieurs personnes apportèrent à l'Académie diverses machines de leur invention. M. Leibniz, nommé académicien dès ce temps-là, fit voir sa machine arithmétique et un nouveau principe de régularité dans les montres..." Quels modèles l'Académie fit-elle exécuter d'après les machines en usage? On est moins bien renseigné sur eux que sur les inventions que leurs auteurs venaient faire approuver. Mais il semble que la Bibliothèque du roi, puis le Cabinet de l'Observatoire, contenaient effectivement les deux sortes de modèles. Le recueil de Gallon, Machines et Inventions approuvées par l'Académie royale des sciences depuis son établissement jusqu'à présent (1735) le donne aussi à penser, bien qu'il ne fournisse pas tous les éléments de réponse.

Le changement décisif que traduit cette nouvelle attitude a trait au rapport nouveau qui s'établit entre l'atelier et la collection, ou entre la manufacture et l'exposition. Comme jadis le trésor des merveilles, c'est le système des métiers qui mérite d'être considéré et examiné. Machine et travail se rencontrent. Mais l'examen, du même coup change de style et de nature, de visée et de portée. La machine qui le retient n'est plus la référence épidictique, mais la norme sélectionnée par une enquête où les instances scientifiques et économiques se corroborent mutuellement. C'est pourquoi il faut un organe institutionnel de cette collaboration - l'Académie -- par delà les savants en tant qu'individus, si prestigieux soient-ils.

L'Académie n'exécuta pas la tâche dont elle avait avec tant de diligence entériné les modalités. Buot, chargé du catalogue et de la description des principales machines, devait mourir en 1677 sans que son travail de deux années ait donné lieu à la publication espérée. Il ne fut pas remplacé: le projet de 1675 fut mis en sommeil. Les académiciens furent employés à des tâches plus ponctuelles et plus directement utilisables par le roi, soit à Versailles, soit aux armées. Les idées de 1675 ne sont pas cependanr restées sans effet, dans ce grand corps quelque peu assoupi jusqu'à la réforme de 1699. Dans les dernières années du siècle, deux faits reçoivent d'elles leur pleine intelligibilité.

D'abord, à partir de 1692, l'abbé Bignon réunit régulièrement chez lui Filleau des Billettes, Jaugeon et le Père Sébastien Truchet, auxquels se joint l'artisan Simonneau. Ce groupe de Travail, composé de personnes encore étrangères à l'Académie, mais supervisé par son secrétaire en personne, prépare une "Description des arts et métiers" dont une addition aux Procès-verbaux de l'Académie conserve la trace (Tome XIII) (51). Les machines, contrairement aux projets de 1675, ne tiennent plus ici la première place. Ce sont les métiers, et les "manoeuvres des arts" qui constituent l'articulation méthodique de la nouvelle description. Après la réforme de 1699 et l'entrée des trois hommes dans la Compagnie, Jaugeon acheva en 1704 le premier tome du Traité des Arts de l'Académie des sciences, qui ne fut pas publié mais dont subsistent deux manuscrits (52). Réaumur succèdera à Jaugeon et à des Billettes.

D'autre part, l'Académie patronna en 1695 le Traité de Mécanique de Philippe de la Hire, dans lequel on peut voir la réalisation tardive de la première partie du projet de 1675. Le grand traité explicitant les prémisses théoriques voit enfin le jour, mais il est rédigé par un homme qui n'avait pas été associé aux travaux antérieurs, n'étant entré à l'Académie qu'en 1678. La Hire prend bien soin d'indiquer le caractère résolument moderne de son propos. Certes, les Anciens furent, en ce domaine aussi, des maîtres, mais leurs ouvrages nous manquent.Leurs machines de guerre étaient des merveilles d'ingéniosité: hélas, "depuis l'invention de la poudre à canon, toutes les catapultes, les Béliers, les grandes tours mouvantes et une infinité d'autres instruments de guerre étant devenus inutiles, à peine nous reste-t-il une légère connaissance de leur construction". Si les modernes ont des innovations mécaniques à mettre à leur actif, elles n'ont pas, dit curieusement La Hire, "de si grands usages dans la vie civile que celles des Anciens en avaient en leur temps".C'est faire bon marché de la différence massive que Fontenelle souligne ainsi: "Les Anciens ne savaient point comme nous faire travailler l'Eau et l'Air en la place des Hommes et des Chevaux" (Histoire de l'Académie pour 1699, p.134). Paradoxe voulu ou concession plaisante et complaisante aux défenseurs des Anciens, l'argument de La Hire ne sert, en définitive, qu' faire valoir la véritable originalité des modernes. Une originalité épistémologique. Les modernes sont les fondateurs d'une mécanique qui est en même temps science de la nature. On voit, grâce à elle, dans les machines quelque chose qu'on n'y avait jamais vu auparavant. La mécanique conduit à deux sortes d'usages, dans la pratique des arts et dans la physique. A la première, elle apporte des perfectionnements: la théorie des centres d'oscillation a conditionné les progrès récents de l'horlogerie. A la physique, la mécanique offre des explications et des modèles, partout transportables, et curieux: par exemple, elle rend raison du mouvement des animaux. Deux remarques s'imposent: -- la conscience de modernité, chez La Hire, est polarisée par une mécanique mettant la géométrie en mesure de régler l'exécution mécanicienne; -- bien qu'il soit en relation historique certaine avec l'injonction de Colbert, vieille de vingt ans, le Traité de La Hire est donné au public sans qu'on annonce à sa suite la Description des Machines.

L'Académie dut attendre jusqu'à l'année de son "renouvellement" (1699) le règlement, établi par Pontchartrain, qui édicte ses devoirs en matière de machines. L'article XXXI déclare: "L'Académie examinera, si le roi l'ordonne, toutes les machines pour lesquelles on sollicitera des privilèges auprès de Sa Majesté. Elle certifiera si elles sont nouvelles et utiles: et les inventeurs de celles qui seront approuvées seront tenus de lui en laisser un modèle". Dans l'Histoire de l'Académie (pour l'année

1699), rédigée alors que le travail est déjà entamé, Fontenelle distingue très bien les deux finalités qu'on lui assigne: "L'examen que fait l'Académie roule toujours sur deux points principaux. 1. On prend garde d'abord si la machine proposée est effectivement nouvelle, ce qui demande une grande connaissance historique de toutes les machines...Quelques unes, qui ont brillé par leur nouveauté se sont trouvées dans le Cabinet où l'Académie rassemble différents modèles! 2. Il faut qu'une machine soit utile, et d'un usage assez commode; et sur la discussion de ce point, on met en oeuvre toute la science de la mécanique..." Le Cabinet des machines de l'Académie apparaît comme un conservatoire, à la fois instrument et effet de l'examen qu'elle fait porter sur les machines. Instrument, parce que si la discussion met en oeuvre toute la science de la mécanique, c'est le modèle réduit construit sur les directives de l'inventeur qui est mis à épreuve et qui acquiert valeur probante; c'est lui qui montre l'effet, non celui qu'on se flatte d'atteindre, mais l'effet réel. Mais le Cabinet est aussi le résultat de l'examen, il sanctionne une approbation: les modèles qu'il retient sont la mémoire de l'Académie.

L'Académie attendit l'initiative de Gallon, en 1729, pour publier le recueil des machines approuvées. Il lui proposa de faire "un recueil de dessins avec des Descriptions succinctes de chacune de ces machines qu'elle avait examinées, ou dont elle avait fait construire des modèles". En 1735, Gallon fit paraître six volumes, couvrant la période 1666-1734. Un volume suivra en 1777 pour les machines approuvées au cours des années 1734-1754. Jusqu'au début voire au milieu du XVIIIe siècle, les modèles sont donc le principal "mode d'existence" des machines nouvelles, dont l'examen a été concluant. C'est un inconvénient subalterne -- elles ne sont visibles que sur place -- que lève la publication de ces livres. Or, pour être nouvelles, ces machines ne nous éloignent pas des ateliers de l'époque. B. Gille avait raison de remarquer que les Machines et Inventions contiennent "des notices très utiles sur une multitude d'industries" et Gallon d'y voir un moyen de contribuer à "la perfection de ces machines, ou de l'art des machines en général".

En 1695, Charles Perrault fait paraître un petit ouvrage curieux: le Cabinet des Beaux Arts. C'est un projet, illustré, pour la décoration d'un salon qui leur serait consacré, à Versailles. Les Beaux Arts ne sont pas seulement les arts du beau: ils englobent l'Optique et la Mécanique. Au plafond et sur les murs du salon, chacun sera symbolisé et illustré par les "inventions et beaux ouvrages produits depuis le début du siècle". Peu de texte, dans le livre, l'essentiel étant dit par les choix iconographiques. Laissons donc parler la gravure consacrée à la Mécanique. Qu'y voit-on? Le chantier de la Colonnade du Louvre (Claude Perrault), la machine de Francini, l'horloge de Huygens et le métier à bas. Dans le texte, Perrault le "regarde comme le fruit de la plus profonde méditation dont l'esprit humain soit capable; c'est beaucoup faire que de le comprendre, et il est fâcheux qu'on ignore le nom de celui qui l'a trouvé ".

CHAPITRE II

LA MANOEUVRE DES VAISSEAUX

Il est sans doute paradoxal de concentrer l'attention sur le vaisseau, au début d'une enquête sur la théorie générale des machines. D'abord, parce qu'on semble faire peu de cas de l'exigence de généralité. Ensuite, parce que le voilier ne paraît pas occuper dans l'arsenal de la pensée classique la place éminente de l'automate, plus précisément de l'horloge. Au moins à première vue.

Un cas singulier, certes. Aux XVIIe et XVIIIe siècles, le vaisseau a connu des améliorations, il n'a pas subi de transformations révolutionnaires. Et dans le même temps, cependant, il a accédé à un statut nouveau de positivité, à un autre espace épistémologique. Commander, gouverner, construire, obéissent à un autre régime de représentation et de savoir. D'un régime qui oppose le vaisseau et la machine, on passe à un régime qui fera du vaisseau une machine. Essayons de rassembler et d'interpréter les témoignages de cette transformation spectaculaire et oubliée.

Le vaisseau de haut bord, le trois-mâts du Ponant, héritier de la "nef du Ponant", apparaît sous Louis XIII. Le plus grand navire français de l'époque, la Couronne, construite en 1638, porte soixante-douze canons, sa longueur de flottaison est de cinquante mètres pour une largeur de quinze, et elle est manoeuvrée par un équipage de six-cents hommes.

Pendant un siècle et demi, c'est à ce type de vaisseau que les grandes puissances maritimes, l'Angleterre, les Pays-Bas et de façon intermittente la France, demanderont de leur assurer la maîtrise des mers. Il n'y a pas de différence de nature tranchée entre les bâtiments destinés au commerce, équipés aussi de canons, et ceux de la flotte de guerre, réunis en escadre pour s'affronter en combat naval, sinon que ces derniers, appartenant à l'Amirauté, voient très tôt converger sur eux les efforts délibérés de perfectionnement. Instrument d'une politique militaire et d'une stratégie politique, le vaisseau est-il d'entrée de jeu une machine?

Il est régulièrement absent des Théâtres de machines, comme s'il n'avait pas sa place au musée imaginaire de l'intelligence mécanicienne. Que d'obstacles, en effet! L'aventure maritime tourne le dos au monde stable de la mécanique. Insaisissable et rebelle, le vaisseau en élude les certitudes, les régularités alternatives ou circulaires. Sa manoeuvre s'apparente plus au dressage des chevaux qu'à l'usage d'une machine. Les mouvements assignables de celle-ci supposent au moins un point fixe; sur le navire, "vous êtes embarqué", l'horizon même bascule. Et les arsenaux occupent la périphérie la plus reculée du royaume...Dix huit ans après avoir pris en main le pouvoir, Louis XIV n'avait encore vu aucun de ses vaisseaux! Affaire de spécialistes, lexicalement ésotérique, la marine pose et résout seule ses obscurs problèmes. Le pouvoir central peut bien vouloir en faire l'instrument de son rayonnement, elle n'est pas encore entrée dans la problématique unitaire de la pensée technicienne.

Les spécialistes qui en ont la charge sont les constructeurs et les capitaines. Les uns et les autres sont des "gens de métiers". Les maîtres-charpentiers n'ont rien de commun avec ces ingénieurs militaires qui depuis la Renaissance raisonnent leur pratique en termes de mathématiques. Les "maîtres de hache" appliquent prudemment de leur côté des recettes d'atelier, souvent sous le sceau du secret, soupçonnant le péril qu'ils feraient courir au bâtiment, s'ils s'avisaient de tenter quelque modification. A ceux qui s'y essaient, la mer pardonne rarement. Ainsi règne un pesant conservatisme, assorti cependant d'un inséparable laxisme, dû au fait qu'on construit sans plans et sans calculs, ce qui interdit toute standardisation. Sur le vaisseau, l'initiative individuelle laisse peu de traces, tout y est anonyme. Tout au plus les différences nationales apportent-elles quelque originalité dans le tracé des carènes, la disposition des mâts, la dimension et la forme des voiles. Les inventions imaginaires, les fantaisies, n'ont pas leur place ici. Dans tout ce qui touche à l'architecture navale, l'exigence de l'épreuve est si omniprésente qu'elle prend même le pas sur la problématique de la preuve. Dans les ouvrages qui vont se multiplier, on n'écrit pas pour proposer des nouveautés, mais pour publier des données jusqu'alors jalousement gardées par les constructeurs, sanctionnées par une longue pratique. L'ancienneté en fait le prix. La pratique des plans, qu'ils généralisent, ne débouche pas directement sur celle des calculs. La mathématique appliquée, la statique des corps flottants ne tenteront qu'après coup de rendre raison des performances du navire et de contribuer à son perfectionnement. Le vaisseau n'est pas encore saisi comme un défi lancé à l'investigation scientifique.

L'officier de marine ne songe pas davantage à être homme de science. Le maître d'équipage qui dirige la manoeuvre ignore la langue des ingénieurs. L'art de naviguer exige des connaissances géométriques et astronomiques, dispensées par les professeurs d'hydrographie, mais le point et la détermination de la route sont à la charge du pilote, non du capitaine. Le pilotage est une discipline intégralement géométrique, tandis que la manoeuvre reste intégralement empirique. Au XVIIe siècle, l'art de naviguer s'élabore comme une science ne concernant pas le vaisseau directement, mais l'hydrographie, la géographie maritime, la"sphère" et l'astronomie nautique. Quand on arme un vaisseau, on engage un pilote, un homme de l'art, qui apporte avec lui ses instruments et ses livres. Le quart de cercle, le quadrant, l'astrolabe, le compas, la boussole, le quartier de réduction, les horloges, les tables et les cartes ne font pas partie intégrante du vaisseau. Lui-même qui les transporte à son bord est bien loin d'être un instrument de précision. Il évolue dans le monde de l'à-peu-près et de l'incertain, livré aux fluctuations de la mer et au caprice des vents. La manoeuvre est l'art stochastique entre tous.

Il y a une didactique de la navigation, comme art du pilotage, avec ses livres et ses écoles. L'hydrographie constitue une "théorie" en un sens surdéterminé puisque son savoir abstrait et certain est fondé sur l'intuition géométrique, les figures, les projections cartographiques, l'optique et ses instruments de précision, l'astronomie de position et ses observations. C'est la première science dont l'Etat prenne à sa charge l'enseignement et la diffusion. Technique de la représentation, elle enseigne à relier le vaisseau, considéré comme un point, à tout point assignable sur la carte. Mais on ne conçoit pas alors une science qui rendrait raison des mouvements du vaisseau. Manoeuvre et construction ne sont pas des disciplines, elles ne relèvent pas de l'enseignement mais de l'apprentissage. Elles échappent à toute représentation figurée ou verbale satisfaisante. On ne dispose que d'unités de mesure hétérogènes, de recettes équivoques, de "principes" mal formulés. Conduire ou gouverner un vaisseau est donc une opération écartelée entre la procédure géométrique de la référence et l'exercice empirique de la commande. Ce n'est pas le même vaisseau, sirait-on, qui décrit des loxodromies rigoureuses sur les cartes ou sur la sphère, et qui roule et tangue sur les mers. A l'espace transparent et homogène de l'art de naviguer, avec ses rumbs de vent déterminés et son orientation claire, s'oppose le milieu agité, discontinu, changeant, où se déploie l'aventure.Au temps des horloges, s'oppose le gros temps qui les dérègle. Or, de ces deux aspects de la navigation, si l'un s'apparente au déroulement d'une opération mécanique, c'est le premier, avec ses calculs, ses instruments de précision, dont l'horloge, et sa référence au système du monde. Grâce à lui, le mouvement quelconque est défini par rapport à des repères fixes et la route projetée ou effective du navire réintroduite dans le cadre spatio-temporel du mécanisme cosmique. Quant au second, le savoir des livres et des écoles lui est inadéquat, comme lui sont inutiles les calculs des doctes. La seule école, c'est la mer. Mais ce n'est pas, à vrai dire, une école, séjour provisoire où l'on enseigne en quelques leçons les résultats d'une recherche séculaire. Tout est à redécouvrir à chaque fois par chacun. Tout, c'est-à-dire quasiment rien, tant qu'"on ne sait pas ce que veut la mer".

Vers le milieu du XVIIe siècle, le vaisseau n'est pas une machine. Il le deviendra à la suite d'un certain nombre d'événements. En 1643 paraît à Paris la première édition de l'<u>Hydrographie</u> du P. Georges Fournier "contenant la théorie et la pratique de toutes les parties de la navigation". Ce livre énorme, sans la moindre formule mathématique et presque sans figures, peut fournir un terme de comparaison si l'on veut caractériser le sens et la portée des innovations ultérieures. Voulant "dresser un état et comme des mémoires de l'art de la navigation...et instruire notre nation aux voyages de long cours", Fournier rassemble et répertorie, dans un inventaire stupéfiant, tous les renseignements, tous les "savoirs", tous les racontars, toutes les fables se rapportant, de près ou de loin, aux métiers de la mer et à la chronique de leur passé. Pour qui un tel livre est-il écrit? Pour tous, successivement: pour les pilotes, les chapitres "savants" traitant de la latitude et de la longitude, des cartes et de l'estime; mais pour "le vulgaire des gens de mer" (comme s'ils lisaient !), ce catéchisme du marin, questions et réponses à apprendre par coeur pour assimiler les principes de la sphère. Pour les professeurs d'hydrographie et pour leurs élèves, c'est un manuel scolaire. Mais les curieux et amateurs de nouveauté y trouveront un chapitre sur la théorie des marées, réfutant l'opinion de Galilée rapportée par Gassendi, ou des allusions aux Météores de Descartes. Et les Jésuites, chargés de la pastorale des gens de mer, ne sont pas oubliés, dans ces pages sur la dévotion et le piété des marins. Les questions soulevées, qu'elles soient physiques (pourquoi les vents échappent-ils à la règle que chaque corps a pour lieu naturel son lieu d'origine?), mécaniques (A laquelle des puissances on peut rapporter la force mouvante qu'exerce le mât dans un navire?) ou théologiques (s'il est loisible de célébrer la sainte messe sur mer) sont, on ne conviendra, plus verbales que réelles. C'est, d'ailleurs, par des mots qu'il s'agit précisément de les résoudre. Ce livre qui répond à tous a réponse à tout. Ce livre ne trahit aucun sentiment d'inquiétude, il ne contient aucun aveu d'ignorance, n'exprime aucun désir d'en savoir plus sur certains points. Il est débordant de certitudes. Une analogie familière ou savante remplace l'impossible compréhension de ce qui, par nature, échappe aux nécessités de la mécanique courante: "Les coches se conduisent par le devant, les chevaux par la bouche: mais les vaisseaux se brident et gouvernent par la poupe. C'est pourquoi je comparerais volontiers un vaisseau non seulement au Thon et au Dauphin, mais encore à la Lamproie. Il semble, disent les Naturalistes, qu'en la queue de ce poisson soit le siège principal de son âme, et le ressort vital de tous ses mouvements. Il y a une infinité de merveilles dans toutes les parties d'un vaisseau: c'est dans un navire qu'on voit journellement pratiquer des effets si prodigieux que les plus grands esprits n'en peuvent dire la raison. La chose toutefois qui a le plus ravi en admiration Aristote est la force incomparable qui se trouve au gouvernail d'un vaisseau"...La mer est le royaume des prodiges. Le Père Fournier tient la chronique de ses merveilles. Le livre a eu du succès; il est réédité en 1667 et 1679. Que signifie "théorie" dans sa perspective? D'abord, elle est discours, écriture, bavardage ou sermon, reflet de la coupure entre ceux qui travaillent et ceux qui parlent, professeurs ou prêtres, voués au ministère de la parole. Ensuite, elle est confrontation de toutes les opinions et règlement verbal de leur opposition,reflet attardé de la méthode scolastique. Elle est en outre un tour d'horizon panoramique, une énumération *de omni scibili* , une Somme: universalité et encyclopédisme des doctes. En tout cela, la théorie n'a de prise sur la pratique que celle que lui donne l'illusion, entretenue par les coupures institutionnelles, d'une compétence rhétorique. Mais sur le point précis du pilotage, on devine que théorie et pratique s'articulent tout autrement. Par ses raisons et ses calculs, la théorie éclaire ici la pratique. De toutes les pratiques examinées, le pilotage est bien la seule qui ait une théorie en ce sens-là. Les autres métiers de la mer attendent la leur.

1. Colbert.

A partir de 1661, une perspective nouvelle commande le recours à la théorie. Enquêtes, inventaires, rapports, règlements, privilèges, brevets, devis, programmes, font accéder les métiers à l'écriture et au calcul. L'écriture cesse d'être en premier lieu le commentaire émerveillé des *effets*, pour devenir l'analyse, non seulement descriptive mais chiffrée, des *procès*. A une parole volontiers chatoyante et poétique, voici que succède un dire prosaïque et méticuleux. La description étant indissociable de l'évaluation des coûts, le discours technique est inséparablement discours économique. Colbert n'est pas seulement le ministre qui a créé la marine royale: il a instauré un cadre au sein duquel le vaisseau, du point de vue de sa construction et de sa manoeuvre, de ses évolutions au combat et de sa police, est pris dans une stratégie et une économie, une discipline multiforme et rigoureuse que le pouvoir central édicte dans ses Ordonances et ses Règlements. La première théorie à laquelle les pratiques empiriques se voient confrontées est la règlementation autoritaire établie par le Surintendant aux Bâtiments, Arts et Manufactures, dont une multitude d'inspecteurs contrôle en permanence l'application. Théorie donc, dans laquelle se répondent la souveraineté de la prescription impérative et la visibilité intégrale qui doit être celle de la pratique tout au long de son exercice.

Colbert est personnellement à l'origine d'un vaste mouvement d'inventaire et de recension exacte des procédés techniques. A l'âge de l'artisanat jaloux de ses secrets doit succéder une ère de divulgation et de publication. Cela implique la rédaction d'innombrables rapports et procès-verbaux. L'objet technique et les pratiques techniques entrent dans l'espace de la représentation.

Représentation verbale d'abord. Mémoire rédigé par le maître ou relation d'une méthode faite par un observateur attentif, l'écrit ne saurait conserver la richesse vivante et souvent mystérieuse du parler des artisans, ésotérique et suggestif à la fois. La parole immémoriale de l'ouvrier, murmurée ou rêvée dans le dialogue de la main et de l'objet façonné, ces mots à fleur d'ouvrage, ne sont pas énonçables d'entrée de jeu en termes de recettes universellement transmissibles. Entre la verbalisation traditionnelle des idiomes d'ateliers et l'énoncé descriptif d'un procédé dans une langue accessible à tous, on ne peut parler de traduction: ce sont d'autres discours, qui disent autre chose. La réduction des différences lexicales, l'explication des termes techniques, la décomposition du travail en opérations discrètes, concourent à une même fin: rendre uniformément lisibles opérations, instruments et objets techniques dans la clarté impitoyable d'un discours neutre et précis. Exemple majeur de cette réduction: on s'efforce de surmonter l'imbroglio des systèmes de mesures et des procédures métriques coutumières.

Représentation figurée, ensuite. Car la charge évocatrice des mots, perdue au profit de la clarté discursive, implique que, désormais, dire et montrer se séparent. L'écriture neutre prend en charge la diachronie des actions efficaces, tandis qu'à côté d'elle les figures donnent à voir les dispositions spatiales et l'ordre des coexistants. Ni cette linéarité du discours, ni cette pure simultanéité de la représentation figurée n'étaient obligatoires auparavant. La figure ne redouble donc pas seulement le discours: d'abord, elle lui impose le modèle de sa distinction et de sa fidélité, et, quand il s'agit de forme, une image vaut mieux que des pages de texte. Ensuite, l'image possède en propre une ressource inestimable: elle autorise la mise en présence de vues scénographiques et de schémas ichnographiques. Cette association fait plus que multiplier les points de vue. Elle articule l'une à l'autre une visée perspective et une visée constructive, un faire voir et un voir faire. Elle constitue un langage autonome de l'art et de l'artefact. Une stricte économie préside à la conjonction du discours et de la figure: la figure économise le discours, le discours prolonge la figure.

Car, pour finir, la représentation nouvelle ne se contente pas de décrire et de figurer: elle chiffre et elle évalue. Sa logique et son optique sont commandées par une économie rigoureuse. Les rapports soumis à Colbert ne comportent pas seulement des indications très précises quant au prix des matières premières, mis en relation avec leurs qualités et leurs défauts: ils estiment avec un égal souci de précision le temps exigé par les différentes étapes du processus de transformation, en resserrant les opérations dans les limites chronologiques optimales où l'habileté des ouvriers et le bon ordre de l'atelier peut les faire tenir. Représentation non point idéale, certes, si l'on tient compte de sa référence constante à la réalité économique et manufacturière, mais, déjà au niveau de la description, normative, puisqu'elle évalue toujours un coût minimal de la production.

La mise en place de ce système cohérent de représentation n'est pas un phénomène spontané. Elle entre dans la stratégie de l'absolutisme dirigiste. La représentation permet la comparaison, et, pour Colbert, comparaison est raison. De l'accumulation des comptes-rendus, il n'attend pas, comme Leibniz, une mise à jour des inventions ignorées, une récapitulation d'où les hommes descience pourraient tirer profit, pour infléchir la courbe du progrès en une ascension foudroyante. Immobilisés sous le regard de l'observateur, codifiés, les arts, les métiers, les machines vont pouvoir être comparés, sélectionnés, corrigés. Dans cette mise en perspective qui est une misde en concurrence, il s'agit surtout d'éliminer les procédures peu économiques, les gestes inutiles, d'épurer l'opération technique pour la réduire à son schéma fonctionnel. Mais du point de vue général de l'économie du royaume, et de la raison d'Etat, si l'on peut dire, non du point de vue d'une rationalité technique spécifique. L'agrément et la caution du pouvoir central portent indissociablement sur l'efficacité des méthodes et sur leur caractère économiquement avantageux. Le perfectionnement des arts, la perfection qui en est le but prochain, n'annoncent pas l'idée de les faire sortir de l'empirisme, ni de les lancer dans l'aventure d'un progrès indéfini. Ils ne signifient rien de plus que la reconnaissance officielle et la généralisation forcée des techniques approuvées. Jamais peut-être, depuis la fiction moquée par Platon dans le Politique (299), programme aussi stérilisateur n'avait été formulé.

Le mouvement de publication n'établit qu'une communication provisoire, une représentation en sursis; car c'est la représentation d'irrégularités et de désordres, de dépenses inutiles, de méthodes maladroites. Entre des techniques concurrentes, chevauchements et empiètements sont préjudiciables. A cette réalité chaotique, mais devenue contrôlable, il est urgent et possible de renvoyer une image rectifiée d'elle-même; de répercuter vers elle, sous forme de règlement, son propre message amputé de sa redondance, débarrassé de son bruit, affranchi de ses équivoques. On sait aussi que l'objectif de l'inventaire n'est pas de constituer un répertoire où s'effectuerait la libre circulation de l'information: celle-ci converge en un point précis, le cabinet du Ministre ou le Conseil de Commerce, point de vue privilégié pour ce qui est de ménager la dépense, point fixe d'où l'on peut distribuer les efforts, rétribuer les mérites, répartir les tâches, bref, établir l'ordre. Dans le règlement, la prescription technique est intégrée dans tout un appareil coercitif d'interdits et de privilèges, d'approbations et de sanctions, qui instaurent un régime de surveillance économique et fiscale, sociale et politique, bientôt même religieuse. L'ordre est doublement lié au point de vue souverain du pouvoir central. Par son origine, d'abord. Seul le souverain peut, par sa caution, instaurer la légitimité des procédures et garantir leur efficacité. Toute légitimation vient d'en haut. Par son extension, ensuite. Cette légitimation n'est effective que prise dans le réseau d'un contrôle systématique. Il faut ramener au même type d'observance toutes ces directives si disparates, faire de la discipline technique un simple élément de la police. Si pour Platon technique et programme étaient antinomiques, Colbert ne voit qu'un ressort majeur de l'efficacité des techniques: la programmation générale, c'est-à-dire une technique du pouvoir.

Dans le règlement, la théorie se définit par l'articulation d'un contrôle et d'une normativité. La stabilité de la prescription a pour corrélat le caractère permanent de la surveillance. Ce type de théorie va s'étendre au domaine qu'on pouvait lui croire le plus réfractaire: celui des choses de la mer.

Dans la marine, l'irruption de la visée "théorique" se signale aussi par l'association de deux processus: une tendance à la fixation et à la stabilisation, et un investissement progressif du navire par la convergence de plusieurs types de représentations. Le navire est pris dans un réseau très serré de textes (Ordonnances, règlements, correspondances administratives, mémoires de constructeurs, journaux de bord, ouvrages didactiques, devis, etc...), de pratiques (le contrat maritime, l'assurance des cargaisons et des bâtiments, le négoce, la course, la guerre d'escadres, le pilotage, la manoeuvre, etc...), d'institutions (l'inscription maritime, les conseils de construction, les écoles d'hydrographie,, les Arsenaux, la Marine royale et sa hiérarchie). En même temps que ces pratiques sont codifiées, les institutions sont établies de façon à en contrôler les procédures. On voit se multiplier les regards et les surveillances,, s'affiner les contrôles, et, autour du vaisseau et à son bord même, se créer une structure fixe, une économie stable, une police, une discipline. La théorie n'est plus, comme chez Fournier, accumulation hétéroclite: elle est discours nécessairement multiple et différencié. Non pas un, mais des discours théoriques: théorie du pilotage, théorie de la construction, théorie de la manoeuvre, théorie des ordres de bataille. Peut-on dire qu'au carrefour de ces visées apparaisse une objectivité unique, une positivité singulière? Les dispositifs mis en place pour cerner le vaisseau ne saisissent pas d'entrée de jeu une cible théorique si difficile à atteindre.

La mer est depuis toujours le lieu de l'imprévisible, l'élément de l'incertain. Les arts qui se donnent rendez-vous sur le vaisseau sont par excellence les arts de l'occasion, à l'exception du pilotage. On n'y passe maître que par imprégnation lente. Pour maîtriser le manège du vaisseau, pour vaincre l'inconstance des éléments ou l'initiative inattendue de l'adversaire, également imprévisibles, point de règles générales.

Les "théories" réclamées par Colbert changent-elles cet état de choses? Assurer, uniformiser, garantir sont les maîtres-mots de sa politique. "Etablir la navigation sur une base solide": cela suppose une législation commerciale, un appareil hiérarchique discipliné, et une police des ports et des vaisseaux. Droit commercial: l'Ordonnance de la Marine de 1681 est le premier grand texte visant à "fixer la jurisprudence des contrats maritimes", à définir "la juridiction des officiers de l'amirauté", à "établir une bonne police dans les ports". L'assurance maritime, développée depuis dix ans par les soins de Colbert, uniformise le risque inhérent au grand négoce, le distribue et l'intègre au déroulement normal des affaires; le naufrage cesse d'être un accident irréparable pour devenir une constante maîtrisée à long terme. Discipline: "Si la marine était un corps fixe et stable, ses membres seraient de bons capitaines, écrit Colbert en 1669; mais n'en ayant que fort peu de cette qualité, le reste qui est le plus grand nombre, sans aucune ou peu de capacité, établis par la faveur ou des moyens inouïs, obligent avec justice de le dire paralytique sans espérance de guérison, si Sa Majesté par ses Ordonnances et règlements n'y remédie" (1). Le remède est double: -- subordination hiérarchique rigoureuse: "Il n'y a rien à quoi le roi s'applique davantage qu'à établir une subordination aveugle des inférieurs aux supérieurs" (2) -- et attribution des postes de responsabilité à la compétence et au mérite: "Il n'y a qu'un Créateur dans le ciel qui est Dieu, et un Créateur dans l'Etat qui est le Roi, lequel élève et récompense ceux qui ont l'honneur de le servir, suivant leur mérite et leur application" (3). "Le Roi ne donne des charges de la marine qu'au mérite et non à la recommandation. Il n'y a qu'un moyen de parvenir dans le service, le temps et les belles actions" (4). Police, enfin, c'est-à-dire un code de toutes les pratiques devant fournir en toute occasion un modèle régulateur. A cette fin, Colbert souhaite un "règlement de police générale qui se doit observer dans les ports et même sur les vaisseaux lorsqu'ils seront en mer", où l'on prenne garde de "n'omettre aucune chose pour bien établir notre marine et de faire en sorte que toute la conduite, la navigation et l'action soient, s'il se peut, plus parfaites que celles des étrangers" (5). Triple objectif qui exige la mise eb oeuvre de techniques politiques: définition du droit commercial, répartition et distribution du pouvoir de décision dans la marine du roi, fixation de modèles pour l'action. C'est ainsi que Colbert pense faire entrer les arts traditionnels qui constituaient les métiers de la mer dans un cedre régulier, dans unappareil de droit, de pouvoir, de modèles, et intégrer les techniques de l'incertain à une politique de l'ordre.

Voyons de plus près comment il en est venu à réclamer une théorie de la construction et une théorie de la manoeuvre des vaisseaux. Deux lettres, à un jour d'intervalle, à Arnoul fils, Intendant de marine à Toulon, le 12 septembre 1678, et à Du Quesne, Lieutenant général, le 13, Colbert intime un ordre pressant, mais tardivement formulé.

"Il y a longtemps que j'ai résolu de faire faire, dans tous les ports, un travail qui est assurément le plus nécessaire et le plus important de toute la marine; mais, comme il fallait avoir l'expérience de beaucoup d'années auparavant que de donner l'ordre d'y travailler actuellement, j'ai remis jusqu'à présent à vous expliquer mes pensées sur ce sujet.

"Mon intention est donc de travailler à faire une théorie sur le sujet de la construction des vaisseaux, c'est-à-dire d'établir des mesures et des proportions si justes de tous les membres et de toutes les parties d'un vaisseau de chacun des cinq rangs...que l'on fût assuré que, en bâtissant un vaisseau sur les mesures et proportions qui auraient été déterminées, ce vaisseau serait bon et fin de voiles, que ses batteries seraient bien établies, qu'il serait d'un bon et beau combat, et en un mot qu'il serait dans toute la perfection qu'il peut être mis..." (6) Dans la deuxième lettre, ce projet est rapproché de celui d'un règlement de la manoeuvre dont Colbert dit ceci: "La première serait de faire une forme de règlement concernant les fonctions de tous les hauts officiers, officiers mariniers, matelots et soldats, et généralement de tous les hommes qui composent l'équipage d'un vaisseau de chaque rang, en sorte que, après avoir fait ce règlement, tous les équipages fissent toutes les manoeuvres d'un vaisseau d'une seule et même façon, et que toutes les manoeuvres se fissent, s'il est possible, aussi régulièrement que l'exercice se fait dans la cavalerie et l'infanterie. Ce règlement contiendrait toutes les manoeuvres des armements, de la navigation en toute sorte de temps, et de toutes les actions de combats, soit en attaquant, soit en se retirant" (7).

Ces formules appellent immédiatement plusieurs remarques:

-- la théorie est explicitement l'objet d'une commande royale. Le souverain en signale l'urgence comme objectif éminent de sa politique et comme moyen de la réalisation de ses desseins;

-- c'est, en définitive, très tard que Colbert met tout en oeuvre pour élaborer une théorie. En 1678, l'effort maritime du royaume se poursuit depuis dix-sept ans. Le roi a 199 vaisseaux (il en aura 217 en 1683). C'est quand l'essentiel a été fait que le moment semble venu de consacrer à la théorie une attention d'abord accaparée par la pratique.

-- les instructions de Colbert sont transmises à un administrateur et à un marin: de même que l'expérience de plus de quinze ans de constructions est nécessaire, est requise l'expérience des responsabilités et du commandement, de la direction d'un arsenal et d'un équipage.

Mise en scène saisissante où se nouent, entre théorie et pratique, des relations sans équivoque mais non sans subtilité. Suivons la méthodologie et la chronologie du passage de celle-ci à celle-là. Jusqu'à maintenant, la théorie a sans cesse été remise à plus tard, à cause des incertitudes de la pratique; cela même qui rendait la théorie plus nécessaire en différait l'avènement. Aujourd'hui, l'avancement des techniques met le projet théorique à l'ordre du jour. Quel type d'urgence revêt-il? Le décalage chronologique de la théorie ne signifie pas qu'elle relève d'un point de vue radicalement différent, ou supérieur. Elle sort de l'expérience sans solution de continuité, la décante, la conserve, la communique. Elle prend acte des réussites empiriques, les enregistre, rien de plus. Une théorie vaut ce que vaut l'expérience acquise qui la supporte. En 1673, un règlement prématuré avait échoué. La "théorie parfaite" que Colbert appelle de ses voeux n'est pas une théorie neuve: elle est inféodée à unc pratique plus vieille qu'elle.

Elle n'est pas non plus, par elle-même, décisive. Si elle clôt l'histoire obscure de la pratique, c'est que celle-ci a trouvé à tâtons un point d'équilibre. "Il est nécessaire que vous fassiez choix du meilleur de tous les vaisseaux de chaque rang qui sont dans le port de Toulon, que vous fassiez faire le plan et les profils de toutes ses mesures, que vous examiniez même chacune pièce de bois, et que tous les dessins et profils que vous en ferez faire soient justes au pied, au pouce et à la ligne; que vous examiniez en même temps tous ses défauts, que vous en recherchiez avec soin les causes dans les proportions de chaque membre, et qu'ensuite vous assembliez le conseil de construction...que vous lui fassiez la proposition de cette théorie..." (8). Dans la logique de la méthodologie colbertienne, le modèle concret précède le type idéal, le vaisseau réel est antérieur au plan et au modèle qu'on en tire. Encore faut-il y reconnaître un modèle théorique à suivre. C'est cet acte de discrimination qui crée l'imperceptible différence entre le pratique et le théorique. Mais la responsabilité en incombe, sinon au praticien, à l'usager, qui est encore un homme d'expérience. Colbert à Du Quesne: "Il n'y a personne en France, ni même en Europe, qui puisse travailler plus sûrement et avec plus de connaissance que vous à leur exécution" (9). Grand commis ou grand capitaine, l'instance qui sélectionne les modèles n'est rien moins que théoricienne. La théorie n'est pas, par elle-mêm, décisive, en ce sens qu'elle est subordonnée à des résultats empiriquement obtenus. Mais le projet qui la commande l'investit d'un pouvoir qui est, essentiellement, pouvoir de décision. Son instauration tranche le cours de l'indétermination indéfinie, elle met fin à l'âge de l'indécision. Colbert entrevoit en elle un fonctionnement réglé des opérations sélectives. Mais il est bien clair que cette redistribution des choix ne va pas au-delà d'une réorganisation légère du champ des initiatives et des responsabilités, et que les répartitions majeures traditionnelles se trouvent en fait reconduites.

Certes, le maître-charpentier, objet de toutes sortes de prévenances au début des années 1660, voit en un sens son rôle déprécié: si tout est fixé d'avance par le règlement, il n'aura plus qu'à appliquer un programme, chef des exécutants, mais exécutant lui-même. Dans les premières années de la reconstitution de la marine, ce tout petit nombre d'artisans d'élite , les Hubac à Brest, les Coulomb à Toulon, Pomet et Malet à Rochefort, les Chabert à Marseille pour les galères, appartenaient à de véritables dynasties. Ils guidaient le travail des "maîtres de hache" à une époque où l'on construisait sans plans, détenteurs jaloux d'un savoir-faire informulé. Voici un écho des louanges dont pouvaient être entourés ces prodiges: "Il est de la dernière importance pour le roi de faire venir Jean de Wert, le plus habile ouvrier du monde, écrit le duc de Beaufort à Colbert en 1662. Lui à Seudre, Laurent (Hubac) à Brest et Rodolphe (Gédéon) à Toulon, les magasins fournis, le Roi est maître de la mer quand il lui plaira". La maîtrise de la mer passe par l'obtention des services de ces maîtres. On les intègre à la hiérarchie, ils surveillent les maîtres-charpentiers ordinaires, ils figurent aux conseils de construction, reçoivent des médailles d'honneur et surtout des gages réguliers. En contrepartie, ils sont à la disposition exclusive du roi; il leur est interdit de travailler en leur nom particulier.

Mais cet assujettissement des maîtres coïncide avec le début d'une comparaison plus attentive des vaisseaux. Un mot, d'abord, sur les instruments et les modalités de ces comparaisons:

1. Des devis détaillés, préalables à la commande et à la mise en chantier, déduisent, des dimensions exactement définies, les quantités de matériaux, les coupes nécessaires et les prix de revient. Manifestations d'un souci économique prédominant, ils permettent une gestion régulière des approvisionnements. "Je vous enverrai...le devis fort exact d'un vaisseau de cinquante pièces de canon, sur lequel le Roi veut faire bâtir en même temps, dans tous ses ports, jusqu'à vingt-cinq ou trente vaisseaux de même gabarit. Vous pouvez vous régler dès à présent sur ce devis pour faire abattre la plus grande quantité de bois qu'il sera possible, et le faire équarrir sur les mesures des pièces qui y sont figurées" (10).

2. Des plans. Dans quelle mesure le plan est-il chose nouvelle? La Pepysian Library à Cambridge possède un manuscrit de 1586, attribué au premier maître-constructeur de la marine anglaise, Matthew Baker (1530-1619), intitulé Fragment of Ancient Shipwrightry. On y trouve quelques feuillets de coupes et de dessins de navires, plans de voilures, échelles pour les navires de différentes dimensions. Le navire y est défini par une coupe longitudinale, la maîtresse section et deux sections avant et arrière, en coupe perpendiculaire, plus l'arrière carré en vue frontale. Le système de ces cinq données permet de monter les éléments sur cale. Une lisse de montage continue, appelée lisse de gabarit ou "des façons", donnait appui

aux couples intermédiaires et permettait de former "les façons du vaisseau" (11). Le tracé du maître-couple était obtenu par une série d'arcs de cercle dont les centres se trouvent sur une même ligne droite: procédé fort primitif, qui ne s'accompagne d'aucune connaissance théorique sur le calcul du déplacement, et moins encore sur la stabilité. Le plus ancien plan de forme conservé en Angleterre se trouve dans un manuscrit d'Anthony Deane, Doctrine of Naval Architecture (1670 environ); il concerne un navire du troisième rang, avec 18 sections transversales espacées de 7 pieds. Il ne donne pas les lignes d'eau, qui ne sont pas encore utilisées pour la définition des formes. L'usage des cotes, la multiplication des sections figurées, permettent une mesure plus exacte des membres qui composent son squelette. Une géométrie plane très élémentaire, limitée à l'arc de cercle et à la droite, tente d'en préciser et d'en simplifier l'image, sans recours à la stéréotomie, où Desargues a vu la théorie universelle de la pratique du trait, pour la coupe des pierres en architecture. Anatomie du corps du navire, le plan offre un guide pratique pour bâtir selon un gabarit approuvé et éprouvé. A partir de lui, le charpentier doit pouvoir induire la construction toute entière. Pour l'administrateur, le plan est instrument de comparaison, un analogon sur lequel on peut travailler, prévoir le coût, la durée de la construction, l'armement, et -- si possible -- les qualités nautiques. Comment relier les multiples schémas bi-dimensionnels, fragmentaires, et les qualités du vaisseau terminé? L'expérience des navigateurs, une longue pratique en sont seules capables. Au prix de discussions interminables. En fait, on ne retient, pour porter ce genre de jugement, que quelques caractéristiques qualitativement perçues: "plat de varangues", "fort coupé", et quelques rapports simples des dimensions des carènes. Une chose est certaine: le plan n'est plus un croquis que le charpentier garde pour lui ou les siens: il circule, et on en discute.

3. Des modèles. Devis et coupes sont déjà modèles. Mais leurs insuffisances obligent à recourir, surtout vers 1680, à des modèles réduits qui, au lieu de décrire, vont montrer. Colbert à Tourville: "Lorsque le Roi a ordonné de faire le modèle du vaisseau auquel M. Blaise travaille, l'intention de Sa Majesté a été de le faire apporter ici, pour servir à l'examen qu'elle veut faire faire l'hiver prochain en votre présence et celle...des plus capables de donner leurs avis sur les constructions, afin de regler une fois pour toutes les proportions de tous les membres de chaque vaisseau...Il faut qu'on l'envoie par terre, démonté...et le remonter sur le Canal, en présence de Sa Majesté...et attendre que les proportions que l'on a observées pour sa construction ayent été approuvées pour en faire à Rochefort un autre pareil modèle, que l'on pourrait envoyer par mer dans les autres ports" (12). Cet analogon qui conserve les volumes, le galbe, les courbures, est en même temps le seul utilisable, dans le cadre des techniques probatoires dont on dispose alors, et c'est ce qui met la question des "modelles" à l'ordre du jour, vers 1680, comme on l'a vu précédemment. Sur le Grand Canal de la Petite Venise, sous l'oeil du Roi, c'est le modèle des modèles qui sera soumis à l'examen des officiers compétents. La timidité des techniques graphiques, l'absence d'une "géométrie pratique" du vaisseau satisfaisante, a fortiori la carence de toute visée spéculative, font qu'on en vient, en définitive, à la technique comparative la moins abstraite, la moins économique, la plus pauvre aussi en promesses théoriques.

Un vaisseau peut avoir des qualités ou des défauts. Personne n'est en mesure vers 1680 de lui reconnaître des propriétés, de les définir et de les étudier. Le concours de Versailles, dont Tourville et Du Quesne composent le jury, est une compétition spectaculaire et non une expérimentation. On veut forcer les charpentiers à se soumettre au verdict des capitaines. Mais les maîtres de construction ont beau être dépossédés de leur autonomie, la théorie est toujours faite pour eux, et, dans une large mesure, par eux. Ils lui fournissent ses méthodes de comparaison, son vocabulaire, ses techniques artisanales d'identification. Colbert à Arnoul fils: "Je sais...qu'il peut arriver souvent que de deux vaisseaux bâtis sur de mêmes proportions et avec toute la justesse qu'il est possible, l'un se trouve léger et l'autre pesant; que cela dépend de la qualité des bois, de leur sècheresse, de leur différente pesanteur, souvent même de l'arrimage, de la position de l'artillerie, et d'une infinité d'autres circonstances qui doivent toutes concourir dans une juste égalité; mais je sais bien aussi que, encore que toutes ces choses soient fort difficiles, elles ne sont pas toutefois impossibles" (13). Des artisans ont été associés au travail d'enquête et de confrontation des différents modèles nationaux. Seignelay n'est pas seul à s'être rendu en Angleterre. De même qu'Hubac (fils), Arnoul y est allé en mission, et il a rapporté un rapport détaillé (14). Le Mémoire du Capitaine Rodolphe, maître-charpentier des vaisseaux du Roi (15) démontre que le Saint-Philippe, alors en chantier a des formes plus élancées et une plus grande hauteur d'entrepont que le Spiegel, bâti au même moment pour Ruyter, contrairement au reproche qu'on lui fait de "ne pouvoir quitter l'idée de la fabrique des vaisseaux de son pays". Les charpentiers sont à l'affût de toutes les innovations des maîtres internationaux, comme Sir Anthony Deane. Dans le manuscrit (16) "Proportions anglaises --Méthode du Sieur Deane pour trouver les proportions de son navire", un artisan français recommande le modèle anglais. "Je vois que les Hollandais bâtissent plus légèrement que les Anglais, et ceux-ci plus légèrement que nous; que les Hollandais tiennent leurs bâtiments fort plats de varangues, les Anglais moins, et nous les tenons fort coupés; que les Hollandais mettent presque toutes chevilles de bois, les Anglais beaucoup et quelques unes de fer, et nous presque toutes de fer...Il est certain que par la coupe de nos vaisseaux nous prétendons les rendre plus fins de voiles, mais il se trouve que ce que nous gagnons par la coupe, nous le perdons par la pesanteur de nos membres et par la quantité de fer dont nous chargeons nos vaisseaux" (17).

La théorie est, avec Colbert, doctrine et discipline du possible. Si le ministre n'ignore rien de ce que savent les plus avisés constructeurs, il sait quelque chose de plus. Ce qui lui permet de rappeler à l'ordre un Intendant discuteur, Arnoul. Une des obsessions de Colbert était de tenir les chantiers navals toujours prêts, dans l'attente d'une visite royale, qui resta toujours hypothétique, à monter devant le roi un vaisseau en quelques jours, puis, grâce aux progrès de l'organisation, en quelques heures. Il entendait par là obliger ouvriers et maîtres d'oeuvre à accélérer au maximum les cadences, à codifier et à réduire la durée des opérations: "examiner en combien de jours cela se pourrait faire...et travailler à en abréger le temps". Les arsenaux devenaient le grand théâtre de l'ordre et de la diligence, du "ménage" et de l'organisation. Seul Arnoul fit entendre des réserves. On lui répond: "Si vous aviez fait comme les autres...vous auriez un peu plus examiné la matière, et n'auriez pas tellement appliqué votre esprit à chercher les difficultés qu'il ne vous en fût resté un peu pour trouver le moyen de les surmonter. Je conviens avec vous que les membres d'un vaisseau sont plus gros que ceux d'une galère, mais je suis persuadé que, en disposant par avance le long du vaisseau le nombre de chèvres et autres instruments propres à enlever les fardeaux, on peut réparer la difficulté qu'il y a de lever ces membres à cause de leur pesanteur...Vous pourriez faire cheviller ensemble toutes les pièces dont les membres sont composés. Par exemple, vous pourriez joindre la varangue et les allonges ensemble, en sorte qu'elle pût être posée tout d'un coup, et vous voyez bien que par ce moyen, vous abrègeriez beaucoup de temps. Mais je vous répète encore que vous n'y parviendrez pas si vous ne vous élevez l'esprit au-dessus des charpentiers et des ouvriers, qui croient toujours tout impossible, lorsqu'ils n'ont point accoutumé de faire quelque chose" (18).

Charpentiers et ouvriers ne sont pas juges du possible et de l'impossible. Ce jugement est du ressort de la "théorie" qu'on a vu fonctionner comme système de décisions. Loin d'être une remise en question des pratiques artisanales par une instance spéculative, elle est l'élément dans lequel se déploie l'activité directrice, dirigiste, du pouvoir politique et économique, le moyen d'expression de ses règlements, instructions et programmes. Epreuves, exercices, répétitions, tout ce complexe d'entraînement, de discipline et de zèle: autant de façons, pour les praticiens qu'elle concerne, de se mettre en mesure de l'exécuter. C'est à l'efficacité de cette technologie politique et de l'organisation méticuleuse du travail qu'on demande de surmonter tous les obstacles et de vaincre toutes les résistances. Quelques mois après la lettre sévères de Colbert, on pouvait lire dans la Gazette de France: "Il y a quelques jours, le Sieur Arnoul fils fit bâtir à Toulon un vaisseau. Toutes choses avaient été si bien disposées, et les sept-cents ouvriers qui furent employés à cet ouvrage y travaillèrent avec tant d'ordre et de diligence que le vaisseau fut achevé en sept heures, quoiqu'il ait cent pieds de long, qu'il soit percé pour quarante pièces de canon, et qu'il ait plus de deux-mille cordages" (29 juillet 1679). La théorie a son lieu, ou son théâtre, l'Arsenal, où la décomposition exacte des opérations, l'harmonisation voire la synchronisation des gestes, la répartition des tâches et la convergence des efforts montrent, avec la clarté d'une démonstration et l'évidence d'une expérience, l'image concrète des possibilités théoriques. Si bien que, d'expériences et démonstrations, la théorie n'éprouve pas le besoin d'en connaître d'autres. La théorie se résout en une tentative de normalisation des gabarits, au carrefour de trois visées: - géométrisation des formes (à des fins de simplification), - reproductibilité et contrôle des qualités phénoménales, - généralisation des règlements et des disciplines.

2. L'Académie Royale des Sciences et le pilotage.

S'il est bien certain que les préoccupations théoriques, en matière de construction, sont essentiellement utilitaires et pragmatiques, on s'étonne, cependant, du silence de l'Académie des Sciences sur ce problème.

Les intentions formulées au moment de sa création apparaissent, dans leur confusion volontairement entretenue, entre les lignes du Projet de la Compagnie des Sciences et des Arts, adressé à Christian Huygens par un de ses correspondants parisiensen 1665 (19). Ce programme, dû sans doute à Auzout, Petit et Thévenot, à l'instigation de Colbert ou de Chapelain, fait converger un objectif propre aux physiciens, réaliser des observations systématiques et des expériences publiques, et un objectif qui est plutôt celui du pouvoir politique: la Compagnie doit être l'organisme consultatif du gouvernement pour les arts, techniques et métiers, et lui rendre sous forme d'avis compétents et désintéressés les subventions qu'il lui attribuera pour ses recherches.

D'une part, l'idée que les sciences sont bien peu avancées, l'aveu d'une ignorance qui se mesure au peu d'utilité que le genre humain en retire actuellement. L'idée aussi, que ce ne sont pas les interminables joutes verbales et l'agonistique oratoire auxquelles donnent lieu à Paris les réunions chez Mersenne, puis chez Montmor et Thévenot, qui les conduiront à de nouvelles découvertes. L'épreuve du vrai n'est pas confrontation oratoire des thèses, mais vérification par l'expérience répétable, publique, péremptoire. A l'illusoire vertu des mots, on prétend substituer enfin le pouvoir des faits. Le prestige de Huygens et de ses découvertes récentes, horloge à pendule et système de Saturne, l'exemple de la Royal Society de Londres et de l'Accademia del Cimento sont déterminants. L'idée d'expérience est associée à celle de dépense, de prix de revient de la connaissance. Celle-ci n'est pas chose que l'on détient, mais que l'on obtient, et les instruments pour l'acquérir coûtent cher. Travail et dépense sont indispensables à la recherche, dans l'entreprise systématique de découverte et d'invention qu'est la science. D'où la nécessité d'intéresser le roi au financement de l'affaire. Sa gloire, et l'utilité publique en dépendent. Science "des faits" et science utile sont complaisamment assimilées, dans les déclarations et les programmes, tandis que dans les arrière- pensées, science coûteuse et science inféodée cohabitent, bon gré mal gré. Le pouvoir et le savoir, face à face, déploient leur double stratégie de séduction mutuelle. "Il n'y a que les Rois ou les riches souverains...qui puissent entreprendre de dresser une Académie physique où tout se passe en continuelles expériences. il faut bâtir des lieux tout exprès; il faut avoir à ses gages plusieurs artisans; il faut un fonds considérable pour les autres dépenses; et il faut enfin trouver de quoi animer cette matière: car l'âme de ce corps serait d'en remettre la conduite à des esprits rares" déclarait Samuel Corbière à l'Académie Montmor en avril 1663 (20). "La Compagnie des Sciences et des Arts...n'attend plus que la protection de votre Majesté pour travailler puissamment à la perfection de toutes les sciences et de tous les arts utiles...Toutes les Nations voisines sont depuis quelque temps dans une attente incroyable d'un si bel établissement", écrit Adrien Auzout en dédicaçant au Roi son <u>Ephéméride</u> de 1664. Confirmée par la désignation royale, la compétence du savant recruté atteste, en retour, la sagacité et l'équité du prince. A la discrimination royale, qui distingue et cosacre, répond en échange incessant la gratitude qui célèbre; dans ce double jeu de la reconnaissance, la connaissance voit le cadre idéal de son exercice. Pas de science sans une politique de la science, pas de politique de la science sans une stratégie des savants.

Comment fonctionne, à partir de 1666, l'Académie royale des Sciences? Les directives du souverain sont en fait déterminantes pour ses objets d'étude et ses programmes. Jusqu'à la réforme de 1699, elle sera de plus en plus un instrument pour la réalisation de ses desseins, comme l'Académie d' Architecture et celle de Peinture. Il faut comprendre, semble t-il, la fonction directrice qu'elle veut assumer comme celle du pilote à bord du navire. Il fait le point et "commande à la route", disposant des "cartes, routiers, arbalètes, astrolabes, et de tous les livres et instruments nécessaires à son art" (Ordonnance de 1681, II, IV), mais c'est le Capitaine qui a la responsabilité des décisions "pour les mouvements à donner au vaisseau, dans la route et dans les occasions de combat et de tourmente" (Ordonnance de 1689, I, VII). De la même façon le Roi indique à l'Académie les buts à atteindre, les campagnes à mener, l'ordre des urgences. Il décide. L'Académie, pour sa part, lui assure les moyens d'une orientation toujours plus exacte. Les constantes de son action sont l'observation et la mesure, la cartographie et la chronométrie, la multiplication des repères et des jalons. Autour de l'agent royal de décision, elle déploie un monde de plus en plus précis, cadastré, nivelé, où chaque position et chaque mouvement sont rigoureusement assignables. C'est le dénominateur commun des entreprises et des tactiques de l'Académie: astronomie de position et astronomie nautique, géodésie, nivellement, cartographie, balistique, fortifications, aqueducs, canaux...Rien d'étonnant, dans ces conditions, si le problème de la navigation est au premier chef pour elle problème de pilotage et si elle concentre tous ses efforts sur la recherche d'un moyen de déterminer les longitudes en mer. Nulle part ailleurs le problème de la localisation ne revêt un caractère d'urgence aussi dramatique. Nulle part ailleurs les obstacles à sa solution ne sont si nombreux. Situation exemplaire où la science, conçue comme technique de l'observation exacte, est invoquée pour résoudre un problème de conduite. La solution d'une difficulté pratique incontournable passe par la localisation réussie. Science utile parce que science des repères, savoir permettant de référer l'étendue indistincte des flots à la surface réticulaire des cartes.

"Cartes et Plans du Roi". Jean-Dominique Cassini, en collaboration avec Jean-Mathieu de Chazelles, maître d'Hydrographie des officiers des galères, prépare un "Atlas nouveau des cartes marines levées par ordre exprès du Roi pour l'usage des armées de mer". Il envoie des observateurs dans des pays éloignés: en 1670, Jean Richer est chargé d'une mission à Cayenne, "pour y faire, écrira Huygens en 1679, des observations astronomiques auxquelles ce climat donne lieu et pour celles qui demandent des observateurs en différents endroits de la terre, qui observent au même instant". Pène dirige le corps d'"ingénieurs-géographes" chargés des levées. Le service hydrographique de la marine est créé. Colbert donne aux ingénieurs instruction de "tirer de toutes nos navigations et des journaux qui en sont tenus, des connaissances exactes et fidèles pour composer des cartes marines" (21). Picard mesure en 1670 un arc du méridien entre Sourdon et Malvoisine, en utilisant la méthode de triangulation de Snellius. Mais ses instruments de visée sont beaucoup plus précis: il monte une lunette à réticule sur le quart de cercle de 38 pouces qu'il emploie, s'inspirant du micromètre d'Auzout (22). Philippe de La Hire est associé aux travaux de Picard. Il est envoyé par le Roi faire le relevé des côtes de l'océan, puis de celles de la Méditerranée. La rectification des cartes, de la carte de France en particulier, est une entreprise qui doit faire époque. Elle exige le concours de l'Académie et de l'Observatoire. A partir de 1683, la prolongation de l'arc de Picard jusqu'à Dunkerque et jusqu'à Collioure est confiée à Cassini et à La Hire. La géographie et l'art de naviguer tirent le plus grand profit des progrès de l'observation astronomique, observe J. B. Duhamel (23). Si l'on note que le temps n'est pas loin où Peiresc, lecteur enthousiaste du Sidereus Nuntius, organisait avec succès un réseau d'observation de l'éclipse de Lune du 28 août 1635, permettant de corriger une erreur de mille kilomètres en trop dans les cartes de la Méditerranée orientale, les progrès de la cartographie sont spectaculaires. Les améliorations dues aux observations de Picard sont consignées dans l'Atlas de Sanson offert en 1679 au Dauphin. Les cartes "à point carré", graduées en longitudes et latitudes, évincent définitivement les cartes de distances établies sur un canevas de roses des vents: la cartographie nouvelle substitue à la figuration d'une route à parcourir la représentation d'un espace homogène. En 1693 paraît enfin le Neptune Français, premier Atlas officiel à l'usage des armées navales, couvrant l'Europe de la Normandie à Gibraltar, que célèbre Fontenelle dans l'éloge de Sauveur.

Description nouvelle du ciel, "où toutes les étoiles fixes soient mises exactement en leur place", cartes de plus en plus exactes: c'est sur la représentation de la terre que rejaillit la précision des observations célestes. Une précision qui ne doit presque plus rien aux techniques de l'arpentage, et presque tout aux instruments d'observation et de mesure, aux méthodes de recoupement et au calcul. La carte est "levée géométriquement", référée à un canevas géodésique; si en outre elle comporte des indications et repères topographiques des plans relevés par l'ingénieur, on voit à quel carrefour de sciences, de pratiques et de visées elle se situe. En fait, tout n'est pas prêt pour mener à bien cette entreprise; elle se poursuivra tout au long du XVIIIe siècle (24). L'important est dans le fait qu'un type nouveau d'exercice du pouvoir sur et dans l'espace se manifeste à travers elle. Pouvoir politique, exigeant la cartographie détaillée de son domaine, pour assurer sa fiscalité, garantir sa défense et favoriser les échanges commerciaux par routes et voies navigables. Vauban, dans son fameux Projet d'une Dixme royale, saisit dans toutes ses dimensions ce changement révolutionnaire. Il relie la cartographie à l'ensemble des techniques d'inspection et d'inscription: dénombrements, recensements, statistiques, listes, examens, revues, rôles, tables. "Voilà, conclut-il, à peu près l'avantage qu'on peut tirer des Dénombrements des Provinces, Villes et Lieux du Royaume. On pourrait y ajouter, pour les rendre parfaitement intelligibles, les Plans et Cartes particulières des Villes et des Pays, levés avec soin, et si bien circonstanciés que les Bois, les Prés, les Terres labourables, Rivières, Ruisseaux, Marais Montagnes, Villes, Châteaux, villages, Abbayes, Censes, Moulins, Ponts, Chemins etc. y fussent distingués par noms et figures, placés en leur vraie distance naturelle, orientés et levés géométriquement, et bien figurés" (25). Rêve de voir et de pouvoir. Pouvoir technique, également, appropriation et maîtrise des forces naturelles, comme les eaux courantes, construction de canaux, aménagement des fleuves, des ports, création de jardins. La connaissance et la représentation de l'espace sont indispensables à qui veut y déployer ses ordres, ses forces, son empire. Entre le pouvoir et ce dont il prend possession, les sciences de la mesure et les techniques de la graphie sont l'intermédiaire nécessaire, qui en assure la spatialisation. Le pouvoir leur doit sa vision instantanée et souveraine. Les mêmes sciences et les mêmes techniques interviennent entre le vaisseau et son parcours, faisant du navire l'instrument du contrôle des mers, d'une économie d'échange et d'une apprpriation du monde sur le mode de la représentation.

La détermination des longitudes à la mer ferait encore problème supposées acquises des cartes marines parfaites. L'hypothèse aventureuse de l'Ecole dieppoise d'hydrographie, selon laquelle la déclinaison de l'aiguille aimantée y pouvait suffire, est éliminée. L'enseignement des Jésuites, Fournier, Millet de Chales (1677), vient à bout des espoirs chimériques placés dans la "mécométrie de l'aimant". La déclinaison est changeante, différente en plusieurs endroits du même méridien. Or, on pouvait difficilement se contenter de la méthode qui consiste à calculer la position du navire à partir de la position du point de départ, de la route suivie, et de la vitesse appréciée au loch. Certes le problème géométrique de la route loxodromique est résolu, mais le loch est un instrument très imprécis. La solution, dont on conçoit très tôt l'idée, serait de comparer l'heure locale et l'heure du méridien origine. Mais si l'on sait déterminer la première par la mesure de hauteurs d'astres, on ignore toujours le moyen de déterminer la seconde. Pour la connaître, il fallait oubien la transporter avec soi, ou bien observer un phénomène astronomique assez variable pour constituer un signal que les navigateurs pussent utiliser: l'idée de Huygens et l'idée de Flamsteed.

"Il n'a pas tenu à M. Colbert, écrira Ch. Perrault en 1697, qu'on n'ait trouvé les moyens de conserver à la pendule la justesse de son mouvement; car il n'a épargné aucune dépense à faire faire toutes les machines qu'on lui a proposées pour en venir à bout. Il n'y a point d'expérience que l'on n'ait faite, point de manière de genou et d'autre suspension que l'on n'ait essayée. Il est toujours venu des coups de vent si subits et si contraires les uns aux autres, dans le même moment, qu'il n'y a rien qu'ils n'aient déconcerté" (<u>Parallèle des Anciens et des Modernes</u>, Cinquième dialogue). La solution ne devait pas consister à établir un système de suspension révolutionnaire, mais à introduire un nouveau régulateur. "Parce que les pendules souffrent nécessairement de l'agitation d'un vaisseau, il y a plus d'espérance de réussir avec des balanciers avec un ressort spirale, mais construits en grand volume, parce que la justesse coît à mesure, et il vaudrait bien la peine de faire cette épreuve" (26).Richer fit l'épreuve d'horloges à pendules en 1670 et 1672 en Acadie et à Cayenne. On sait l'importance de l'observation qu'il fit alors du retard du pendule à l'équateur (27). Par l'invention du spiral réglant, ressort spiral solidaire d'une masse oscillante en forme d'anneau circulaire, le balancier, Huygens pensait avoir résolu le problème de la montre marine; en fait, son dispositif est à l'origine des montres de Leroy, Berthoud et Harrison au siècle suivant, mais il ne sera adapté au problème qu'il espérait résoudre qu'au prix d'un long travail ultérieur. Confrontation symptomatique entre l'horloge et le navire: dans cette singulière rencontre, les antinomies foisonnent. A supposer que la montre satisfasse aux performances qu'on en attend, ce qui n'est pas le cas de celle de Huygens et Isaac Thuret (1675), on a d'un côté un mécanisme de précision au mouvement régulier, de l'autre un dispositif à la locomotion aventureuse, sans cesse perturbée. Sans le secours du premier, il serait voué à l'approximation. Mais entre les deux, le couplage s'est toujours révélé impossible, le navire a toujours "déconcerté" l'horloge, malgré le soin mis à la "gouverner", c'est-à-dire à assurer la régularité par intervention d'un opérateur. La montre imperturbable, appareil d'un repérage sans défaut, donne forme à l'idéal d'une localisation automatique. L'espace houleux où le vaisseau fraie sa route s'ancrera alors s'ancrera alors dans l'espace immuable défini par la grille des coordonnées sphériques. Le temps et l'espace de l'aventure auront un référentiel absolu. La montre marine; jouet imperturbable des vents et des flots, assurerait immédiatement et de façon permanente cette double référence: la chronométrie replierait l'un sur l'autre deux temps et deux espaces.

Mais à défaut d'une montre satisfaisante, le ciel et les tables peuvent constituer un indicateur de temps. L'année même où Huygens fait réaliser à Paris la première montre à spiral, le roi Charles II d'Angleterre décide la fondation de l'Observatoire de Greenwich et nomme Flamsteed "Astronome royal", "en vue de la détermination des longitudes dans l'intérêt de la navigation et de l'astronomie". A proximité de l'embouchure de la Tamise, l'emplacement choisi est significatif. Flamsteed souhaitait établir des tables de la Lune, indiquant les distances de celle-ci aux étoiles voisines, ou, mieux, les instants d'occultation d'étoiles. Mais les occultations d'étoiles brillantes sont rares, et les étoiles faibles étaient mal cataloguées à l'époque. D'où la difficulté de rédiger de bonnes éphémérides lunaires, sans parler de la difficulté de les utiliser en mer. Picard entreprend en 1679 de donner une suite aux éphémérides de Jan Hecker, qui finissent en 1680, et calcule les premières années de la _Connaissance des temps ou des mouvements célestes_. A supposer que l'observation puisse être menée à bien sur un navire avec la même précision qu'à l'observatoire, le déplacement rapide de la lune sur le décor de la sphère des fixes, ainsi que le mouvement et les éclipses des satellites de Jupiter sont des signaux permettant en tout lieu de connaître l'heure du méridien origine si l'on dispose de tables. L'automate d'un côté, l'observation et les tables de l'autre: l'idéal d'une lecture précise des simultanéités anime toute cette recherche. Catalogues d'étoiles, éphémérides, almanachs nautiques, tables astronomiques vont se multiplier tout au long du XVIIIe siècle pour en venir à constituer l'instrument de précision de la localisation tabulaire.

Cependant, au cours de l'histoire de cette longue impatience, de cette vaste compétition qui tiendra en haleine l'Europe des Lumières, un changement notable se produira: le savoir cessera d'être pensé essentiellement en termes de repérage, et s'il donne pouvoir, ce ne sera plus seulement parce qu'il permet de ne jamais être perdu. L'antinomie entre deux temps, deux espaces, deux sortes de machines, sera révisée. Pour les Académies en particulier et le monde savant en général, faire le point ne sera plus l'opération par excellence, l'opération unique des sciences maritimes. A l'art du pilotage, à l'hydrographie, s'ajoutera la théorie du navire, la science navale qui pose et résout des problèmes de construction et de manoeuvre. Viser, observer, mesurer des distances angulaires, toujours des techniques de la convergence et de l'entrecroisement. Latitude et longitude, ligne et colonne, abscisse et ordonnée, réticules des micromètres munis de fils fixes et de fils mobiles, canevas géographiques, aiguilles et cadrans, verniers, octants, sextants, arbalètes et arbalestrilles, quartier de réduction, compas de proportion, toute la gamme et tout l'arsenal des techniques de l'intersection et du pointage. On verra, au XVIIIe siècle, la "science navale" déterminer des points (métacentre, point vélique, par exemple) et dresser des tables. Mais il ne s'agira plus alors du repérage optique du point quelconque, mais de mettre en place la statique du point remarquable, du point singulier. Carrefour réel de forces, et non intersection idéale de visées, de rayons et de lignes. Les tables seront établies pour permettre l'optimisation de la construction et de la manoeuvre, et non l'exercice pur et simple du pilotage. Elles opèreront la jonction entre les circonstances actuelles et les performances optimales du vaisseau. La route effective ne sera plus une donnée brute que l'on cherche à enregistrer, par le procès d'un calcul, mais le résultat du calcul d'un procès. La science exacte ne prendra plus le vaisseau comme un point dont on cerne la position, mais comme un dispositif dont on détermine rationnellement les configurations internes et les effets prévisibles.

La Royal Society de Londres s'était intéressée très tôt à la navigation. R. Moray écrit à Huygens le 19 janvier 1663: "Nous proposons dans nos assemblées de penser à la navigation pour voir s'il y a moyen de construire des navires qui ayent toutes les qualités requises en plus grande perfection qu'on n'a vu jusqu'ici. on a prié Mylord Brouncker et deux ou trois autres de s'en charger, ce qu'étant rapporté au Roi, Sa Majesté a voulu faire la dépense du petit bâteau fait selon le modèle que Mylord Brouncker proposerait, pour voir s'il en pouvait faire un qui allât mieux que le yacht dont vos Messieurs de la Compagnie des Indes Orientales avaient fait présent à Sa Majesté" (28). Dès le 19 décembre 1660, une commission avait été nommée par la Royal Society pour s'occuper du problème. Sir William Petty, Christopher Wren, le Docteur Jonathan Goddard, Sir Kenelme Digby et Sir William Brouncker en faisaient partie. Elle ne rendit jamais de rapport. W. Petty lui présenta un projet de vaisseau à cylindres "d'une façon qui n'a jamais été vue auparavant, et qui fait merveille". Une autre lettre de Moray à Huygens, du 1er mars 1663, permet de préciser un peu le caractère novateur de cette attitude: "Il est certain qu'il y a bien des choses à considérer dans l'architecture des vaisseaux qui semblent ne pouvoir être réduites à aucune règle, mais aussi il est vrai que jamais mathématicien de premier rang ne s'y est appliqué comme il faut. Mylord Brouncker et un ou deux autres ici y ont été d'autant plus excités et encouragés que le Roi les y pousse, et les grands architectes de navires ne leur cèlent rien de ce qu'ils savent de leur métier; dont il y a un qui est le plus savant qui a jamais été en Angleterre, et peut-être au monde, de sorte que Mylord Brouncker s'y applique soigneusement, mais comme c'est une affaire de longue haleine et de grands frais, on n'y procède que lentement, et l'on espère avec le temps ou de trouver la perfection des vaisseaux, ou du moins être assuré qu'on la sait déjà" (29).

On est fort loin de l'idée de cette collaboration sur le continent. Les mathématiciens de "premier rang" ne s'intéressent pas au progrès de l'architecture navale, et on ne leur demande pas de s'y appliquer. L'Académie ne participe, en 1681, ni aux "expériences" de Versailles, ni aux conférences de Paris, d'où l'on attend le verdict du grand débat sur les proportions. Celles que l'Ordonnance de 1689 fixera de manière impérative (Livre XIII, titre 2) ne lui doivent rien. Un court passage de l'Academiae Historia de Duhamel, concernant l'année 1681, ne doit pas prêter à confusion: "Le Capitaine Renau...a proposé une nouvelle méthode pour le dessin des carènes. L'illustre Marquis de Seignelay a enjoint à Blondel et à Mariotte de l'examiner avec diligence.Ceux-ci ont jugé la méthode excellente et facile. Elle s'appuie sur les sections coniques. C'est un fruit non négligeable de la géométrie spéculative" (30). On ne demande à l'Académie que son appréciation sur un procédé élaboré hors de son sein. Au demeurant, il ne s'agit pas du tout de "trouver la perfection des vaisseaux", mais d'approuver une méthode dessin du plan des navires. Si Renau préfère former les courbures des profils par le moyen d'une section conique, ce n'est pas qu'il ait découvert à ces courbes des propriétés physiques particulières; il ne situe le problème que sur le terrain de la commodité d'exécution.

Pas de mathématiciens dans les Conseils de construction, mais des officiers et des fonctionnaires (Ordonnance de 1689, Livre XIII, titre 1). Pas d'écoles pour les maîtres-charpentiers, qui continuent à être formés par apprentissage auprès d'un maître, quitte à recevoir en outre les directives des inspecteurs: "L'Inspecteur des constructions visitera les ports où Sa Majesté fera construire des vaisseaux et apprendra aux charpentiers la manière d'en faire des plans et profils avant que d'en commencer la construction, afin de se corriger des défauts qui ont été trouvés dans ceux qui ont été ci-devant faits, et de pouvoir fixer des règles certaines" (ib°, Livre XIII, titre 3). Si enseignement il y a, il est uniquement destiné, on le voit, à rendre effective la normalisation des gabarits, par l'exécution d'un plan préalable. Pas de cours de construction navale proprement dits non plus pour les futurs officiers de marine. Tandis que mathématiques, fortifications, hydrographie, donnent lieu à des cours, l'initiation à la construction se dispense dans la salle de construction, où le maître-charpentier du port et les plus habiles officiers "leur expliquent la règle, la manière de construire les vaisseaux et les proportions de toutes les pièces qui les composent" (Livre VII,titre 1). Les charpentiers montrent leur pratique. L'inspecteur des constructions, qui "assistera aux écoles de construction qui se tiennent dans les ports pour instruire les officiers, tâchera de suppléer aux choses que les maîtres-charpentiers n'expliqueront pas avec assez de netteté, pour les rendre intelligibles" (Livre XIII, titre 3).Dans ces étranges "écoles", le suppléement d'intelligibilité est fourni par l'homme du règlement. On est à cent lieues de cet enseignement technique dont Descartes avait conçu le projet selon Baillet, où des mathématiciens et des physiciens auraient pu "répondre à toutes les questions des artisans, leur rendre raison de toutes choses, et leur donner du jour pour faire de nouvelles découvertes dans les Arts" (La vie de M. Des Cartes, 1691, tome II, p.434). A l'école des gardes de la marine, les artisans ont la parole non pour questionner, mais pour expliquer. Le fonctionnaire royal ne fait que traduire leur propos dans une langue plus distinguée, à l'usage des jeunes gentilshommes, dont longtemps encore les professeurs d'hydrographie déploreront le faible niveau en mathématiques.

Des débuts du colbertisme à l'Ordonnance de 1689, on s'est beaucoup dépensé pour rendre les sciences "utiles".Condorcet dira combien cette notion fut en ce temps ambiguë: "Blondel a eu le mérite d'appliquer les mathématiques à deux arts bien chers à l'orgueil des grands: l'art d'élever des masses éternelles, et surtout celui de détruire les hommes" (31). Malgré le désir officiel d'améliorer le vaisseau et ses performances, malgré l'ambition, cent fois proclamée par les savants, de perfectionner les arts, et particulièrement la navigation, la théorie du navire n'est pas née à l'Académie des Sciences. Ce n'est pas dans son sein que la construction et la manoeuvre sont devenues des opérations mathématisables. Pour les Académiciens, la science nautique se limite à la question du repérage et de la montre marine. Elle ne débouche jamais sur la mécanique du corps flottant ni sur la force d'impulsion du vent. Cela est d'autant plus étonnant qu'en 1669, Huygens a présenté à l'Académie diverses expériences "sur la résistance et la force de l'eau, la force mouvante de l'air", l'action du vent sur une surface plane, et la courbe du jet du boulet lancé dans l'air, ainsi que sa vitesse. "Il faut surtout, déclare Huygens, trouver moyen de mesurer la force de l'eau à l'égard de son effet à mouvoir, c'est-à-dire combien une certaine largeur d'eau coulant d'une certaine vitesse peut lever de poids à une certaine hauteur dans un temps donné". Premier type d'expériences: équilibrer par un poids la force d'un jet heurtant le plateau d'une balance. En vertu de la relativité du mouvement, Huygens imagine une autre procédure: "On pourra faire les expériences requises en faisant apprêter un canal de bois...de quelques 8 ou 10 pieds de long, que l'on remplira d'eau, et y faisant nager un morceau de bois carré que l'on tirera par une corde...Et ce même canal servira encore pour faire des expériences touchant la résistance de l'eau contre des corps de différentes figures" (32). Huygens conclut que la résistance est proportionnelle au carré de la vitesse. Problème de <u>vitesse</u>, problème de <u>direction</u>, problème de <u>figure</u>, ces problèmes fondamentaux des "lois du mouvement dans la rencontre des corps" qui intéressent Huygens en tant que tels, ne sont référés, dans le cadre de l'Académie, qu'à la balistique et aux mécaniques traditionnelles ... mais ils sont sans impact sur le débat, presque contemporain, des proportions des vaisseaux. C'est sur la base de ce qui a été découvert ici que la question de la manoeuvre sera formulée vingt ans plus tard, mais ces découvertes n'ont pas d'incidence immédiate sur la théorie du navire. Une note très laconique de Huygens, portant en marge l'approbation de Colbert, écrite probablement aux alentours de 1670, donne à penser qu'il aurait pour sa part souhaité que ces recherches ne fussent pas totalement absentes des préoccupations de l'Académie: "Examiner la force et la vitesse du vent, et l'usage qu'on en tire à la navigation et aux machines" (33).

La conjonction des mathématiques et de l'expérience, du calcul a priori et des mesures tendant à le vérifier, s'opère dans un cadre très limité. Du problème théorique de la balistique au prolème théorique du navire, quel obstacle a empêché la diffusion de cette méthode? Pourquoi le vaisseau n'a-t-il été intégré que beaucoup plus tard à la problématique générale de la mécanique des solides dans les fluides?

1. En 1669, à l'Académie, Huygens est probablement le seul, avec Mariotte, à concevoir l'idée de l'application de la géométrie à la physique. Ses collègues entendent par "application de la géométrie" l'application de cette science à des arts. La théorie, fût-elle constituée de propositions d'allure générale, est théorie d'une pratique déterminée, cloisonnée et particularisée au même titre qu'elle. Elle ne se projette alors qu'en un lieu étroitement circonscrit. Øbstacle du cloisonnement théorique.

2. En balistique, les ingénieurs s'exercent depuis longtemps à mathématiser la description du mouvement du projectile, et les physiciens, depuis Galilée, à mathématiser sa génération. Le second obstacle, celui du particularisme nautique, tient au fait que seule la description macroscopique de la route du navire est assumée par les géomètres, et qu'elle n'est reliée à l'instrumentation de ce mouvement que sous la forme, optative

ou volitionnelle, du commandement.

3. Dans ce qu'on pourrait appeler, d'un nom générique, le problème de la commande, la théorie des cibles (jets, visées, trajectoires) est antérieure à la théorie de la manoeuvre, la stochastique à la cybernétique. Antérieure, c'est-à-dire phénoménologiquement et épistémologiquement première. Nous le vérifions dans le développement rapide du pilotage et dans le retard de la théorie de la manoeuvre par rapport à celle du tir. Le repérage comme modalité unique du contrôle, c'est une modalité pauvre, minimale, de la conduite, insuffisante pour fonder une théorie de la commande. A l'âge du pilotage, qui n'est pas encore l'âge du vaisseau, les techniques de la tabulation et de la visée sont au service d'une science des buts qui ne communique pas encore avec une science des moyens.

Optique, astronomie, cartographie, chronométrie, métrologie, donnent lieu à une science du décor, du cadre du mouvement et du voyage, des repères spatio-temporels de l'action. Lui correspond une technique politique du regard souverain. Le personnage et le rôle de Louvois à la direction des affaires militaires, offrent une illustration éclatante du complexe politique, administratif, militaire et technologique dans lequel les mécanismes de l'obéissance et de la discipline tombent sous la visée d'une universelle et implacable inspection. Une lucarne de l'Hôtel des Invalides, comme un rébus de pierre, visualise le calembour facile de l'oeil du loup, qui voit tout. On célèbre à son propos le grand idéal d'une politique panoptique. Une liaison constante s'établit partout entre l'idée d'une structure hiérarchique efficace et les techniques de la revue, de l'inventaire, de l'exacte notation. Mais ce qui s'articule ainsi aux techniques de la représentation, c'est l'idée politique du commandement, non l'idée technologique de la commande. L'ordre cesse d'être un impératif vocal, pour être de plus en plus un dispositif spatial, ou une disposition dans l'espace du tableau, fondée sur le pouvoir et le savoir des distributions. Louvois fait fixer en 1675 l'Ordre du Tableau, où les chefs étaient inscrits par ordre d'ancienneté, le plus ancien de la liste prenant automatiquement le commandement en cas 'incapacité du commandant désigné. "Le voilà donc mort, ce grand ministre, cet homme si considérable, qui tenait une si grande place; dont le moi, comme dit M. Nicole, était si étendu, qui était le centre de tant de choses! Ah! mon Dieu, donnez-moi un peu de temps, je voudrais bien donner un échec au Duc de Savoie, un mat au Prince d'Orange. Non, non, vous n'aurez pas un seul instant!" (34) La métaphore du jeu déploie l'espace de l'échiquier, c'est-à-dire encore, quoique d'une autre façon, le tableau. La cartographie est, on l'a vu, actualisation de la souveraineté. Picard et La Hire rectifient la côte de Gascogne, en 1679, faisant dire au Roi, en plaisantant, "que leur voyage ne lui a causé que de la perte" ! (35)

L'éclat du spectacle et le panoptisem de l'inspection s'associent dans le moment exemplaire de la Visite royale et de la Revue. Faites pour être immortalisées par l'image et perpétuées par le commentaire, les visites du Roi à l'Académie des Sciences, en 1681, à l'Observatoire en 1682, aux Gobelins, aux armées, sont moins des événements anecdotiques que des scènes archétypiques de la souveraineté. La gravure de Sébastien Le Clerc commémorant le passage du Roi à l'Observatoire le montre s'arrêtant devant le miroir ardent de Villette, allusion sans équivoque à l'inévitable métaphore. A l'Académie, avec les deux machines de Roemer, "l'une montrant les Eclipses, l'autre la théorie des Planètes et leurs périodes",c'est le temps même qui déploie sans secret sous le regard royal son passé et son avenir, grâce au contrôle mécanique des repères chronologiques. L'exécution d'une manoeuvre à Dunkerque en présence de Louis XIV (1680), conçue comme exercice et comme spectacle, illustre l'efficacité d'une discipline parfaite, mais l'opération sacrifie délibérément la mise en oeuvre de la commande à la mise en scène de l'obéissance au commandement. "Souvenez-vous aussi, écrit Colbert à Du Quesne, de régler l'exercice des matelots, soldats et canonniers, en sorte que le Roi ait un jour la satisfaction de voir faire toutes les manoeuvres de vingt ou trente vaisseaux par un seul commandement et un seul mouvement" (36). Finalement, au lieu d'une escadre, la démonstration fut réduite à un seul vaisseau: "Aussitôt que Sa Majesté aura vu tout ce nombreux équipage sur le pont, l'Officier fera commandement à tous les matelots de mettre bas les armes, et cela se doit faire avec tout l'ordre et le silence accoutumés dans les régiments d'infanterie les mieux disciplinés... A l'égard des matelots, il faut les exercer pour ces manoeuvres de la même manière que l'on fera les soldats pour le maniement des armes, afin que...tout se passe avec ordre et sans confusion. Surtout il faut observer de les accoutumer au silence, ce qui demande une très grande application et un grand usage, parce que vous savez que les manoeuvres se font avec beaucoup de bruit sur les vaisseaux" (37). L'expérience que présupposent manoeuvre et construction a tous les caractères d'un entraînement, garant du succès de la représentation. Ce royaume silencieux du visible est construit pour montrer l'efficacité muette de l'ordre et de la règle. Mais le mécanisme qu'il exhibe, avec ses transmissions instantanées et ses exécutions immédiates, est celui de l'équipage, et non celui du vaisseau.

Débat des proportions: on a vu comment la problématique de la construction se réduisait à une question de figure et de dimensions, considérée comme résolue en 1681. L'efficacité technique est toute entière cristallisée dans ce que Bouguer nommera au siècle suivant, à propos des conférences de 1681 précisément, "un examen trop abstrait de la seule forme extérieure des navires. On les considéra, poursuit-il, comme des corps géométriques dont on croyait déjà savoir à peu près la figure, et dont il ne s'agissait que de former les contours avec plus de facilité ou plus d'élégance. Il ne fut nullement question d'entreprendre le travail aussi long que pénible de les traiter comme des corps physiques et hétérogènes" (37). Cette géométrisation l'a peu à peu emporté sur l'affirmation de la valeur spectaculaire du navire. Le vaisseau de guerre est une machine théâtrale portant sur la scène élargie des océans l'éclat des splendeurs de Versailles. Les règlements de l'étiquette et du cérémonial maritime, si vétilleux, la question si débattue des saluts, indiquent bien cette fonction représentative. La décoration est initialement partie intégrante des vaisseaux: "Je conviens, écrivait Colbert en 1669, que les ouvrages de sculpture des trois grands vaisseaux bâtis en dernier lieu à Toulon consomment beaucoup de temps; mais vous m'avouerez vous-même qu'il n'y a rien qui frappe autant les yeux ni qui marque tant la magnificence du Roi..." (38) Nom du navire, devise, ornement: la splendeur de la flotte renvoie à la personne solaire du Roi. La devise inscrite à la base du mât d'artimon du Royal Louis proclame:

Je suis l'unique dessus l'onde
Et mon Roi l'est dedans le monde.

La décoration conçue par Le Brun et Girardon reprend tous les éléments de l'arsenal mythologique, tritons, chevaux marins, sirènes... et l'iconographie des gloires et des apothéoses. Jusqu'au jour où Puget, trop prolixe, est invité par les constructeurs à réduire l'importance de ses "pesantes machines": l'efficacité technique se dégage de l'efficacité théâtrale et la supplante. "Les Anglais se moquent, rapporte Seignelay, de ces grandes machines de galeries et d'ornements dont ses vaisseaux sont surchargés". "Prenez bien garde, écrit Colbert à Matharel, qu'il ne fasse pas de bâtiments somptueux, mais seulement solides et commodes" (39).

L'élimination progressive de l'apparat accompagne une révolution copernicienne de la visualisation. Le pouvoir royal cherche moins à "frapper les yeux" par son excès éblouissant, qu'à porter partout ses regards, pour faire régner partout l'économie et le "ménage". Les signes majeurs de sa puissance sont désormais l'ordre et la répartition dans l'espace des sujets soumis à son contrôle et des agents chargés de relayer ses instructions. Plus qu'à éblouir par sa magnificence, le Roi Soleil cherche à impressionner par le spectacle de l'efficience de ses commandements et l'immédiateté de leur exécution. A ce spectacle d'automates dont il est l'animateur, le Roi est spectateur et acteur. La scène de la construction accélérée d'un vaisseau en sa présence prend la relève, comme illustration emblématique, de l'effet spectaculaire de la décoration. La géométrie devient alors, dans l'uniformisation des dimensions et des proportions des navires, dans la discipline métrique imposée par les Ordonnances et les règlements, l'instrument majeur du pouvoir souverain, garant irremplaçable de l'efficacité technique.

En définitive, il semble que le spectacle du commandement et la géométrisation prématurée du navire soient les deux obstacles presque indissociables à l'apparition d'une science de la manoeuvre et de la construction des vaisseaux. Spectacle et géométrie traduisent, chacun à sa manière, la limitation intrinsèque de la visée théorique à l'époque de Colbert. Car la "géométrie" du navire est elle-même conçue comme moyen de reproduction de l'identique et de contrôle de l'identité, dans l'espace homogène où s'exerce le pouvoir. Le vaisseau n'est pas une machine: personne ne songe à poser le problème de son équilibre à la lumière de la statique, et celui de son mouvement à la lumière de la dynamique. C'est vrai en ce lieu même, l'Académie, où devaient s'entrecroiser les savoirs et s'opérer les applications décisives de la science théorique.

Le voilier qui au frontispice du Novum Organum franchissait vent en poupe les colonnes d'Hercule est le symbole d'une certaine modernité, de ses ressources et de ses promesses, mais il est aussi l'objet d'un mode de pensée étrangement conservateur. Les ingénieurs s'intéressent à l'aménagement des ports, (Blondel à Rochefort), à l'amélioration de leur système de défense, aux armements dont le vaisseau de guerre peut être équipé (water-mynes, bombes, machines de feu), mais ces innovations, fruit de l'ingéniosité "mécanique", ne touchent pas au navire lui-même. Incrédulité et sarcasmes accueillent les nouveautés présentées comme révolutionnaires. A ce capucin qui propose en 1662 une "machine flottante invincible", on répond brutalement que "sa rêverie mérite des bouillons restaurants" (40). Un projet de croiseur mixte, dû à Estival, provoque la colère du ministre: "Il ne sort rien de la tête de cet homme-là, que des nuages et des embarras". Folie, encore, la machine "capable de faire marcher un vaisseau sans vent, sans avirons et sans voiles" inventée par un autre ingénieur, Massiac de Sainte-Colombe. Entre le vaisseau et son autre, objet d'une mécanique délirante, passe le grand partage qui sépare raison et folie. En l'absence d'une science du vaisseau, la "téorie" s'impose comme une sévère discipline.

3. La mathématisation du concept de manoeuvre.

1689. Avec la publication de l'*Ordonnance* pour les armées navales et les arsenaux, une histoire s'achève, celle dont nous venons de retracer les patients efforts en vue de normaliser les dimensions des vaisseaux et de codifier les fonctions à bord des navires du roi.

1689. Avec la publication du petit livre du Chevalier Renau d'Eliçagaray, *De la Théorie de la Manoeuvre des Vaisseaux*, une histoire commence. Bien qu'il voit le jour "de l'exprès commandement de Sa Majesté" et paraisse à ce titre engagé dans la série des tentatives précédentes, l'ouvrage abandonne la problématique coutumière. La théorie de la manoeuvre n'y est plus du tout conçue comme la codification d'un exercice par un ensemble d'instructions, mais comme la possibilité de déterminer par le calcul la conduite la plus efficace. Ce changement de perspective audacieux et sans doute prématuré est à l'origine d'un débat passionné que Huygens et Jean Bernoulli animeront successivement en 1693-1695 et en 1713. Ce n'est pas l'idée de manoeuvre avancée par Renau qui est directement en cause dans ces discussions, ce sont seulement les principes mécaniques devant assurer l'eficacité de la théorie. Au grand dam de quelques uns, l'introduction des procédures mathématiques de représentation, de raisonnement et de calcul n'est pas d'entrée de jeu péremptoire. Au moins les protagonistes sont-ils d'accord pour situer désormais le problème de la manoeuvre sur un terrain où les mathématiques doivent avoir le dernier mot.

Renau, que nous connaissons par le prtrait qu'en esquisse Saint-Simon et par l'Eloge de Fontenelle, manifeste un talent précoce dès ses études à Rochefort et fait figure d'inventeur génial.Né en 1652, il n'a que dix-neuf ans quand il fait approuver, comme on l'a vu, sa nouvelle méthode pour dessiner les plans à l'aide de sections coniques. Il semble que cette méthode ait été assortie d'une machine à tracer les gabarits, épargnant le bois de construction et les journées d'ouvriers, faisant presque de l'architecture navale un jeu d'enfants (41). Plus célèbre encore le rend l'invention des "galiotes à bombes", lourds bâtiments portant des mortiers, qu'il expérimente en bombardant Alger, Gênes et Cadaquès avec assez de succès pour ne pas être considéré comme "visionnaire et insensé". Il concilie dans sa personne et ses travaux les figures, jusqu'alors antinomiques, de l'ingénieur, du constructeur de navires et du marin.

Mais Renau ne s'est pas contenté d'annexer la pratique de la construction navale à la science traditionnelle de l'ingénieur militaire. Autrement décisive apparaît la révolution que connaît dans sa pensée le concept de manoeuvre. Dans le débat qu'inaugure sa théorie, Renau sera confronté à des savants, lui qui ne se considère pas comme un savant, mais comme un homme de guerre. "Aucun géomètre, écrira Fontenelle, n'avait touché à la manoeuvre; il y fallait une fine application de la géométrie à une mécanique épineuse et compliquée". Renau n'était sans doute pas, en 1689, le mieux armé pour entreprendre une telle tâche, mais c'est pourtant lui qui tenta le premier de la définir. Son opiniâtreté à défendre "ses" principes, pendant un quart de siècle, contre Huygens puis Jean Bernoulli prouve une fière audace, mais aussi une aveugle confiance dans les vérités qu'on a, une fois pour toutes, pensé comprendre. Fontenelle use, à son propos, d'une jolie expression: "Amphibie guerrier, qui partegeait sa vie entre l'un et l'autre élément". Il serait à peine exagéré de le considérer comme "amphibie", d'une façon plus problématique, entre la mécanique et la navigation.

Bien qu'on n'ait jamais songé à en faire la théorie, on a toujours estimé que la manoeuvre était la partie "la plus essentielle" de la navigation, "particulièrement pour ceux qui commandent, parce que c'est d'elle que dépendent les avantages que l'on peut prendre sur les Ennemis, quand il s'agit de les attaquer, ou de les éviter; quand il faut profiter des vents pour s'éloigner d'une Côte, pour doubler un cap, ou une roche; ou enfin pour faire une route". Pratique de la décision et pratique décisive, la manoeuvre est l'art des commandes et l'art directeur. Deux traits sont relevés ici: la visée d'optimisation qui règle l'utilisation des forces naturelles, et l'objectif de compétition qui anime le déroulement des opérations. Art de la riposte dans une situation d'antagonisme, et art de l'optimum d'effet sont les deux faces, pour Renau indissociables, de l'art de prendre et de garder l'avantage. Ce qui lui permet de préciser le concept de la manoeuvre en des termes où l'on voit s'annoncer et s'amorcer la possibilité d'une théorie: "Comme sous le nom de manoeuvre, on comprendnon seulement la disposition des mâts, des vergues, des cordages et de toutes les autres machines qui servent au vaisseau; mais aussi leurs usages particuliers: il semble que pour donner une Théorie complète de la manoeuvre, il aurait fallu commencer par une description de toutes ces choses.

Mais pour en donner une idée distincte, il faudrait les faire voir sur un vaisseau, ou sur un modèle qui les contînt en petit; et l'on ne prétend parler ici que de ce qui doit servir de principe à la science de profiter des vents le plus qu'il est possible; ce qui consiste uniquement à déterminer la situation la plus avantageuse des voiles et de la proue du vaisseau par rapport au vent et à la route qu'il est à propos de faire. C'est ce qu'on a dessein de donner dans ce Traité." (Préface, p.II). Point de vue tout à fait original quant à la fonction, au contenu et à la forme d'un ouvrage didactique. Finie l'accumulation d'une nomenclature redondante. Le but du livre n'est pas de remplacer l'initiation à la vie du bord, ni de suppléer à l'exercice. Il consiste à enseigner ce que l'exercice ne saurait enseigner. C'est ce qui fait que le livre soit si bref. Les figures donnent à voir, et le texte à comprendre, autre chose et plus que le spectacle inépuisable du vaisseau.

Seule une science peut répondre à la question de l'avantage maximum. Etant donnée la direction du vent et la position du point à atteindre, le problème consiste à déterminer l'association optimale de deux variables, l'ngle d'incidence du vent sur la voile, et l'angle de la quille par rapport à la route. Renau estime avoir ainsi réduit le problème de la manoeuvre à une question relativement simple. "Les vérités simples, écrit-il dans la Préface, ont été démontrées par la géométrie ordinaire, ... on s'est servi de l'Analyse pour trouver les vérités plus compliquées, et, ...lorsqu'elles ont paru trop composées, on a indiqué la manière de le faire, et on a donné une manière mécanique de les déterminer". On appréciera plus tard cet instrument théorique. Retenons pour l'instant la foi en la valeur heuristique et probatoire de la simplification. Elle réduit le vaisseau à sa structure mécanique élémentaire, permettant de déduire son mouvement de lois rudimentaires. Renau défend l'idéal d'une théorie dont les propositions sont démontrables par fugures et par nombres, sans pour autant prétendre qu'elle soit coextensive à la totalité de ce que doit connaître le bon praticien. Condition nécessaire, non suffisante, de l'exercice correct de la manoeuvre.

Qu'un ingénieur aspire à des principes théoriques, établis par la géométrie et l'analyse, ne nous surprend pas. Mais Renau eut à surmonter des résistances acharnées, symptômes du caractère inouï de la présente intervention de la science dans la pratique. Quand il fut chargé d'enseigner aux officiers ses nouvelles pratiques, "ils se crurent déshonorés, s'ils se laissaient envoyer à l'école, et résolurent unanimement d'écrire à la Cour, pour faire leurs remontrances". Le scandale vient de ce qu'en la circonstance, la théorie est destinée "particulièrement à ceux qui commandent". On n'a pas de peine à imaginer le clivage sociologique qui sépare dans les armées du Roi l'ingénieur et le commandant. Le premier, fût-il familier des princes, ne participe qu'indirectement à la gloire des victoires. Le cas de Vauban, Maréchal de France, est tout à fait exceptionnel. A bord des vaisseaux, le seul homme d'études le pilote, assume une fonction reconnue primordiale, mais occupe, avec toute la "maistrance", un rang subalterne. La bravoure, le panache, la témérité sont l'apanage de l'officier supérieur. L'agent de décision, "seul maître à bord après Dieu" manifeste souvent une désinvolture provocante et une incompétence que pallie à peine sa haute naissance. Alors que l'importance grandissante de l'ingénieur pour les fortifications et l'artillerie ne modifie pas le statut du capitaine et sa fonction directrice, -- il voit seulement ses moyens d'action considérablement accrus, l'ingénieur restant subalterne -- le nouveau concept de la manoeuvre mis en avant par Renau affecte profondément la représentation du pouvoir de décision.

Plus étonnante est l'imperméabilité de Renau aux arguments théoriques de ses illustres contradicteurs. Fort de ses principes de base, aveugle aux rebondissements de la problématique qu'il engage, il pense apporter une réponse définitive à un problème nettement délimité, relevant de ce qu'il estime être son domaine. Ni la science du mouvement des solides dans les fluides, ni l'analyse dont Renau se servait (il ignore la méthode de maximis et minimis) n'étaient en mesure de fournir des réponses satisfaisantes aux problèmes soulevés par la manoeuvre. En un temps où les progrès du calcul allaient permettre à quelques uns d'aller plus loin, le tort de Renau fut de rester prisonnier de ses simplifications initiales, et de confondre dans celles-ci ce qui lui permettait d'aborder en géomètre la question du mouvement du vaisseau, et des hypothèses incompatibles avec les lois générales du mouvement. Le précoce théoricien de la manoeuvre est vite repris par les soucis quotidiens de la guerre et l'imbroglio de l'aventure attire en Espagne l'ingénieur audacieux.

Ingénieur audacieux et théoricien téméraire, Renau fut indissociablement l'un et l'autre. Il ne vit pas la distance qui séparait les deux rôles. Il n'a pas compris qu'on ne pouvait sans dommage transporter dans le second l'intransigeante obstination que justifiaient ses compétences dans le premier.

Il faut essayer maintenant de caractériser plus nettement l'élaboration théorique du concept de manoeuvre chez Renau.

1. Il offre une rprésentation bi-dimensionnelle, suivant le plan de la surface de l'eau, où, autour d'un point qui est le "centre" du vaisseau, le pied du mât unique portant l'unique voile, il définit des directions: celle du vent, celle de la quille, celle de la vergue, celle de la route. Cela ne va pas sans une simplification des données du problème: réduction des voiles à une voile unique, élimination de la courbure de la voile, élimination provisoire de l'action du gouvernail, élimination de l'action du vent sur la coque du navire, supposition d'un rapport constant c/b

entre la difficulté qu'éprouve le vaisseau à fendre l'eau avec la pointe et celle qu'il éprouve à la fendre avec le côté. On raisonne comme si le vaisseau était une sphère, à ceci près que son transport dans certaines directions est -- quantifiablement -- empêché. Dans le cadre de cette simplification, qu'on peut trouver exagérée, mais qui n'est pas si arbitraire, la manoeuvre est une action ponctuelle opérant des changements d'angles.

2. Du point de vue du manoeuvrier, l'espace n'est pas homogène. Une position est avantageuse quand celui qui l'occupe peut faire à l'autre ce que l'autre ne peut lui faire. Il le contrôle comme ue pièce bien placée en contrôle une autre sur l'échiquier. Rompre des réciprocités, créer des renversements de situation, tels sont les premiers impératifs. Parallèlement, définir les points dans l'espace, et les moments dans le temps, où, au cours du mouvement des deux vaisseaux, des irréversibilités s'instaurent, telle est la tâche du théoricien de la manoeuvre. Il doit en mathématiser le jeu, c'est-à-dire donner une expression mathématique des contraintes qui s'imposent à l'action,, et des objectifs qu'elle peut se fixer. Face à la contrainte du vent, l'objectif principal est de tenir le vent, de se mettre au vent de l'adversaire si l'on n'y est déjà. Le problème de Renau consiste à trouver le maximum de la quantité dont le vaisseau est susceptible de progresser dans le vent au cours d'un espace de temps donné. Si l'angle de la route et du vent est trop grand, cette quantité est faible parce que la route s'éloigne peu de la perpendiculaire au vent. S'il est trop petit, elle est faible encore, parce que la voile ne reçoit du vent qu'une impulsion moindre. Renau parvient donc à énoncer en termes de maximum un problème qui était au départ posé ou vécu sous la forme du duel. Il espère trouver une règle de conduite pour les situations de compétition en déterminant par le calcul le maximum d'une longueur. Celle-ci définit l'avantage optimal que l'on peut prendre en toute situation donnée. Elle donne accès au contrôle et à la maîtrise. Les autres quantités dont Renau

cherche les valeurs maximales, vitesses ou espaces parcourus, n'ont d'intérêt que relativement à cette détermination fondamentale. Leur maximisation n'est pas, par elle-même, indice, et encore moins garantie, de maîtrise. "Il faut comparer la quantité que l'on tombe pour aller jusqu'au bâtiment, au chemin que l'on fera plus que lui en tombant de cette quantité; afin de voir si cette différence de chemin le fera atteindre: car autrement, l'on tomberait dans l'inconvénient de faire ce qu'on appelle Chasse Anglaise, c'est-à-dire se mettre sous le vent et en arrière"(p.95). Le problème n'est jamais seulement de maximiser la vitesse dans la direction où l'on veut aller, mais de conserver l'avantage du vent sur l'adversaire.

3. A l'intervention manoeuvrière réduite à sa plus simple expression, on demande un double choix, puisqu'elle détermine en dernier ressort deux angles:

-- l'angle de la quille et du vent, ou "quantité que le vaisseau présente au vent",

-- l'angle de la voile ou de la vergue et du vent.

A partir de ces deux variables, la théorie de la manoeuvre déduit

-- la direction de la route et l'angle de la dérive,

-- la vitesse du vaisseau, ou plus exactement une détermination des espaces parcourus en temps égaux suivant les diverses routes,

-- la longueur que le vaisseau gagne au vent dans un temps donné.

Déduction et construction géométrique étant indissociables chez Renau, on peut apprendre à construire à la règle et au compas la route du vaisseau et son chemin dans un temps donné.

4. Reste à déterminer le biais de la voile pour lequel la grandeur l (longueur que le vaisseau gagne au vent dans un temps donné) passe par un maximum (la quille devant toujours suivre la bissectrice du complément de

l'angle d'incidence du vent sur la voile). Renau trouve que ce maximum est atteint pour un biais de 30°.

5. Renau donne enfin des méthodes pratiques de construction de l'angle optimum, en toutes circonstances, à la règle et au compas. La détermination "méchanique" de la situation la plus avantageuse des voiles (mécanique du raisonnement et du calcul, mécanique des instruments de repérage, de mesure et de calcul simplifié) préoccupe l'auteur, plus que la détermination intellectuelle de la mécanique du vaisseau. Renau ne s'aperçoit pas qu'il soulève un problème de physique. Il croit résoudre un problème de géométrie pratique.

Manoeuvre et mécanique.

La théorie de la manoeuvre implique une mécanique du navire.

En ce sens, Renau est redevable au Père Ignace-Gaston Pardies (1646-1673), qui a le premier esquissé une mécanique du navire dans son ouvrage publié en 1673, La Statique ou la Science des forces mouvantes. Les chapitres CXV à CXIX de ce traité inachevé sont consacrés à une "application des règles de Méchanique au mouvement d'un vaisseau". "On ne sera pas marri de voir par un exemple quelqu'essai de l'usage que l'on peut faire des Méchaniques pour expliquer la Nature, et pour perfectionner les arts" (CXV, p. 218). Quel exemple! Pardies va le chercher dans un domaine jusqu'alors inexploré. "Je prends donc pour sujet le mouvement d'un vaisseau, qui est sans doute un des plus beaux ouvrages de l'Art, et où l'industrie des hommes semble le mieux ménager les lois méchaniques de la Nature". Bien que le concept de manoeuvre ne soit pas formulé, c'est parce qu'il donne lieu à l'exercice d'une manoeuvre que le vaisseau est un paradigme éminent de la Mécanique, conçue comme l'ensemble des lois sur lesquelles intervient l'artifice des hommes: "C'est elle qui bâtit les vaisseaux et qui les gouverne".

Pardies montre que ses principes permettent de "démontrer le chemin d'un vaisseau poussé par un vent de côté". A l'aide de la règle déjà établie de la composition des forces (Discours sur le mouvement local, 1670, § 25), et de celle qu'il démontre, selon laquelle "la force du vent diminue comme les carrés des sinus des angles d'incidence", il détermine sur sa figure une représentation graphique des trajets virtuels accomplis en temps égaux, c'est-à-dire des vitesses aux diverses positions de la voile. Mais la construction proposée (p.217 et 225) implique que la résistance de l'eau est proportionnelle à la vitesse du vaisseau, et non pas, comme Renau l'établira par un raisonnement a priori dans le premier chapître de son livre, proportionnelle au carré de cette vitesse.

Quels sont, en définitive, les rapports entre la théorie de la manoeuvre selon Renau et la mécanique du P. Pardies? Dans son livre de 1689 Renau ne mentionne pas la tentative de Pardies et il affirme être le premier à s'aviser de déterminer more geometrico la route du navire. Mais dans sa controverse avec Huygens, il écrit ceci, qui nous aide à y voir clair: "J'avais premièrement fait mon livre en supposant pour vrai un principe faux que le P. Pardies a donné dans sa Science des Forces mouvantes, art. CXVIII, quoique tout son ouvrage sur le mouvement d'un vaisseau ne consiste qu'en ce seul principe, qu'il n'a appliqué à rien, ni donné aucun moyen de résoudre aucune des propositions de la théorie de la manoeuvre des vaisseaux. Comme je m'aperçus de la fausseté de ce principe à la fin de l'impression du premier livre, je le supprimai entièrement parce que ce principe faux était répandu dans toutes les propositions du livre, qui en rendait toutes les propositions fausses. Je les résolus toutes de nouveau sur un fondement véritable" (42).

Tout en reconnaissant qu'il l'a lu et étudié, Renau prétend ne rien devoir à Pardies. Tout d'abord, ce serait lui, Renau, qui aurait aperçu le caractère inadmissible du principe utilisé tacitement par Pardies pour tracer au (vitesse virtuelle). Pardies ne dit pas expressément de quelle manière il fait dépendre la résistance de l'eau de la vitesse du vaisseau; c'est seulement la construction qu'il donne qui exige, pour être correcte, que cette résistance soit dans la raison simple de la vitesse, et non pas, comme l'admettra Renau, dans la raison double. Ensuite, Pardies n'aurait pas conçu l'application de sa mécanique aux problèmes de la théorie de la manoeuvre. Renau a beau jeu de déprécier chez le jésuite une tentative moins élaborée que la sienne. Un échantillon, certes, non un traité. D'un professeur au Collège Louis-le-Grand, on n'attend pas un manuel pour les capitaines. Mais s'il est vrai que le mot "manoeuvre n'apparaît pas dans ces chapîtres, de quoi s'agit-il dans l'énumération des questions auxquelles la mécanique pourrait répondre (art. CXIX)? L'opinion de Leibniz sur Pardies est élogieuse: "Erat ille ingenio promptus, in Analysi Mathematica et penitiore Geometria egregie versatus, experimentorum minime negligens, machinamentorum curiosus" (Math. Schr. VI, p.81). Il est fort probable qu'à lui remonte, si imparfaite et discrète qu'en soit l'expression, l'idée d'une "science mathématique de la marine" "traitée en termes géométriques et savants", que Leibniz recommande à Jean Bernoulli (43). Il est donc difficile de voir entre Renau et Pardies une rupture aussi nette que la voudrait l'auteur de La Théorie de la Manoeuvre. Si Renau a pris conscience de l'impossibilité de fonder une théorie sur les principes de Pardies, rien ne prouve encore qu'il ait réellement utilisé d'autres principes, et qu'il ait fait plus que donner corps à ses anticipations.

C'est en tout cas ce que conteste Huygens. Huygens fut en effet le seul à ne pas s'associer au concert de louanges qui accueillit, dans les milieux savants, le livre de Renau. Le Journal des Sçavans (12 décembre 1689) et les Acta Eruditorum (Août 1690) ne contiennent que des jugements favorables. En septembre 1693, paraît dans la Bibliothèque Universelle et Historique la Remarque de M. Huguens sur le livre de la Manoeuvre des

Vaisseaux (44). Huygens montre que Renau n'est pas fidèle aux principes qu'il avance: "Si toute la théorie était tirée de là (à savoir des principes énoncés au début du livre) par des conséquences légitimes, il n'y aurait rien à reprendre" (p.525). Il ne sert à rien d'affirmer que la résistance de l'eau est proportionnelle au carré des vitesses du vaisseau, si l'on persiste à représenter par un même segment de droite la force qui meut le vaisseau (ou "force entière du vent"), le trajet parcouru dans un temps t et la vitesse. En procédant ainsi, Renau ne fait que persister dans l'erreur de Pardies, à propos duquel Huygens écrit: "Toute cette théorie comme il l'avait donnée serait vraie si les résistances de l'eau étaient comme les vitesses du vaisseau, au lieu qu'elles sont comme les carrés de ces vitesses" (n° 2869, p.658). Pour rectifier le raisonnement et la construction de Renau, Huygens met entre parenthèses le problème de la dérive. Il concentre l'attention sur l'essentiel, c'est-à-dire la détermination du trajet parcouru par le navire dans la direction de sa quille, pendant le temps qui l'aurait conduit au point G (le point G est le point où l'impression du vent sur la voile serait capable de transporter le vaisseau s'il pouvait fendre l'eau dans toutes les directions également). "Il fallait considérer que bien qu'on puisse imaginer que le mouvement du vaisseau par BG est composé des mouvements par BK et par KG, il ne s'ensuit pas que, si dans l'effet on lui laisse le seul mouvement suivant BK, il ne s'ensuit pas, dis-je, que le vent qui en pressant la voile CD le pousserait de B en G le poussera dans un temps égal de B en K. Car pour savoir quel espace il parcourra par BK, il faut voir avec quelle force il est poussé dans cette route, et de plus, avoir égard à la résistance qu'il souffre de l'eau" (p. 527).

La méprise relevée par Huygens chez Renau touche à un problème crucial de la mécanique théorique, fort controversé dans les quinze dernières années du siècle: celui de la composition des mouvements dans un milieu résistant. Or, bien que tout doive l'y conduire, le problème échappe à Renau. Malgré l'expression correcte de la résistance de l'eau au mouvement du vaisseau, dans le Chapitre I, il décompose, le moment venu, le mouvement en milieu résistant comme on décompose un mouvement dans le vide. Cela parce qu'il en reste à une conception plus cinématique que mécanique du mouvement. Sous un même mot, "composition", Renau et Huygens pensent deux choses tout à fait différentes: à l'équivalence imaginaire des "quantités de mouvement" (Renau: "Il est évident que le corps A, allant du point A au point B, se meut dans le sens de la détermination AE de la quantité AE, et que dans le sens de AF, il se meut de la quantité AF; la quantité de mouvement AF étant parallèle à la superficie CD ou BE ne fait aucune impression sur cette superficie" (p.5)), Huygens substitue la distinction nette des effets dans un temps donné, compte tenu des résistances. La science du mouvement ne peut commencer, selon Galilée, que comme science des corps solides dans le vide: "Quant à la perturbation due à la résistance du milieu...il est impossible, en raison des formes variées qu'elle revêt de la soumettre à des règles fixes et d'en faire la science...C'est pourquoi...il convient d'en faire abstraction, et, après avoir découvert et démontré les lois, en supprimant toute résistance, de les compléter, au moment de les utiliser concrètement, par ces limitations que l'expérience nous enseignera" (45). Dans le domaine de la balistique, il montre d'ailleurs que la résistance de l'air n'affecte guère la portée de ses prévisions. Descartes ne conçoit, lui, le mouvement que dans le plein. Bien que son analyse de la pesanteur, par exemple, fasse intervenir un schème qui n'est pas sans analogie avec le vaisseau ("...selon moi, la Pesanteur n'est autre chose sinon que les corps terrestres sont poussés vers le centre de la Terre par la Matière subtile...Mais il ne faut pas penser pour cela que ces corps se meuvent au commencement si vite que cette Matière subtile;

car elle ne les pousse qu'obliquement, et ils sont beaucoup empêchés par l'air, principalement les plus légers" (46)), il ne semble pas que sa Physique, dépourvue, sauf dans l'Optique, de lois quantitatives simples, ait joué à l'égard du problème de la résistance des fluides d'autre rôle que celui d'un obstacle à sa formulation (47). La théorie des tourbillons, dans la lecture rétrospective des hydrodynamiciens ultérieurs, n'est, en tout cas, mentionnée qu'à ce titre. Il serait hors de propos de retracer l'histoire du concept de résistance: ce double rappel vise seulement à mettre en évidence l'urgence d'une élucidation physico-mathématique du problème au moment même où se dessine une mathématisation de la manoeuvre.

La recherche d'une expression mathématique de la résistance des fluides au mouvement des solides a inspiré les expériences de Brouncker à la Royal Society à partir de 1661 et celles de Huygens à l'Académie royale des Sciences de Paris, déjà mentionnées. C'est en 1668 et 1669 que ce dernier a résolu géométriquement le problème du mouvement d'un grave dans un milieu où la résistance serait proportionnelle à la vitesse, et qu'il a pris conscience, à l'occasion de ses expériences, du fait que la résistance croît en raison du carré des vitesses. En 1687, avec un article de Wallis dans les Philosophical Transactions, et, surtout, avec le Second Livre des Principia Mathematica de Newton, le problème est abordé d'une manière systématique. Quelques repères dans ce système. On distingue à partir de Newton:

1. une résistance absolue, provenant de l'adhérence réciproque des parties du fluide, et ne pouvant être surmontée que par une certaine force déterminée, et

2. une résistance respective, provenant de l'inertie des parties du fluide, et croissant à mesure que la vitesse du mobile est plus grande. C'est pour évaluer cette dernière que plusieurs hypothèses sont envisagées. A priori, trois hypothèses au moins peuvent être envisagées quant à la relation de la

résistance R et de la vitesse v :

$$R = n\,v \qquad (I)$$

$$R = n\,v^2 \qquad (II)$$

$$R = n\,(v^2 + V) \qquad (III)$$

3. Trois sortes de mouvements doivent, en outre, être examinées: a) mouvement en vertu d'une impulsion initiale, c'est-à-dire à vitesse uniforme, compte non tenu de la résistance, b) mouvement obtenu au moyen d'une suite d'impulsions, qui l'auraient dait varier, compte non tenu de la résistance, selon une certaine loi; par exemple, un corps grave tombant verticalement, soumis à la pesanteur, c) mouvement composé des deux précédents; par exemple celui d'un grave projeté obliquement.

4. La figure du solide, et la direction de son mouvement par rapport à son axe entrent enfin en ligne de compte.

Le raisonnement comme l'expérience incitent à choisir l'hypothèse (II) comme la plus adéquate pour exprimer la résistance opposée par l'eau au corps solide se mouvant en son sein. C'est aussi celle qu'adopte Renau. Or il persiste à vouloir employer dans cette hypothèse la règle de décomposition du parallélogramme des vitesses, qui n'est applicable qu'au mouvement dans le vide et dans l'hypothèse (I), où, en diminuant chaque côté du parallélogramme dans le même rapport, la diagonale du nouveau parallélogramme conserve et la direction de la diagonale initiale, et le rapport dont on a diminué les côtés. C'est de cette façon que Galilée détermine l'*impeto* résultant de deux *impeti* donnés, l'un horizontal, l'autre vertical, mais tous les deux uniformes, dans la Quatrième Journée des *Discours* (p.222/288). Mais il est clair que les hypothèses (II) et (III) ne permettent plus de procéder de la sorte. Renau refuse d'en convenir. Son obstination à nier la difficulté oblige Huygens (1693-1695) et Jean

Bernoulli (1713-1715) à un explication fort détaillée et fort convaincante de l'argument. La controverse de 1713 oppose les protagonistes non seulement à propos de la vitesse effective, mais aussi à propos de la dérive et de la direction du navire (48).

La méprise de Renau est d'autant plus regrettable que son hypothèse de départ est correcte, ou du moins qu'il l'a heureusement corrigée. Chose qui mérite d'être soulignée, si l'on songe que la<u>Théorie de la Manoeuvre</u> est contemporaine du <u>Schediasma de Resistentia Medii</u> publié par Leibniz en Janvier 1689 (49). Il proposait de distinguer une <u>resistentia absoluta</u>, indépendante de la vitesse, proportionnelle à l'aire de la surface de contact, et une <u>resistentia respectiva</u> proportionnelle à la vitesse et au volume du corps. Il n'en est venu à considérer cette dernière comme proportionnelle au carré de la vitesse du corps mû qu'à l'instigation de Huygens, qui le convie à une double lecture, celle de son propre <u>Discours de la Cause de la Pesanteur</u> et celle des <u>Principia</u> de Newton: "Vous verrez ce que j'ai ajouté au Discours de la Cause de la pesanteur touchant les corps qui traversent l'air ou quelque milieu qui leur fait résistance, de quoi vous avez traité aussi, et M. Newton plus amplement que pzs un de nous deux" (50). Huygnes, en effet, écrivait dans son <u>Addition</u>: "La diminution du mouvement retardé, dans la diagonale d'un rectangle, n'est pas proportionnelle aux diminutions par les côtés; il est extrêmement difficile, sinon du tout impossible, de résoudre ce problême". Dans l'<u>Addition</u> au <u>Schediasma</u> (avril 1691), la résistance respective est enfin déterminée "in ratione composita velocitatum et spatii", en raison composée des vitesses et des éléments de l'espace, donc proportionnelle au carré de la vitesse dans des intervalles donnés de temps (51). Dans une lettre à Huygens (2 mars 1691), Leibniz reconnaissait: "Il est très vrai que dans un jet libre par un milieu résistant, la simple composition des deux mouvements ne peut avoir lieu, et pour que mon article 6 puisse trouver place, il faut une hypothèse particulière" (52). Leibniz tire donc un bien meilleur profit de la leçon de Huygens que ne le fera Renau. (Nous montrerons, au Chapitre IV, comment sur un autre point précis et décisif, celui du concept de force, Huygens n'a pas rougi de se mettre, au sens propre, à l'école de Leibniz).

Chez Renau, la théorie de la manoeuvre, toute neuve, conjugue deux démarches distinctes: -- la déduction et le calcul de la route parcourue dans un temps donné, étant connus l'angle d'incidence du vent sur la voile et l'angle que le vaisseau présente au vent, -- la détermination de quantités optimales, le repérage des maxima. La seconde démarche n'est évidemment pas indépendante de la première dans la mesure où ses conclusions ne sont valables que si les lois établies par la première sont correctes. Mais les deux problèmes sont distincts. C'est en contestant la façon dont Renau prétend résoudre le premier problème que Huygens récuse en 1693 la solution du second. Des rectifications successives de Leibniz aux remaniementset additions de Newton, lors des deux rééditions des Principia en 1713 et 1725-1726, des mémoires de Varignon à ceux de Jean Bernoulli, la question sera longuement travaillée. Concentrant l'attention sur la nécessité d'établir correctement la loi de composition des mouvements retardés, Huygens pose une sorte de préalable à toute théorie de la manoeuvre. En fait, la solution analytique du problème passant par une mathématique des quantités fluentes, c'est-à-dire par un calcul ayant affaire directement à des considérations de limites, de maxima et de minima, la distinction initialement admissible entre problème de mécanique et problème de maximum deviendra caduque. Chez Huygens, leur convergence et leur identification ne sont pas encore réalisées. "Renau dit que le vaisseau parcourra BK, dans le même temps qu'il aurait parcouru BG, et moi je dis qu'il parcourra BS, moyen proportionnel entre BK et BG. Voilà le grand point de notre dispute" (n° 2869, p.655). Comme il s'agit d'un point fondamental de mécanique, Huygens a peine à comprendre l'aveuglement de Renau. Il écrit en juin 1694 à Basnage de Beauval, rédacteur de l'Histoire des Ouvrages des Sçavans, après avoir lu la réponse que Renau lui a fait parvenir par le Marquis de L'Hospital, une lettre qui peut être considérée comme la conclusion du débat: "Sa théorie ne peut être soutenue qu'en renversant les principes de la Méchanique établis dès longtemps, et dont il n'oserait ni ne voudrait nier la vérité".

Manoeuvre et Maximum.

Le problème de mécanique préalable à une théorie de la manoeuvre est donc plus difficile que ne le croyait Renau. Huygens rectifie les inconséquences de ce dernier, mais l'espoir de constituer une théorie de la manoeuvre n'est pas ruiné pour autant. On pouvait lire dans la Remarque de 1693: "Quoique toute cette théorie devienne plus difficile, après la réforme que j'ai indiquée, qu'elle n'était au Traité de M. Renau, je vois toutefois qu'il y aurait moyen de déterminer par règle la position du vaisseau et de la voile la plus avantageuse pour gagner au vent, mais la longueur du calcul ne me le permet pas présentement; outre que la considération de la dérive du vaisseau n'y serait pas comprise, qui apporte beaucoup de difficulté".

La détermination de cette situation par Renau (respectivement 60° et 30°) est fausse. Huygens ("par une règle que je sais être vraie") est en mesure d'affirmer que "quand l'angle du vent et de la quille est de 60°, si on fait l'angle de la voile et du vent de 39°23, le vaisseau avancera plus dans sa route, et par conséquent gagnera plus au vent" (ib°, p. 528). Il mentionne à ce propos son accord avec les formules de Fatio de

Duillier pour la proportion qui existe entre la vitesse du vaisseau vent arrière et celle avec laquelle il avance dans une position donnée de la voile et de la quille, ainsi qu'avec ses résultats présentés sous la forme d'un tableau associant à des angles de la vergue avec la quille les angles du vent avec la quille pour lesquels on a un maximum. On ne connaît pas le manuscrit auquel Huygens se réfère ici. Il nous apprend seulement que Fatio de Duillier, établi à Londres depuis 1687, avait trouvé ces formules "ci-devant, avec beaucoup d'autres belles choses en cette matière" et il recopie dans ses notes sa table des maxima.

En possession des principes d'une véritable théorie de la manoeuvre, Huygens semble avoir renoncé à ces calculs qu'il trouvait trop longs. Sur ses cahiers, on trouve seulement quelques calculs préliminaires (Livre H, p. 190). Le seul calcul qu'il mène à bien en 1693 est celui du problème suivant: "L'angle du vent et de la quille étant donné, trouver la position de la voile qui fasse le plus avancer le vaisseau dans sa route" (ib°,p. 532-533). La méthode employée est celle de Hudde. Il semble (53) qu'il ait cherché plus tard à déterminer l'optimum des positions de la voile et de la quille par voie expérimentale. Il dit avoir "trouvé méchaniquement que la plus avantageuse disposition de la quille et de la voile pour gagner au vent est environ quand l'angle du vent et de la quille est de 60° et l'angle du vent et de la voile de 38°".

Quel sens Huygens accorde-t-il à cette question du maximum? Il reconnaît qu'elle est d'une extrême importance pour la pratique. Peu pressé en général de publier ses découvertes, il fait imprimer sa Remarque aussitôt après la lecture de Renau. Bien plus, il renoue avec l'Académie parisienne, après treize ans de silence, en écrivant à l'abbé Bignon et en lui adressant cet écrit: "Vous jugerez de ma Remarque, et verrez la raison pourquoi j'ai bien voulu qu'elle fût publique, qui m'a paru d'autant plus juste que le nom du Roi du commandement exprès duquel cette théorie est imprimée et l'apparence de vérité qu'on y rencontre pouvaient autoriser l'erreur et lui donner cours" (ib°, p. 561). Il communique personnellement sa mise au point à des hommes dont la fonction, le prestige ou la compétence garantissent l'audience. Il sollicite l'approbation du Marquis de L'Hospital, puis celle de Leibniz. "Je ne sais si vous avez vu ma réfutation de la Théorie de la Manoeuvre des Vaisseaux...Je voudrais que vous eussiez vu sa réponse imprimée, mais sans elle vous pouvez fort bien juger par ma remarque seule, si j'ai eu raison à le reprendre, et je serais bien aise d'avoir ce jugement pour l'alléguer dans la réplique que je vais lui faire. M. de L'Hospital m'a mandé que ce que j'avais objecté était sans réplique" (Lettre à Leibniz du 29 mai 1694, n° 2854, tome X, p. 611). Cet empressement et ce sérieux contrastent avec l'ironie un peu méprisante qu'il oppose aux prétentions de Jacques Bernoulli ("le Professeur") qui pensait avoir trouvé, avec la figure de la voile enflée par le vent, une vérité susceptible de révolutionner l'art nautique (54). Huygens raille, avec raison, l'exagération qui fait écrire à Bernoulli: "La sécurité du commerce maritime trouvera sa perfection grâce à cette connaissance dont le défaut est cause des déboires des marins et les rend le jouet de conjectures trompeuses". "Billevesées", note Huygens dans la marge! "Ces spéculations seraient sans usage, même si elles étaient vraies!" Elles en sont d'ailleurs fort loin. Il distingue donc parfaitement une théorie dont les conséquences pourraient être désastreuses, et un exercice géométrique qui se contente d'obscures "balivernes". Il critique les paralogismes de Renau, mais partage avec lui l'idée d'une théorie de la manoeuvre qui, fût-ce au prix de simplifications massives, dicte des règles de conduite démontrables, assurées, et efficaces.

"Les problèmes de géométrie pure sont infinis, desquels j'estime le moins ceux où l'on se forge tout exprès des lignes ou des surfaces auparavant inconnues ni vues dans la nature, pour en rechercher les propriétés, comme je vois que font souvent quelques géomètres allemands..." (55)Géométrie pure, c'est-à-dire spéculation sur des lignes forgées à plaisir, sans aucun lien véritable avec l'étude d'un phénomène observable. Dans l'Eloge de Renau par Fontenelle, on trouve aussi, mais différemment connoté, le terme "géométrie pure". "Ce sera un sujet de scandale, ou plutôt de joie pour les Profanes, que les Géomètres se partagent: mais ce n'est pas sur la pure Géométrie; c'est sur une Géométrie mixte, où il entre des idées de Physique, et avec elles quelques fois une portion de 'incertitude qui leur est naturelle. De plus, après quelques discussions, toute question de Géométrie se décide et finit; au lieu que les plus anciennes questions de Physique, comme celle du plein et du vide, durent encore et ont le malheureux privilège d'être éternelles" (56). Fontenelle fait écho à la lettre de Descartes à Mersenne du 27 mai 1638: "Exiger de moi des démonstrations Géométriques dans une matière qui dépend de la Physique, c'est vouloir que je fasse des choses impossibles" (57). L'origine de la dispute entre Renau et Huygens est, non sans mauvaise foi, attribuée par Fontenelle au mélange des pures idées mathématiques et des idées incertaines de la Physique, inhérent à la "Géométrie mixte". Or ces dernières sont "éternellement" incertaines: on est surpris de voir invoquer ici l'exemple du plein et du vide, car ce n'est évidemment pas autour d'une grande hypothèse de ce genre que la discussion s'établit, mais à propos de la cohérence interne de la théorie, et de sa conformité aux règles de la mécanique, reconnues de part et d'autre. Il est bien clair que si Renau persiste à vouloir décomposer le mouvement du vaisseau selon un modèle applicable seulement au mouvement dans le vide, cela ne veut pas dire qu'il soit en désaccord avec Huygens à propos du vide! Ce n'est pas une hypothèse quant au vide. C'est une inconséquence. Fontenelle semble penser que la querelle est indécidable. L'Hospital écrivait à Huygens le 25 novembre 1693: "Votre Remarque...est très exacte et ne souffre point de réplique. Je m'étonne aussi bien que vous que personne ne l'ait encore remarqué. Je n'ai pas encore lu ce livre, quoiqu'il soit fort petit, et que l'auteur soit beaucoup de mes amis. J'avais toujours remis à le lire lorsque j'aurais achevé certaines spéculations qui m'occupaient; ce n'est pas que je n'eusse fort bien pu passer cet endroit, car il est facile de se tromper lorsque la Géométrie se trouve jointe à la Physique, et c'est néanmoins en cela que je fais résider sa plus grande utilité" (58). La question, on le voit, n'est plus considérée comme "éternelle". Le "mixte" n'est plus invoqué comme justification de l'irréductibilité des points de vue, mais comme source de l'erreur. De son fait, l'erreur est plus humaine, mais elle reste une erreur.

C'est même parce que les démonstrations en Géométrie "mixte" sont aussi probantes que celles de la Géométrie pure que la Géométrie est utile. Elle permet de trancher. C'est peut-être de ce point de vue qu'on peut caractériser la différence entre Renau et Huygens quant au statut épistémologique d'une théorie de la manoeuvre. Renau la conçoit comme une "application" directe de la Géométrie: application neutre, extérieure et extrinsèque du calcul sur les figures et les grandeurs, semblable à celle que les pilotes savent faire depuis longtemps. Huygens, pour sa part, pense la théorie de la manoeuvre comme un appendice de la mécanique, ainsi que Jean Bernoulli dans son <u>Essai d'une nouvelle Théorie de la Manoeuvre des Vaisseaux</u> de 1714. Huygens et Bernoulli ne s'opposent pas seulement à Renau parce qu'ils sont meilleurs mathéaticiens, mais parce qu'ils se font une tout autre idée de la mécanique, et de l'usage des mathématiques dans la Physique. Affirmant la spécificité du domaine de la mécanique,

Huygens conçoit aussi que la validité d'une démonstration peut être infirmée ou confirmée par l'expérience, et que celle-ci peut même à l'occasion anticiper sur le résultat de calculs trop longs ou trop compliqués. La théorie de la manoeuvre cesse avec Huygens d'être ce qu'elle a été dans l'instant de sa naissance, une pure directive d'essence mathématique, une géométrie fournissant d'entrée de jeu des normes pour l'action. Si elle s'affranchit du domaine du mixte, elle ne s'affranchit pas moins de l'ambiguïté congénitale dont, avec les cartésiens, Fontenelle la créditait. Les progrès décisifs qui ont révolutionné la technique horlogère à la suite des travaux théoriques de Huygens sur l'isochronisme du pendule sont suffisamment présents dans toutes les mémoires.

En définitive, l'attitude de Huygens, pour ce qui est de la détermination des maxima, peut paraître hésitante. D'une part, il croit à l'efficacité, à la pertinence, à la valeur opératoire d'une détermination théorique des maxima, mais la longueur des calculs, à s'en tenir aux instruments intellectuels dont il dispose, le rebute. D'autre part, il croit une détermination _a priori_ possible, mais il a recours finalement, pour des résultats partiels, à une procédure expérimentale. Renonçant à l'exposé d'une théorie générale, il ne livre, on l'a vu, que des informations très allusives sur ses procédures comme sur ses résultats. A partir des travaux de Jean Bernoulli, c'est l'application systématique du calcul infinitésimal aux problèmes de maxima que soulève la théorie de la manoeuvre qui fera de celle-ci un concept intégralement mathématisé.

Ce sont, néanmoins, des mathématiciens plus modestes qui, ignorant tout de ce calcul, ont introduit la manoeuvre des navires dans le domaine des mathématiques, et grâce à qui elle est devenue un objet de réflexion pour les plus grands esprits. A Renau et à Pardies, il faut ajouter le Père Hoste, qui inclut une brève théorie de la manoeuvre dans son _Recueil des Traités de mathématiques_ qui peuvent être nécessaires à un gentilhomme pour servir par mer ou par terre (Lyon-Paris, 1692), et qui publie en 1697 un Art des Armées Navales ou Traité des Evolutions navales, ainsi qu'une Théorie de la Construction des Vaisseaux. Pour ne pas tomber sous le coup des critiques de Huygens, il crut plus sage d'abandonner les hypothèses de Renau, qu'il avait d'abord adoptées, et...de supposer la résistance de l'eau proportionnelle aux vitesses. Huygens est donc le premier homme de science qui ait relevé le défi des marins, quant à la manoeuvre. Pour la théorie de la construction, c'est Newton, donnant dans le Scholie de la Proposition XXXIV du Second Livre des Principes la figure du solide de moindre résistance, et le proposant explicitement à l'attention des constructeurs de vaisseaux, bien qu'en la circonstance, les motivations théoriques tenant à l'usage du calcul des variations l'emportent à tout prendre sur la recherche d'amélioration pratique du dessin des carènes! (59)

A la témérité des ingénieurs, marins et professeurs, s'oppose la prudence des savants, qui comprennent que la théorie de la manoeuvre dépend d'une mécanique des milieux résistants, à élaborer. De ce fait, l'initiative change de camp: les directives proviennent des maîtres de l'analyse. Mais au lieu d'être directement applicables comme les instructions des premiers, elles engagent la recherche dans une problématique de plus en plus complexe. Tandis que Renau pensait avoir "réduit" (60) en science et à des règles certaines l'art de disposer les voiles et le gouvernail de la manière la plus avantageuse, Jean Bernoulli affirme, lui, que la théorie de la manoeuvre "demande une connaissance parfaite de la plus sublime Méchanique tant des fluides que des solides, dans ceux qui entreprennent de la traiter à fond; sans cela il est à craindre qu'ils ne s'égarent, et que les erreurs ne deviennent la source de divers malheurs dans la pratique". La mathématique des ingénieurs n'est pas responsable de la grande transformation qui s'opère, à la fin du XVIIe et au début du XVIIIe siècle, autour du vaisseau, de sa construction et de sa manoeuvre. Car l'enjeu cesse d'être celui d'un simple repérage du mouvement pour devenir celui de sa génération. Là où Renau voyait un terme, Bernoulli voit un point de départ.

L'entreprise qui se dessine à partir de la Remarque de Huygens relie dans un même projet ce qu'on pourrait appeler une mathématisation de l'adresse opératoire, et l'optimisation des perforrmances d'une machine. Double intervention manoeuvrière des mathématiques, dont le système trouvera sa cohérence dernière dans le calcul différentiel et intégral et commandera la pensée des Lumières. D'abord, un déplacement de l'impact de la théorie mathématique sur la pratique nautique, du pilotage à l'exercice même de la manoeuvre, et des auxiliaires au titulaire du commandement. Il ne se limite plus à une méthodologie de l'orientation, il fournit un principe pour la décision. Et, d'une façon particulièrement exemplaire, pour une décision qui est à la fois souveraine et "en situation". Le capitaine est aux prises avec les éléments, et en prise avec l'événement; il n'a pas le détachement du pilote. Ensuite, et cette intervention est aussi inattendue, la théorie mathématise les performances du vaisseau, dispositif mécanique modifiable au gré de l'opérateur. Le vaisseau apparaît de ce fait comme l'ensemble complexe et réglé des machines qui le composent, comme un ensemble de configurations distinctes susceptible de régimes multiples de fonctionnement. La théorie quantifie des opérations et des effets jusqu'alors abandonnés à l'imprécision et à l'à-peu-près. Elle les relie déductivement les uns aux autres. Mesure, calcul, optimisation: elle fournit à la maîtrise des méthodes et des ressources insoupçonnées. Articulant la combinatoire des cas et les enseignements de la mécanique, elle offre un exemple très complet de théorisation d'une machine. La théorie de la manoeuvre qui s'annonce ainsi à la fin du XVIIe siècle, est donc doublement novatrice, comme mathématique de la décision et comme science des machines. L'association étroite de ces deux motifs lui donne son caractère spécifique.

La manoeuvre était pour Colbert une discipline fonctionnant comme technique de l'ordre et comme technique des ordres: distribution dans l'espace des individus et des objets, hiérarchie, succession réglée des opérations, d'une part, et signaux, commandements, d'autre part. Mais cette tactique et cette syntaxe du commandement ne s'assortissent nullement d'une tactique et d'une syntaxe de la commande. "Théorie de la construction" et "théorie de la manoeuvre" sont alors indépendantes, comme destinées à régler le travail de deux corps de métiers différents. A partir de Huygens, la même théorie préside aux deux propos, commandée par l'idée d'<u>optimum</u>. Celle-ci se prête à une double application, celle qui relève des situations compétitives, et celle qui a trait à la maîtrise d'un dispositif mécanique modifiable par commande. On pourrait dire qu'elle préside ainsi indissociablement à une stratégie et à une tactique. Construction du navire et exploitation de ses ressources manoeuvrières -- ne dit-on pas "un vaisseau d'une bonne manoeuvre" comme on dit "un fin manoeuvrier"? -- sont liées désormais autrement que par rencontre. Ce n'est plus un heureux hasard qui les confronte, mais un savoir, qui construit l'un, et instruit l'autre. La plasticité, la docilité du dispositif, et l'astuce de l'utilisateur sont des applications concourantes de la science du mouvement des forces dans un espace. L'art cesse d'être, dans les deux cas, incommunicable et intuitif, pour devenir science universellement transmissible, mais sophistiquée. La science du maximum détermine le choix du meilleur, et le seuil à partir duquel une opération devient décisive.

Pour la manoeuvre comme pour les jeux, Leibniz a eu clairement conscience de cette transformation capitale. Huygens, on l'a vu, faisait grand cas de son avis dans la controverse qui l'opposait à Renau. Lecteur intéressé mais déçu des ouvrages du P. Hoste, Leibniz met Jean Bernoulli sur la voie des recherches qui trouvent leur couronnement dans l'ouvrage de 1714. Dès 1700, il aperçoit l'intérêt exceptionnel du calcul infinitésimal, en tant que "nova methodus pro maximis et minimis", du point de vue de la construction des navires et , inséparablement, de celui de la manoeuvre. Huygens l'avait engagé en ces termes à faire un exposé systématique des applications de son calcul: "Vous pourriez faire un excellent Traité des usages de ce calcul, et je vous y exhorte comme à un ouvrage très beau et très utile, et qui doit plutôt venir de vous que de tout autre" (61). Dans les deux livres dont Leibniz a eu connaissance, l'Art des Armées navales (Lyon, 1697) et la Théorie de la construction des Vaisseaux (Lyon, 1697), le P. Hoste n'en a guère exploité les ressources; il conviendrait qu'un mathématicien mieux familiarisé avec cet instrument reprenne la question dans son ensemble. "Il a ignoré notre méthode, écrit Leibniz à J. Bernoulli; il parle de temps à autre des infiniment petits, mais il se sert du clcul algébrique le plus souvent. le livre serait digne d'examen, en raison de la portée de la chose" (62). Tels qu'ils sont, ces livres constituent une invitation à une recherche plus approfondie: "J'ai eu en mains la Construction des Vaisseaux...et les Evolutions navales. dans ce dernier, il s'agit de choisir les mouvements du vaisseau les plus avantageux pour le but qu'on se propose, selon les différences du vent et les circonstances; en ce domaine non encore traité mathématiquement, il paraît avoir fait oeuvre estimable. Mais quant à la doctrine de la construction des vaisseaux, il n'en donne jusqu'ici que des principes fort éloignés, déjà connus pour la plupart, mais dont je ne sais s'ils sont tous corrects. Même si l'ouvrage qui traite des évolutions navales, que Leibniz présente comme application de la théorie des choix optimaux (63), lui semble plus achevé, l'un et l'autre gagneraient beaucoup à être rpris par un mathématicien de l'envergure de Jean Bernoulli: "Hoste me semble avoir fait surtout oeuvre appréciable en ce qui concerne les évolutions navales. L'argument n'est pas difficile, et il est néanmoins d'une portée considérable. Je ne doute pas que si vous y jetiez les yeux, vous apercevriez beaucoup de choses que cet auteur n'a pas vues. Je voudrais que cela fût traité dans la langue savante des géomètres, et on en termes populaires ou de métier, comme il l'a fait, car ces termes sont propres à une nation, tandis que les termes de géométrie sont universels. On pourrait d'ailleurs y ajouter les vocables non seulement français, mais hollandais, et même anglais. Tandis que les autres parties de la science navale intéressent architectes et officiers subalternes, celle que j'envisage ici est plus relevée et elle est convenable aux capitaines" (64). Passant outre aux nationalismes linguistiques, Leibniz va droit au rationalisme technologique et distingue nettement la hiérarchie des sciences "opérationnelles", où il repère le niveau spécifique d'intervention de la science de la manoeuvre. Le calcul différentiel, l'"art analytique", amorce dans la science de la manoeuvre une stratégie, une manoeuvre nouvelle de la science. Les mathématiques du continu entraînent d'entrée de jeu une mutation du régime d'application des mathématiques à la physique, et une réforme et une extension des ressources opérationnelles de cette dernière. La théorie du navire en est l'illustration précoce et très complète.

4. Le Vaisseau au siècle des Lumières.

"Je voyais l'Océan s'ouvrir devant moi".

(Leibniz à Jacques Bernoulli, Avril 1703)

Au début du XVIIIe siècle, la géométrie investit le vaisseau. De la construction navale à la manoeuvre, son programme d'intervention, ses points d'impact, le réseau et les relais de son efficacité sont systématiquement mis en place. Sur cette entreprise, sur l'intérêt passionné qu'elle suscite, les esprits qu'elle mobilise, la conscience de modernité qu'elle instaure, les documents sont innombrables. Qu'est-ce, exactement, que la "science navale" qui prend alors la relève de l'art nautique? Comment peut-elle à la fois se poser comme innovation éclatante, et assumer les continuités qui la relient aux découvertes et aux pratiques de l'empirisme? Quelle est sa place, dans le tableau du savoir et quel est son rôle dans le progrès des Lumières?

Huygens et Jean Bernoulli ont répondu à Renau: pour un temps, les grands analystes, trouvant la question du navire à leur mesure et à la mesure du nouveau calcul, vont confondre dans leur domaine mathématiques transcendantes et directives pratiques. Les hommes de l'art, navigateurs et constructeurs, feront ce à quoi Renau n'avait pas consenti: ils essaieront d'assimiler ce que P. Costabel a justement nommé une "magistrale leçon". L'idée que l'équilibre et le mouvement du navire constituent un problème accessible à l'analyse prend brusquement le caractère d'une évidence. Pour ceux-là même, et ils sont nombreux, qui ignorent tout des nouveaux calculs. Quoi d'étonnant, à partir de là, si c'est aussi bien loin des ports qu'on pose les bases de la théorie, et si des savants qui n'ont jamais navigué s'y illustrent, les géomètres de Bâle tout particulièrement! Jean Bernoulli proclame ses droits à la reconnaissance des marins, et la dette des nations maritimes à l'égard de la Suisse. L'Académie royale des Sciences met au concours des questions sur la mâture et l'arrimage, le roulis et le tangage. En 1727, Euler obtient ainsi un accessit, devancé de peu par Bouguer, qui professe dans un port de mer, et possède sur la question de la mâture des connaissances spéciales que le jeune Bâlois ne pouvait réunir au même degré. La passion du calcul s'empare d'un domaine jusqu'alors réfractaire, et y introduit les méthodes mêmes qu'elle applique avec tant de succès à la mécanique céleste. D'Alembert s'accorde avec tout son siècle quand il met, dans le Discours préliminaire de l'Encyclopédie, l'Astronomie à la tête des sciences physico-mathématiques: "Joignant l'observation au calcul, et les éclairant l'un par l'autre, cette science détermine avec une exactitude digne d'admiration les distances et les mouvements les plus compliqués des corps célestes; elle assigne jusqu'aux forces mêmes par lesquelles ces mouvements sont produits ou altérés. Aussi peut-on la regarder à juste titre comme l'application la plus sublime et la plus sûre de la Géométrie et de la Mécanique réunies; et ses progrès comme le monument le plus incontestable du succès auquel l'esprit humain peut s'élever par ses efforts". L'importance que nous proposons de reconnaître à la "science navale", loin de contester la prééminence de la mécanique céleste, fait système avec elle; elle exhibe, face au spectacle magnifique du ciel, les possibilités ouvertes à l'action, elle illustre le versant opératoire des réussites de l'intelligence humaine.

Les contributions majeures à cette théorie sont le fait des plus grands noms de la science de l'époque, Jean et Daniel Bernoulli, Léonard Euler, Clairaut, Pierre Bouguer, qui mettent le vaisseau à l'ordre du jour. Il ne pouvait en être autrement, puisqu'elles exigeaient une connaissance approfondie des lois du mouvement dans les fluides et une maîtrise consommée de l'analyse. Quelle que soit l'utilité qu'ils ne manquent jamais de reconnaître à leurs travaux, les mathématiciens sont captivés par le défi permanent que lancent l'architecture navale théorique et la manoeuvre pure à leurs ressources analytiques. Si l'horloge de Huygens fut, éminemment, une "théorie matérialisée", la réalisation pratique d'une solution théorique, le navire est la solution pratique d'un problème, ou plutôt d'un ensemble de problèmes, tardivement et progressivement formulés d'une façon vraiment explicite. C'est l'anticipation irritante d'une théorie.

D'où vient que les progrès du savoir prennent ici un tour original. Avant même de songer à le perfectionner, la théorie doit rendre compte des performances de cet instrument merveilleux et si mal connu. A l'heure où l'hydrodynamique devient un champ privilégié de la physique mathématique, l'étude géométrique du vaisseau est perpétuellement partagée entre la précipitation d'une entreprise prématurée et le sentiment d'un impardonnable retard. Son histoire est celle de la reconnaissance laborieuse, au prix de rectifications successives, de la complexité des problèmes aveuglément résolus par la pratique, dont la solution analytique engage le calcul dans les voies d'une sophistication toujours plus poussée.

Il est, de ce fait, difficile de séparer ses progrès de ceux de la mécanique analytique et philosophique. Tout le monde a conscience de vivre l'âge de leur commun essor. La connaissance du navire sera "sublime" ou elle ne sera pas. "La science de tout ce qui regarde la navigation est, sans contredit, une des plus sublimes et des plus utiles connaissances de l'esprit humain", écrit Euler (63), et P. Bouguer interroge: "Comment comparer...un grand nombre de quantités ou de conditions qui ne peuvent être représentées que par des courbes d'un genre fort élevé, ou par des équations formées d'un grand nombre de termes? Vouloir se priver alors du secours nécessaire de l'Algèbre, c'est comme si l'on entreprenait sans Rame, sans Voile, et même sans Radeau, de franchir à la nage une vaste mer" (64). Métaphore spontanée, à rapprocher de celle qui vient sous la plume de Leibniz dans la phrase citée en exergue. Le navire et le calcul sont l'objet d'un égal engouement, tenant moins à la mode qu'à une rencontre commandée par une nécessité rigoureuse. La plus sublime géométrie est, en effet, également la plus "subtile": "C'est à la plus subtile géométrie qu'il est permis de tenter cette théorie (de la résistance des fluides). L'invention des calculs différentiel et intégral nous a mis en état de suivre en quelque manière le mouvement des corps jusque dans leurs éléments ou dernières particules. C'est avec le secours seul de ces calculs qu'il est permis de pénétrer dans les fluides et de découvrir le jeu de leurs parties" (65). Géométrie subtile, ou plutôt, géométrie du subtil, du délié, de l'ondoyant. Henri Pitot fait écho à D'Alembert, et rend hommage à Newton: ""La théorie des impulsions des fluides sur les surfaces courbes est une des plus importantes applications qu'on ait faites de la méthode des nouveaux calculs. C'est par le secours de ces calculs que plusieurs grands géomètres ont déterminé la courbe, dont la révolution autour d'une ligne droite forme la surface courbe qu'il faut donner à la partie d'un vaisseau qui est dans l'eau afin qu'il trouve de la part de l'eau la moindre résistance qu'il soit possible" (66). Epreuve par excellence des pouvoirs du calcul, l'étude du vaisseau n'est jamais une application triviale, elle fournit plutôt une occasion de développement et de perfectionnement de la science de l'analyse.

Cela posé, la science navale est confrontée à un noeud serré de problèmes qui la constitue, malgré tout, en science particulière. Elle donne lieu à un exposé didactique séparé chez P. Bouguer (67), chez Euler (68), chez l'Espagnol George Juan y Santacilia (69). Si du premier ouvrage d'Euler Condorcet a pu écrire qu'il n'avait "presque été utile qu'aux progrès de la science du calcul", l'abrégé élémentaire, destiné aux écoles navales de Russie, puis édité en France à l'instigation de Turgot, "renferme sous la forme la plus simple...ce que doivent savoir ceux qui se consacrent au service de la mer" (70). La science navale est alors particularisée par nécessité pédagogique: elle met en forme le corps de principes où ingénieurs et officiers puiseront leur instruction. Cette instruction prend, pour la première fois, l'allure d'un enseignement de type scientifique, dont ces livres seront les manuels, porteurs de démonstrations et non plus seulement de consignes. Enseignement et progrès font système, dans l'exposé historique de Lalande, au quatrième volume de l'Histoire des Mathématiques de Montucla. "L'art de construire un bâtiment et de le conduire à travers le sein des mers au moyen des puissances mécaniques qui doivent le mettre en mouvement...est à cet égard proprement une branche de la mécanique, mais si importante qu'on est généralement convenu de l'en détacher et d'en faire une science particulière; et cela est d'autant plus fondé, que ce n'est pas sans peine qu'on est parvenu à développer la manière dont les principes mécaniques s'y appliquent" (p. 382). Le progrès, ou la constitution d'une discipline complète et cohérente, est le résultat d'une explicitation laborieuse, d'un développement patient et tâtonnant des modes d'intervention spécifiques du général dans le particulier à étudier. La science navale est ici individualisée par l'histoire obstinée de l'enchaînement de ses découvertes, par les efforts concertants des géomètres qui ont peu à peu réussi à combler la distance initiale creusée entre le navire et la mécanique. Qu'il s'agisse de son exposition systématique ou du développement de son histoire, la "particularité" de la science navale n'est que l'ombre portée de la singularité empirique initiale d'objets ou de conduites finalement résorbée par la connaissance raisonnée.

L'application de la géométrie au vaisseau est à prendre au sens propre d'un ajustement et d'une adéquation qui adapte l'une à l'autre. Cette application développe et explicite les principes, mais elle déploie et déplie aussi l'artefact opaque jusqu'à en faire une pure transparence. Art de l'enchaînement et de la traduction, elle ménage des transitions et assure des continuités, grâce à cette double extension, celle du calcul et celle des résultats distribués sous forme de tables. L'idéal d'une théorie complète ou achevée est celui d'une coïncidence, ou, comme dit Euler, d'une "accommodation". "On peut donc regarder l'enchaînement de plusieurs vérités géométriques, écrit D'Alembert, comme des traductions plus ou moins différentes et plus ou moins compliquées de la même proposition...Ces traductions sont au reste fort avantageuses par les divers usages qu'elles nous mettent à portée de faire du théorème qu'elles expriment" (Disours préliminaire). J. Bernoulli, en 1714, définit ce qui le sépare de l'accomplissement de ce programme: "Je reconnais volontiers qu'il s'en faut de beaucoup que cette théorie ne soit complète; aussi n'en verra-t-on jamais qui le soit, vu les difficultés presque insurmontables qu'on rencontre, lorsqu'on veut employer les véritables principes de cette Science, et considérer la propre figure des vaisseaux; considération d'où dépend pourtant absolument la perfection de cette Théorie" (p.7). Il se console en constatant que les règles qu'il donne sont vraies "pour les figures supposées des vaisseaux, dont quelques unes approchent assez deleur véritable figure". Rien n'empêche de concevoir des approximations de plus en plus fines, prolongeant les approximations successives (rectangle, losange, combinaison de segments de cercles égaux sur une corde commune) présentées dans le livre de Bernoulli. Si les difficultés étaient bel et bien "insurmontables", on pourrait envisager que l'erreur résiduelle devient "dans le fait, imperceptible" (p.90). Bien que la théorie générale de l'équilibre et du mouvement des corps nageant dans l'eau, exposée dans la première partie de la <u>Scientia Navalis</u> soit développée de façon lumineuse (fuse et luculenter), Euler estime qu'une "accommodation" de ses leçons aux navires de chaque genre est encore nécessaire, et lui consacre le second volume. "Dans le présent livre, j'ai résolu d'accommoder à l'usage et à la pratique de la navigation tous les résultats acquis et démontrés dans le premier volume. Pour y parvenir, il conviendra de distribuer chacun des points qui relèvent de la science navale selon certaines rubriques, pour qu'on puisse le plus commodément possible parcourir avec ordre et étudier soigneusement toutes les parties de cette science". Dans la science appliquée, il n'y a de particulier que l'ordre d'exposition, la distribution des raisons. C'est un développement singulier des raisons de la science générale qui permet d'en faire un corps de principes pour la pratique. Grâce à la "commodité" de l'ordre d'exposition, on voit la théorie s'ajuster à l'usage. Cela admis, l'application à la pratique est, intrinsèquement, aussi "théor ique" ou pure que la science générale dont elle "traduit" les propositions.

La pensée classique travaille à dissoudre la distinction entre théorie et pratique. Ce travail, qui est le progrès même, est pensé suivant le modèle d'un développement du calcul, et d'un étalement des "faces" de l'objet empirique: il aura pour terme la mathématisation intégrale de la pratique. Mais il faut comprendre que cette résorption finale n'est envisageable à terme que parce que, à l'origine, la pratique est déjà dans ses réussites une certaine forme, enveloppée, de la théorie. Bélidor le dit clairement: "Lorsqu'on est capable de méditer un projet...pour en développer toutes les faces, afin de ne se déterminer qu'en faveur du parti le plus avantageux; cette manière de penser est une vraie théorie, à laquelle on doit le succès qui en est la suite; alors, sans le savoir, on imite les géomètres, on en a l'esprit et les vues, puisqu'on cherche à parvenir au même but. Toute la différence, c'est que les uns y arrivent sans s'égarer, par une voie dont ils connaissent la marche, au lieu que les autres, privés des lumières qui pourraient les guider, sont exposés à faire bien des faux-pas" (71). Toute réussite pratique est déjà optimisation, elle suppose manoeuvre et stratégie. Toute théorie de la manoeuvre se découvre donc une préhistoire, et s'appuie sur une manoeuvre plus vieille que toute théorie explicite. D'où la remarque de D'Alembert, en tête de son Essai de 1752: "La matière que j'entreprends de traiter est de celles qu'ils paraissent (les Anciens) avoir le moins étudiées sous ce point de vue. Je dis sous ce point de vue; car la connaissance de la résistance des fluides étant d'une nécessité absolue pour la construction des navires, qu'ils avaient peut-être poussée plus loin que nous, cette connaissance ne saurait leur avoir manqué jusqu'à un certain point" (72).

Désormais, la géométrie est une voie courte et assurée pour la résolution des problèmes de la pratique. Si l'on peut rétrospectivement évaluer le mérite des inventions qui jalonnent l'histoire des tâtonnements antérieurs, comment penser la théorie d'avant la théorie, à qui il faut bien attribuer les inventions qui constituent notre héritage, en particulier les succès nautiques que l'histoire rapporte? Il faut que la théorie soit secrètement à l'oeuvre dès les balbutiements de l'origine puisque, comme l'écrit Bouguer, la pratique "est originellement stérile,...elle ne fournit, lorsqu'elle est absolument seule, que des connaissances qui n'en produisent point d'autres" (73). Prise en toute rigueur, une telle affirmation n'admettrait que l'éventualité de découvertes fortuites, et de la conservation des formules sanctionnées par l'usage, dans l'histoire de la pratique pré-théorique. Mais à considérer l'histoire récente de la marine, force est de constater que ce schéma ne correspond pas aux rapides et spectaculaires progrès dont elle a été le théâtre antérieurement à l'essor théorique du XVIIIe siècle. Pour tenir compte de ces perfectionnements, Lalande semble s'inscrire en faux contre le dogme de la stérilité des pratiques empiriques: "Heureusement, il faut en convenir, les essais multipliés des hommes leur ont fait trouver à cet égard à peu près ce qui était le plus avantageux. La théorie n'est venue que secondairement" (p. 382).

Mais à regarder de plus près, cette seconde hypothèse n'est guère tenable. Les progrès effectifs n'y seraient en effet explicables qu'à supposer les constructeurs affranchis du caprice et de l'illusion de pouvoir mieux faire. Or le P. Hoste constatait avec amertume à la fin du XVIIe siècle: "Le hasard a tant de part à la construction que les vaisseaux que l'on construit avec le plus de soins se trouvent d'ordinaire les plus mauvais; et ceux qu'on a négligés se trouvent quelquefois les meilleurs" (74). Le hasard peut être à l'origine d'une réussite, mais la pratique réduite à ses seules ressources est impuissante à la renouveler. Incapable d'itérer les coups heureux. Elle ne contrôle pas les données multiples qui conditionnent la reproduction d'un artefact identique. Le vaisseau qui pourrait constituer un modèle ou une norme est précaire, périssable (malgré ses qualités) et mal connu. "Il est triste, note Bouguer, que les constructeurs ne puissent pas travailler pour la postérité, comme les architectes et les sculpteurs" (75). Lalande exprime pour sa part le regret qu'on n'ait pas publié les plans du Lys, vaisseau de soixante-quatorze canons, construit au début du XVIIIe siècle, qui de l'aveu de tous réunissait toutes les qualités désirables. Il ne faut pas oublier que jusqu'à Sané, ingénieur-constructeur sous l'Empire, on n'a jamais pu, ni vraiment voulu, construire deux vaisseaux rigoureusement identiques. Malgré les efforts de Colbert vers la normalisation. Si bien que le hasard d'une réussite ne peut être, comme le dit Lévêque, qu'un hasard "singulier": "Ceux qui exerçaient cette profession étaient seulement guidés par leurs lumières naturelles et par leur propre expérience; ils variaient la forme des vaisseaux selon qu'il leur paraissait convenable; ils se fondaient sur le récit des navigateurs et en adoptaient très souvent les préjugés: flottant ainsi dans les espaces immenses de l'erreur, ce n'était que par un hasard singulier qu'ils pouvaient parvenir à faire des vaisseaux qui eussent de bonnes qualités" (76).

On aura remarqué, parmi les causes qui rendent le hasard inopérant comme facteur de progrès, les "lumières naturelles", auxquelles les constructeurs sont trop enclins à se fier. Lalande attribue des découvertes importantes à ce "sens droit et ce juste coup d'oeil, qui sont la base du vrai génie" (p. 383). Or, on ne trouve guère d'écho, dans la littérature maritime de l'époque, à cette affirmation d'un "instinct naturel", au moins en ce qui concerne l'architecture navale. Les diverses qualités du vaisseau se contrarient. C'est même dans une zone fort restreinte que sa stabilité, sa célérité et sa maniabilité ne sont pas mutuellement exclusives. Les échecs complets ne sont pas rares: "Il sort de temps en temps de leurs chantiers, et non de leurs ports, des navires dont l'imperfection n'est point équivoque, et qui ne donnent pas même lieu à la triste consolation, de dire qu'ils se sont mal comportés en mer" (77). On ne peut parler d'instinct, à propos de l'habile artisan, qu'à condition d'écarter l'idée d'une réponse immédiatement efficace, et de le concevoir plutôt comme un garde-fou, ou comme un démon de Socrate, plus propre à retenir les initiatives intempestives qu'à éclairer la route où l'on tâtonne. On découvre, en revanche, dans la phénoménologie de la manoeuvre, la notion et probablement le sentiment, d'une spontanéité opératoire et d'une efficacité directe: "Le vaisseau recevant, par le moyen du gouvernail et des voiles, tous les mouvements qu'on lui imprime, l'homme de mer ne sera pas encore assez exercé dans son art, si un coup d'oeil ne lui suffit pour se rendre présentes toutes ces parties mobiles. Il faut qu'il y tienne pour ainsi dire comme à ses propres muscles, et qu'il regarde son navire comme un autre corps qu'il anime en même temps que le sien et qui en est comme une extension" (78). Mais cette appropriation du corps du navire par le manoeuvrier n'est que l'effet engendré par un long exercice. Elle ne relève pas du génie. "Le navigateur ne parvient...à cet état, qu'après plusieurs années d'un travail opiniâtre". On pense à l'entraînement du cavalier: "Cette secone manoeuvre...dépend d'une harmonie entre les voiles et le gouvernail: en sorte que par leur accord, un habile pilote peut faire faire au vaisseau le plus lourd les mouvements les plus prompts et les plus prestes: ainsi qu'un habile Ecuyer dirige et fait obéir sous sa main le Coursier le plus fougueux" (79). La connivence intime de l'homme de mer et de son vaisseau n'explique pas les succès des très grands capitaines et pour n'être "rien moins qu'un art", leur pratique de la manoeuvre atteste un véritable génie. "MM. les Chevaliers de Tourville, du Guay-Trouin, Bart, Du Quesne, poussèrent la manoeuvre à un point de perfection, dont on ne l'aurait point crue susceptible. Leur capacité dans cette partie de l'art de naviguer n'était cependant fondée que sur beaucoup de pratique et une grande connaissance de la mer. A force de tâtonnement, ces habiles marins s'étaient fait une routine, une pratique de manoeuvrer d'autant plus surprenante qu'ils ne la devaient qu'à leur génie. Nulle règle, nul principe proprement dit ne les dirigeait, et la manoeuvre n'était rien moins qu'un art" (Encyclopédie, art. "Manoeuvre"). Parlant des mêmes capitaines, Pitot dit, ecore plus clairement: "La supériorité de leur génie, une longue habitude à pratiquer, et leur exactitude à mettre à profit tout ce que leur enseignait un exercice journalier, avait en quelque sorte suppléé à ce qui leur manquait du côté de la théorie" (80). Le "génie" qui se dirige à l'aveuglette là où l'on n'a pas encore fixé de repères et de règle est donc proprement cette manoeuvre avant l'art et la théorie, à distinguer des mécanismes obscurs de l'instinct, incapable d'avancer, et des impuissances du hasard. Sans lui, le hasard ni l'instinct ne sauraient suppléer à la théorie défaillante. Car ils lui sont parfaitement hétérogènes. Dans ce genre de problèmes, tout le monde s'accorde à voir dans l'instinct une voie longue, contournée et bornée. Bouguer conclut le beau texte cité sur l'extension du sens intime du manoeuvrier en disant: "combien la difficulté ne sera-t-elle pas diminuée (il s'agit du travail d'apprentissage) si on joint l'étude des mécaniques à celle de la marine?" La qualité de bon praticien "coûtera beaucoup moins à acquérir", grâce à l'instauration d'un "exercice réfléchi".

On ne sait pas encore "ce que veut la mer". De cette ignorance, les marins ont de longue date pris bon gré mal gré leur parti. Leur audace désinvolte fait de leur pratique un jeu risqué plus encore qu'un métier. Ils ont été logtemps réfractaires à la discipline de type militaire qu'on a prétendu leur imposer au cours du dernier siècle de l'ancien régime. La mer a toujours la ressource de nouvelles ruses, pour remettre en question l'avantage qu'on a pris sur elle. Contre elle, rien semble-t-il n'est jamais acquis. Le vaisseau dont hérite l'âge classique est le paradigme, parfaitement équivoque, de la puissance et de l'impuissance de la pratique. "Rien ne fait plus honneur à l'invention et à la hardiesse des hommes que le succès d'une pareille entreprise, et on peut à juste titre le regarder comme leur chef-d'oeuvre. Jamais ils n'ont travaillé à aucun ouvrage, où il soit nécessaire d'une connaissance plus profonde des forces mouvantes, où il s'agisse d'intérêts plus importants, où le Physique se trouve plus mêlé avec le Géométrique, où enfin toutes les parties en plus grand nombre ayent des dépendances plus étroites et plus secrètes" (81). Le voilier qui court les mers représente beaucoup plus et beaucoup mieux que n'aurait pu faire le hasard, ou "l'instinct d'un artisan réduit à l'exécution machinale". En réfléchissant sur le vaisseau, et en s'y réfléchissant, la pensée des Lumières y découvre, agissant en secret dans une préhistoire muette, le jeu têtu de l'intelligence humaine. C'est chez les constructeurs et les capitaines "qu'il faut aller chercher les preuves les plus admirables de la sagacité de l'esprit, de sa patience et de ses ressources". Le génie est non seulement le supplément, mais l'amorce de la théorie à venir.

L'extension de l'analyse va permettre la mathématisation délibérée et intégrale des deux grandes conduites, qu'on avait pu croire irréductibles, de la praxis: construire et manoeuvrer. Certes, on voit subsister, et même se répandre, des écrits où la construction est encore envisagée comme fabrication. Duhamel du Monceau publie un Traité de la Fabrique des Manoeuvres pour les Vaisseaux, ou l'art de la Corderie perfectionné (1747), et les Eléments de l'Architecture navale, ou Traité pratique de la

Construction des Vaiseaux (1752), tandis que l'Encyclopédie met au jour les techniques, plans et méthodes de construction à l'usage des amateurs et des curieux. Ces ouvrages célèbres utilisent un fonds précieux de manuscrits d'artisans, tel ce Recueil ou miroir de Construction rédigé au début du siècle par Ollivier le père, ou les Remarques sur la marine des Anglais et des Hollandais (1737), également manuscrites, rédigées par le fils du précédent, Blaise-Joseph Ollivier, au retour d'un voyage d'information. Ils en adoptent la perspective: à la fois "miroir", c'est-à-dire description, et discussion ou appréciation des procédés du point de vue de la finalité. La science de la construction ou la construction comme science ne rendent pas caduc ce genre d'ouvrages. En fait, elles parlent de tout autre chose. On n'y envisage plus l'enchaînement diachronique des gestes et de leurs effets dans l'ontogenèse de l'objet technique, mais la décomposition de la conduite opératoire en un certin nombre de décisions avec le repérage des alternatives possibles, la combinaison et l'optimisation des choix. Dépouillant le cérémonial profane mais scrupuleux du métier la théorie projette une lumière crue faisant de la construction un système d'options dont elle s'institue l'arbitre suprême. Elle assigne, dans la trame des démarches ouvrières, des instants cruciaux et décisifs, inaperçus parfois des praticiens, qui ne sont plus les stades spectaculaires de l'assemblage des pièces et "articles", mais les étapes de l'édification de la structure. Exemple de ces questions passées sous silence par les traités purement "pratiques": les dimensions de la mâture et la détermination de l'implantation des mâts, un vaisseau étant donné. "Il est certain qu'il ne se présente pas de question plus simple dans toute cette matière: car, que le vaisseau soit bien ou mal construit, ...il est toujours une certaine disposition de mâture qui doit être la meilleure ou la moins mauvaise" (82) C'est dans ces moments que la science focalise ses interventions et qu'elle les ajuste aux réquisits de là pratique: "Une fois réglées toutes ces choses, écrit Euler, il ne sera pas difficile de découvrir et de déterminer ce qui est avantageux et ce qui ne l'est pas, pour tout navire, quelle que soit sa destination. Bien plus, cet objet de la plus haute science navale pourra être rempli: construire le vaisseau le plus adapté au but poursuivi, et donc le plus parfait" (83). Dans ces moments-là aussi qu'elle concilie des réquisits apparemment contradictoires: "Il peut se faire que plusieurs exigences impliquent des constructions incompatibles et paraissent s'opposer l'une à l'autre. Mais tout bien compris, de ce qui tient à chacune d'elles, il ne sera pas difficile, en chaque occasion, de concilier entre elles les différentes conclusions, et de satisfaire à toutes les exigences prises ensemble, autant que la chose le permet". Construire, on l'a compris, c'est déjà manoeuvrer, rendre compatibles des choix et optimiser des résultats.

Comme la théorie de la construction s'allège de tout ce qui concerne la fabrication et l'assemblage, la théorie de la manoeuvre abandonne le point de vue "pratique" des consignes pour les évolutions et l'exécution des divers mouvements des escadres, tel qu'on le trouve développé dans la Tactique Navale de Bigot de Morogues (1763). Elle n'est pas moins pratique, elle l'est autrement. Elle l'est même mieux, puisqu'au lieu d'une description des mouvements réussis, elle fournit, pour tous les cas possibles, les clés de la réussite et l'assurance de l'effet maximum. La théorie prend en charge les initiatives et les ripostes commandées par l'urgence du moment, aussi bien que les choix économiques et stratégiques à plus long terme. "Elle concerne, écrit J. Bernoulli, la disposition des voiles, du gouvernail et du vaisseau même, que l'on doit conduire avec la dernière circonspection, pour bien ménager le vent et le temps, pour profiter de leurs avantages, et pour éviter les dangers" (Essai, p.VII). La science du manoeuvrier est "la science qui sauve les vaisseaux du danger, la science qui remporte les victoires" selon Vial du Clairbois (84), qui reconnaît en elle une science de l'occasion et du moment décisif. Par l'importance et la gravité des intérêts en cause, par l'exemplarité éminente de la manoeuvre navale à l'égard des pratiques stratégiques, politiques, économiques, l'interventionde la géométrie dans la navigation revêt la valeur d'un modèle d'arbitrage théorique dans une pratique. "L'homme de mer n'est que simple observateur lorsqu'il remplit les fonctions de pilote, lorsqu'il observe la hauteur des astres, ou qu'il consulte la boussole. Mais il faut qu'il passe nécessairement de ces opérations tranquilles à une très grande action, et qu'il emploie l'usage de plusieurs machines et instruments, lorsqu'il veut imprimer à son navire tous les mouvements nécessaires" (85).

Construction et manoeuvre: deux aspects connexes de l'intervention de la géométrie dans la pratique. Elles articulent à nouveaux frais action et spéculation, par le biais d'une science des options (la "circonspection" dont parlait Bernoulli) qui est du même coup science opérationnelle. Des tables, dont on va voir l'étendue, assurent aux résultats du calcul la possibilité d'être mobilisés dans le vif de l'action. Elles permettent au constructeur de prévoir les performances du vaisseau qu'il élabore. Double victoire sur le temps, qui affranchit le calcul et la réflexion de cette lourdeur qui pourrait décourager l'homme d'action. Il ne sera jamais inutile d'être expérimenté, mais il est désormais indispensabled'être instruit. Au temps du maître-charpentier succède celui de l'ingénieur-constructeur versé dans les sciences mathématiques et physiques L'officier de marine, également "ne néglige plus les sciences mathématiques mécaniques et physiques" constate Vial du Clairbois en 1776 (86). Capitaine et ingénieur, armés d'un même type de savoir, se voient confrontés à un même genre de problèmes, et ils utilisent, dans leur activité discriminative, un même type de techniques de choix.

Autour du navire, de sa conception à son utilisation, du choix de sa structure aux décisions ponctuelles du maître de bord, l'analyse étend son réseau serré de calculs, de mesures, de raisonnements,d'anticipations; les réussites intermittentes de l'empirisme et les succès du hasard font place à une convergence délibérée de pratiques toutes justiciables d'une théorie. Au carrefour de ces visées rationalisantes, le vaisseau de vient une machine. A l'intérieur de la sphère nautique, grâce à elle, les géomètres peuvent se vanter de "régler les jugements et la conduite des hommes dans la pratique des choses de la vie", comme le souhaite Montmort, fondant ses espoirs sur le développement de l'"analyse des Hazards" (87). Mais nul recours, ici, à l'estimation des chances: comme si naviguer avait cessé d'être une opération aventureuse et risquée.

La première moitié du XVIIIe siècle voit se dessiner, sinon se réaliser, le rêve d'une indistinction entre science théorique et science opératoire. Homogène à la première, celle-ci n'en diffère que par l'ordre de sa présentation, qui rend presque immédiats les arbitrages du savoir dans l'économie de l'action. Ainsi, entre la mathématique et la dynamique les plus sublimes, et les pratiques les plus fines et les plus déliées du constructeur et du manoeuvrier, une continuité sans faille permet un échange incessant. Aux questions fondamentales de l'édification et du jeu de la structure, les sciences physico-mathématiques apportent une réponse qui accumule les avantages: techniquement la plus efficace, la moins coûteuse ou la plus économique, la plus rapide, bref, une réponse stratégiquement triomphante. Elle permet de former l'idée d'un âge superlatif de la science appliquée. La décision lucide prend le relais des motivations obscures de la routine, et ne fît-elle apparemment que les reconduire, elle rend l'avantage et le progrès qui s'y inscrivent "décisifs", du triple point de vue de la technique (amélioration définitivement opérante et rigoureusement quantifiée), de l'économie (multiplication, et non addition simple des effets), et de la stratégie (conquête irréversible et mobilisable à volonté). La mathématique de l'action qui se développe à propos du navire pourrait être le paradigme de toute l'idéologie contemporaine du progrès, de D'Alembert à Condorcet.

La marine, domaine décisif de l'application des mathématiques à la pratique? Une pratique particulière, dira-t-on. Particulière sans doute dans son exercice, mais non dans ses effets. "On a vu dans tous les siècles, écrit Pitot dans sa Dédicace à Maurepas, la considération et même la puissance réelle des Nations dépendre de leur habileté dans l'art de la Navigation, etde la grandeur de leurs forces maritimes" (La Théorie de la Manoeuvre des Vaisseaux, 1731). La marine donne aux Nations les moins considérables par ailleurs le moyen d'imposer leur loi à des Empires formidables: "c'est par la seule habileté dans la Navigation que les Gênois et les Vénitiens...ont été si longtemps les maîtres de toutes les richesses de l'Asie, ont possédé tranquillement les plus belles îles de la Méditerranée, et ont été plusieurs fois les arbitres de l'Occident". Avantage technique, politique, stratégique, sont décuplés par la théorie capable "d'éclairer la pratique des marins" et de "leur apprendre les principes assurés de l'Art qui donne avec promptitude et avec avantage aux vaisseaux tous les mouvements dont ils sont capables...principalement dans un combat naval". La marine est l'instrument docile de la science et de son entreprise d'arbitrage universel. La tâche de ce siècle éclairé, c'est, comme l'écrit Condorcet dans l'Eloge de Maurepas, de "faire servir la marine aux progrès même des sciences, et les sciences aux progrès de la marine" (88). Les Secrétaires d'Etat à la Marine, généralement honoraires de l'Académie royale des sciences, en sont les premiers convaincus: "Cette compagnie s'est toujours fait undevoir d'appeler dans ses rangs ceux des ministres de la marine qui, en cherchant à répandre l'instruction, en employant leur pouvoir à favoriser les progrès des lumières, ont acquis des droits à notre reconnaissance. C'est un moyen de resserrer une liaison déjà formée par le besoin qu'a souvent l'Académie du ministre de la marine, pour des recherches importantes; et celui que le ministre daigne paraître avoir quelquefois des avis et des lumières de l'Académie" (89).

Les témoignages de cette liaison sont innobrables. La fondation du Prix annuel de l'Académie par Rouillé de Meslay "est une époque intéressante dans l'Histoire des Sciences; elle a produit des recherches inestimables sur les plus belles parties de la Physique céleste et de la Théorie de la Navigation", lit-on dans le Recueil des Prix de l'Académie, tome VIII, année 1765. En fait, son domaine est plus vaste. La qualité des concurrents, leur diversité, la variété des sujets proposés, les exigences de la compagnie, montrent comment celle-ci sut faire converger les efforts de tous dans une exploration systématique et persévérante des perfectionnements dont la marine pouvait faire son profit. L'enthousiasme et le sérieux caractérisent les travaux que l'émulation ainsi créée a fait naître. Les concurrents primés, et plus généralement tous ceux dont les pièces ont été jugées dignes d'être imprimées dans le recueil, sont d'abord les grands noms de la science européenne, Jean I et Jean II et Daniel Bernoulli, Euler et McLaurin, Poleni et Bouguer, mais ce sont aussi des hommes de l'art, tels que Tresaguet, Ludot, de Pontis, Fénel, Delorme, des constructeurs de vaisseaux comme Groignard, Chauchot, Gauthier, des horlogers comme Le Roy, des capitaines comme Bourdé, voire des professeurs de province, enhardis par l'espoir d'un succès flatteur, comme le P. Cavalleri de l'Université de Cahors -- dont la pièce est publiée en 1740 aux côtés de celles de D. Bernoulli, McLaurin et Euler! -- ou Mathon, géomètre de Lyon. Les sujets mis au concours couvrent un champ immense, du système du monde (1734) et de la théorie de la lumière (1736) au pilotage (1729, 1731, 1747) et à l'horlogerie marine (1725, 1773), de la théorie des marées (1740) et des courants (1751) à la fabrique des ancres (1737) et à l'amélioration du cabestan (1739-1741) en passant par des questions précises concernant l'implantation des mâts (1727), l'atténuation des effets du roulis et du tangage (1755-1757), aussi bien que la manoeuvre: meilleure manière de mesurer le chemein du vaisseau (1733), perfectionnement de l'arrimage (1763), étude de la dérive (1783). On regrette souvent, et déjà en 1725, de n'avoir pas trouvé, même dans la pièce victorieuse, "les expériences et les recherches de pratique que le sujet méritait". D'abord considérée comme une extension nécessaire de la théorie accomplie, l'expérience basculera, en un renversement perceptible au cours des années 1750-1760, pour devenir une source du savoir, un arbitre de la théorie, un substitut de la science <u>a priori</u>, jugée incapable de maîtriser toute la complexité de la question. Alors, ce ne seront plus guère les "Géomètres" qui figureront au palmarès de l'Académie, mais les ingénieurs et les tenants de la Physique expérimentale, comme l'abbé Bossut. On retiendra pour l'instant qu'au cours du premier demi-siècle, la marine attend de la science pure (appliquée) les améliorations décisives. Un des derniers et des plus frappants exemples de cet état d'esprit est la "Nouvelle solution de quelques problèmes sur la manoeuvre des vaisseaux qui se trouvent dans le volume de l'Académie de 1754" par Clairaut, publiée dans les Mémoires de l'Académie en 1760.

L'histoire de la marine s'introduit ainsi dans l'histoire des mathématiques, comme on le voit dans l'ouvrage de Montucla. D'abord, parce que dorénavant, ses progrès ne sauraient être que des traductions pratiques de découvertes scientifiques, ou qu'ils peuvent inversement être traduits en théorèmes. Ensuite, parce que l'histoire de la marine est celle de l'extension de l'emprise humaine sur le monde, sous les deux aspects complémentaires de la connaissance et de l'exploitation. Le siècle veut être celui des voyages. Et des voyages scientifiques. S'agit-il de prendre une revanche sur "le hasard qui avait fait naître Descartes en Touraine et Newton dans le comté de Lincoln", c'est à une entreprise comme celle de la mesure du degré qu'ona recours, c'est-à-dire à un double voyage (90). Maupertuis, qui a mis au point la stratégie de ces expéditions, écrira en 1752: "C'est là sans doute la plus fameuse époque que jamais les sciences aient eues" (91). En quoi et pourquoi l'événement fait-il époque? Il est certain que la détermination de la "Figure" de la Terre obtenue par la mesure actuelle de l'arc du méridien à l'équateur et au cercle polaire, indépendamment de la cartographie plus précise qu'elle permet, a surtout déclenché l'enthousiasme que l'on sait parce qu'elle a confirmé l'aplatissement de la sphère terrestre aux pôles, et du même coup la théorie de la gravitation universelle, qui prévoyait cet aplatissement. Mais s'il fallait déployer tant d'efforts et courir tant de risques pour que Newton eût raison contre Descartes, on serait tenté de sourire avec Voltaire:

> Vous avez confirmé dans des lieux pleins d'ennui
> Ce que Newton connut sans sortir de chez lui. (92)

Or, ce sont précisément l'expédition, le voyage, et la mesure "actuelle" qui sont les valeurs positives dans l'économie du commentaire. "La France a exécuté la plus grande chose qui ait jamais été faite pour les sciences, lorsqu'elle a envoyé à l'équateur et au pôle des troupes de Mathématiciens, pour découvrir la figure de la Terre" estime Maupertuis dans sa Lettre sur le Progrès des Sciences (1752, p.68). Toutes les précautions sont prises pour que les écarts entre les mesures effectuées soient significatifs et théoriquement pertinents. Si elle garde toujours un parfum d'aventure, l'expédition est avant tout une entreprise sérieuse, calculée, organisée, où La Condamine, Bouguer, Maupertuis, Clairaut sacrifient à des "travaux utiles et pénibles, leur temps, leur santé et même une partie de leur gloire personnelle: en effet, ils ne pouvaient espérer d'autre récompense que l'estime due à leur zèle, à leur courage, à l'exactitude de leurs observations, au travail opiniâtre nécessaire pour assurer le succès de leurs entreprises; et plusieurs ont prouvé, avant et après le voyage, qu'ils n'avaient pas besoin de s'exposer à tant de fatigues pour mériter, par leurs découvertes, une gloire plus brillante" (93).

Il fallait pourtant cette mesure actuelle, qui semble n'apporter rien de neuf au newtonianisme, sinon un peu plus qu'un argument à l'usage des esprits faibles: "Je vous félicite, Monsieur, d'avoir aplati la Terre et les Cassini" (Voltaire à Maupertuis). Il fallait que Bouguer allât à Quito et Maupertuis à Tornea, pour que le globe, support actuel des grands voyages, accède à un statut nouveau, à la croisée recentrée des visées pratiques et des visées théoriques. Jusqu'à Jacques Cassini inclusivement, la géodésie fixait des repères et jalonnait des routes. La Terre était, comme un fait brut, le décor et la scène de l'action humaine, où il importait avant tout de ne pas se perdre. Le répondant de la géodésie, c'était l'astronomie de position, (même si les mesures de Picard et l'observation de Richer à Cayenne sur le retard des horloges à pendule sous l'équateur ont servi d'argument à Newton). Et son horizon pratique, l'exactitude de la géographie descriptive. A partir des observations de la Laponie et du Pérou, la figure de la Terre est un phénomène confirmant un raisonnement de mécanique. La théorie de la gravitation universelle, qui s'accorde si bien avec le mouvement des planètes, s'accorde aussi avec leur figure, comme l'illustre Clairaut dans la Théorie de la Figure de la Terre, tirée des principes de l'hydrostatique (1743, p.305).(A propos du globe, la mécanique déduit la figure du mouvement. A propos du vaisseau, il s'agit de déduire le mouvement-- en milieu résistant-- à partir de la figure. Différence d'ordre déductif, qui fait le passage perpétuel de la théorie à la pratique). Le globe terrestre, dans sa courbure discernée avec précision, est le résultat patent et intelligible du mouvement que la science lui reconnaît. L'entreprise de l'Académie, la double expédition, accomplit le repliement réussi de la facticité sur l'a priori. La géographie peut devenir une science déductive. Entre la physique céleste et celle des phénomènes à notre échelle, elle opère la jonction. L'abîme est comblé entre le lointain astronomique et la proximité familière. Le voyage de Maupertuis et celui de Bouguer ne mènent pas seulement à une duplication superflue de la théorie de la gravitation universelle. Ils "l'appliquent" à la surface de la Terre, de l'équateur jusqu'aux pôles. Bien plus qu'un point d'arrivée, ou la fin d'une histoire -- celle des résistances continentales aux idées newtoniennes -- c'est un point de départ. Clairaut l'a dit, mieux encore que Maupertuis. La vérité "préférable à l'or" (94) que les mathématiciens allaient chercher au-delà des mers permettra d'en établir d'autres: "La vraie Figure de la Terre étant connue par le secours des mesures actuelles, la Théorie en doit tirer de grandes lumières pour le système général du Monde" (op. cit. p. XXVI).

Pour qu'il en fût ainsi, il était nécessaire que s'instaurât l'arbitrage réciproque de la théorie et de l'opération effective: seule la théorie pouvait "rendre les mesures actuelles décisives", et celles-ci achèvent "de décider en faveur d'un système qui a déjà tant d'apparence d'être vrai" (ib°). Vérité féconde, mais aussi vérité utile "pour tous les peuples et pour tous les temps" (95). L'objectivation de la figure et de la mesure du globe achève la clôture du monde, et fixe pour le navigateur de l'avenir la courbure définitive de la surface où il voyagera. Certes, dans l'immédiat, le navigateur est exposé "à plusieurs autres erreurs, dans ce qui regarde la direction de sa route, et la vitesse de son vaisseau, parmi lesquelles l'erreur qui naît de l'ignorance de la Figure de la Terre se trouve confondue et cachée. Cependant, c'est toujours une source d'erreurs de plus; et s'il arrive quelque jour (comme on ne peut guère douter qu'il arrive) que les autres éléments de la Navigation soient perfectionnés ce qui sera le plus important pour lui sera la détermination exacte de la Rigure de la Terre" (ib°). Le voyage est à la veille d'entrer, croit-on, dans l'âge de la haute précision. Leibniz n'avait-il pas rêvé très sérieusement de pilote et de manoeuvrier automatique (96) ? Le vaisseau, seul moyen de transport qui soit alors directement à l'échelle du monde, par l'étendue de son rayon d'action et par l'aspect cosmique des méthodes du point, est enfin relié à un espace qui ne comprend plus rien de fictif. Après avoir affranchi cet espace des fictions, des hypothèses, des simplifications et des erreurs qui le rendaient incertain, il ne restera plus qu'à le débarrasser de ses lacunes, de ses "plages inconnues" (par exemple les Terres Australes), qu'à démystifier tel ou tel "point fatal" (exemple: le Pôle Nord, où l'on trouverait certainement un passage qui raccourcirait la route de l'Extrême Orient), bref à faire des voyages libérés de la routine, de la timidité et de la crainte (97).

Ce monde clos est un objet pour la physique analytique. Ses vents, ses courants, ses marées, ses climats, sa météorologie, vont être étudiés par la mécanique, qui est aussi la science du vaisseau. Quand se referment et se bouclent l'un sur l'autre l'espace de l'action, de l'exploration et des voyages, et le tableau encyclopédique des savoirs, une continuité s'établit entre les savoirs et les pouvoirs. La ressource du savoir est dans la combinatoire exhaustive et dans l'aménagement des transitions. Celle de l'action dans l'effectuation des mouvements, des déplacements, des transports. Agent des liaisons locales, de la communication des informations, des observations, des mesures, des produits et des hommes, le vaisseau est aussi le point de rencontre des compétences, une sorte d'Académie vouée à son statut itinérant, le vecteur qui pointe vers l'encyclopédie. La Terre est aplatie aux pôles: l'espace indéterminé, onirique, de l'aventure est rétréci à des mesures strictes. Mais il reste à explorer le déploiement nécessaire des curiosités du monde: les espèces, les richesses, les langues, les hommes, les moeurs, les antiquités et les monuments, l'histoire primitive du globe et la "Terre intérieure" jusqu'au noyau. Etalement et stratification, espacement et recouvrement. D'où le désir de tout voir. Les voyages autour du monde, les expéditions circulaires, le succès des relations et des récits des navigateurs savants, et la "bizarrerie" seulement "apparente" d'un Bougainville ("c'est un véritable Français lesté d'un bord d'un traité de calcul différentiel et intégral, et de l'autre, d'un voyage autour du monde" (98), autant de traits d'époque.

On ne peut reconnaître que le vaisseau est une machine sans voir en celle-ci une réussite admirable. Mais qu'y admire-t-on exactement? "Le vaisseau, dirigé ou animé pour ainsi dire par le manoeuvrier, constitue une admirable machine ou comme un grand Automate, qui ne tient pas moins du poisson par la forme de sa carène, que de l'oiseau par l'usage de ses voiles. Rien ne fait plus d'honneur à l'invention et à la hardiesse des hommes, que le succès d'une pareille entreprise, et on peut à juste titre le regarder comme leur chef d'oeuvre" (99). Certes, le voilier ne fait pas mauvaise figure au catalogue des merveilles et les amateurs de spectacles attrayants ne se lasseront pas de contempler ses évolutions. Avec son Canard, son Flûteur et son Tambourinaire, Vaucanson vient de mettre à la mode l'automate qui imite le vivant à s'y méprendre. Quelle que soit la raison profonde de l'engouement du public pour ces artifices, l'inventeur lui-même ne souhaite pas qu'on s'en tienne à l'illusion: "Toute la mécanique du Canard artificiel sera vue à découvert, mon dessein étant plutôt de démontrer, que de montrer simplement une machine. Peut-être que quelques dames, ou des gens qui n'aiment que l'extérieur des animaux, auraient mieux aimé le voir tout couvert; mais outre que cela m'a été demandé, je suis bien aise qu'on ne prenne pas le change, et qu'on voit tout l'ouvrage intérieur" (100). Il prétend donner une imitation mécanique fidèle des "fonctions du boire, du manger et de la digestion", même si la représentation est trop partielle pour être l'image d'une "digestion parfaite". Dans le cas du vaisseau, la double référence à l'oiseau et au poisson suffit pour déjouer toute velléité d'assimilation: la conjonction des deux modèles de motricité naturellement disjoints fait apparaître le caractère audacieux et novateur de l'artifice humain, et elle a pour but, croyons-nous, de situer sans ambiguïté celui-ci au-delà de l'imitation d'une nature conçue comme réservoir de formes ou catalogue de modèles.

D'ailleurs, le vaisseau n'est qu'apparemment un "grand Automate", puisque les mouvements qu'on lui voit accomplir sont commandés par un manoeuvrier humain et un équipage, non par un mécanisme interne. On est en réalité bien loin de l'automate, "cette machine (qui) joue sans qu'on y touche, quand on l'a montée une fois". Il n'est donc pas nécessaire de suivre le détour de cette feinte pour saisir ce que le vaisseau offre de réellement admirable. "Jamais les hommes, poursuit en effet Bouguer, n'ont travaillé à aucun ouvrage, où il soit nécessaire d'une connaissance plus profonde des forces mouvantes, où il s'agisse d'intérêts plus importants, où le physique se trouve plus mêlé avec le géométrique, où enfin toutes les parties en plus grand nombre aient des dépendances plus étroites et plus secrètes". Plus encore que l'aspect spectaculaire du défi ou l'importance dramatique de l'enjeu, pur de toute simulation, ce sont les caractères dénotant une maîtrise de la complexité et une investigation approfondie des principes qui donnent au voilier sa place éminente. Anticipation hardie d'une science nécessairement mixte et tâtonnante, il exploite les interactions les plus enchevêtrées, les relations les plus difficiles à atteindre et à formuler. Lalande attribuera précisément au Traité du Navire le mérite d'avoir développé pour la première fois "les véritables principes des mouvements de cette admirable machine" (101). L'astronome, qui ne prisait guère les machines, leur préférant le ciel (102), est prêt à faire une exception pour celle-ci. "Lorsqu'on considère les qualités nombreuses dont un vaisseau doit être doué, pour remplir toutes les vues qu'on se propose dans sa construction, on ne peut s'empêcher de regarder une pareille machine comme une de celles où éclate davantage l'intelligence humaine" (ib°, IV,p.387). L'admiration que le siècle exprime à l'envi dans un grand concert de louanges n'a que faire de la feinte, de l'illusion et du théâtre.

Le vaisseau élude l'artifice de la simulation. Il évite aussi celui de la dissimulation. L'antinomie de l'ouvert et du couvert, de l'intérieur et de l'extérieur, évoquée tout à l'heure, n'est plus de mise ici. Si les dépendances mutuelles des parties sont, au dire de Bouguer, "secrètes", entendons qu'elles sont si embrouillées, si serrées, si inattendues, qu'il est difficile de les vérifier et de les quantifier. Mais la machine ne les cache pas. Corrélations, connexions, transmissions y sont exhibées au grand jour, matérialisées par les manoeuvres et le gréement, déployées comme les voiles, et la figure même qui assure à la carène ses propriétés et ses qualités y est visible dans la transparence de l'eau. Opérées à la main, nouées et dénouées par les gabiers, les connexions de ce vaste appareil s'accomplissent dans un espace uniformément accessible, moyennant quelques acrobaties et rétablissements, un espace gymnastique. Plus facile à épurer de l'émerveillement naïf, l'admiration à l'égard du vaisseau tient d'abord à ce qu'il montre, dans une extériorité originelle et définitive, tout ce qu'il y a lieu de comprendre en lui, tous les éléments du problème. les combinaisons mécaniques qui font le jeu de cette machine sont à la fois subtiles et obvies,patentes et inattendues. Machine à ciel ouvert, mais souvent imprévisible, parfois décevante, dont les liaisons sont visibles sans être jamais évidentes.

Ce déploiement spatial s'accompagne d'une importante différence d'échelle, par rapport à l'homme et par rapport à ses machines habituelles. L'homme y opère collectivement; il s'y sent et y paraît petit. Mais il y découvre et y expérimente l'amplification de sa propre efficacité. La miniaturisation, qui dans l'horlogerie et la construction des instruments de mesure, va de pair avec la recherche de la précision, n'est pas la seule conduite de l'intelligence méticuleuse. Une épistémologie de la précision ne peut laisser de côté les efforts théoriques et techniques d'approximation des mesures de l'objet de grandes dimensions. Le jaugeage, l'étude de la résistance des cordages, des mâts et des toiles de voiles, et plus généralement toutes les tentatives de calcul des vaisseaux, illustrent tout au long du XVIIIe siècle les difficultés spécifiques du traitement fin de la complexité macroscopique, de l'exactitude à grande échelle. La coque, même dans les bâtiments "géants" de cent-dix-huit canons, comme l'_Océan_ (1790), garde une longueur et une largeur à peu près constantes, mais les dimensions du gréement et la surface de voilure auxquelles on arrive au cours du siècle par augmentations successives sont à la limite des possibilités de la manoeuvre à bras, bien que l'équipage soit considérablement accru.

"Un vaisseau est une machine digne d'admiration, c'est la plus belle des inventions humaines; mais il ne doit pas être _seulement_ un objet d'admiration pour le machiniste (qu'on me passe le terme) qui doit en faire usage. La science de la construction des vaisseaux, dans toutes ses parties, est aussi essentielle...aux Capitaines qui les montent, qu'au constructeur qui les bâtit" (103). Vial du Clairbois a beau jouer sur l'ambiguïté du concept d'admiration, on ne s'émerveille, au XVIIIe siècle, que de ce que l'on comprend, de ce que la machine montre d'elle-même. Ce qui est admirable dans le vaisseau, c'est la conception qui le construit et le manoeuvre. C'est l'ingéniosité de son système, ce sont les ressources stratégiques de ses combinaisons. La connaissance qui construit rencontre la connaissance qui manoeuvre: la science de la construction est indispensable aux capitaines, la science de la manoeuvre indispensable aux constructeurs. Vial du Clairbois, hanté par le problème de la formation des cadres au cours d'une période décisive, le dit avec force: "Si l'on veut avoir un bon vaisseau, c'est-à-dire une bonne machine à naviguer et à faire la guerre sur mer, il faut qu'elle soit projetée par un homme qui sache la navigation et la guerre...ainsi il faut un constructeur qui soit marin et militaire" (104).

Dans la grande machine de bois, de cordages et de toile, ouverte à tous les regards et exposée à tous les vents, on ne se contente pas d'admirer la multitude des parties et leurs dépendances mutuelles. Toute machine est un assemblage cohérent, dans lequel une seule circonstance manquée peut empêcher le succès. L'éloge de Vaucanson offre à Condorcet l'occasion de préciser et de spécifier le talent propre au véritable mécanicien: "Ce n'est point un géomètre qui, approfondissant la théorie du mouvement et l'ordre des phénomènes, crée des principes nouveaux de mécanique, ou découvre dans la nature des lois inconnues; ce n'est pas même le physicien-géomètre qui, joignant la science de l'observation et de l'expérience à celle du calcul, fait de ces connaissances une application utile à la construction des machines ou aux travaux des arts...Le génie, dans cette partie des sciences, consiste principalement à imaginer et à disposer dans l'espace les différents mécanismes qui doivent produire un effet donné, et qui servent à régler, à distribuer, à diriger la force motrice" (105). Régler, distribuer, diriger une force unique, uniforme, constante, c'est le problème de l'horloger. La force motrice de la pesanteur ou du resort agit continuellement, et toujours dans le même sens; elle tend à imprimer un mouvement accéléré au rouage. Mais, en vertu de l'échappement, la dernière roue, ou roue de rencontre, ne peut continuer son mouvement circulaire qu'en imprimant au régulateur un mouvment d'oscillation. Le principe de l'horloge est la combinaison de ces deux mouvements, l'un continu, l'autre alternatif, qui entretient par réaction mutuelle l'uniformité de sa marche. La recherche d'un mouvement réglé, aussi uniforme que possible, et d'un fonctionnement immuable, s'appuie sur l'utilisation d'une seule et unique puissance motrice: l'action de la pesanteur sur le poids et sur le pendule. Dans les automates comme les androïdes de Vaucanson, la constance, l'unicité et la continuité de la force motrice sont également de rigueur. Or, dans le vaisseau, de quoi s'agit-il? "Il est question, écrit Vial du Clairbois, de tenir une machine sur l'eau ni trop ni trop peu flottante, dans un mouvement progressif le plus prompt qu'il est possible, entre quatre forces: l'effort du vent dans les voiles et la résistance de l'eau d'une part, qui tendent à faire tourner la vaisseau dans un sens qui occasionnerait sa perte; la gravité du bâtiment et la poussée verticale de ce fluide en en-haut de l'autre part, qui doivent s'opposer à cet effrayant mouvement de rotation; et de façon à ce que l'inclinaison, particulièrement dans les vaisseaux de guerre soit très peu considérable" (106). Même si l'on se donnait l'hypothèse d'un vent soufflant de manière uniforme et constante, et d'une route toujours orientée de la même façon, le problème du navire serait donc plus complexe que celui de l'horloge du fait de la pluralité des forces en présence. Leur jeu mal ménagé aurait pour effet d'empêcher l'équilibre et le mouvement de la machine.

En réalité, rien n'est moins constant et uniforme que la direction et la force du vent. La force à ménager, à canaliser et à répartir est ici sujette à des variations imprévisibles et incontrôlées. Dans l'horloge, tout ce qui dérangerait l'action uniforme de la pesanteur est exclu: les innombrables moyens découverts pour mettre le mécanisme à l'abri des perturbations concourent à isoler la machine de son environnement. Machine close, où l'intervention de l'utilisateur est concentrée dans un acte préalable: remonter le mouvement, comprimer le ressort ou relever le poids. Comme modèle mécanique, l'horloge se situe aux antipodes du vaisseau, machine exposée aux perturbations du milieu, mais aussi susceptible de régimes variés de fonctionnement et soumise aux rectifications récurrentes du manoeuvrier et de l'équipage. D'un côté, une régularité obtenue par ségrégation drastique du mécanisme, de l'autre une efficience obtenue par réaménagements circonstanciels successifs du système. D'un côté, un système impliquant une performance unique, de l'autre un système de systèmes, traductible en une infinité de performances, entre lesquelles il faut choisir. Ce qui s'appelle commander. Une machine génératrice de séquences illimitées. L'horloge, substitut des régularités célestes, image des périodicités rythmiques du vivant, peut bien évoquer la constance obstinée de la répétition, et représenter la vie comme persévérance têtue; elle ne peut, en revanche, servir de paradigme pour la vie comme réaction aux modifications du milieu et pour le corps animé, mobile, en situation de répliquer aux attaques, de se défendre contre les agressions et de riposter. C'est ainsi que La Fontaine exposait et critiquait la thèse de l'animal-machine:

"En elle tout se fait sans choix et par ressorts;
...Telle est la montre qui chemine
A pas toujours égaux, aveugle et sans dessein" (107)

Face à l'automatisme itératif, la machine optionnelle n'est pas une antinomie du mécanisme. La machine à commandes constitue bien plutôt une école et un laboratoire de la pensée mécanique, un exemple d'artifice sans lequel la science des machines ne serait guère concevable. Pour une telle science, en effet, c'est moins l'automatisme comme enchaînement inéluctable et nécessaire qui importe que les variations d'automatismes, la diversification des comportements, et la multiplication des programmes. Certes, la manoeuvre des vaisseaux n'est pas susceptible d'être programmée strictement comme l'exécution des motifs sur le métier à tisser, par le moyen de cartes perforées (Falcon, 1728, et Vaucanson, 1747), ou comme l'exécution des mélodies dans les boîtes à musique (cylindres à chevilles des roues musicales), mais les tables de vitesses et de directions opposent à l'imprévisibilité météorologique l'accumulation systématique et la mobilisation immédiate de résultats mémorisés. Les rectifications récurrentes du dispositif mécanique, même si l'opérateur humain en assume la responsabilité et en contrôle l'exécution, introduisent à un registre de l'intelligence opérationnelle dont la pensée mécanique des lumières fait son terrain d'élection. Elle y trouve un objet merveilleusement adapté à ses ressources mathématiques, et qui semble fait tout exprès pour donner lieu à l'étude de l'action différentielle des commandes.

Le mécanicien et le "machiniste" sont des hommes qui calculent. Le vaisseau est, pour finir, une admirable machine parce qu'il est conçu et conduit dans un dessein permanent de réalisation du maximum. "Il est question, écrit Romme, de chercher la forme la plus parfaite des vaisseaux, de déterminer la situation la plus avantageuse de leur mâture, de fixer la place la plus convenable des parties de leur charge et de leur gréement, enfin de simplifier et de perfectionner les opérations de manoeuvre et de pilotage" (108). La difficulté est de concilier des _maxima_ partiellement contradictoires: "Il n'est pas possible qu'une science qui est toute occupée du soin de peser, de mesurer, et de comparer les gandeurs ne soit de la dernière utilité pourvu qu'on en sache faire une application légitime dans un sujet où il s'agit de régler les unes sur les autres un si grand nombre de parties, et de mettre l'équilibre entre un si grand nombre de différentes forces. C'est ce qu'on n'eût pas tardé à éprouver par une heureuse expérience, si on eût travaillé davantage à mettre la géométrie en crédit; et qu'on se fût efforcé, en la faisant sortir de l'enceinte de ses spéculations, d'en étendre sérieusement les usages" (109). "Le navire est un tout si composé, que chaque changement fait à une seule partie est le commencement d'une infinité de dispositions ou de combinaisons différentes, dont chacune doit avoir un succès particulier. On ne peut, par exemple, toucher à la largeur de la carène sans se mettre dans la nécessité de changer toutes les autres parties" (ib°). La limitation inévitable de la pratique fonde la nécessité du recours à la spéculation: "La difficulté est incomparablement plus grande lorsqu'une infinité de différentes positions se combinent réellement avec une infinité d'autres, et qu'il faudrait les examiner toutes". On aurait affaire alors à une "discussion qui engagerait réellement...dans un nombre d'essais non pas simplement infini, mais infiniment infini" (ib°, p. XXII). Ce qui est vrai de la construction l'est aussi de la manoeuvre. Le texte d'Euler cité plus haut (83) témoigne du même enthousiasme spéculatif, dont on peut situer l'_akmè_ aux environs de 1750: l'idée de l'_optimum optimorum_, ou du _maximum maximorum_, avancée par Bernoulli en 1714 (op. cit. p.36) en est le ressort majeur. EN fait, "les lumières de la spéculation" ne portèrent pas si loin leur éclat: "Jusqu'à présent, écrit Vial du Clairbois en 1805, quoiqu'il y ait des ingénieurs de vaisseaux, il n'y a pas eu un seul vaisseau de calculé. Un calcul pour déterminer le degré de célérité de marche serait à la vérité un leurre, une sorte de charlatanisme, parce que l'hydrodynamique ne nous offre pas de bases satisfaisantes; la question de la résistance est encore loin d'être résolue; mais l'hydrostatique est une science physico-mathématique certaine" (110). Même amertume chez Romme: "La théorie est encore insuffisante. Elle peut, à l'époque présente, dicter et justifier quelques règles pratiques, adoptées pour manoeuvrer et conduire les vaisseaux...Mais elle semble encore abandonner le constructeur à un tâtonnement dangereux et dans une obscurité qu'elle ne peut dissiper. Loin de pouvoir lui faire connaître, entre toutes les formes qu'on peut donner à des vaisseaux, celle qui doit les rendre les plus propres à la mer, à peine peut-elle justifier la bonté de quelques parties des formes adoptées".(111) L'admirable machine se retranche dans un au-delà encore inaccessible.

L'effort des théoriciens n'a pas été vain, malgré tout. "Voilà où l'on a pu amener cette machine, écrit Vial du Clairbois. Le savant la considérant en géomètre et en physicien a mis les différentes circonstances en problèmes, a obtenu des solutions générales sur chacune; a réduit à des figures géométriques des formes qui ne peuvent l'être, pour établir des règles de tracé, servant à la construction méthodique de l'oeuvre et à en perpétuer la mémoire pour la reproduire telle qu'elle est, si elle en vaut la peine, ou la retravailler selon de meilleures vues. De là des progrès faciles dans cet art" (112). C'est au moment où l'on reconnait les insuffisances de la théorie que la marine à voiles connait son âge d'or. mais, si perfectionné soit-il, le vaisseau n'a-t-il pas cessé de porter tous les espoirs de la pensée mécanicienne et d'être la machine des machines? Il n'est plus le problème emblématique où se focalisent les ambitions opératoires les plus élevées.

Pendant la première moitié du XVIIIe siècle, se sont cristallisés sur le vaisseau les rêves d'une optimisation des performances mécaniques par l'analyse. L'idéal d'une détermination analytique des *maxima* -- débouchant sur des maximes immédiatement applicables à la construction et à la manoeuvre-- remonte au moins aux tentatives du Marquis de L'Hôpital (113) et de Jean Bernoulli (1714), et il semble unanimement partagé. Ce qui caractérise cette philosophie de l'*optimum*, cet optimisme, c'est la conviction que la science des engins, comme science de l'ordre, est en mesure d'améliorer asymptotiquement l'efficience des dispositifs et leur utilisation, de les rationaliser par retouches calculées et interventions éclairées. Jouet spéculatif du géomètre qui construit et manoeuvre, docile à la gouverne de la théorie qui traduit directement en maximes ses calculs de *maxima*, le vaisseau est une machine sinon parfaite, du moins indéfiniment perfectible, ouverte sur une perspective continue d'améliorations. A partir de 1750, au contraire, on se rend compte de l'impossibilité de choisir en pleine connaissance de cause, et l'expérimentation, les enseignements de la pratique sont invoqués comme substituts de la théorie défaillante. A la coupure de 1690 répond donc de loin l'essoufflement, au milieu du siècle, à la suite duquel la pratique retrouve quelque chose de son irréductibilité. Bien avant que la question ne se pose de substituer à la force du vent une autre force pour mouvoir le navire, le voilier cesse de faire miroiter les perspectives radieuses qu'il avait d'abord ouvertes.

CHAPITRE III

OBSTACLES A LA COMMUNICATION OU LE FROTTEMENT DANS LA MACHINE

1. A la recherche de la machine sans frottements.

Christian Huygens, après un séjour au château de Beaulieu en 1671, esquisse dans une lettre le schéma de "la belle machine de fabrique de M. Desargues", une roue horizontale pour élever l'eau, dans laquelle des ondes remplacent les dents, et dont "l'entretien coûte très peu". Mais à ses compatriotes intéressés par le dispositif, c'est un "dessein chiffré" qu'il promet (1). Enfin, la roue s'étant dégradée avec le temps, les seigneurs du château s'adressèrent à Auzout et à Mariotte "pour avoir le trait des dents ou ondes de cette roue" et ces académiciens les renvoyèrent à Philippe de La Hire, qui justifia théoriquement la forme épicycloïdale des ondes, que Desargues sans doute avait déterminée "méchaniquement", et qui la fit "exécuter dans toute sa justesse" (2). Faisceau exemplaire d'appréhensions successives, dans l'investissment progressif d'un mécanisme, efforts convergeant vers un terme objectif qui n'est autre que la machine effective au travail. C'est même une machine de force qui livre à la mesure par la dimension de ses éléments et leur justesse minutieuse, ainsi que par l'évaluation exacte des économies qu'elle permet de réaliser, l'accomplissement doublement chiffré de ses performances.

Les géomètres ont cessé, depuis longtemps, de considérer les machines comme un simple spectacle. Ils suivent en cela Galilée, qui commençait ainsi les Discours concernant deux sciences nouvelles: "Quel large champ de réflexions me paraît ouvrir aux esprits spéculatifs la fréquentation assidue de votre fameux Arsenal, Seigneurs Vénitiens, et particulièrement le quartier des "travaux mécaniques"! (3). Huygens et Leibniz considèrent avec attention les dispositifs qu'ils voient fonctionner. Ils s'efforcent d'en apprécier les résultats, du point de vue de leur intérêt technique et économique, c'est-à-dire de les chiffrer. La correspondance de Huygens fait une part importante aux questions que soulevait la curiosité à propos des machines en usage dans d'autres pays: le duc de Roannez attend impatiemment des renseignements sur les moulins de Hollande, et le "tant désiré dessein" que Ph. Doublet exécute pour lui sur le vif comble ses voeux, ou presque (4). Leibniz est séduit et impressionné par la curiosité des milieux scientifiques parisiens pendant son séjour; il ne cessera de s'y référer, comme on le voit dans ses lettres à Des Billettes, par exemple, et d'y voir une promesse de progrès dans les sciences et dans les arts. Les deux recueils édités par E. Gerland (5) rassemblent d'innombrables témoignages de cette attitude. Huygens et Leibniz ont si attentivement regardé les machines, celles des autres et pas seulement les leurs, que la correspondance de ces deux savants est une mine de renseignements sur les techniques de leur temps. La réalité manufacturière et artisanale est un domaine dans lequel les géomètres sont désireux, désormais, d'intervenir activement. Ils n'en avaient pas auparavant les moyens théoriques. Les usages pratiques traditionnels de la géométrie et du calcul n'étaient pas reliés, d'entrée de jeu, à la production. Les arts qui dépendent des mathématiques (mécanique, artillerie, musique) font de la visée des proportions, instantanée et déterminante, le moment théorique de leur exercice.

Prêtons attention à un texte tardif et révélateur. Dans la Préface à l'Histoire de l'Académie (année 1699), Fontenelle écrit: "La Géométrie, et surtout l'Algèbre, sont la clé de toutes les recherches que l'on peut faire sur la Grandeur. Ces sciences qui ne s'occupent que de rapports abstraits et d'idées simples peuvent paraître infructueuses, tant qu'elles ne sortent point, pour ainsi dire, du monde intellectuel; mais les Mathématiques mixtes, qui descendent à la matière, et qui considèrent les mouvements desastres, l'augmentation des forces mouvantes, les différentes routes que tiennent des rayons de lumière en différents milieux, les différents effets du son par les vibrations des cordes, en un mot toutes les sciences qui découvrent des rapports particuliers de grandeurs sensibles, vont d'autant plus loin et plus sûrement, que l'Art de découvrir des rapports en général est plus parfait". Si le "grand livre" de l'Univers est "écrit en langue mathématique", si "tout se fait mécaniquement dans la nature", on peut se demander pourquoi l'expression scolastique "mathématiques mixtes" a si longtemps survécu. La mécanique est une géométrie "descendant" dans une réalité géométrisable plutôt que géométrique. Comme l'écrit Malebranche dans une page de la Recherche de la Vérité dont Fontenelle s'est sans doute souvenu, "la nature n'est point abstraite" (6). La matière sensible qui offre prise au travail des hommes et des machines résiste toujours plus ou moins à l'inspection intellectuelle des théoriciens. Elle est, ou plutôt elle reste, matrice d'imperfections, d'à-peu-près, d'irrégularités insurmontables, source d'erreurs qu'il faut sans cesse corriger. Cette idée a un certain jeu. Tous ne lui font pas la même place et le même sort.

Au moment précis où la machine au travail et la grande fabrique des métiers deviennent, pour les théoriciens de la mécanique, un objet privilégié, une question apparaît brusquement au premier plan et soulève les plus grandes difficultés: la question des frottements. On pourrait même renverser la proposition, et dire que le plus sûr indice du caractère original de l'appréhension des mécanismes réside alors dans cette sensibilité nouvelle à ce qui freine, à ce qui gêne et empêche non seulement le mouvement et le fonctionnement de la machine, mais l'exercice de la prévision théorique. La question du frottement dans les machines est, à cette époque, le point sensible des efforts et des difficultés de la théorisation. Dans l'affleurement et le développement de cette inquiétude, on peut suivre les transformations de l'attitude des hommes de science à l'égard des machines.

D'abord, la grande interrogation, l'interminable débat à propos des dimensions de la machine. Nous avons présenté le modèle comme analogon de la machine en action, aux dimensions près. Mais a-t-on le droit de conclure de l'un à l'autre? Oui, répond Picot, instigateur de l'Exposition de 1683 rue de La Harpe (7), rejoignant, dans une argumentation qui a le mérite de la cohérence, l'opinion de Sagredo au début des <u>Discorsi</u> de Non, répond Malebranche dans le passage de la <u>Recherche</u> cité à l'instant. Mais ne fait-il pas que reprendre "l'opinion populaire erronée", "totalement dépourvue de sens" ? Décider que le modèle réduit est plus accessible à la théorie que la machine en grand, c'est postuler la proximité du petit et du pur, ou de la miniature et de la théorie, sans se rendre compte que, comme le disait Salviati, "l'on peut soutenir avec autant de vérité son contraire, et dire que beaucoup de machines se construisent mieux à une grande échelle qu'à une plus petite: par exemple une horloge, indiquant et battant les heures, sera plus juste si elle atteint une certaine dimension". Ce que confirme Huygens, à propos de ses montres: "Par le frottement des pivots du balancier, qui est incomparablement plus pesant que dans les montres ordinaires, il s'engendre de la crasse, qui peu à peu en embarrasse le mouvement...Dans l'exécution en grand, je ne saurais encore prévoir aucun empêchement, parce qu'il n'y aura point de frottement aux pivots du balancier" (8). Revenons à la page de Malebranche: "Dans les mécaniques, on suppose que les roues et les leviers sont parfaitement durs et semblables à des lignes et à des cercles mathématiques sans pesanteur et sans frottement, ou plutôt on ne considère pas assez leur pesanteur, leur frottement, leur matière, ni le rapport que ces choses ont entre elles; que la dureté ou la grandeur augmente la pesanteur, que la pesanteur augmente le frottement, que le frottement diminue la force, qu'elle rompt ou use en peu de temps la machine, et qu'ainsi ce qui réussit presque toujours en petit ne réussit presque jamais en grand". Dans la perspective ainsi tracéepar Malebranche, le frottement est une perturbation hors d'atteinte de la théorie, une question extérieure à elle,cela même par quoi le réel lui échappe. Attitude toute différente de celle de Salviati à l'égard de "la robustesse et la résistance aux chocs violents": il n'envisage pas qu'une "nuova scienza" puisse parvenir à "rendre compte de la différence entre la machine concrète et la machine idéale" sans recourir à l'argument de "l'imperfection des matériaux dont dépendent nombre d'altérations et de défauts".

Si des hommes de science sont ainsi partagés, c'est que rien dans leur théorie ne leur permet de répondre. Des <u>Meccaniche</u> de Galilée (dernières années du XVIe siècle) aux <u>Cogitata Physico-mathematica</u> de Mersenne (1644), c'est une constante de la mécanique que le silence de la théorie sur les frottements. Leur mise entre parenthèses est, d'abord, la condition d'accès aux axiomes de la mécanique. Par exemple à l'axiome galiléen: "les corps graves, une fois ôtés tous les obstacles externes et adventices, peuvent être mis en mouvement sur un plan horizontal par quelque force, si petite soit-elle" (9). Remarquons que tout en prélevant par abstraction l'essence intelligible du phénomène, Galilée est loin de minimiser ou de réduire l'effet du frottement: celui-ci est au contraire crédité de la discordance manifeste entre la théorie et la phénoménologie.

D'autre part, la façon dont les "méchaniques" de l'époque abordent les machines simples implique une attitude désinvolte à l'égard des frottements qui peuvent se produire dans les machines. Au réalisateur de faire en sorte que la machine concrète soit aussi approchante que possible de la machine idéale. Cela dépend du fini de l'ouvrage, donc de la main, et d'un peu de graisse. De même dans les "trois feuillets" adressés à Constantin Huygens le 5 octobre 1637, Descartes évoque des empêchements et difficultés, mais c'est pour les regrouper sous le même chef et en dire, en définitive, "que tout cela est fort peu à comparaison de ce qu'on lève, et ne peut être estimé qu'à peu près" (10).

Enfin, comment dans les "Méchaniques" la théorie s'articule-t-elle à la pratique? Par le moyen d'un artifice qui rend imperceptible leur écart ou qui ménage entre elles la plus souple et la plus insensible des transitions. Une fois que la théorie a déterminé par raisons géométriques la force recherchée ou la puissance qui fait équilibre au poids, il suffit d'augmenter aussi légèrement qu'on voudra cette force, ou de diminuer ce poids autant qu'il apparaîtra nécessaire, pour que l'équilibre soit rompu et que la résistance cède. Les Méchaniques sont l'art savant d'amener les résistances à disparaître. La théorie et les machines simples exercent leur efficace sur le même objet: l'obstacle. Mais curieusement, le calcul a tout dit quand il a déterminé le poids d'équilibre. Le "presque rien" qui surmonte en définitive la résistance est abandonné au praticien. La figure pure de l'équilibre, l'instant de l'arrêt, sont cernés d'une frontière invisible que la théorie s'interdit de franchir. Elle n'a donc, sur d'éventuels frottements, rien à dire.

Silence de la théorie sur les frottements. Pourtant, si nous évoquons les machines en usage à l'époque où ces "méchaniques" sont élaborées et enseignées, nous découvrons une machinerie grinçante, qui leur fait un surprenant bruit de fond. Ce ne sont que roues dentées ou à chevilles qui donnent violemment contre le pignon des lanternes, essieux qui crient dans le moyeu des roues, cordes peu flexibles si on les veut solides, articulations aux joints trop lâches ou trop serrés, qui heurtent ou qui grippent, arbres à cames et transmissions qui cognent. En l'absence d'une cinématique capable de régler l'exécution des pièces d'une manière quelque peu précise, les liaisons ajustées empiriquement conservent du jeu, et les rencontres brutales les usent très vite. Le bois est encore le matériau de construction principal des machines; il n'est pas susceptible d'une façon aussi exacte que les métaux, et l'usinage de ces derniers est d'ailleurs encore très grossier. La machine que Mumford appelle "éotechnique" est celle où les frottements sont les plus omniprésents. Si nombreux et, semble-t-il, si inévitables qu'ils peuvent à bon droit passer pour le corrélat inéluctable de la réalisation matérielle. Ce sont les moulins qui provoquèrent l'apparition d'engrenages de grandes dimensions, en vue de la transmission de forces mécaniques qui étaient sans doute les plus fortes puissances mises en jeu par l'industrie ancienne et dans un moulin, jusqu'où les frottements ne remontent-ils pas? Les frottements, si l'on regroupe comme alors sous ce terme tous les heurts et tous les à-coups, exposent la machine à l'usure et à la rupture. Le seul remède à toutes ces imperfections, ce sont les corps gras, en particulier le "vieux oing", graisse de porc fondue. Dans la mécanique de précision et à petite échelle, la lubrification est, à terme, une cause supplémentaire de frottement. La distinction du roulement et du glissement n'est d'ailleurs pas établie bien clairement en mécanique pratique, les contacts étant en général d'un type mixte ou intermédiaire. Que la machine soit utilisée pour élever les eaux, pour moudre le blé,, pour scier les pierres ou le bois, pour forger et cingler le fer, pour fouler les étoffes, pour fabriquer la poudre à canon, ou la pâte à papier, la difficulté qu'on rencontre à mouvoir la machine elle-même l'emporte bien souvent, contrairement au rapport supposé par Descartes, sur la résistance opposée par le poids. Longtemps, on a tenu cette bruyante et laborieuse mise en mouvement, où les obstacles à tout moment et en tout lieu menacent de tout interrompre, pour un paradigme de la puissance mécanique, on a voulu y voir comme une dramaturgie nécessaire des "forces mouvantes". Sur ce point, une révision radicale est en train de s'accomplir.

La plupart des schémas mécaniques nouveaux présentés, dans le dernier quart du XVIIe siècle, sont annoncés comme permettant enfin de diminuer considérablement, ou de supprimer tout à fait, ces frottements auxquels on attribue la responsabilité de tous les déboires et de tous les échecs. Le perfectionnement semble alors devoir passer obligatoirement par une simplification des structures. De Perrault à Morland, de Picot à Hautefeuille, des trésors d'ingéniosité et d'imaginetion sont prodigués pour supprimer les organes reconnus responsables des frictions et les remplacer par d'autres. Ces efforts multiformes et unanimes sont antérieurs à l'élaboration d'une théorie des frottements, et même à une conception claire du phénomène. S'ils la préparent, d'une certaine façon, ils ne débouchent pas directement sur elle. Deux choses, en effet, caractérisent la plupart des innovations que recense par exemple le Journal des Savants: l'attention aux organes dans lesquels le frottement est patent, et l'espoir d'en venir à bout en trouvant des organes plus simples. Alors le frottement cesse d'être l'autre nom de la matérialité, pour devenir l'accident inhérent à des dispositifs mal conçus. L'espoir d'une machine sans frottements est à la mode. Ces tentatives des praticiens sont un premier niveau, encore très empirique, de l'effort d'analyse.

Un exemple entre cent: le piston des pompes est brusquement tenu pour responsable de toutes sortes d'inconvénients, et les "pompes sans pistons" illustrent bien la recherche de machines sans frottements. Premier point relevé par les mécaniciens à l'encontre du piston, il frotte...durant toute sa course sur les parois du cylindre. Même en supposant un corps de pompe à l'alesage parfait, et un piston parfaitement ajusté, de façon à éliminer les étranglements et les frottements comme obstacles intermittents. D'où l'idée de "nouvelles pompes" qui, en général, ne sont ni des pompes, ni des nouveautés. En 1669, c'est la machine de Francini; en 1675, la pompe sans piston de Dalesme; en 1678, c'est un "extrait d'un journal d'Angleterre" communiquant la "construction d'une pompe très utile éprouvée dans le canal de la rivière de Fleet à Londres, et inventée par M. Coynes, bourgeois de Londres" (Journal des Savants, 1678, I, p.6-8). En 1681, un auteur qui désire garder l'anonymat et signe M.L.C.D.O. (11) propose un dispositif pour élever l'eau, affranchi des inconvénients inhérents aux pompes ordinaires, dans un opuscule: L'expérience justifiée. Le compte-rendu du Journal des Savants (1682, IX,p.107-108donne la figure de la machine, dont l'année suivante Jacques Bernoulli fera très pertinemment la critique (1683, p.322). Les "solutions" d'ingénieurs ne font souvent que déplacer le problème, ou le frottement! A Paris, dès 1682, l'abbé de Hautefeuille avait pris à partie l'auteur de l'Expérience justifiée dans ses Réflexions sur quelques machines à élever les eaux, "avec la description d'une nouvelle pompe sans frottement et sans piston, et le moyen de faire des jets d'eau de la dernière hauteur..." "Il dit que les pompes ordinaires tant aspirantes que foulantes et mixtes ne sont pas naturelles dans toutes leurs parties, parce que le piston qui cause un frottement violent, et qui emploie la plus grande partie de la force pour son mouvement, n'a point de modèle dans la nature, puisque la Baleine, qui jette l'eau si haut et en si grande abondance produit cet effet sans piston, aussi bien que le coeur de tous les animaux, qui est une véritable pompe sans piston et sans frottement". Hautefeuille présente l'idée d'une pompe à diaphragme et soupape, et celle d'une pompe à pression d'air, utilisable pour lutter contre les incendies, qui sera reprise par Leupold. Ainsi à l'époque même où Reyselius construisait la machine surprenante de l'homme artificiel, "avec des vaisseaux et viscères de la même forme, structure et grandeur que l'homme naturel", "pour démontrer au doigt et à l'oeil la circulation du sang" (1677, p.252. 1680, p.34. 1683, p.301-312. Et Acta Eruditorum, 1690), et où des modèles mécaniques de l'organisme étaient activement recherchés (Journal des Savants, 1677, p.126, Gaspard Bartholin a exécuté une machine "par le moyen de laquelle il explique...toute la fabrique du coeur" à la manière des Italiens, Borelli, Baglivi, Bellini...), l'abbé de Hautefeuille renverse la perspective: la solution organique à un problème de mécanique fournit un modèle directeur et normatif au mécanicien. Enfin, la volonté d'éviter le frottement inhérent aux pompes apparaît dans l'étrange orchestration, digne d'une campagne publicitaire, faite durant l'année 1676 par le Journal des Savants aux "nouvelles machines proposées par M. Comiers, canoine d'Ambrun" dont cinq livraisons célèbrent la louange. La mention répétée partout, "sans pompe", y prend l'allure d'un compliment.

Le second point qui préoccupe les mécaniciens dans la construction des pompes est relatif à la tige qui élève et abaisse le piston. Les vilebrequins ou "manivelles" qui la commandent, pas plus que les balanciers, ne permettent de conserver une verticalité rigoureuse de la tige, et par conséquent de la traction. De ce fait, les pistons ont un jeu irrégulier et difficile. Si l'on s'en tient à la réduction de ce deuxième inconvénient, le système de la pompe n'est pas irrémédiablement condamné, mais c'est de son aménagement qu'on se préoccupe. Ce type d'objection est plus intéressant que le précédent: moins catégorique, il témoigne d'une confiance supérieure dans les ressources de la mécanique. En 1675 un armurier de Semur-en-Auxois tente d'apporter une solution, dans la pompe qu'il propose à l'Académie des Sciences (12). Mais c'est surtout l'ingénieur anglais Samuel Morland, résidant en France depuis quelques années, qui fait connaître, dans l'Elévation des Eaux par toute sorte de machines (1685), un nouveau piston et "un nouveau mouvement cyclo-elliptique. Pour agir sur la verge du piston, Morland rejette entièrement le principe de la manivelle, la remplaçant par "un autre mouvement sans comparaison plus doux, plus uni, et d'ailleurs immanquable, pourvu qu'il soit bien accommodé" (p.33). Dans les réalisations de l'époque, la solution apportée par la manivelle à plusieurs coudes au problème général, non défini d'ailleurs comme tel, de la transformation d'un mouvement circulaire continu en mouvement rectiligne alternatif, est une solution défectueuse. Dans le cas des verges des pistons, c'est particulièrement patent. "La puissance d'une manivelle est trop variable et inconstante...elle fait agiter les pistons de côté et d'autre, au-dedans des corps de pompe" (p.39). Au contraire, les figures cyclo-elliptiques saillantes autour de l'arbre où elles sont amanchées font lever et descendre les pistons avec douceur, par l'intermédiaire des poulies -- fixées à des balanciers -- qui roulent sur elles. Une telle machine fut aménagée au Château de Maisons, pour le Marquis de Longueil, selon les principes de Morland. Il en a fait des "expériences solennelles" en présence de Charles II à Westminster et devans Louis XIV au Château de Saint-Germain, avec des modèles. Différence essentielle avec la roue à ondes épicycloïdales de Desargues au Château de Beaulieu: le mouvement cyclo-elliptique est oeuvre d'ingénieur et de machiniste, non de géomètre et de savant. Le choix d'une forme elliptique n'est justifié par aucune considération précise de cinématique ou de géométrie. Le concept de "douceur" et d'"égalité" du mouvement reste purement phénoménologique. Morland a trouvé, empiriquement, un schéma permettant d'atténuer les frottements irréguliers, ou le frottement inégal, mais ce schéma ne doit rien, dans le détail de son exécution, à une conception rigoureuse de la continuité de l'effort.

Jusqu'ici, la recherche empirique de "machines sans frottement" a laissé entier le problème de la définition de celui-ci. On désigne indifféremment par ce mot deux inconvénients dont les machinistes ont l'expérience: premièrement tous les obstacles intermittents, toutes les irrégularités du mouvement mécanique, causes d'usdure inégale et de rupture; deuxièmement, le freinage, inhérent au déplacement d'un corps sur une surface contre laquelle il est pressé, qui lui peut être continu et régulier. Certes, des "solutions" distinctes sont avancées, selon qu'on veut remédier à l'un ou à l'autre. Mais on ne se demande pas pourquoi sont confondus sous un même vocable deux effets si dissemblables. D'innombrables dispositifs ont été proposés par les ingénieurs entre 1670 et 1680 pour réaliser une machine sans frottement, qui, sous prétexte de simplification, ne sont bien souvent autre chose que des régressions ou des illusions. Les mécaniciens qui les improvisent imputent à la friction tous les déboires de la mécanique traditionnelle. Au lieu de la circonscrire pour la réduire, ils en font peu à peu la figure majeure de tous les échecs pratiques. Or, on constate dans le même temps que l'entreprise la plus colossale de l'époque, l'alimentation en eau du Château et du parc de Versailles, ne doit finalement rien à ces tentatives. C'est aux roues, aux pompes, aux manivelles, qu'Arnold de Ville et Swalm Renkin ont recours pour la construction de la machine de Marly. On retrouve, à une échelle jamais atteinte auparavant, le vacarme assourdissant de la machine.

2. De quelques organes sans frottements.

Dans les notes au Livre X de la traduction de Vitruve, Claude Perrault évoque deux machines de son invention pour élever les fardeaux "sans frottement". Elles furent probablement utilisées pour l'érection de la Colonnade du Louvre, comme en témoignent les gravures de Sébastien Le Clerc. On trouve d'intéressants commentaires dans le Recueil de plusieurs machines de nouvelle invention, qui devait paraître douze ans après sa mort, en 1700, et dont nous supposons que les développements ont été publiés sans retouches. Par leur problématique, ils sont antérieurs à la charnière des deux siècles, où la question allait connaître des rebondissements.

"Le frottement dans les machines composées, qui jusqu'ici n'a pu en être ôté entièrement, a toujours été un obstacle à la puissance qu'on emploie pour les faire agir, et un obstacle très considérable, puisqu'il va toujours en augmentant à proportion de la pesanteur du fardeau qu'elles remuent". Cette façon de commencer un écrit sur les machines est digne d'attention: c'est la première fois que la question du frottement apparaît comme une question préalable. Le problème est de savoir pourquoi les machines composées, qui sont censées n'être faites que de machines simples, présentent cet inconvénient. "Il y a des organes simples où le frottement n'est pas considérable, et où même il ne s'en rencontre point du tout. L'action du levier quand on s'en sert simplement est presque sans frottement. Et la scytale, que nous appelons cylindre ou rouleau, n'en a point du tout". la difficulté, poursuit Perrault, "est de faire agir ces organes dans la composition des machines en leur conservant les mêmes avantages". De parce que en parce que, de pièce en pièce, l'analyse remonte, sans incriminer la communication en général, du mobile aux points fixes ou appuis, axes ou pivots. Le frottement est le phénomène qui se produit lorsqu'une pièce de la machine se meut au contact d'un point fixe. Faute d'expliquer cette difficulté à se mouvoir, cette gêne, Perrault a recours à des images, à des métaphores qui, pour être partiellement conscientes ("comme attachée et collée") n'en sont pas moins des "explications physiques" subreptices et prématurées. Le frottement est spontanément référé à l'action de coller et de décoller, d'attacher et d'arracher. On verra bientôt cette phénoménologie immédiate de l'adhérence réfutée par les résultats des premières mesures. Dans son langage imagé, Perrault distingue deux types de mouvement des parties en contact: le roulement, dans lequel chaque point d'une section du corps A "appuie" successivement sur des points distincts du corps B, et la frottement, dans lequel tous les points d'une section du corps A "appuient" successivement sur le même point du corps B. Dans le rouleau, "le point qui appuie à l'endroit F le quitte sans répugnance, et tous les autres points de l'essieu posant successivement sur d'autres points d'appui, il n'y a rien qui fasse que les points de l'essieu aient de la peine à se détacher des points de l'appui..." On devine de quelles connotations psychologiques s'assortit la "répugnance" des points à quitter des endroits pour les laisser occuper par d'autres. La cinématique de Perrault est une cinématique de la jalousie!

Les Mécaniques (13) du R.P. Paolo Casati abordent le frottement d'une manière également originale. "Autant il est facile de rechercher la pesanteur d'un corps, en fonction de la matière qui le compose et de la grandeur de sa masse; autant les difficultés se dressent face à qui voudrait examiner de combien le mouvement est retardé par le frottement (tritus) des corps qui se touchent" (p.127). Malgré cette difficulté, Casati examine, et cherche même à fixer le montant, et même la nature, des frottements. Une première idée se présente, celle de faire la résistance proportionnelle à la grandeur de la surface de contact. Idée que Casati accepte sans discussion, en vertu de sa "nécessité". Quand on compare la résistance d'une sphère et celle d'un cube de même poids tirés sur un plan identique, "le cube adhère par un bien plus grand nombre de ses parties, et donc la résistance des parties du cube qui frottent sur le plan est multipliée: il suit donc nécessairement que la difficulté à le mouvoir est augmentée d'autant". Mais la grandeur de la surface de contact n'est, malheureusement, qu'un des éléments à considérer. Le frottement provenant de la rencontre ou du heurt des aspérités qui inévitablement recouvrent les surfaces matérielles les mieux polies, on ne pourrait en évaluer l'incidence que si l'on connaissait ces aspérités dans leur détail menu. Faute de quoi, "la résistance qui en résulte ne tombe pas sous une loi uniforme". Les rugosités de la matière sont à une échelle qui nous échappe, qui défie l'emprise de notre connaissance, sinon celle de nos opérations. Elles sont la différence à l'état brut, la diversité inassignable, irréductible à toute légalité. L'origine des frottements est hors d'atteinte de la géométrie conçue comme spéculation sur les phénomènes physiques. Il lui reste, néanmoins, à dire comment, toutes choses égales d'ailleurs, la résistance due au frottement varie en fonction de la masse (moles) et de la figure du corps qui frotte.

La pensée de Casati est donc singulièrement floue: les frottements, attribués en vertu d'une "explication physique" partiellement correcte à des aspérités de surface, ne sont ni mesurés, ni, ce qui est plus grave, exactement délimités. Si bien que l'auteur en vient à se demander si le fait de surmonter des frottements n'entre pas, au même titre que celui de "multiplier la force", dans la définition de la machine. Débat purement académique ou scolastique, on s'en doute, mais révélateur de l'ambiguïté et de la confusion qui président à la saisie de ce phénomène brusquement passé au premier plan et dont les théoriciens des mécaniques ne savent pas encore très bien ce qu'ils doivent faire. L'axe de cloches sur support mobile, dispositif imaginé par Casati pour diminuer les frottements produit-il encore un "mouvement machinal"? (p.132).

Que doit-on retenir des analyses de Perrault et de Casati? Ce sont les premiers auteurs qui s'avisent de chercher et de montrer ce que c'est que le frottement. Plus que leurs idées d'organes mécaniques sans frottement, c'est cette investigation et cette description qui sont intéressantes. Le frottement cesse d'être assimilé à la perturbation en général,et d'être réduit à l'impondérable. On tente d'examiner enfin ce qui se passe quand deux parties d'une machine frottent. Mais ces deux auteurs en restent à la description la plus immédiate de l'adhérence des surfaces pressées, ils se contentent d'appliquer le raisonnement physique à l'expérience première. L'idée ne leur vient jamais de mesurer la résistance qui les occupe. Ils cherchent une explication, ou une illustration physique du phénomène, et ils en trouvent naturellement plusieurs, empruntées aux évidences de l'expérience courante, sans se demander si elles sont conciliables. C'est parce qu'ils sont indifférents ou réfractaires à l'énonciation d'une loi du phénomène que la pluralité des hypothèses explicatives entre lesquelles ils hésitent ne les conduit pas à tenter la mesure expérimentale de l'incidence des divers facteurs auxquels ils ont pensé. Pour eux, tout est dit quand on a opposé frottement et roulement: la friction, qui retarde le mouvement et emande un excédent de force, se produit quand, sur une surface immobile portante, la surface d'un corps pesant doit glisser ou traîner. D'un côté, la roue ou la calèche, de l'autre, le traîneau. Frotter, c'est ne pas rouler; c'est patiner. D'où deux solutions pratiques. L'une faible, à savoir polir, limer, graisser, aider à glisser. L'autre forte, à savoir substituer ce qui roule à ce qui frotte. Mais forte seulement en apparence, tant que 1) la roue frotte sur son axe ou son axe sur son support, 2) on n'a pas vérifié que deux roues qui engrènent ne frottent pas.

3. L'engrenage: géométrie de la transmission.

Dans la machinerie du XVie et du XVIIe siècle, les transmissions s'opéraient principalement par l'intermédiaire de roues à chevilles et à dents, lanternes, pignons. Dire que l'engrenage est le point de rencontre des mathématiques et de la conception des machines n'est ni une exagération, ni une simple métaphore. Tout le monde se souvient de la pénétrante remarque de Koyré à ce propos: "Lorsqu'on étudie les livres de machines des XVIe et XVIIe siècles, ...on est frappé par le caractère approximatif de leur structure, de leur fonctionnement, de leur conception. Elles sont souvent décrites avec leurs dimensions (réelles) exactement mesurées. Jamais, en revanche, elles ne sont "calculées"...Toutes, à l'exception peut-être des appareils de levage et de quelques autres, tels les moulins, qui employaient comme moyen de transmission de la force motrice des accouplements de roues, d'engrenages, moyens qui positivement invitent au calcul -- ont été conçues et exécutées "au jugé", "par estimation" (14). Mais l'investigation ne s'arrête pas au nombre des dents. Elle mobilise de grands noms de la géométrie du temps.

Deux roues qui engrènent posent à la statique un problème vite résolu: le levier ou la balance fournissent une analogie facile. Des énormes machines de force à la montre miniaturisée, en passant par "l'horloge à calcul", on détermine par le nombre de dents et le rapport des rayons le rapport des nombres de tours des deux axes, et la force qu'il faut exercer à la périphérie pour lever une charge donnée appliquée à un tambour. Mais que se passe-t-il quand les roues tournent, quand elles engrènent? Suffit-il de dire que les dents ou les chevilles de la première poussent les dents ou les fuseaux de la seconde? Salomon de Caus, à propos de la force du pignon à vis, ou vis sans fin, remarquait: "Il fait multiplier la force beaucoup davantage...mais il y a une incommodité, c'est qu'il s'use, et n'est pas tant durable que celui dentelé, à cause que celui à vis, en tournant glisse au long des dents de la roue et s'use fort, mais l'autre à dents, en tournant, pousse les autres dents, et ne s'use pas tant" (15). Le rappel de ce texte ancien est motivé par la rareté des témoignages d'une attention minutieuse à l'"événement de la rencontre" des dents. Le phénomène de l'usure est aussi à l'origine de la remarque suivante de Léonard de Vinci: "Ce pignon, situé hors du diamètre de la roue, consume fortement ses fuseaux et de même les dents de la roue, parce que la dent de la roue au commencement de son contact avec le pignontouche le fuseau vers sa partie de dessus, et en le laissant, s'en va vers son extrêmité de dessous, en sorte qu'entre prendre et laisser, il se fait deux mouvements, c'est-à-dire le mouvement de tourner et le mouvement de frottement (confregatione)" (16). Notons qu'il ne s'agit pas encore de la forme à donner aux dents, mais de l'endroit où l'on doit placer la lanterne. Le texte est remarquable parce qu'il décompose le mouvement de la cheville contre le fuseau et qu'il isole le frottement. "Glisser" n'est pas "pousser" (S. de Caus), "frotter" n'est pas "tourner" (Léonard). Peut-on affranchir la roue de ces deux vices?

Les deux textes qu'on vient de lire envisagent l'engrenage dent à dent comme un procès, ayant une durée, un commencement et une fin. Il se déroule entre "prendre" et "laisser". Organe des étreintes momentanées, les dents doivent être espacées et taillées de façon à se quitter sans difficulté après s'être "embrassées et mordues" (17). Comme leur nom l'indique, les roues roulent l'une sur (avec) l'autre. Une roue qui en entraîne une autre ou "se communique avec elle", c'est donc, pourrait-il sembler, le modèle à partir duquel on devrait comprendre le roulement, dans son opposition au frottement. Perrault décrivait ce dernier comme une répugnance active à céder la place. Mais chaque constructeur de machines sait d'autre part que les engrenages, et pas seulement dans les dispositifs de grandes dimensions, ne fonctionnent pas si heureusement. La communication du mouvement connaît toutes sortes d'entraves, de résistances. Pascal, Huygens, Leibniz ont le plus grand mal à faire tailler les dents de leurs machines par les artisans. En horlogerie, on ne graisse pas seulement moyeu et essieu des roues, mais également les dents. Un peu d'huile, selon Casati, uniformise le mouvement de l'horloge. A l'en croire, dans la mécanique de précision même, les dents frottent, puisqu'il fait allusion à l'aspérité des surfaces, dont un peu d'huile atténue les effets néfasres. A plus forte raison dans les grandes machines, où jouent des forces considérables, souvent irrégulières et discontinues, et où les parties, plus "matérielles", sont aussi d'une réalisation moins exacte. On sait que les transmissions grincent et crissent; que les dents ne se contentent pas de casser, de temps à autre, soumises à une pression trop forte pour leur résistance, mais qu'elles s'usent.

Quel profil donnait-on aux dents? Il faut, pour le savoir, regarder des images, en l'absence d'une théorie prescriptive raisonnée. Les planches du Theatrum machinarum de Leupold (18) rassemblent quelques exemples des différents types de dents, les plus courantes sans doute, et indiquent les méthodes pratiques, probablement traditionnelles, pour tailler les dents et les chevilles des rouages des moulins à eau. On voit qu'il ne s'agit pas seulement de diviser la circonférence, de fixer le nombre de dents, mais aussi de dessiner précisément la forme que l'on donnera à la pièce de bois. Ces procédés empiriques donnaient des résultats satisfaisants en horlogerie, où les pressions sont toujours médiocres. Toutefois,

Leibniz a eu bien du mal pour obtenir des rouages corrects pour sa machine arithmétique. Mais les résultats les plus propres à décourager l'empirisme, on les trouvait plutôt dans la machinerie de grandes dimensions. Ses engrenages semblent n'avoir guère bénéficié des essais de Léonard de Vinci, qui d'ailleurs, quel que soit leur mérite, relèvent de l'art de l'ingénieur plus que de la géométrie (19). C'est surtout par le dessin qu'il tente d'y voir plus clair dans les phénomènes des frottements et de l'usure. "Il est arrivé à montrer dans quelle mesure il fallait que les dents de deux pignons s'engagent plus ou moins l'une contre l'autre pour éviter une usure excessive. Le Codex Atlanticus comporte également des profils de roues dentées et la manière de les exécuter et de les tracer... Dans le Manuscrit B, on trouve des projets de roues dentées à section trapézoïdale" (20). Il y a des engrenages coniques dans les Théâtres de Besson et de Ramelli (21), et même des dents qu'on pourrait croire épicycloïdales. Mais ces engrenages plus élaborés, comme le "trèfle" des Allemands, témoignent d'un perfectionnement ponctuel, obtenu sans que soit vraiment abordée et encore moins résolue la question de la figure géométrique des profils. L'avantage des dents de bois est d'ailleurs qu'elles prennent à l'usage, du fait même de l'usure, la forme la plus adéquate qu'on n'a pas toujours su leur donner au départ. Parce qu'elle est "matérielle" et "d'exécution", la difficulté est atténuée par des palliatifs pratiques: on graisse, on répare, on renforce. Aussi n'est-ce pas aux machinistes que l'on doit l'effort novateur, mais à des mathématiciens, géomètres, astronomes... trop heureux de trouver à leurs spéculations un champ d'application si neuf. Curieusement, ni Descartes (22) ni Pascal (23) ne semblent penser à cette conséquence.

La question de la figure des dents est traitée pour la première fois en termes théoriques par Philippe de La Hire en 1694, dans le Traité des Epicycloïdes et de leur usage dans les Mécaniques (24). Le texte publié fait remonter à vingt ans en arrière environ les travaux qui ont conduit aux conclusions qu'il énonce. La Hire évoque des conversations sur ce sujet avec Auzout, Picard et Mariotte avant même son entrée à l'Académie. "La figure des dents de roues semblait de si peu de conséquences, qu'on l'avait toujours négligée comme une chose qui ne regardait que la pratique et qui devait être entièrement abandonnée à l'ouvrier; quoique ce soit en effet ce qui devait être le plus soigneusement examiné: car les frottements étant plus ou moins grands, à proportion que les dents des roues qui font tout l'effort dans les machines, s'écartent plus ou moins de la figure qui leur convient, les machines composées de roues dentées n'ont presque jamais l'effet qu'on s'était imaginé, quand on n'en considère point l'exécution. J'ai donc cru qu'il fallait examiner avec un très grand soin quelle devait être la figure des dents des roues, puisque ce n'est que par ces dents que les roues agissent l'une sur l'autre, et que c'est par leur moyen qu'on peut ménager la force mouvante pour en tirer tout l'avantage possible".

L'innovation de La Hire consiste à considérer l'événement de la rencontre des dents comme un problème de géométrie. La géométrie permet d'atteindre la figure des dents qui élimine le frottement. Il faut qu'elles s'appliquent l'une à l'autre, dans le mouvement respectif des roues qui les portent, d'un "mouvement égal". Tentative singulière, en un temps où la plupart rêvaient de simplifier machines et organes mécaniques, l'effort de La Hire se signale par -- la géométrisation d'un élément jusque alors non retenu dans l'examen théorique du système mécanique, -- l'appel à une technique géométrique originale, qu'on peut appeler "cinématique", -- l'intelligence aiguë du bénéfice retiré sur le plan de l'économie des forces.

Jusqu'alors, on avait raisonné sur le nombre de dents, le

rayon des roues, la position des axes, comme si le calcul devait s'en tenir au schéma global du système, présent dans l'image immobile de la machine. Si l'on savait prévoir, c'est parce qu'on saisissait le déroulement idéal des opérations dans une vue rétrospective, grâce au repérage dans l'espace et le temps de positions remarquables. Rapports fixes de révolutions complètes. La roue est par excellence susceptible de revenir à sa position initiale. Ce sont ses tours qui entrent en ligne de compte, aussi bien dans les spéculations sur la transmission de la force motrice, que dans la construction des horloges et la conception des machines arithmétiques. Avec La Hire, l'examen ne se focalise plus sur le rapport roue à roue, mais sur la rencontre dent à dent. Ce n'est plus comparaison -- ou raison --entre des révolutions, mais examen d'un procès dans la continuité de son évolution.

Pour cette étude, quelle géométrie employer? A la différence de Huygens (Horologium Oscillatorium, 1673), La Hire s'en tient à la géométrie "des Anciens". "Les dents des roues doivent avoir la figure d'une cycloïde qui a pour base un cercle, ce que l'on appelle Epicycloïde". Le traitement géométrique de la génération des courbes utilise alors concurremment trois paradigmes, celui de l'optique, celui de la cinématique et, chez les adeptes des nouveaux calculs, celui de la dynamique. Pour Tschirnhaus, qui presente une communication à l'Académie en 1682, la caustique est la courbe que touchent chacun des rayons réfléchis sur la surface intérieure d'un vase cylindrique. "Il se fait une sorte de foyer continu, dont on peut facilement se procurer le spectacle" (25). Le début du Traité de La Hire est une étude géométrique de la génération, de la rectification et de l'évolution des épicycloïdes. Rouler, développer décrire: non seulement un spectacle qu'on se représente, mais des opérations géométrisables.

Le traité fait aussi la part belle aux conséquences mécaniques, peut-être parce que Tschirnhaus avait à peu près tout dit sur la courbe, mais surtout parce que La Hire, disciple de Desargues, dont son père le peintre avait été l'ami, fait lui aussi interférer "la pensée mathématique la plus abstraite...avec certaines préoccupations concrètes et pratiques" (25). On peut, rétrospectivement, trouver naturel qu'une géométrie qui étudie la génération des courbes par le mouvement d'une figure sur une autre ait accédé comme de plain pied à des applications mécaniques, et tout particulièrement à celle-ci, qu'on y voit une projection ou un index. Pourquoi alors, La Hire --avec Roemer, sans doute -- est-il le seul à l'avoir conçue et tentée? En fait, la distance était immense entre la machinerie saccadée de l'époque et la mouvement des géomètres. En déterminant rigoureusement la figure d'un organe de transmission assurant la communication intégrale de la force, La Hire accomplit un geste intellectuel comparable, par sa portée -- le brio géométrique en moins -- à celui de Huygens à l'endroit de l'isochronisme. C'est du reste l'importance que lui reconnaissait Leibniz, qui ne voulait pas que Roemer, grand astronome, grand mathématicien, et de ses amis, en fût dépossédé. Avec La Hire, le géomètre ne propose pas un idéal hors d'atteinte, mais un modèle réalisable, par rapport auquel les réalisations empiriques se situent dans une sorte de perspective. L'intermédiaire toujours laissé dans l'ombre devient l'objet privilégié de l'investigation et de l'intervention du théoricien, parce qu'il n'est pas seulement le lieu, mais l'organe de la transmission. La mécanique de la transmission intégrale de la force articule le passage de la théorie à la pratique, le décompose en transitions fines, relevant sans discontinuité de son domaine, et permet de l'une à l'autre une communication efficace. l'"application" de la théorie à la pratique cesse d'être un problème de pratique pour devenir, de plein droit, un problème de théorie.

Comment La Hire procède-t-il pour parvenir à son résultat? 1ère étape: l'inégalité d'action. Considérons deux lignes droites mobiles chacune autour d'un centre, l'une d'elles de longueur indéterminée, et cherchons les conditions non plus seulement de l'équilibre quand elles sont dans le prolongement l'une de l'autre, mais de la continuation d'une action identique de l'une sur l'autre dans la transmission du mouvement. On constate que si la ligne de longueur indéterminée appliquée au point extrême de la première la fait tourner, "elle n'agit pas également" au cours de ce mouvement.

2ème étape: introduction de l'épicycloïde. Si en revanche la ligne opérante se prolonge par une épicycloïde, ayant pour cercles générateurs les cercles 1 et 2, et si elle agit sur l'autre par le moyen de cette courbe, alors l'égalité d'action est conservée: le rapport des deux puissances reste constant. Pourquoi? Parce que les deux puissances parcourent alors des arcs égaux. On a affaire au "mouvement égal".

3ème étape: comment faire l'application du mouvement égal aux machines? La plus simple, ce sont des dents épicycloïdales agissant sur des chevilles (rotation de la cheville sur la dent). Mais il en est d'autres. -- Dents de figure circulaire, avec l'importante remarque: "On doit toujours éviter, dans les dents des roues, de faire qu'elles travaillent au-dessus de la ligne...qui joint leurs centres, à cause que le frottement y est fort grand et qu'au contraire il n'est pas presque considérable au-dessous, supposant que le mouvement des roues soit de dessus en dessous" (p.422-423). --- Dents rectilignes. -- Roulette au lieu de dents: on se rapproche de la machine de Desargues. point de départ: la remarque précédente sur les frottements: "la seconde dent ne doit commencer à travailler avec la première que sur la ligne (des centres), parce que...les faces des dents qui se rencontrent en s'écartant l'une de l'autre ne se frottent qu'en s'échappant, ce qui n'apporte pas un empêchement sensible dans le mouvement, au lieu que lorsque le frottement se fait par la rencontre des parties qui rentrent l'une sur l'autre, l'empêchement au mouvement est fort considérable, et c'est ce que l'on doit éviter principalement dans les machines" (p.431-432).

Curieuse remarque qui paraît admettre la persistance des frottements dans la première moitié du processus, quand les dents "rentrent l'une sur l'autre", et qui semble ne les négliger, dans la seconde, que parce qu'alors les dents s'écartent ou s'"échappent". La Hire poursuit: "Voici une construction particulière pour les dents des roues d'une grande machine où les faces qui se rencontrent ne font que se toucher sans frottement, et ce qui en reste ne se fait que sur un axe ou pivot". Enfait, dans le premier exemple de la proposition VI, La Hire écrivait: "Je dis maintenant que s'il y a des puissances égales appliquées à ces roues, (...) il y aura partout équilibre; il faut seulement observer que les rencontres de ces dents doivent toujours être au-dessous de la ligne" (p.420). Tout se passe comme si l'équilibre, l'équilibre conservé qui a été jusqu'ici le nerf de la démonstration, ne suffisait pas à garantir à lui seul l'engrenage sans frottement, présenté d'abord comme synonyme de l'égalité de mouvement ou d'action.

Venons en à la machine de Desargues. "La construction de ces dents est la même que celle du premier exemple de la proposition VI, mais l'application en est différente. Dans la proposition VI, la dent circulaire proposée est arrêtée ferme à la roue; mais dans celle-ci, c'est une roulette qui est mobile autour de son centre D sur un essieu ou cheville placée à l'extrêmité du rayon AD. Il n'y aura donc point dans cette machine d'autre frottement que celui de la roulette sur son essieu. Car sa circonférence s'appliquera partout sans frotter sur la courbe de l'autre dent" (p.433).

La roue de Desargues (Proposition IX) "est dentée ou ondée par le bord à la manière des roues de rencontre des horloges ordinaires... Par la disposition des roulettes, lorsque l'une se trouve dans le fond ou creux de l'onde, l'autre se trouvera sur le haut" (p.434). La constance de l'effort est assurée par l'imparité des ondes de la roue et la dualité des roulettes: il y en a toujours une des deux qui travaille. "La puissance qui meut le levier agit toujours également et non par sauts, comme il arrive à la plupart des machines qui n'ont qu'une ou deux roues. C'est en ceci que consiste la principale adresse de la construction des dents et de la position des roulettes: car quoi que l'on suive toujours la règle dans la forme des dents, il faut avoir égard aux proportions de la hauteur et de la longueur des dents avec le diamètre de la roue". Reste à déterminer rigoureusement la figure des ondes. On retrouve le problème historique de la relation entre La Hire et Desargues. Car c'est bien à propos de l'examen de la machine du château de Beaulieu (26) que tout a commencé. La Hire donne la raison géométrique du dessin des ondes. La roue de Desargues avait intrigué Huygens, en 1671, et ce dernier n'en avait sans doute pas percé le secret. Quand, aux alentours de 1675, une réfection s'impose, les propriétaires savent qu'il y a une profonde géométrie là-dessous, mais ils ne savent pas, bien sûr, laquelle. Auzout et Mariotte, à qui ils posent la question, ne le savent apparemment pas non plus. Mais ils savent le nom de celui qui pourra leur répondre. Parce que La Hire est un géomètre déjà versé dans la mécanique? Ou, vraisemblablement, parce que La Hire a accès à un fonds de manuscrits laissés par Desargues? Toujours est-il qu'il produit alors (même s'il ne la publie que vingt ans après) la justification théorique du dessin des ondes, que Desargues n'aurait déterminé que "mécaniquement". Et qu'une nouvelle roue fonctionne à Beaulieu, "exécutée dans toute sa justesse". Pour son application de l'épicycloïde aux dents, La Hire est donc redevable sinon aux manuscrits de Desargues, du moins à sa machine: il généralise à tous les engrenages la continuité et l'égalité d'action qu'elle exhibe.

La Hire est-il vraiment, comme il le soutient dans sa Préface de 1694, l'initiateur de cette importante innovation? Il fait remonter ses premières découvertes en ce domaine à vingt ans en arrière, soit aux alentours de 1674. Mais il n'invoque, parmi les gens qu'il en aurait alors informés, que des morts. Auzout est mort en 1691, Picard en 1682, Mariotte en 1684. La Hire concède seulement que Huygens avait, par sa propre méthode, trouvé la quadrature des épicycloïdes, que lui-même trouve par la méthode des anciens, et communique à l'Académie peu de temps après son entrée dans la compagnie. En opposition flagrante avec cet historique, nous lisons dans l'Histoire des Mathématiques de Montucla: "On fait honneur de l'invention des épicycloïdes à M. Roemer, célèbre astronome danois, qui les imagina durant son séjour à Paris, vers l'année 1674. Ce ne fut point entre ses mains une pure spéculation géométrique. Ces courbes lui parurent être celles dont la forme convenait aux dents des roues pour diminuer le frottement des unes contre les autres, et rendre l'action de la puissance plus égale; ce fut là le motif qui le porta à les considérer. M. de La Hire néanmoins, dans son Traité des Epicycloïdes imprimé en 1694, garde un profond silence sur Roemer, et semble s'attribuer le mérite de cette invention géométrique et mécanique. Mais outre le cri public qui en fait honneur à M. Roemer, on a le témoignage exprès de Leibniz qui, étant à Paris en 1674 et les deux années suivantes, dit que l'invention des épicycloïdes et leur application à la mécanique étaient l'ouvrage de ce mathématicien danois, et qu'il en passait pour auteur auprès de Huygens, sans qu'il fût en aucune manière question de La Hire" (27). Pour

Condorcet, dans l'éloge de Roemer, "Roemer est le premier qui ait considéré les Epicycloïdes, et qui ait conclu de leur génération, qu'en donnant aux dents des roues des machines la forme d'un arc de ces courbes, le frottement serait le moindre qu'il est possible. La Hire s'est depuis attribué cette idée, et Roemer, qui vivait encore (il est mort en 1710) a gardé le silence; mais il a pour lui le suffrage de Leibniz, qui était alors à Paris, et qui a rendu témoignage à l'invention de Roemer" (28).

En Janvier 1698, Leibniz répond à Jean Bernoulli qui s'étonne de trouver dans le <u>Traité de Mécanique</u> de La Hire des règles pour la communication du mouvement concordantes avec les siennes propres et celles de Leibniz, en l'absence d'une estimation correcte des forces ("D'où La Hire a-t-il tiré ces lumières, je l'ignore. Je ne pense pas qu'il les tienne de son propre fonds"): La Hire les a probablement trouvées dans les écrits ou les papiers de Mariotte, à qui Leibniz les avait de vive voix exposés autrefois, mais justement sans les appuyer sur l'estimation des forces. Après avoir ainsi repéré l'origine des vérités que l'on trouve dans le <u>Traité de Mécanique</u>, Leibniz poursuit: "Je n'approuve pas que les doctes taisent le nom de ceux dont ils tirent profit...M. de La Hire lui-même, ce qui ne cesse de m'étonner, semble s'attribuer l'usage des épicycloïdes pour la détermination des figures desdents, alors qu'il est assuré que l'inventeur en est Roemer. J'étais à Paris au temps où il les trouva et j'en ai reçu l'explication non seulement de Roemer lui-même mais également de Huygens. A l'époque, La Hire n'appartenait pas encore à l'Académie des sciences, et on ne le créditait d'aucune contribution à ce sujet. Je m'étonne que Roemer,qui vit au Danemark, où il jouit de l'estime de son Roi, ne revendique pas son bien" (29). En 1707, les souvenirs de Leibniz sont toujours aussi précis: "Roemer est l'inventeur des dents épicycloïdales. Il m'a montré, à Paris, son théorème et sa démonstration. Huygens m'avait auparavant mis au courant de la chose" (30).

Leibniz n'accuse pas seulement La Hire de plagiat. Plus qu'entre deux mathématiciens, c'est entre deux mathématiques qu'il faut choisir. Et que les faits ont choisi. Jean Bernoulli écrivait en février 1698: " (La Hire) dit avoir fait exécuter près de Paris une roue à ondes de cette figure, sans frottements notables; il en attribue néanmoins la paternité à Desargues. Mais d'où a-t-il appris la forme à donner aux ondes pour procurer un mouvement égal (<u>motum aequabilem</u>), il ne le dit pas. Je pensais d'abord qu'il n'avait deviné que par conjecture que cette figure devait être celle d'une cycloïde, peut-être parce qu'elle lui avait paru plus adaptée...Mais ensuite, j'ai cherché moi-même la figure requise, et j'ai trouvé par le calcul que la cycloïde commune y satisfaisait, mais entre autres...Je me demandais aussi quel génie avait conduit cet homme, ignorant à peu près tout de notre calcul et de toutes les nouvelles méthodes, à la connaissance de ces figures. Mais depuis que vous m'avez appris que Roemer en est l'inventeur, je ne m'étonne plus" (31). Bernoulli laisse percer le véritable mobile, et le véritable enjeu, de la contestation: comment un géomètre qui fait fi du calcul différentiel pourrait-il avoir découvert les propriétés mécaniques de l'épicycloïde? Comment a-t-il pu être en possession de sa théorie de l'épicycloïde bien avant que Newton en publie son analyse dans le premier livre des <u>Principia</u>?

Au cours de la polémique entre La Hire et Tschirnhaus à propos de la caustique, Leibniz et Bernoulli dénoncent des erreurs des deux côtés, mais en s'étonnant qu'un "homme du plus grand génie" comme Tschirnhaus puisse les commettre, tandis qu'ils sont très sarcastiques à l'égard de La Hire: "qu'il apprenne à l'avenir à s'abstenir de ce qu'il ne comprend pas!" (32). Pourtant, en mars 1698, le jugement de Leibniz est plus nuancé: "J'ai le Traité de La Hire sur les Epicycloïdes, mais je ne trouve pas le temps de le lire en détail. En le regardant de façon superficielle, j'ai observé ici et là qu'au cours de ses démonstrations, il en vient aux infiniment petits, et s'écarte ainsi de la voie des anciens; il n'a pas tort de le faire, puisque c'est le seul moyen d'avancer. Mais à ce compte, il n'était pas nécessaire d'être si long. Je dois avouer, en tout état de cause, que sa mathématique n'est point vulgaire; il a heureusement poursuivi les spéculations universelles sur les coniques de Desargues et de Pascal..." (33). Les qualités du mathématicien, disciple de Desargues et de Pascal, la souplesse de sa méthode, n'est-ce pas assez pour qu'il ait trouvé, de son côté, la théorie de la figure des dents?

Reste le problème de cette invention de Roemer, tant célébrée par Leibniz. Roemer fut apparemment très actif pendant son séjour en France. Sait-on que l'auteur de la première détermination de la vitesse de la lumière (34) eut aussi beaucoup de part aux nivellements faits dans les environs de Versailles pour y amener l'eau? "Les jets d'eau ont besoin de la Géométrie; et comme l'Académie traitait souvent de cette matière, M. Roemer donna une règle universelle pour juger de la bonté de toutes les machines qui servent à élever de l'eau par le moyen d'un cheval" (35). Ce théoricien précoce de l'effet des machines s'intéresse aussi aux engrenages. On a de lui, dans les Machines et Inventions approuvées (36) une "Construction de roue propre à exprimer par son mouvement l'inégalité des révolutions des planètes" qui très ingénieusement fait mouvoir "par le pignon conique de six ailes une roue (conique également) de vingt-quatre dents de manière que dans certaines parties de sa révolution, elle se meuve aussi vite que si elle n'avait que douze dents, et que dans d'autres parties, elle se meuve aussi lentement que si elle en avait quarante-huit" (37). Gallon mentionne aussi au dépôt des modèles de l'Observatoire deux autres machines de Roemer. Ce sont un planisphère pour les étoiles et pour les planètes, et un planisphère pour les éclipses. Retourné au Danemark en 1681 (il a alors trente-sept ans), Roemer se voit confier la charge de Directeur des Monnaies et d'Inspecteur des arsenaux et des ports. En 1687, il visite l'Allemagne, l'Angleterre, la France et la Hollande pour y étudier les procédés des arts et des manufactures. Il s'intéresse à l'artillerie, au commerce et à la navigation.

On a six lettres de Leibniz à Roemer (38): les allusions au problème qui nous préoccupe y sont fréquentes, Leibniz mettant un véritable acharnement à solliciter de Roemer la publication de ses découvertes, parmi lesquelles celle-ci occupe une place de choix. En Juillet 1703, Leibniz revient encore une fois à la charge: "Vous êtes l'auteur unique de trois inventions très belles...dont je voudrais que vous fassiez vous-même la description, pour montrer en même temps les étapes de la découverte. La première est celle de la figure épicycloïdale qu'il faut donner aux dents des roues et surtout aux chevilles qui commandent les verges des pistons. Les publications plus récentes de La Hire ne diminuent en rien vos droits" (39). Dans la dernière lettre qu'il envoie à Roemer, leibniz, de passage à Gottorp, lui fait savoir qu'il a été tenté de pousser jusqu'à Copenhague pour le voir. Trente-cinq ans après, il lui demande encore d'écrire, pour perfectionner l'art d'inventer: "Je souhaiterais d'obtenir de vous la méthode dont vous vous êtes servi autrefois pour découvrir l'usage mécanique des Epicycloïdes pour la figure des dents". Plus le temps passe, plus la curiosité de Leibniz semble vive. Plus aussi la découverte de Roemer prend à ses yeux la dimension d'une invention capitale. Chose étrange, dans les trois réponses à Leibniz publiées par Kortholt (40), Roemer ne dit rien sur ce sujet.

D'une invention dont les confidents sont si peu nombreux, et l'auteur si peu loquace, La Hire n'aurait-il pas pu dire ce qu'au début de l'Horologium Oscillatorium Huygens écrivait de l'hypothétique horloge à pendule de Galilée: "Je ne sais comment on les saurait croire, alors qu'il n'est point du tout vraisemblable qu'une invention si utile ait pu rester ignorée huit ans, jusqu'à ce que je l'aie mise au jour" ? Il semble donc qu'on puisse conclure, comme le fait R. Taton: "L'invention de la roue épicycloïdale doit être attribuée à Desargues, et non à Roemer, pour qui Leibniz la réclamait" (41). En ajoutant que le fils du disciple et ami du grand géomètre fut le premier à en codifier la théorie.

On remarquera pour finir que le théorème de Roemer dont se souvenait Leibniz, le théorème et la démonstration qu'il avait vus, et que lui avait recommandés Huygens, établissait selon lui que les dents pouvaient être dotées d'une figure telle qu'elles roulent l'une sur l'autre sans frotter (42). Or La Hire ne nous a pas semblé accéder par ce biais à sadécouverte, qui pourrait dès lors rester son bien propre. On ne trouve pas, dans ses traités de 1694 et 1695, de formules aussi nettes que "rouler sans frotter". L'égalité de mouvement, voilà la préoccupation première de La Hire, sa préoccupation fondamentale. L'égalité de mouvement et la suppression des frottements sont tantôt assimilées par lui, comme dans sa Préface, tantôt poses comme deux résultats distincts, mais dont on ne précise pas le rapport. Incertitude qui tient au langage de l'époque, où les frottements sont encore le nom générique de tous les gaspillages, et à l'apparition d'un usage nouveau, plus précis, du terme, selon lequel frotter c'est glisser malaisément sur une surface. Il se pourrait alors que les souvenirs de Leibniz soient tout à fait exacts mais que justement Roemer ait été l'auteur d'une invention et d'une théorie sensiblement différentes de celle de La Hire, plus éclairante pour les problèmes du frottement, et d'une visée plus purement cinématique. Conclusion corroborée, selon nous, par les "pièces éparses sur l'horlogerie" rassemblées dans le tome XVIII des Oeuvres de Huygens. Ces notes manuscrites (43) confirment les affirmations de Leibniz quant à l'avancement des travaux de Roemer en 1674, mais la ressemblance avec ceux de La Hire n'est pas totale, puisqu Roemer ne se contente pas de résoudre le problème de la transmission continue, mais qu'il recherche expressément, et concurremment, la suppression des frottements. Selon Huygens, Fatio de Duillier aurait aussi apporté sa contribution à ce problème.

On pourra se faire une idée plus précise de la différence entre les deux points de vue, en se reportant au mémoire d'Euler De aptissima figura rotarum dentibus tribuenda (44). Il démontre que les deux réquisits, transmission uniforme et élimination des frottements, sont incompatibles. Il faut choisir entre eux selon les circonstances. L'élimination des frottements est pensée en termes d'empêchement du mouvement, tandis que la transmission uniforme est référée à la conservation de la force motrice. -- Dans les machines destinées à accomplir un travail requérant une force considérable, le but visé est que "toute la force motrice soit dépensée à l'accomplissement de ce travail, et que nulle portion de cette force ne soit consumée à la conservation du mouvement de la machine". Ce but est atteint si toutes les parties de la machine se meuvent d'un mouvement uniforme, dont la conservation n'a besoin d'aucune force accélératrice ou retardatrice supplémentaire, dont l'incidence dans le bilan mécanique est, le plus souvent, bien plus considérable que celle des frottements. -- A cela s'oppose un type de machines, illustré par l'horloge, dont la finalité est toute différente. Pas de résistance à surmonter, donc le problème précédent ne se pose plus. Et si toutes les parties se mouvaient d'un mouvement uniforme, si la transmission se faisait conformément au modèle précédent, cela serait un obstacle, et non un adjuvant: l'horloge, comprend Euler, est l'anti-modèle mécanique, un jeu de changements brusques et de discontinuités, ajustées de façon à empêcher l'accélération du mouvement, où s'épuise la force initiale. Une machine qui n'atteint jamais le mouvement uniforme, qui repart à chaque instant à zéro. Comme vingt-cinq ans plus tard chez Lagrange (45), affleure chez Euler l'idée que l'horloge est le modèle a contrario, le modèle de ce que ne doit pas être la machine de force à régime constant. Alors, la seule chose dont doit s'occuper l'horloger, quant à la forme à donner aux dents, c'est de supprimer les frottements, susceptibles d'altérer l'uniformité de surface qui, au niveau de la perception extérieure globalisante, recouvre les brêves ruptures de séquence et de continuité.

L'invention de Roemer était celle d'un astronome-horloger. on ne peut que regretter qu'il n'ait pas suivi les conseils de Leibniz. Malgré son silence, source d'une énigme en histoire des sciences et des techniques, l'ensemble des données dont on dispose apporte une confirmation à la thèse selon laquelle, bien loin de pouvoir constituer pour les savants-géomètres du XVIIe siècle un modèle immédiat de rationalité, les machines sont pour eux l'occasion exemplaire d'un effort de rationalisation. S'ils rivalisent dans cet effort, quelles que soient les différences qui les distinguent, ils ne sont pas toujours néanmoins en mesure de formuler l'originalité propre de leur intention.

4. La mesure expérimentale des frottements.

Antérieurement à une définition théorique du frottement, la pensée mécanique s'embarrasse dans des problèmes qu'elle ne parvient pas à démêler:

1. Le frottement est obstacle à la mise en marche de la machine, résistance qui se fait sentir particulièrement dans le moment initial. C'est la difficulté des commencements. La matière au repos est difficile à ébranler; le

contact des parties arrêtées est difficile à rompre, ainsi que l'adhérence des parties matérielles les unes aux autres. Le frottement est alors une résistance passagère à surmonter. Et toujours déjà surmontée par la machine en marche.

2. Le frottement est cause d'usure rapide et de détérioration des machines. Il est appréhendé au niveau de ses effets catastrophiques ou des dommages qu'il entraîne; c'est un vice de construction qui l'occasionne, et on peut envisager des moyens de l'éliminer.

3. Le frottement est enfin, comme gaspillage, déperdition, déchet, un déficit affectant le bilan des forces au cours du processus mécanique. Il ne peut, en tant que tel, devenir l'objet pertinent d'une saisie théorique avant que la problématique de l'effet des machines (nos chapitres IV, V et VI) soit élaborée.

Au moins peut-on l'étudier en lui-même, comme un phénomène dont il s'agira de découvrir la nature ou l'essence, voire la formule. Comment a-t-on été introduit à cette étude? Précisément, en s'interrogeant sur les machines, et sur le rapport entre ce qu'elles coûtent et ce que elles rendent. Mais étudier le frottement en lui-même et pour lui-même, comme passible des procédures de l'enquête expérimentale, suppose qu'on cesse d'y voir une frange irréductible à l'analyse géométrique et de se satisfaire des "règles" chiffrées des empiriques.

La première étude expérimentale du frottement, envisagé comme phénomène, en renouvelle profondément l'interprétation dans le cadre de la pensée mécanique. Elle est due à Amontons.

Guillaume Amontons (1663-1705) fut agréé "élève, sous M. Le Fèvre", Astronome, au cours d'une des premières assemblées de la nouvelle Académie, en février ou mars 1699, et il n'attendit pas longtemps pour se faire connaître, puisqu'il lut son premier mémoire le 20 juin, proposant un

"Moyen de substituer commodément l'action du feu à la force des hommes et des chevaux pour mouvoir les machines" (46). Machine rotative à air chaud, "moulin à feu", où nous chercherons les circonstances qui ont présidé à la rencontre du problème des frottements. Ironie de l'histoire, ce "moulin à feu" n'a jamais été réalisé!

Au commencement était l'opposition entre l'action du feu, "très violente", aux "effets prodigieux", et les "forces animées et réglées comme sont celles des hommes ou des chevaux". La substitution est-elle réalisable? Et avantageuse? Le dispositif imaginé pour l'accomplir nous intéresse moins que les procédures théoriques et expérimentales qu'il induit. Amontons étaie sa réponse sur six expériences de mesure. Les premières étudient la raréfaction de l'air et l'augmentation de la force de son ressort par la chaleur de l'eau bouillante puis du feu. Dans la cinquième, une machine étant donnée, on se préoccupe de savoir quel "travail" de la force (hommes, puis chevaux) est nécessaire pour "faire travailler cette machine". Ayant évalué à 1000 livres (= 5 hommes) la "force" d'un cheval, et sachant que 4 chevaux sont attelés à la machine, on se demande combien de chevaux il faut entretenir pour en assurer le service, compte tenu des performances réalisées sur une durée suffisamment longue pour ne pas négliger la fatigue et même l'épuisement. Enfin, on calcule le prix de revient de l'entretien de cette force de travail nécessaire au fonctionnement discontinu de la machine. Le terme de comparaison dont on avait besoin est ainsi déterminé, à savoir le prix de revient horaire du fonctionnement de la machine, quand elle est mise en mouvement par des chevaux. La notion de travail, à la fois comme fonctionnement de la machine et comme exercice des chevaux ou des hommes employés, apparaît comme chiffrable. Il est exprimé par le produit d'une force, en livres, d'une vitesse et d'un temps de parcours. Cette quantification est reliée à l'évaluation de la dépense nécessaire à l'entretien et à la nourriture de cette "force". Dans la dépense, on constate aussitôt l'existence de frais improductifs et néanmoins indispensables;en particulier, près d'un jour sur quatre étant chômé, l'application de la force à la machine est suspendue, sans que le soit pour autant la dépense relative à sa nourriture. C'est dans la quantification de la dépense ou du coût du travail que la notion de déchet fait sa première apparition.

Dans la sixième expérience, Amontons tente de mesurer la "puissance continuelle" de l'homme actionnant un polissoir pour polir les glaces, l'estimation antérieure de la "force" de l'homme à 200 livres s'étant faite de façon totalement arbitraire. "Les ouvriers qui polissent les glaces se servent pour presser leurs polissoirs d'une flèche ou arc de bois, dont un des bouts qui est arrondi pose sur le milieu du polissoir, et l'autre, qui est une pointe de fer, presse contre une planche de chêne ferme et arrêtée au-dessus de leur travail: la simplicité de cette machine fait que toute la force de l'ouvrier est uniquement employée à expédier son travail". C'est pour cela qu'Amontons a choisi d'examiner cette action plutôt qu'une autre. Il reste à mesurer. "Les polissoirs dont ils se servent le plus ordinairement sont des trois grandeurs marquées ci-après; et la pression la plus ordinaire de leurs flèches est aussi telle qu'il sera dit, ce qu'on a remarqué avec un pezon à ressort en accrochant le crochet du pezon au bout d'en-haut de la flèche, et tirant directement vers le bas; on a remarqué de la même manière en tirant horizontalement avec le crochet dudit pezon une corde attachée aux manches des polissoirs, qu'il fallait les quantités de force marquées ci-après pour les faire mouvoir, entre lesquelles la quantité moyenne est d'environ 25 livres"(p.120). Amontons donne les résultats détaillés des expériences faites avec des polissoirs de diverses grandeurs, pressés par des flèches de différentes forces. "Un polissoir de 6 pouces de surface, pressé de 28 livres, a été tiré par 23. dans son fort, c'est-à-dire lorsque la flèche était à plomb ou au milieu de sa volée, et par 20 livres dans son faible...Le même, pressé de 30 livres, a été tiré par 26 et 25..." La moyenne, à laquelle Amontons parvient au terme d'expériences si scrupuleuses, lui permet de calculer la "puissance continuelle" de l'ouvrier. "Ces ouvriers commencent leur travail ordinairement à cinq heures du matin et le finissent à sept heures du soir, prennent en trois temps deux heures pour leur repas; de sorte que de vingt-quatre heures, ils travaillent régulièrement douze heures, interrompues de trois heures en trois heures par leurs repas; la volée de leur flèche, c'est-à-dire le chemin que fait leur polissoir à chaque fois qu'ils le poussent, ou qu'ils le retirent, est ordinairement d'un pied et demi, et le temps qu'ils emploient à chaque volée une demi-seconde; mais, comme ils s'arrêtent de temps à autre, tant pour voir leur travail, que pour brosser et empoter leur polissoir; et outre qu'ils emploient quelque temps à sceller et retourner leurs glaces,, cela emporte environ le sixième du temps de leur travail, si bien que des douze heures, on n'en doit guère compter que dix, pendant lesquelles leur travail équivaut à l'élévation continuelle d'un fardeau de 25 livres à trois pieds par seconde. Il suit de cette expérience: que pour entretenir un semblable travail pendant 24 heures, il faudrait deux hommes; et qu'ainsi un homme seul ne tient lieu que d'une puissance continuelle de 12 livres et demie faisant trois quarts de lieue par heure, c'est-à-dire environ la sixième partie du travail d'un cheval". Examen chiffré de l'efficience de l'opérateur humain.

Les "forces animées et réglées" posent donc un problème délicat à celui qui s'avise de les évaluer, surtout s'il est un des premiers, ou le premier à le faire. Il rencontre en effet à leur propos deux difficultés: -- celle de la quantification ponctuelle de leur efficience actuelle, qui n'a de sens elle-même que comme moyenne et approximation. C'est une nouveauté et même une révolution. Songeons que les unités traditionnelles de mesure, de longueur par exemple, (pied, pouce, pas...) prennent le corps humain pour étalon, bien loin de le mesurer à ce qui n'est pas lui. --celle de la mesure de leurs performances sur un temps relativement long, de leur travail suivi, utilisable, négociable. Travail moyen ou "puissance continuelle", seule susceptible d'être mise en rapport pertinent avec le bilan de la dépense occasionnée pour l'entrepreneur. C'est elle qu'il faut considérer quand on s'avise d'opérer des substitutions et de calculer des équivalences. La force animée est une force irrégulière (bien que, ou parce que "réglée"), du fait de la fatigue, des manoeuvres qu'impose l'ouvrage, et qui en fait l'interrompent, du rythme social du travail, encore très dépendant de la longueur des jours et du calendrier religieux.

La mesure des forces au travail dans les manufactures, dans l'atelier, dans l'Etat, semble vivement intéresser l'Académie cette année-là. Le 14 novembre, La Hire lit un "Examen de la force de l'homme pour mouvoir les fardeaux, tant en levant qu'en portant et en tirant, laquelle est considérée absolument et par comparaison à celle des animaux qui portent et tirent comme les chevaux". Mais il n'examine, lui, que les performances ponctuelles du corps humain, dont on peut se demander si elles sont ordinaires ou extraordinaires. La vitesse du déplacement, la répétabilité de l'effort, à plus forte raison le coût de l'entretien de la force de travail n'interviennent pas. Dans le mémoire de La Hire, comme dans les expériences que l'Académie avait menées à l'Observatoire en 1668 (47), la mesure de la force musculaire fait abstraction des frottements. La différence entre la recherche d'Amontons et celle de La Hire saute aux yeux: d'un côté, la force absolue, de l'autre, le travail. D'un côté, le poids soulevé, de l'autre, le frottement surmonté. Les deux distinctions se redoublent. Amontons ne se contente pas de quantifier l'effort dont un homme ordinaire est capable à l'occasion, une fois en passant, mais il veut donner une expression du travail effectivement fourni par l'ouvrier dans une tâche concrète, mais pas n'importe laquelle: celle-là même où s'exprime et se mesure tout ce travail. Amontons a trouvé une tâche où la travail de l'ouvrier devient opération mesurable, et c'est celle des polisseurs de glaces. Voilà où se situe la révolution méthodique qui fait prendre en compte, soudain, les frottements. Ayant conçu clairement la différence et l'articulation correcte de la force absolue et du travail, qu'il exprime par le produit de la force et de la longueur du déplacement de son point d'application, pris dans le sens de cette force, Amontons a choisi d'étalonner le travail moyen de l'homme à l'aide d'un appareil où le frottement n'est pas une perturbation de la mesure, mais où, au contraire, tout ce que l'on mesure, c'est le frottement! Dans le polissoir des miroitiers, ce dernier, au lieu d'être la part impondérable qui fausse les résultats de La Hire, constitue la totalité de la résistance surmontée. Amontons se demande quel effort peut mettre en mouvement le polissoir <u>en l'absence</u> de l'ouvrier -- logique expérimentale de la <u>substitution</u> -- et à partir de là il calcule le travail journalier de ce dernier, dans ce cas tout à fait particulier où "toute la force de l'ouvrier est uniquement employée à expédier sont travail".

C'est seulement un frottement qui cause la résistance que surmonte ici l'action ouvrière. Du coup, mesurer la seconde implique la mesure du premier, qui n'avait jamais été faite, ni même envisagée. Amontons opère ses mesures avec un détail et une précision suffisants pour rendre aussitôt manifeste une absence surprenante de corrélation entre la résistance et la grandeur de la surface de contact des deux corps qui frottent. Les chiffres enregistrés pour des polissoirs de différentes grandeurs et soumis à des pressions variées appellent l'incidente que voici: "Par ces expériences on peut remarquer, en passant, que c'est une erreur de croire que les frottements dans les machines augmentent ou diminuent à proportion que les parties qui frottent ont plus ou moins d'étendue, et que la roue par exemple d'un moulin tourne d'autant plus facilement que ses tourillons ont moins de longueur, ce qui d'ailleurs est une mauvaise construction, à cause qu'ils mangent incontinent les boîtes dans quoi ils tournent. Mais que ces frottements augmentent ou diminuent à proportion des fardeaux qui sont mus, et de la raison de la longueur des leviers qui servent à les mouvoir à la longueur de ceux sur lesquels ils s'appuient. J'aurais bien souhaité avoir eu occasion de faire les mêmes expériences avec des pièces de fer, de cuivre et de bois, sur des plans de pareille matière, parce qu'on aurait pu en déduire des règles très importantes pour calculer les frottements dans les machines"" (p.122).

Cette remarque faite "en passant" fait bien ressortir le caractère doublement inattendu de la découverte: inattendu parce qu'on cherchait tout autre chose, la force employée par les ouvriers pour mouvoir les polissoirs, et inattendu parce que les résultats contrdisent une idée reçue, tenue sans doute pour une évidence obvie par les machinistes et les mathématiciens, qui ne s'étaient d'ailleurs ni les uns ni les autres avisés de la formuler explicitement: la réduction des surfaces de contact devrait diminuer les frottements. On devine ici, antérieur à la tentative d'Amontons, un savoir plus ou moins implicite des mécaniciens, une pratique soumise à des pré-notions contraignantes. Beau réflexe théorique d'Amontons: il saisit le côté paradoxal de ses résultats, y alimente l'espoir d'un calcul des frottements dans les machines et perçoit l'utilité qu'il y aurait à prolonger ses premières expériences de mesure par une enquête plus vaste et plus approfondie. Il annonce brièvement un programme de travail articulant la mesure empirique et le calcul prévisionnel, du plus haut intérêt pour le mécanicien. Alors, semble-t-il, on voit converger dans une même entreprise les acquisitions de ce travail si méthodique:

évaluer partout la dépense, l'effet, le déchet; distinguer la force fournie par le moteur et son effet dans la machine où elle est utilisée, donc réfléchir à la transmission, mobiliser les forces motrices les plus avantageuses économiquement, penser les coûts et profits à l'échelle de l'organisation globale de la production. Une intention commande ses recherches avec une cohérence impeccable.

Amontons n'a tenté que de prouver "la possibilité de se servir du feu pour mouvoir régulièrement les machines . Les avantages de ce moyen sont:

1. de pouvoir cesser et reprendre le travail quand on veut, sans demeurer chargé du soin et de la nourriture des chevaux, et de n'en point supporter la perte ni le dépérissement;

2. d'avoir toujours une puissance égale et sans interruption, si on ne veut, ce qui ne peut être en se servant des moulins à vent ou à eau, les uns étant souvent arrêtés faute de vent, et les autres par les glaces et débordements d'eau;

3. enfin de n'être point sujet aux lieux, parce qu'on trouve presque partout des matières combustibles" (p.125-126). Le feu est pour Amontons un équivalent universel qui ne connaît aucune des limitations et des contraintes inhérentes aux autres forces motrices en usage. Très différent, en ce sens, de la "nouvelle force mouvante" (la poudre à canon) que proposait Huygens en 1673, et dont il avait réalisé un modèle de démonstration en petit, ce que ne fait pas Amontons (48). Huygens ne songeait guère qu'à des actions brèves, demandant une action motrice instantanée. On ne peut confondre la production de quelques effets utilisables et la "domestication" intégrale d'une puissance, qui la "subjugue" et "la contraint à travailler" comme l'écrit Fontenelle.

Face aux machines à vapeur de Papin (1690 et 1707), aux applications plus variées que celles de la machine à poudre, mais exigeant une délicate adaptation des organes d'opération à la nouvelle force motrice (49), l'originalité d'Amontons réside, croyons-nous, dans la recherche d'un mouvement circulaire continu directement fourni par la machine, qui devient alors la force motrice de n'importe quelle autre machine. Savery, qui a présenté sa pompe à la Royal Society le 14 juin 1699, restait, plus encore que Papin, tributaire d'un problème particulier, l'épuisement des mines. Amontons a poussé plus loin qu'aucun autre en son temps la réflexion sur la machine motrice. Il semble être le premier à anticiper l'application de la machine à feu à toutes les autres machines. La régularité qu'il s'efforce d'obtenir, le mouvement circulaire uniforme d'un axe, le dispense d'envisager, comme le fait Leibniz (50), la régularisation des forces mouvantes par leur "mariage" (ou conjugaison) et leur "ménage" (ou mise en réserve). De la machine d'Amontons, si elle avait réellement fonctionné, on pourrait dire ce que Marx écrit à propos de la machine à double effet de Watt: "C'est avec elle que fut découvert un premier moteur capable d'enfanter lui-même sa propre force motrice en consommant de l'eau et du charbon, et dont le degré de puissance est entièrement réglé par l'homme" (51).

Marx par ailleurs écrivait quelques lignes plus haut: "On avait essayé au XVIIe siècle de mettre en mouvement au moyen d'une seule roue hydraulique deux meules et deux tournants. Mais le mécanisme de transmission devenu trop pesant rendit la force motrice de l'eau insuffisante, et ce fut là une des circonstances qui conduisirent à l'étude plus approfondie des lois du frottement". Mesure et calcul des frottements ne pouvaient apparaître qu'à propos de la communication et de la distribution d'une force motrice quantifiée au départ. On voit néanmoins que ce n'est pas seulement ce problème qui en a introduit l'examen dans le mémoire initial d'Amontons, même si c'est lui qui sert de cadre à l'incidence de ses premières découvertes. Le travail qu'Amontons a choisi de mesurer pour étalonner la force humaine et celle de sa machine est dépensé tout entier pour surmonter un frottement. Ce dernier est donc saisi d'entrée de jeu non seulement comme l'équivalent d'un moids qu'on soulève, d'une résistance traduisible par l'élévation d'un fardeau, mais comme le corrélat d'une dépense considérée à la fois comme dépense d'effort et comme dépense d'argent, quantifiée dans le temps. Le polissoir des ouvriers glaciers fournit un convenable dynamomètre à frein. Amontons a découvert une procédure nouvelle de mesure de la force par un dispositif qui la consume, alors qu'on pensait jusqu'à lui à la traduire directement en élévation d'un poids, en passant sous silence gaspillages et déperditions. L'emploi de la force devient "travail" en un sens original, puisqu'elle s'y dissipe dans la continuité d'une durée. Il reste à étudier le frottement en général, par l'expérimentation et la mesure, et à trouver les règles de son calcul dans les transmissions mécaniques.

Le mémoire lu le 20 juin suscita, sinon une polémique, du moins un "étonnement" dans la Compagnie, non tant à propos du moulin à feu révolutionnaire qui y faisait son apparition, mais, très curieusement à propos des frottements. (Ce qui suffirait à prouver qu'elle était alors réellement préoccupante, et aussi que bien qu'on prétendît encore n'en rien savoir, on avait pourtant quelques idées déjà bien arrêtées). Fontenelle se fait l'écho de ces débats: "Cette nouveauté causa quelque étonnement à l'Académie. M. de La Hire consulta aussitôt l'expérience. Il mit sur une table de bois non polie plusieurs morceaux de bois, qui ne l'étaient pas non plus, dont les grandeurs étaient inégales, et qu'il avait chargés de sorte qu'ils pesaient tous également"...et constata qu'il fallait à tous le même poids pour les faire commencer à "couler" sur la table. "A ces faits bien avérés, M. de La Hire appliqua ensuite le raisonnement

Physique". Ce qui surprend les Académiciens dans les premiers résultats d'Amontons, ce n'est pas que le frottement soit proportionnel à la pression mais qu'il soit indépendant de la superficie: phénomène de l'interaction des surfaces, il ne dépendrait pas de la dimension de celles-ci! Des expériences de mesure réalisées à l'Académie à l'aide d'un dispositif qui ne doit rien aux polissoirs des glaciers, et par un membre de la Compagnie probablement choisi parmi les incrédules, confirment néanmoins les résultats d'Amontons! Le recours à l'explication causale et hypothétique (le "raisonnement physique" de La Hire) a pour fin de rendre raison des corrélations quantitatives établies par les expériences de mesure, donc de réduire le paradoxe; mais aussi, comme on s'en aperçoit en continuant la lecture de Fontenelle, de récupérer un domaine de validité pour l'opinion commune. Tous les arguments sont bons (comme l'explication de l'adhérence des pièces à l'aide de la pression atmosphérique!) pour diminuer la portée de la découverte d'Amontons, et en contester l'application dans le cas le plus intéressant, celui des machines. L'intervention intempestive et quelque peu terroriste de l'explication "physique" lui ôte toute chance d'assumer un rôle heuristique.

Ce n'est pas dans cette voie que s'engage Amontons, dans son second mémoire, lu le 19 décembre 1699: "De la résistance causée dans les machines tant par les frottements des parties qui les composent, que par la roideur des cordes qu'on y emploie, et la manière d'en calculer l'un et l'autre" (52). La connaissance de la résistance causée par le frottement des parties et par la roideur des cordes "dépend de celle de plusieurs causes physiques dont les effets ne se peuvent bien déterminer que par l'expérience". Celle qu'Amontons met en oeuvre reprend le dispositif du polissoir, mais en variant la matière des plans, ainsi que la grandeur et la pression. Les surfaces frottantes semblent toutes être lubrifiées. "On a mis sur des plans AA de cuivre, de fer, de plomb et de bois, enduits de vieux oingt, d'autres plans BB, de pareilles matières, et de différentes grandeurs, on les a pressés les uns sur les autres différemment par des ressorts ... dont la quantité de pression était connue. On a changé ces plans de toutes les manières possibles, mettant tantôt ceux de fer sur ceux de cuivre, de plomb et de bois, et tantôt ces derniers sur celui de fer; et à chaque fois, on a remarqué avec un pezon à ressort D, les quantités de force nécessaire pour les faire mouvoir". Amontons demande aux expériences, et non aux hypothèses explicatives, un complément d'information. En les variant de toutes les manières possibles, et surtout en dissociant les unes des autres, grâce au dispositif utilisé, les composantes de l'effet obtenu: poids et nature de la surface.

Amontons ne fournit pas le résultat chiffré de ses expériences. Il se contente d'énoncer quatre conclusions: "On a trouvé:

Primo: que la résistance causée par le frottement n'augmente et ne diminue qu'à proportion des pressions plus ou moins grandes et non suivant que les parties qui frottent ont plus ou moins d'étendue.

Secundo: que la résistance causée par les frottements est à peu près la même dans le fer, dans le cuivre, dans le plomb, dans le bois, en quelque manière qu'on les varie, lorsque ces matières sont enduites de vieux-oingt.

Tertio: que cette résistance est à peu près égale au tiers de la pression. A ces remarques, il convient d'ajouter encore cette quatrième, que ces résistances sont entre elles en raison composée des poids ou des presions des parties qui frottent, des temps et des vitesses de leur mouvement" (p.208).

Sans doute en raison des discussions ds mois précédents, Amontons ajoute: "Quoique toutes les expériences ci-devant rapportées semblent prouver suffisamment" que le frottement est indépendant de l'étendue de la surface de contact, "comme cela ne suffit pas toujours pour convaincre un esprit raisonnable, il est encore bon d'établir cette vérité en la démontrant". Ici, il prend le contrepied des opinions de La Hire et de leur fausse subtilité. Ses démonstrations ont un but inverse de celui qu'elles avaient chez La Hire: elles visent à généraliser la validité de la formule. Amontons part de la définition suivante: "Si nous méditons soigneusement sur la nature du frottement, nous trouverons qu'il n'est autre chose que l'action par laquelle un corps qui est pressé contre un autre est mu sur la surface de celui qu'il touche" (souligné dans le texte, p.211). Cette action obéit à la même loi "soit que les inégalités soient supposées rigides ou soit qu'on les suppose capables de ressort, puisque la puissance qui surmonterait la roideur d'un ressort et qui le ferait mouvoir, par exemple d'A en B, ne diffère point de celle qui élèverait à pareille hauteur un poids égal à la force de ce ressort.

Ainsi, dans cette étude générale du phénomène, expérimentale puis démonstrative, Amontons tient à prendre ses distances et à marquer son originalité. Son second mémoire veut être une suite du premier. Il doit à celui-ci, outre l'appareil expérimental, les principes de sa méthode et l'objectif de sa visée. On tire sur le fil horizontal jusqu'à ce que le plan BB soit mis en mouvement. La valeur que retient Amontons est celle de la "quantité de force" capable d'ébranler le corps au repos, d'initier son déplacement. Ce seuil est pour lui l'expression de la résistance causée par le frottement, parce que la force mettant le plan en mouvement est intégralement employée à la surmonter. A la faire apparaître et à la surmonter, en vertu du principe omniprésent de l'égalité de l'action et de la réaction. La définition du frottement est, chez Amontons, celle de l'action de faire frotter. C'est la définition dont le machiniste peut directement faireusage.

"Après avoir suffisamment établi ce que c'est que le frottement, sa nature et ses <u>lois</u>, il ne reste plus qu'à dire quelque chose des <u>règles</u> par lesquelles on peut le réduire au <u>calcul</u>, pour en connaître la quantité dans les machines les plus composées" (p.214). Amontons pense avoir réduit d'entrée de jeu le phénomène à sa loi simple et générale, immédiatement utilisable pour le constructeur de machines. Comment doit-il maintenant s'y prendre pour déterminer les frottements que la force motrice fera naître dans la machine et qu'elle aura à surmonter?

L'application est possible, et même facile, puisque les formules générales ne font intervenir que des grandeurs que le mécanicien contrôle en tout lieu de son système. Quatre règles fixent la démarche à suivre. La première est relative à l'<u>ordre</u> dans lequel les divers frottements des machines composées doivent être calculés: "Dans les machines où il y a plusieurs frottements, on doit les examiner de suite les uns après les autres, en commençant par les plus proches de la force mouvante, comparant le premier à la force mouvante,, et ensuite tous les autres au premier, pour connaître la valeur de chacun en particulier. Cet ordre est d'autant plus naturel que ce sont les parties les plus proches de la force mouvante qui transmettent le mouvement aux autres, et qu'il n'y a point, comme on l'a déjà remarqué, de frottement là où il n'y a pas de mouvement". Il faut se souvenir que les mécaniciens estimaient grossièrement les frottements en fonction de la résistance, en fonction du poids à soulever. L'ordre que conseille Amontons est donc profondément original. On repère les points du trajet linéaire de transmission de la force ou de communication du mouvement, où un élément de la machine frotte sur un autre. Il faut alors déterminer pour chacun, à commencer par le premier, les variables <u>p</u> (pression) et <u>v</u> (vitesse). C'est l'objet de la deuxième règle. Passons directement à la quatrième: "On aura la valeur totale des frottements d'une machine lorsque après avoir comparé chaque frottement au premier et plus proche de la force mouvante on ajoutera en une somme tous ces frottements particuliers". Mais on arrive alors à la principale difficulté de cette nouvelle méthode: "On ne doit pas s'attendre qu'en augmentant la force mouvante d'une quantité égale à cette valeur, elle soit suffisante pour surmonter la force résistante, car cette addition à la force mouvante produit derechef un nouveau frottement dont il faut trouver la valeur, et ensuite encore l'augmentation de celui-ci, et cela jusqu'à ce que cette quantité de frottement provenant de l'augmentation qu'on fait à chaque fois à la puissance soit si petite qu'on ne doive plus y avoir égard". A une pratique irraisonnée et aveugle, dont les mécomptes devaient être fréquents, Amontons substitue un calcul laborieux, apparemment fondé en raison, encore qu'approximatif. A une grossière estime, un décompte méticuleux.

Amontons, on l'a vu, part de la force mouvante, pour la bonne raison que le mouvement vient d'elle et qu'il "n'y a point de frottement là où il n'y a pas de mouvement". Les empiriques partaient de la résistance; parce que le frottement s'ajoute à elle, pour la rendre plus résistante, dirait-on. Parce que c'est elle qui le cause. Amontons a beau jeu de montrer aux machinistes qu'ils ne comprennent pas ce dont ils parlent. Ils ne voient pas que l'augmentation de la force mouvante augmente le frottement. Les protagonistes ne parlent pas de la même force mouvante. Les uns entendent par là le <u>terme</u> d'un raisonnement sur les proportions, d'un calcul régressif ou antérograde qui va de la résistance à vaincre à la force à appliquer, en passant par les divers dispositifs mécaniques de la machine considérée. Amontons inverse le sens de l'analyse. La force mouvante étant ce qui meut le tout, c'est par elle que tout doit commencer. On a vu dans le premier mémoire qu'il n'est pas facile, en 1699, de mesurer les forces mouvantes des machines au travail. On ne peut le faire que par l'examen des résistances qu'elles surmontent, ou par la comparaison-substitution de l'une à l'autre. D'où la nécessité de la troisième règle, que nous avions laissée de côté: "On aura la valeur de la force mouvante, lorsqu'elle ne sera pas donnée, mais seulement la résistance, en calculant et comparant suivant les principes de la mécanique l'espace que cette force mouvante a à parcourir, par la disposition de la machine, à l'espace que le poids ou la force résistante doit parcourir dans le même temps: sur quoi il est à remarquer que lorsque la force résistante ou la force mouvante est un poids, l'espace qu'elles doivent parcourir se mesure toujours par une ligne à plomb, au lieu que lorsque ce sont d'autres puissances, cet espace se mesure suivant la détermination du mouvement de ces puissances" (53). C'est un travail qui alimente la machine: le produit d'une force ou d'un poids par une distance. C'est l'action, comprenant "l'action par laquelle un corps qui est pressé est mu sur la surface de celui qu'il touche". C'est elle qu'il faut connnaître, dont il faut suivre maillon par maillon la transmission, avec ses déperditions inévitables. Alors la science des machines devient la science d'un processus de communication de la force, et des phénomènes dont il s'accompagne. Certes, ces processus ne sont pas étudiés en détail chez Amontons, qui ne distingue pas les divers organes mécaniques de transmission (pour lui, les roues dentées frottent, sans plus), les points fixes tels que les tourillons des axes, et qui n'examine pas la cinématique des rencontres des pièces mobiles. Le calcul dont il propose l'algorithme est un calcul très approximatif. Son importance nous semble résider principalement dans l'attitude nouvelle qu'il recommande, et surtout dans cet ordre qu'il suit pour l'analyse des mécanismes, ainsi que dans les effets qu'il entraîne pour l'intelligence de ces derniers comme phénomènes physiques sinon comme processus énergétiques.

C'est la raison pour laquelle il est le premier à s'aviser d'entreprendre la mesure de la résistance provoquée par la roideur des cordes, qui s'oppose à leur enroulement sur les poulies. La grosseur de la corde, le poids dont elle est chargée, le diamètre de la poulie où elle s'enroule, sont les variables dont il faut tenir compte. Mais les expériences réalisées conduisent à penser que la résistance n'est pas directement proportionnelle à ces diverses composantes. Le calcul dont il donne la règle est compliqué, et le mécanicien trouvera plus rapidement le résultat cherché dans les tables qui font suite au mémoire. La faiblesse de ces tables réside dans le fait qu'elles sont obtenues par extrapolation de résultats expérimentaux limités aux valeurs inférieures, et peu précis. Le point qui mérite d'être souligné est le suivant: c'est la première fois que la roideur des cordes est prise en compte, et qu'elle est rapprochée du frottement des parties. Cela mérite d'être souligné, si l'on se souvient que peu avant, Perrault niait le phénomène d'un trait de plume. Sauveur lui consacrera un mémoire académique en 1703. Coulomb, dans son fameux mémoire de 1781, "Théorie des machines simples, en ayant égard au frottement de leurs parties et à la roideur des cordages..." sera astreint au même rapprochement.

Guillaume Amontons ne semble avoir rien trouvé à ajouter ou à retrancher à ses découvertes entre 1699 et 1705, année de sa mort. Ses mémoires ultérieurs aborderont d'autres domaines. Tous les travaux qui porteront sur la question au XVIIIe siècle se réfèreront à lui, et, s'ils contestent certaines de ses conclusions, ils modifieront peu le style d'approche. Ils s'en tiendront le plus souvent soit à une étude expérimentale (Musschenbroek, Desaguliers) soit à une étude *a priori* (Parent, Euler), dont les dispositifs et les notions de base seront ceux qu'Amontons invoquait tour à tour. Il faut attendre le mémoire de Coulomb (1781) pour qu'une théorie, généralisée, s'appuyant sur une série extensive d'expériences rigoureuses, réponde aux promesses qu'apportent, juste avant l'aube du

XVIIIe siècle, les travaux d'Amontons. (54)

C'est grâce à Amontons que Leibniz peut considérer, vers 1710, que la question des frottements est une de celles où des progrès réels ont été récemment accomplis: deux textes théoriques de Leibniz sur les frottements, l'Observatio mechanica de Resistentia Frictionis (55), écrite après la mort d'Amontons et avant celle de Roemer, et le Tentamen de natura et remediis Resistentiarum in Machinis quae a corporum superincessu oriuntur, des Miscellanea Berolinensia (tome 1er), rendent un hommage nuancé à Amontons: "Amontons a le mérite de s'être opposé à l'erreur vulgaire; car il est tout à fait faux...que le frottement soit, toutes choses égales d'ailleurs, proportionnel à l'aire de la surface de contact. Mais il n'a pas touché juste, car inconvénients et avantages se compensent, alors qu'il a cru que le frottement ne dépendait que de la pression" (Tentamen, p.309-310).

Enfin, il n'est pas si étrange qu'Amontons, examinant en homme de science les machines de force, ait été le premier à concevoir, jusqu'au nom qui lui sera donné plus tard (56) le travail, si l'on songe qu'il est aussi le premier à poser, à l'occasion d'une pensée des frottements, la machine comme lieu de la transmission de la force et l'exercice de la force comme consommation et dépense.

CHAPITRE IV

SCIENCE ET PHILOSOPHIE DE LA FORCE ET DE LA PUISSANCE

1. La force dans la Mécanique cartésienne.

Au début de l'Explication des Engins par l'aide desquels on peut, avec une petite force, lever un fardeau fort pesant (1), Descartes pose le "seul principe" de sa statique:

"L'invention de tous ces engins n'est fondée que sur un seul principe, qui est que la même force qui peut lever un poids, par exemple, de cent livres, à la hauteur de deux pieds, en peut aussi lever un de 200 livres, à la hauteur d'un pied, ou un de 400 livres à la hauteur d'un demi-pied, et ainsi des autres, si tant est qu'elle lui soit appliquée".

Constantin Huygens lui avait écrit le 8 septembre 1637, devant Breda: "J'ai vu autrefois ce que Guido Ubaldo en a écrit (2), et depuis Galileo, traduit par le P. Mersenne (3), mais l'un et l'autre à peu de satisfaction, m'imaginant que ces gens-là ne font qu'envelopper de superfluités obscures une chose que je m'assure que vous comprendrez en deux ou trois propositions, n'y ayant rien, à mon avis, qui se tienne d'une si claire et nécessaire (façon)" (4). En fait, pour Descartes, ce ne sont pas "deux ou trois propositions", mais une seule, sur quoi se fonde toute la science des Méchaniques. Là est la première originalité de son attitude.

Il y insiste, à la fin des trois feuillets: "Il serait utile, pour ceux qui se mêlent d'inventer de nouvelles machines, qu'ils ne sussent <u>rien de plus</u> de cette matière que ce peu que je viens d'en écrire; car ils ne seraient pas en danger de se tromper en leur compte, comme ils font souvent en supposant d'autres principes".

C'est le même principe que Descartes réitère, sous une forme plus générale, quand il revient sur la question à la demande de Mersenne: "Et la preuve de ceci ne dépend que d'un seul principe, qui est le fondement général de toute la statique, à savoir qu'il ne faut ni plus ni moins de force pour lever un corps pesant à certaine hauteur, que pour en lever un autre moins pesant à une hauteur d'autant plus grande qu'il est moins pesant, ou pour en lever un plus pesant à une hauteur d'autant moindre" (5).

Si Descartes est obligé de revenir plusieurs fois sur la question, c'est que ses correspondants n'ont pas tous compris du premier coup qu'il s'agit là d'un principe, d'un principe unique, et d'un principe parfaitement clair et évident par lui-même. A Mersenne qui lui "apprend qu'on fait difficulté d'admettre le principe", Descartes répond le 12 septembre 1638 (6), en détaillant les obstacles qu'il soupçonne, qui "ne viennent pour la plupart que de ce qu'on est déjà trop savant aux Méchaniques, c'est-à-dire de ce qu'on est préoccupé des principes que prennent les autres touchant ces matières, lesquels, n'étant pas du tout vrais, trompent d'autant plus qu'ils semblent plus l'être". Autre cause d'erreur: "...on s'est imaginé que j'avais apporté les exemples de la poulie, du plan incliné et du levier, afin d'en mieux persuader la vérité, comme si elle eût été douteuse, ou bien que j'eusse si mal raisonné que de vouloir prouver un principe, qui doit de soi être si clair qu'il n'ait besoin d'aucune preuve, par des choses qui sont si difficiles qu'elles n'avaient peut-être jamais ci-devant été bien démontrées par personne". L'intelligence du principe de Descartes doit exclure et les pseudo-principes et les pseudo-démonstrations.

D'où lui vient, positivement, son évidence? Lors de son premier énoncé, Descartes le commente ainsi: "Et ce principe ne peut manquer d'être reçu, si on considère que l'effet doit toujours être proportionné à l'action qui est nécessaire pour le produire: de façon que s'il est nécessaire d'employer l'action par laquelle on peut lever un poids de cent livres à la hauteur de 2 pieds, pour en lever un à la hauteur d'un pied seulement, celui-ci doit peser 200 livres. Car c'est le même de lever 100 livres à la hauteur d'un pied, et derechef encore cent à la hauteur d'un pied, que d'en lever deux-cent à la hauteur d'un pied, et le même aussi d'en lever cent à la hauteur de 2 pieds" (7). Ce que Descartes nous invite à comparer, ce sont des <u>effets</u>, définis d'une certaine façon. Il nous demande en outre d'admettre que l'effet et l'action nécessaire pour le produire sont mesurables par le même nombre, que leurs quantités sont "proportionnées". On a donc, si l'on peut dire, d'un côté la force ou l'action, de l'autre l'effet, et l'effet exprime ou mesure l'action ou la force. Mais c'est trop dire: la force à laquelle s'intéresse Descartes est la force-qui-peut-lever-un-poids-de-*n*-livres-à-la-hauteur-de-*h*-pieds. La force et l'action sont toujours force et action de produire un certain effet. C'est par là qu'elles sont mesurables, qu'elles sont des grandeurs scalaires. Il y a donc deux moments dans la position cartésienne:

-- une identité dont l'évidence est immédiate, entre des effets;

-- une identification, ou une décision d'identification, entre la force ou l'action, et l'effet dont elle est capable.

L'évidence cartésienne ne s'impose pas sans mal. Dans la lettre du 12 septembre 1638, Descartes désigne le concept d'où peut naître l'équivoque: l'idée de force. Il lui consacre un éclaircissement préliminaire.

"Il faut surtout considérer que j'ai parlé de la force qui sert pour lever un poids à quelque hauteur, laquelle force a toujours deux dimensions, et non de celle qui sert en chaque point pour le soutenir, laquelle n'a jamais qu'une dimension, en sorte que ces deux forces diffèrent autant l'une de l'autre qu'une superficie diffère d'une ligne" (8). Cette distinction est décisive, en ce qu'elle rejette la trompeuse identité suggérée par le vocabulaire, voire la simple différence de degré ("il faut toujours un peu plus de force pour lever un poids que pour le soutenir" disait Descartes dans l'*Explication* de 1637, p.438,1.26-27), pour mettre en évidence la disparité des concepts et l'irréductibilité des expressions symboliques, ici d'ordre géométrique. Descartes précise encore: "La même force que doit avoir un clou, pour soutenir un moids de 100 livres un moment de temps, lui suffit aussi pour le soutenir un an durant, pourvu qu'elle ne diminue point. Mais la même quantité de cette force qui sert à lever ce poids à la hauteur d'un pied ne suffit pas eadem numero pour le lever à la hauteur de deux pieds, et il n'est pas plus clair que deux et deux font quatre, qu'il est clair qu'il y en faut employer le double" (9). Descartes souligne cette dernière phrase, où apparaît la distinction entre deux sortes d'effets:
-- l'effet indéfiniment prolongeable d'une force numériquement identique,
-- les effets, additionnables, des "forces à deux dimensions". Ce dont le principe définit l'égalité, ce sont les effets de forces à deux dimensions, définis par un poids et une hauteur d'élévation. Mais Descartes les appelle "forces".

D'où l'erreur persistante de Mersenne. C'est seulement le 15 novembre 1638 que Descartes peut lui écrire: "Vous avez enfin entendu le mot de force au sens que je le prends, quand je dis qu'il faut autant de force, pour lever un poids de 100 livres à la hauteur d'un pied, qu'un de cinquante à la hauteur de deux pieds, c'est-à-dire qu'il y faut autant d'action ou autant d'effort" (10). La force nécessaire, c'est l'action qu'il faut déployer, l'effort qu'il faut exercer. Rien d'anthropomorphique là-dedans. L'anthropomorphisme est au contraire chez ceux qui confondent, à l'inverse, la force et la puissance: "J'étais si éloigné de penser à la puissance qu'on nomme la force d'un homme, lorsqu'on dit: un tel a plus de force qu'un tel, etc. que je ne pouvais aucunement me douter qu'on dût prendre le mot de force en ce sens-là. Et lorsqu'on dit qu'il faut employer moins de force à un effet qu'à un autre, ce n'est pas à dire qu'il faille avoir moins de puissance: car encore qu'on en aurait davantage, elle n'y nuit point; mais seulement qu'il y faut moins d'action. Et je ne considérais pas, en cet écrit, la puissance qu'on nomme la force d'un homme, mais seulement l'action qu'on nomme la force par laquelle un poids peut être levé soit que cette action vienne d'un homme, ou d'un ressort, ou d'un autre poids etc." (11). La notion de force doit donc toujours être prise abstraction faite et de la nature de l'être matériel qui la développe ou l'exerce, et de toute idée de puissance, de virtualité, de potentialité. Elle est effective, donc abstraite.

Considérant dans la force des effets que l'on sait comparer, Descartes définit la statique comme une science dont la rationalité est de type géométrique. Mise à part la légère erreur qui tient à la matérialité de la machine, elle procède a priori. "Or, il n'y a point, ce me semble, d'autre moyen de connaître a priori la quantité de cet effet, c'est-à-dire combien et quel poids peut être levé avec telle ou telle machine, que de mesurer la quantité de l'action qui cause cet effet, c'est-à-dire de la force qui doit y être employée" (12). A l'entrée et à la sortie, Descartes ne considère que des quantités exprimables en termes homogènes, actions et effets déterminables a priori en vertu du principe fondamental. On passe des unes aux autres par "application", engins, machines: "les engins qui servent à faire cette application d'une force qui agit par un grand espace à un poids qu'elle fait lever par un moindre, sont la poulie, le plan incliné, le coin, le tour ou la roue, la vis, le levier et quelques autres". Le principe de la statique est évident, mais difficile à saisir pour les contemporains, parce que le mot force y est pris en un sens original, auquel les lecteurs prévenus n'ont pas suffisamment pris garde. Là réside pourtant sa valeur explicative, pour ne pas dire sa force ou sa vertu.

Les forces agissent "par un espace" déterminé, ou elles font lever des poids déterminés à des hauteurs déterminées. Cette double détermination de la force, il faut l'admettre pour qu'il n'y ait rien d'obscur dans l'idée; ainsi redéfinie, l'idée de force devient une idée explicative, opératoire, permettant seule d'atteindre la raison des phénomènes. "Pour ce qu'a écrit Galilée touchant la balance et le levier, il explique fort bien quod ita fit, mais non pas cur ita fit, comme je fais par mon principe" (13). "Or la raison qui fait que je reprends ceux qui se servent de la vitesse pour expliquer la force du levier et autres semblables, n'est pas que je nie que la même proportion de vitesse ne s'y rencontre toujours. Mais pour ce que cette vitesse ne comprend pas la raison pour laquelle la force augmente ou diminue, comme fait la quantité de l'espace, et qu'il y a plusieurs autres choses à considérer, touchant la vitesse, qui ne sont pas aisées à expliquer" (14).

Avec Descartes, la notion d'effet d'une force appliquée par l'intermédiaire d'un engin à une résistance subit une remarquable réforme. Elle est affranchie de la considération des vitesses, qui en effet n'ont pas à intervenir ici. Descartes substitue une intelligibilité mathématique à une familiarité obstinément anthropomorphique. Avec une netteté qu'on chercherait vainement chez ses prédécesseurs, y compris Galilée, il propose un principe susceptible, selon lui, de rénover les Méchaniques, ou la Statique, dans leur ensemble. Ce principe, purement analytique, est intégralement clair <u>a priori</u> dès qu'on admet que la force est identifiable à son effet. La formule mathématique P x h , le rectangle de la force à deux dimensions, est l'expression d'une force en action. C'est une quantité d'action qu'on retrouve égale du côté de la "puissance" et du côté de la résistance. La procédure cartésienne ne répond pas seulement à la question: étant donnée la machine, quelle puissance équilibre la résistance donnée? Mais à la question: étant donnée la machine, quelle action entraînera du côté de la résistance une action quantifiée exercée du côté de la puissance? L'application, qu'opère la machine, est la détermination d'une formule particulière, d'un mode de cette équivalence énoncée par le principe. N'envisageant que l'exercice "effectif" de la force, que des effets en acte, Descartes élimine des termes <u>force</u> et <u>effet</u> tout ce qui pourrait être entaché d'obscurité et de confusion, toute idée de puissance ou d'efficace mystérieuse. Il ne cesse de mettre ce résultat sur le compte de l'exclusion de la vitesse. "Si j'avais voulu joindre la considération de la vitesse avec celle de l'espace, il m'eût été nécessaire d'attribuer trois dimensions à la force, au lieu que je lui en ai attribué seulement deux, afin de l'exclure. Et si j'ai témoigné tant soit peu d'adresse en quelque partie de ce petit traité de statique, je veux bien qu'on sache que c'est plus en cela seul qu'en tout le reste" (15). Quelle est l'action nécessaire pour imprimer au corps une vitesse double? Dans le cas le plus général, la réponse est hors de portée de l'intuition immédiate: il faut envisager une foule de circonstances, et elle présuppose, dit plus loin Descartes, qu'on ait "expliqué au vrai ce que c'est que la pesanteur et ensemble tout le système du monde". Mais il se flatte d'avoir, avec la force à deux dimensions, une grandeur scalaire donnant lieu à un principe tout à fait évident par lui-même, suffisant pour résoudre tous les problèmes de statique. Intégralement intelligibles, les notions de force et d'effet deviennent géométriquement représentables.

Peut-on conclure alors, avec Milhaud (16), qu'au mot de "travail" près, "le principe de Descartes implique très nettement la notion moderne du "travail" d'une force, et exprime l'équivalence des travaux de deux forces" ? Une fois établie la profonde originalité de la statique cartésienne, doit-on admettre qu'elle fait affleurer avec la force à deux dimensions une grandeur que Coriolis, près de deux-cents ans plus tard, n'aura plus qu'à nommer? Carteron a montré que non, au terme d'une argumentation décisive, dans son étude sur "L'idée de la force mécanique dans le système de Descartes" (17). La force à deux dimensions est comme le produit de deux nombres, ou la surface d'un rectangle dont les côtés sont respectivement la hauteur et la force à une dimension, ou le poids. Que la hauteur puisse être représentée par une ligne, quoi de plus évident? Mais Descartes "ne démontrait pourtant pas que la force fût une grandeur d'ordre géométrique, non seulement figurable par une droite, mais de l'essence de la droite" (18). Même s'il envisage à l'occasion des forces qui ne sont pas des poids, Descartes considère que leur action est toujours évaluable en termes de poids, et de ce fait exprimable par un nombre. D'où le segment de droite. Carteron insiste sur la différence qui existe entre l'idée cartésienne de force statique et la force que nous représentons par un vecteur, ensemble d'un nombre et d'une direction. Le principe de l'égalité de l'action et de la réaction, qui établit chez Newton et chez Kant, le concept de force dans la statique, -- concept qui pour être "exempt de tout élément spirituel et même de toute finalité" dépasse cependant la pure étendue -- fait défaut chez Descartes. Ce dernier admet "un principe d'équivalence, un principe analytique de conservation, peu propre à mettre en lumière l'idée de force, qui requiert plutôt un principe synthétique de production" (p.249). L'analyse de Carteron conduit le lecteur de Descartes à prendre en considération le fait que dans la Correspondance la force "proprement dite", la composante force de l'action, la dimension force, est rarement isolée, et faiblement. C'est l'action qui reçoit ce nom de "force". Le problème terminologique, réduit par Milhaud au rang d'anecdotique et de mineur, est au contraire tout à fait significatif si l'on s'interroge avec Carteron sur "la portée de l'indistinction où Descartes laisse la force et le travail". Ou sur les "raisons qui l'ont conduit à abandonner cette dernière notion". Nous dirions plutôt: à l'éluder et la manquer.

Dire que les deux forces "diffèrent autant l'une de l'autre qu'une superficie diffère d'une ligne" ne suffit pas pour préciser la nature de la force unidimensionnelle. Carteron conjecture ainsi les obstacles qui arrêtaient Descartes: "C'est qu'une telle force n'est rien pour Descartes qu'une virtualité de travail, et n'a de sens que par le travail qu'elle représente en puissance; or Descartes n'accepte pas plus les possibilités de travail qu'il n'acceptera les possibilités de vitesse: ce ne sont pas là des idées géométriques" (p.253). Nous exprimerions volontiers ainsi la situation: c'estparce que la force n'est que le travail dont elle assure le service que le travail de la force est impensé chez Descartes. Concevant l'idée d'un travail réalisé, il veut interdire l'idée d'un travail disponible. C'est pour cela qu'il refuse au premier un autre nom que celui de force. Pour penser le travail d'une force, ce qui aura manqué à Descartes, c'est l'idée de la force.

L'originalité de la statique cartésienne a souvent été ressentie comme un paradoxe malaisément explicable. Des lettres de 1639 (19) montrent Descartes en possession de l'idée de quantité de mouvement, dont la conservation eût été très bien démontrée par la loi du levier. Mais dans la notion de force, c'est le poids du corps qui intervient, tandis que dans la quantité de mouvement le poids n'intervient nullement, mais seulement "un nombre caractéristique du corps que Descartes appelle sa grandeur". Le poids est déjà en lui-même créateur de la vitesse "en vertu de considérations qui ne sont pas aisées à expliquer" (20). Dans l'explication pratique des engins qu'est la statique de Descartes, qui emprunte à l'expérience la notion de pesanteur sans tenir compte d'une force agissant sur la masse --d'où son caractère provisoire -- la vitesse ne doit à aucun prix intervenir, sous peine de tout obscurcir, et de nous maintenir dans les qualités occultes. Mais l'emploi de la notion de "grandeur" joint au recours à la notion de déplacement autorise son usage dans la détermination de la quantité de mouvement. Le concept de force est élaboré, dans la statique, pour permettre une théorie de l'action des engins. Descartes en trouve une expression "très reconnaissable et sans dispute", comme dira Pascal, et il peut donc mettre la force au premier plan. C'est à un tout autre concept de force, et à un tout autre usage, qu'on aura affaire dans la dynamique.

La séparation cartésienne de la statique et de la dynamique est, dans un premier temps, un acquis positif, en ce qu'elle isole la "force à deux dimensions" comme la grandeur déterminante. La constitution d'une statique autonome a néanmoins un revers ou une contrepartie: bien qu'il ait mesuré la force statique comme il l'a fait, Descartes n'a pas cherché un équivalent dynamique du "travail", il a coupé les ponts, de ce point de vue également, entre la force et le "travail". "La notion de force, écrit Carteron, ne prend tout son sens que dans le théorème des forces vives, qui énonce une liaison synthétique entre le travail et le mouvement, ou bien entre la force comme capacité de travail et la force comme cause d'une vitesse, ou si l'on veut entre la force statique et la force dynamique" (p.488).Mais Descartes ne pouvait pas, en restant fidèle à sa méthode purement géométrique retrouver, ni même rechercher, dans le résultat en acte et inerte qu'il nomme force à deux dimensions, la force en production. "Il n'y serait parvenu, écrit Gueroult, qu'en recherchant au-delà de l'effet, géométriquement représentable, le facteur supra-géométriqu qui en est la cause, c'est-à-dire en renonçant à identifier la force productrice et son résultat en acte, identification qui fonde précisément chez lui sa préférence pour la formule du travail" (21). La géométrisation de l'effet, la neutralisation de la force, donnent donc la clé de cette incohérence apparente de la statique et de la dynamique cartésiennes.

Descartes n'a pas confondu, comme le feront Catelan, Papin et autres "cartésiens", la quantité d'action et la quantité de mouvement. De la première, il raisonne en termes de proportion, d'équivalence entre les deux termes d'une application. La seconde au contraire est quelque chose qui "se conserve" entre un avant et un après, quelque chose qui se communique et se transfère d'un corps à un autre dans les rencontres et les chocs. C'est ce qu'il faut examiner maintenant. Distinguer le mouvement de l'action, c'est d'ailleurs accéder à l'idée du mouvement dans sa vérité. L'usage commun ne se représente le mouvement que <u>par</u> l'action: "le mouvement... selon qu'on le prend d'ordinaire, n'est autre chose que <u>l'action</u> par laquelle un corps passe d'un lieu en un autre" et "nous sommes accoutumés de penser qu'il n'y a point de mouvement sans action" (22). A quoi s'oppose l'article 25, "ce qu'est le mouvement proprement dit", "selon la vérité": "je dis qu'il est le transport et non pas la force ou l'action qui transporte, afin de montrer que le mouvement est toujours dans le mobile, et non pas en celui qui meut". Ainsi, penser le mouvement en son essence, c'est penser le <u>se mouvoir</u> et non pas le <u>mouvoir</u> au sens transitif. <u>Se mouvoir</u> non au sens anthropomorphique, mais au sens objectif ou géométrique: <u>se mouvoir</u> ne veut pas dire "se mettre soi-même en mouvement" (art.26). Voilà la condition pour "attribuer au mouvement une nature qui puisse être considérée toute seule, et sans qu'il soit besoin de la rapporter à autre chose". Examinant la nature du mouvement, Descartes en exclut la transitivité d'un effet. De là deux conséquences décisives:

-- le mouvement est "une propriété du mobile" et non pas une substance (art.25). Il est une façon, une disposition ou un état, comme le repos, et non pas le passage d'un état à un autre (art.27). "Le mouvement, commente Koyré, s'entretient et se maintient tout seul, sans "moteur", ce qui, nous le savons bien, est tout à fait contraire à l'ontologie aristotélicienne" (23). Cela veut dire que "dans le nouveau monde construit par Descartes, la persistance et la continuation indéfinie du mouvement n'a pas plus besoin de cause que celle du repos n'en avait dans l'ancien" (24).

-- Il peut y avoir, et il y a en effet, une "quantité de mouvements", selon l'expression du Monde (25), ou de "mouvement", selon celle des Principes (art.36). Pourquoi, de ce que le mouvement n'est qu'un état, conclut-on qu'il y a une quantité de mouvement(s)? Certes Descartes écrit dans ce même article 36 "bien que le mouvement ne soit qu'une façon en la matière qui est mue, elle en a pourtant une certaine quantité". Et de plus, de ce que la figure est également un mode des corps, on ne dit pas qu'il y a une quantité de figure, mais seulement que celle-ci reste semblable tant que rien ne la change (art.37). Mais la considération du mouvement comme état autorise à dépasser l'usage commun, selon lequel le mouvement est indéterminé (art.25), et à le définir comme "le transport d'une partie de la matière ou d'un corps, du voisinage de ceux qui le touchent immédiatement, et que nous considérons comme en repos, dans le voisinage de quelques autres", cela "afin de lui attribuer une nature qui soit déterminée" (art. 25), ou "une nature qui puisse être considérée toute seule" (art.29). Le mouvement est déterminé quantitativement dans le corps qui se meut, et comme on le verra mieux tout à l'heure, dans le monde pris globalement. Le mouvement est quantifiable, précisément parce qu'il n'est pas, quand on le conçoit par lui-même, dépendant de l'action ou de la force, mais qu'il "est toujours dans le mobile, et non pas en celui qui meut", et parce que, en outre, le mobile et l'état du mobile sont distincts. Reste à montrer comment le mouvement est quantifié.

La nature du mouvement, dont Descartes promeut le concept, oblige alors, en un retournement paradoxal mais rigoureusement nécessaire, à poser la question de la cause du mouvement. Les deux conséquences qu'on vient de spécifier vont entrecroiser leurs effets. Parce que le mouvement est un état, il a besoin d'une cause. Des choses, Descartes dit "qu'elles ont commencé à se mouvoir, aussitôt que le monde a commencé d'être" (26). Mais cela veut dire que pour commencer à se mouvoir, ou pour cesser de se mouvoir, une chose a besoin d'une intervention extérieure. Et que pour commencer à se mouvoir, la matière en général, dans son ensemble, a besoin d'une intervention extérieure. D'où le début de l'article 36: "Après avoir examiné la nature du mouvement, il faut que nous en considérions la cause". Parce qu'il y a une quantité de mouvement dans le monde matériel, ce mouvement a besoin d'une cause qui en détermine la quantité ou qui en fixe le montant.

Dieu, "la première et plus universelle" cause du mouvement, "produit généralement tous les mouvements qui sont au monde". Il crée le mouvement par un acte spécial de sa volonté, il ne lui suffit pas de créer la matière: "Il a créé la matière avec le mouvement et le repos" (art.36). En Dieu même, il faut comprendre et la création et la conservation "par son concours ordinaire" de la même quantité de mouvement et de repos qu'il en a mis en créant. Ne pouvant avoir pour cause (première et universelle) que Dieu, le mouvement est, dans sa quantité totale, constant. Cette quantité est ainsi précisée: "Lorsqu'une partie de la matière se meut deux fois plus vite qu'une autre, et que cette autre est deux fois plus grande que la première, nous devons penser qu'il y a tout autant de mouvement dans la plus petite que dans la plus grande". La causalité divine passe par la conservation, donc le montant global du mouvement dans le monde est constant, si on le définit par le produit de la grandeur des corps déplacés et de leur vitesse. Dans les mouvements observables dans la nature, Dieu agit. Or Dieu agit toujours de même (27).

Néanmoins, on le sait, des corps commencent à se mouvoir, qui étaient en repos, et d'autres s'arrêtent, ou plutôt sont arrêtés. Il y a tantôt plus, tantôt moins de mouvement en quelques unes des parties. Ceci ne contredit pas la thèse précédente. "Car de cela seul qu'il continue de la conserver -- à savoir: "la matière...avec toutes les qualités que je lui ai attribuées, comprises toutes ensemble..." -- il suit, de nécessité, qu'il doit y avoir plusieurs changements en ses parties, lesquels ne pouvant, ce me semble, être proprement attribués à l'action de Dieu, parce qu'elle ne change point, je les attribue à la Nature" (28). Le changement est la conséquence de l'immutabilité, la diversité est la séquelle de la conservation. "Dieu agissant toujours de même et par conséquent produisant toujours le même effet en substance, il se trouve comme par accident plusieurs diversités en cet effet" (29). Dieu agit, certes, mais Dieu également (30)" fait agir la Nature" quand un corps en arrête ou en pousse un autre. D'où les "causes secondes" des divers mouvements que nous remarquons dans les corps, et les règles que Descartes nomme "lois de la Nature" (art.37). Comment une diversité découle-t-elle de l'uniformité immuable de l'action divine? A travers les lois de la Nature. Celles-ci sont les règles auxquelles les redistributions se soumettent, pour que la constance divine soit sauvée. Causer le mouvement (cause première), c'est conserver identique sa quantité totale, du point de vue divin. Mais causer le changement de mouvement, dans le détail phénoménal, c'est encore conserver, quoique d'une façon plus circonstanciée. Il faut, pour mieux le saisir, distinguer avec Descartes règles de "continuation" et règle de "passage".

Les règles de continuation constituent les première et seconde loi de la nature des Principes, la première et la troisième règle du Monde. "Chaque chose demeure en l'état qu'elle est pendant que rien ne la change" et "tout corps qui se meut tend à continuer son mouvement en ligne droite" (art.37 et 39). Application lumineuse de la "loi suprême de l'univers cartésien" comme dit Koyré, la loi de persistance. La double loi d'inertie s'énonce en lois de continuation applicables pour passer d'un état instantané à l'état consécutif. Au niveau de l'énoncé de ces lois de consécution, la force intervient-elle? Et comment? Elle apparaît une fois, aussi bien dans le texte du Monde (p.38) que dans celui des Principes (art.37), et de façon identique: "chaque partie de la matière continue toujours d'être en un même état pendant que la rencontre des autres ne la contraint point de le changer...si elle a commencé à se mouvoir, elle elle continuera toujours avec une égale force". Et "...nous n'avons aussi aucune raison de penser qu'elle doive jamais cesser de se mouvoir de même force". Que veut dire "force" , ici? Ce n'est rien de plus que le mouvement en tant qu'il continue et que, pour continuer tant que rien ne l'arrête, il n'a besoin de rien d'extérieur. De même un corps au repos continue à se reposer avec une égale force. Plutôt que conservation de la force, ou continuation de la force, il faut entendre ici force de continuer ou de persister, force d'inertie. La force est continuation du même et rien de plus. L'autre nom, parfaitement neutre, de la persistance.

Mais le mouvement commencé peut ne pouvoir continuer, selon les rencontres. Et aux règles de continuation doit s'ajouter une règle de passage. C'est la deuxième règle du Monde, la troisième des Principes. Suivons ce dernier exposé, plus explicite, et rappelons la formule latine: "Ubi corpus quod movetur alteri occurrit, si minorem habeat vim ad pergendum secundum lineam rectam, quam hoc alterum ad ei resistendum, tunc deflectitur in aliam partem, et motum suum retinendo solam motus determinationem amittit; si vero habeat majorem, tunc alterum corpus secum movet, ac quantum ei dat de suo motu, tantumdem perdit" (art.40). La <u>force</u> intervient ici de façon décisive, comme "force pour continuer à se mouvoir en ligne droite" ou "force pour résister".S'agit-il d'un corps A de moindre force qui en rencontre un B de force supérieure? Le premier <u>cède</u>; en gardant son mouvement, il perd la détermination de son mouvement. Le corps B ne lui prend rien. S'agit-il d'un corps A de force supérieure? Descartes se réfère à la propriété qu'a le mouvement de ne pas rester toujours attaché aux mêmes parties de la matière et de passer des unes aux autres: il y a alors redistribution du mouvement, transfert, communication d'une partie du mouvement. Le premier corps <u>cède une partie</u> de son mouvement au second, qu'il "chasse" devant lui. Dans tous les cas, <u>agir</u> sur un autre corps, c'est <u>persister</u>.

Pour savoir lequel des deux corps cède à l'autre, et donc par suite pour savoir ce qu'un corps doit céder à l'autre, il faut considérer leur "force pour continuer de se mouvoir" et leur "force pour résister". Les lois du choc sont d'abord des règles de conciliation des antagonismes ou de traitement des incompatibilités. La force fixe les préséances, elle départage les corps en litige. Elle est le discriminant permettant de résoudre les cas de contrariété, spécifiés par Descartes à l'article 44. "Celui qui en a le plus doit pouvoir produire son effet, et empêcher celui de l'autre" (art.45). Mais ce discriminant n'est pas contingent comme l'étiquette pascalienne, il est nécessitant parce que nécessaire, la préséance découlant ici de la <u>prévalence</u>. C'est seulement à cela que sert la force, mais rien d'autre ne peut, pour cela, la remplacer. Encore doit-on savoir la déterminer. A l'article 43, Descartes demande "en quoi consiste la force de chaque corps pour agir ou pour résister".La force dont un corps agit contre un autre corps ou résiste à son action n'est que la force déjà mentionnée, de continuer. Elle consiste "en cela seul que chaque chose persiste autant qu'elle peut à demeurer au même état où elle se trouve, conformément à la première loi exposée ci-dessus". La force pour mouvoir ou pour résister au mouvement, de l'article 45 est la force pour continuer de se mouvoir de l'article 40. L'originalité de Descartes est d'identifier ce qu'il peut y avoir de clair dans l'idée d'action d'un corps sur un autre (et dans celle de résistance) à l'idée claire de la persistance de l'état de choses. Mais si la force pour agir, où nous cherchons le critère de la prévalence d'un corps sur l'autre n'est que la persistance du même état, comment la quantifier? Avant de répondre à cette question, remarquons bien que le repérage de la force supérieure est le préalable indispensable à la communication du mouvement. En ce sens, les règles de continuation commandent celle du passage. La force n'est rien de plus que mouvement et repos en tant qu'ils continuent, ou leur pouvoir quantifiable de persister. Mais en même temps, la force commande l'échange, elle décide de la communication, elle règle la redistribution du mouvement, compte tenu de la règle de constance: "toutes fois et quantes que le mouvement d'une partie diminue, celui de quelque autre partie augmente à proportion" (art.36). Ici, c'est la différence de force entre les deux corps qui fait à vrai dire la décision. Le concept de force est exxentiellement diacritique. Si les quantités de mouvement avant et après le choc sont égales, si tout le mouvement gagné par l'un est perdu par l'autre suivant le schéma strict de l'échange sans perte et sans création, Descartes ne s'intéresse pas à une quantification de la force qui donnerait lieu à quelque formule de conservation. La force n'est pas, et ne peut pas être, l'objet d'un bilan après le choc, mais d'une comparaison à l'instant du choc. On en trouvera une autre preuve dans ce que Descartes dit de la force de résister d'un corps au repos; elle n'est quantifiable que relativement à la force de mouvoir du corps incident, et n'est pas un zéro de quantité de mouvement.

Force pour mouvoir ou pour résister. "On doit juger de la quantité de cette force, lit-on à l'article 43, par la grandeur du corps où elle est, et de la superficie selon laquelle ce corps est séparé d'un autre et aussi par la vitesse du mouvement, et les façons contraires dont plusieurs divers corps se rencontrent". Cela suffirait à prouver que bien que la force ne soit rien de plus que mouvement et repos dans leur persistance, elle est quelque chose d'autre, et que son calcul ne se réduit pas à l'évaluation d'une quantité de mouvement. Pour éclairer ce point que les Principes mettent insuffisamment en lumière, reportons-nous à la lettre du 17 février à Clerselier (31). Clerselier refusant la règle IV, Descartes remonte à la raison explicative de toutes les règles du choc. "Ces règles ...ne dépendent que d'un seul principe qui est que lorsque deux corps se rencontrent, qui ont en eux des modalités incompatibles, il se doit véritablement faire quelque changement en ces modes pour les rendre compatibles, mais que ce changement est toujours le moindre qui puisse être, c'est-à-dire que si certaine quantité de ces modes étant changée, ils peuvent devenir compatibles, il ne s'en changera point une plus grande quantité".

Le P. Costabel a fait remarquer (32) qu'il y a là un type d'argumentation tout différent de celui qu'on trouve dans les additions du texte français à l'article 49 des Principes. la lettre à Clerselier nous semble contenir les seules raisons véritables que Descartes puisse invoquer en faveur de ses règles. Comme elles touchent de très près au sens cartésien du terme force et à son rôle dans l'économie de la pensée mécanique de Descartes, nous suivrons ces raisons et tenterons de montrer que l'article 49 ne peut être justifié que par le principe d'économie modale.

Soient donc la vitesse et la détermination vers un certain côté les deux modes qu'il faut considérer dans le mouvement (p.185). Les modes sont ce qui, dans le mouvement et le repos de deux corps est susceptible d'incompatibilité et donc de réajustement. Ces deux modes "se changent aussi difficilement l'un que l'autre". Ils peuvent être changés indépendamment, la détermination sans la vitesse (art.41), la vitesse sans la détermination (règle III, règle V), ou du moins sans changement total de la détermination. Les deux modes sont quantifiables: dans les changements de modes, on n'applique pas le principe du tout ou rien. Enfin, les deux modes sont transférables, et dirait-on monnayables (33).

Venons au problème posé par la règle IV, tôt controversée. Elle a pour cadre l'hypothèse: C en repos, B en mouvement, C plus grand que B (même "tant soit peu"). La lettre à Clerselier, plus explicite que le texte latin des Principes (art.49), montre à la lumière du principe d'économie modale pourquoi cette règle est nécessaire. On essaiera de défendre l'idée que ces raisons sont les seules possibles pour Descartes.

"Le corps B ne peut pousser le corps C qu'il ne le fasse mouvoir aussi vite qu'il se mouvra soi-même après l'avoir poussé; à savoir si B est à C comme 5 à 4, de 9 degrés de mouvement, qui seront en B, il faut qu'il en transfère 4 à C pour le faire aller aussi vite que lui; ce qui lui est aisé, car il a la force de transférer jusques à 4 & demi (c'est-à-dire la moitié de tout ce qu'il a) plutôt que de réfléchir son mouvement de l'autre côté. Mais si B est à C comme 4 à 5, B ne peut mouvoir C, si de ses 9 degrés de mouvement il ne lui en transfère 5, ce qui est plus de la moitié de ce qu'il a, et par conséquent à quoi le corps C résiste plus que B n'a de force pour agir:c'est pourquoi B se doit réfléchir de l'autre côté, plutôt que de mouvoir C. Et sans cela, jamais un corps ne serait réfléchi par la rencontre d'un autre". pourquoi le corps B ne peut-il, dans ce dernier cas, transférer plus de la moitié de son mouvement? Cela ne répugnerait, affirmons-le, à aucun principe de conservation de la quantité de mouvement dans le choc.

Cela répugnerait même si peu à la conservation de la quantité de mouvement que, dans trois lettres au moins, en 1639 et 1640, Descartes invoque précisément un tel transfert, une telle communication, pour illustrer le principe général de la conservation et montrer qu'il s'applique au mouvement des corps qui se rencontrent (34). A partir de la publication des Principes, Descartes fait intervenir une autre considération: ce mouvement, que la boule B "doit donner" à la boule C pour qu'elle se meuve, elle ne le donne pas. Pourquoi?

La lettre à Clerselier répond: elle ne le donne pas "parce que le corps C (en repos) résiste plus que B (en mouvement) n'a de force pour agir". Il faut préciser le rapport établi par Descartes entre:
-- avoir moins de force pour agir que C au repos n'en a pour résister, et
-- transférer plus de la moitié de ce qu'il a comme mouvement. Une interprétation peut être écartée tout de suite. On n'a évidemment pas le droit de dire, pour expliquer cet étrange seuil: s'il communiquait plus de la moitié du mouvement qui est en lui, le corps incident n'en retiendrait pas assez pour "pousser" le corps percuté. Car on a compris avec Descartes qu'une fois délégué le mouvement, le corps B n'a plus à exercer une quelconque efficience sur C: C se meut, et n'a besoin de rien d'autre pour se mouvoir. Après le choc, les deux corps se meuvent de concert. La résistance dont nous parle Descartes n'est pas une résistance que le corps manifesterait après le transfert, et à comparer à une vertu motrice qui resterait en B! Si C résiste plus que B n'a de force pour agir, c'est à l'instant du choc, à l'instant où se décide et s'opère la communication.

La suite de la lettre à Clerselier contient la seule explication de l'existence d'un seuil de transfert, et d'un saut que Leibniz reprochera tant à Descartes. "Ainsi donc, pour entendre les 4, 5, et 6e règles, où le mouvement du corps B et le repos du corps C sont incompatibles, il faut prendre garde qu'ils peuvent devenir compatibles en deux façons, à savoir, si B change toute la détermination de son mouvement, ou bien s'il change le repos du corps C, en lui transférant telle partie de son mouvement qu'il le puisse chasser devant soi, aussi vite qu'il ira lui-même". L'existence d'un seuil de transfert, situé à la moitié exactement de la vitesse, n'est qu'une autre faàon d'exprimer que les deux modes sont exactement aussi difficiles à changer l'un que l'autre, et qu'ils sont "joints" dans le cas de transfert envisagé. C'est donc parce que la communication d'une partie de la quantité de mouvement de B à C n'est envisagée que comme un des événements possibles, un des moyens de rendre compatibles les modes des deux corps, ayant une place assignée dans l'ordre hiérarchique des difficultés, que Descartes a finalement renoncé à ses premières lois du choc de 1639-1640. P. Costabel constate à juste titre: "la conservation de la quantité de mouvement n'est pas exprimée comme pensée directrice". Comment, en effet, pourrait-elle à elle seule permettre la détermination précise de l'issue de la rencontre? Seul peut le faire ce principe de minimum, radicalement différent de ce que sera le choix du leilleur chez Leibniz. Descartes n'invoque qu'une loi mécanique de la nature, un corollaire ou un réaménagement de la loid de persistance.

Pour déterminer l'issue de la rencontre, Descartes avait dû d'abord, considérer la force respective des deux corps. Mais, remontant au "seul principe" dont dépendent les règles du choc, il se donne un moyen de sélectionner l'issue qui cette fois permet de faire l'économie du concept de force. La notion de force, au sens de prévalence, est analysée et réduite en termes parfaitement distincts et sans équivoque. "B a la force d'agir sur C" signifie ceci: "C, si B lui transfère moins de la moitié de son degré de mouvement, et de sa détermination, en aura assez pour se mouvoirdevant B sans empêcher son mouvement". Sinon, B ne peut agir sur C, B se réfléchit. Ce qui va bientôt choquer tout le monde. Mais Descartes en est venu à l'admettre parce qu'il refuse, au nom d'une pensée abstraite et rigoureuse, d'accorder à la force quelque chose qui ne se ramène pas à cette arithmétique du minimum de changement. Ce qu'économise ce principe de minimum, ce n'est pas une dépense, mais le changement, quantifiable abstraitement, des modes du mouvement. Obligé (35) d'ajouter quelque chose au principe de conservation de la quantité de mouvement, Descartes a recours à la force comme prévalence. On ne doit donc pas s'étonner si cette dernière fonctionne tout autrement que la quantité de mouvement. C'es la force, puis son substitut ou son noyau de sens, l'économie modale, qui détermine si la quantité de mouvement sera ou non redistribuée dans le choc. La force ne se distribue pas: elle règle la distribution du mouvement. Elle n'est pas quelque chose que le corps acquiert, qu'il peut perdre ou gagner, qu'il communique. Elle n'est jamais non plus ce qui met en branle le mouvement par une série d'impulsions successives (36),elle ne produit pas le mouvement, à vrai dire, mais opère les aiguillages qui en répartissent instantanément les degrés. Il n'y a pas de "force motrice" dans la mécanique cartésienne. La force y reste toujours étrangère à la quantité de mouvement. Tout l'effort de Descartes consiste, après avoir demandé qu'on pense le mouvement sans la force, puis l'avoir réintroduite comme indispensable, à la résoudre et à la volatiliser.

A l'article 65 de la première partie des Principes, Descartes écrivait: "Nous pouvons (aussi) concevoir fort distinctement... (le) mouvement, pourvu que nous pensions seulement à celui qui se fait d'un lieu en un autre, sans rechercher la force qui le produit, laquelle toutefois j'essaierai de faire connaître lorsqu'il en sera temps". Que cette incidente, dontle programme est rempli dans la seconde partie, ne nous trompe pas: elle n'invalide pas, croyons-nous, nos conclusions concernant l'hiatus entre force et mouvement. Descartes parle de la force de trois points de vue successivement, et en définitive, ils se résuisent au premier:

-- la force qui produit le mouvement, c'est Dieu, qui crée et conserve...

-- la force de continuer en l'état, qui dépend de la précédente et s'y ramène,

-- la force d'agir ou de résister, comme prévalence d'un corps sur un autre qu'il rencontre, qui se ramène à la force précédente de poursuivre et de persévérer. La formule finale du minimum de changement modal permet d'ailleurs d'en faire l'économie. Elle est donc deux fois évanouissante. L'univers cartésien est un univers où des corps se rencontrent, mais penser leur action, c'est la dissoudre. Dieu seul agit, Dieu seul est cause. Mener cette idée à ses extrêmes conséquences, ce sera dire avec Malebranche "La force mouvante des corps n'est donc point dans les corps qui se meuvent, puisque cette force mouvante n'est autre chose que la volonté de Dieu. Ainsi les corps n'ont aucune action et lorsqu'une boule qui se remue en rencontre et en meut une autre, elle ne lui communique rien qu'elle ait" (37).

Descartes établit des sortes de cloisons étanches, ou de verrous entre

-- force et conservation: grâce à l'antériorité métaphysique de la cause (la force divine) par rapport à la conservation. Ce n'est pas la force qui se conserve, c'est la force (identique) de Dieu qui conserve.

-- force et communication: grâce à l'antériorité logique de la prévalence sur la redistribution comme effet. La force distribue, et ne se distribue pas.

Il n'y a donc pas purement et simplement "exclusion de la force" dans la physique cartésienne, puisque Descartes lui fait jouer un rôle momentané et décisif. Ce qui est absent, en revanche, c'est une force au sens de la mécanique de Leibniz ou de Newton. L'insatisfaction de Descartes perce dans la lettre à Clerselier du 17 février 1645: "Mais il faut pourtant ici que je vous avoue que ces règles ne sont pas sans difficulté: et je tâcherais de les éclaircir davantage, si j'en étais maintenant capable" (p.187). Dans le cadre d'une physique qui a renoncé à expliquer la production de la force, celle-ci n'est qu'une notion rapportée permettant de prolonger la fiction d'une cinématique érigée en physique, ou d'une science du mouvement qui prétendait se fonder sur des idées géométriques parfaitement claires.

Absente de la statique comme capacité de travail, absente de la dynamique comme cause d'une accélération, la notion de force est deux fois éludée chez Descartes. La rencontre de deux corps est l'occasion d'une communication instantanée de mouvement, d'une redistribution, d'un passage. Descartes est aveugle au fait que la vitesse d'un corps qui tombe est capable de le faire remonter à la hauteur d'où il est tombé pour acquérir cette vitesse; du moins l'idée d'une liaison synthétique lui fait absolument défaut, par exemple dans la lettre du 18 février 1643, où il examine le problème des jets d'eau à la demande de Constantin Huygens (38). Il l'élude au moment même où il établit un résultat qui serait numériquement exact s'il admettait sans restriction, ce qu'il est loin de faire, que la vitesse du mobile ne dépend que de la hauteur de chute (voir ses réserves, p.619 et p.623). La ressemblance de la démonstration avec celle de Galilée (39) et avec celle de Christian Huygens (40) ne doit pas faire illusion.

Descartes ne considère pas l'effet dynamique dont la vitesse acquise est capable, ce dont Galilée et Huygens ont très tôt l'intuition, et dont ils ne manquent pas de faire aussitôt l'application aux machines (41). Chez Descartes, la notion de force est aussi coupée de celle de moteur que celle d'effet l'est de la notion de travail. Sa dynamique ne nous apprend rien sur les machines. Ce qui n'est pas le moindre paradoxe d'une Physique qui prétend n'être pas "autre chose que Mécanique". Pour mal distinguer "mouvement", "force" et "énergie", on tombe dans des erreurs d'appréciation considérables, et dans des commentaires franchement abusifs. Ainsi, dans son livre Mach's Philosophy of Science (42), J. Bradley écrit: "In the beginning, God put a certain amount of motion into the world, and this amount has been preserved ever since. God is the Great Inaugurator. Having planned, created and energised the Universe at the outset, God retired and left it to work like a great clock..." Qui devinerait qu'il s'agit de Descartes? On a vu que Descartes n'a aucunement l'idée du mouvement considéré comme énergie, ni de la machine comme utilisant un moteur, ni du monde comme machine à régulateur: l'idée de l'univers comme montre, c'est à Huygens et à Leibniz qu'on la doit, non à Descartes (43).

2. Physique et Métaphysique de la Force et de l'Effet: Leibniz.

A. Le concept de Force dans la 'Brevis Demonstratio'.

Le titre même de l'article de Leibniz publié en 1686 (44) dans les Acta Eruditorum nous autorise à examiner brièvement la séquence si souvent et si abondamment commentée. "Brêve démonstration de l'erreur mémorable de Descartes", le texte surprend d'abord par le télescopage qu'il opère entre les deux registres de la mécanique cartésienne; il fait grief à "plusieurs mathématiciens", puis à Descartes, d'inférer, de la "compensation" qui a lieu dans les machines simples entre la masse et la vitesse, que la force motrice des corps en mouvement doit être estimée en général par leur quantité de mouvement. Il impute à Descartes une confusion qu'il n'a pas commise, d'abord au sujet des machines simples, ensuite entre l'explication en statique et l'explication en dynamique. Enfin, pour Descartes, la quantité de mouvement n'est pas "équivalente" à la force motrice et surtout ce n'est pas parce que la raison veut que la même quantité de puissance motrice soit conservée, que Dieu conserve la même quantité de mouvement. C'est un Descartes reconstitué, mais méconnaissable, que propose le syllogisme leibnizien:

-- la même somme de puissance motrice se conserve (exigence rationnelle confirmée par l'impossibilité du mouvement perpétuel dans les machines),

-- la force motrice, c'est la quantité de mouvement,

-- donc la quantité de mouvement se conserve.

Leibniz, quant à lui, prétend apporter la preuve de l'hétérogénéité de la force motrice et de la quantité de mouvement. Il ne peut le faire que moyennant deux hypothèses qui jouent le rôle de postulats. La seconde est le principe cartésien de la statique, ou de la force à deux dimensions. Nous nous arrêterons sur la première, qui établit "qu'un corps tombant d'une hauteur donnée acquiert la force de remonter à la même hauteur si sa direction est renversée, éliminés tous les obstacles extérieurs". Exemple: le pendule. On reconnaît l'enseignement de Galilée (45) et de Huygens (46), tel que Leibniz ne cessera de l'invoquer (47).

La réversibilité des deux mouvements de descente et d'ascension, qui s'impose à Galilée, n'est pas analysée par lui en un principe d'équivalence de deux grandeurs distinctes et convertibles. Néanmoins, Galilée entend poser, par le moyen de ses énoncés, un principe que M. Clavelin formule ainsi: "Un corps grave ne saurait être amené à s'élever, sous l'effet de sa propre gravité" (48), et que Torricelli énoncera sous la forme de son célèbre axiome: "Deux graves liés ensemble ne peuvent se mouvoir d'eux-mêmes, à moins que leur commun centre de gravité ne descende". Le momento acquis est égal au momento qui fait remonter à la même hauteur: il ne saurait être ni supérieur ni inférieur. L'archi-principe que nous trouvons donc illustré par l'intuition, plus intellectuelle que sensible, de l'égalité de la descente et de la remontée -- l'énoncé de Galilée fit figure de paradoxe (49) -- est celui de l'impossibilité du mouvement perpétuel mécanique. Mais en l'énonçant ainsi, en des termes qui ne sont plus ceux de Galilée, nous lisons Galilée en lecteurs de Torricelli et de Huygens (50). Galilée n'a pas saisi de la même façon que Huygens la portée de son principe. On voit facilement pourquoi: il n'a pas une notion claire du travail, comme résultat de l'exercice de la force, quantifiable indépendamment de la manifestation visible de celle-ci. Il est pré-cartésien, bien sûr, mais il est aussi anti-cartésien. Par là s'explique du même coup la différence entre le texte de Galilée et la lecture qu'en fait Leibniz. C'est parce que ce dernier a retenu au moins une partie de la leçon de Descartes, qu'il peut lire dans l'égalité du momento acquis et du momento qui élève un principe d'équivalence. Ce qui nous frappe, en revanche, c'est que Galilée ne parvient à établir cette égalité en appelant l'une et l'autre grandeur "momento". Il les réfère à la vitesse, mais elles relèvent toutes deux de l'indistinction phénoménologique de l'élan, notion-Janus où se confondent l'effet et la cause. Elles sont toutes deux inséparables, ou du moins non séparées, de la trajectoire et c'est cela seul qui permet d'en raisonner, malgré tout, more geometrico.

Le fameux Scolie de la Proposition XXIII permet de préciser la notion de moment acquis, en la référant à l'indélébilité (sur le plan) du degré de vitesse acquis. Alors la perspective se renverse, et ce qui était seulement intuitif devient susceptible de démonstration (51). La réversibilité est alors un phénomène cinématique, un exercice de conjugaison de deux mouvements, respectivement uniforme et uniformément accéléré ou retardé. A la garantie de la "lumière naturelle" et de "l'expérience de pensée" s'ajoute ici celle d'un raisonnement portant sur la composition des mouvements et des vitesses. De cette démonstration se souvient peut-être Descartes (52). Huygens et Leibniz la connaissent à coup sûr. Mais ce dernier est finalement beaucoup plus proche d'un autre écrit galiléen, qu'il ne devait pas connaître: "A proposito di una macchina con gravissimo pendolo adattato ad una leva" (53). Dans ce moulin pour élever les eaux proposé au Grand Duc Ferdinand II par un ingénieur sicilien, Galilée montre que le lourd pendule, recevant autant de fois qu'on le veut des impulsions d'une force médiocre, "facendo di quelli conserva, ne fà un cumulo e percosì dire un capitale tanto grande che soprabbondantemente ne può andar poi distribuando ed applicando a superar resistenze, quali la prima forza non bastava a gran segno di muovere". Il est d'une part "conserva inesausta di virtù" -- puisqu'il retient "éternellement" tout impeto communiqué -- et d'autre part, pour surmonter la résistance de l'eau à élever ou du grain à moudre, il distribue jusqu'à épuisement du stock la force ainsi emmagasinée -- "sarà finita la virtù e fermato il mulino".

D'une façon similaire, les textes cités dans la note 46 suffisent pour montrer la différence entre les énoncés antérieurs de Huygens et l'énoncé leibnizien de 1686. Huygens comparait, de part et d'autre du point ou de l'instant de rebroussement, dans les deux phases de la descente et de l'ascension, des espaces, des arcs, des hauteurs, des vitesses, des impetus... alors que Leibniz lit directement dans la descente l'acquisition de force motrice, et dans l'ascension la production d'un effet. Le pendule est pour lui le paradigme de la cause pleine et de l'effet entier pour deux raisons au moins: parce qu'il les distingue nettement, et parce qu'il montre leur égalité. C'est en cela qu'il exhibe la seule estimation correcte de la force. On voit alors ce qui différencie le postulat leibnizien (postulat 1) du postulat analytique, de l'axiome cartésien (postulat 2). Il établit une liaison entre la force acquise en tombant et l'élévation du même poids à la hauteur initiale. Il est explicitement synthétique. Il n'est pas clair au sens cartésien, puisqu'il fait intervenir une vis acquisita et une vis assurgendi comme données immédiates ou comme faits bruts, avant d'en fixer les dimensions ou d'en élucider les composantes. Ou plutôt, l'idée de la force devient ici simultanément opérante et élucidée: de la force acquise, je sais que son effet est le résultat qu'elle peut produire, l'élévation du poids à la hauteur d'où il est tombé. Dès lors, la connaissance de l'effet permet de garantir l'estimation véritable d la force, en termes de masse et de vitesse, convertibles en produit du poids et de la hauteur. Le pendule est aussi paradigme ou illustration empirique de l'équivalence de la cause pleine et de l'effet entier, principe métaphysique, supra-géométrique, a priori (54).

L'originalité de Leibniz ressortira davantage encore si nous lisons un manuscrit de Huygens, daté de 1686 et qui n'est autre que la transcription des réactions de Huygens à la lecture de la Brevis Demonstratio (55). On a la surprise et la satisfaction d'y découvrir un Huygens très critique à l'égard de l'argumentation leibnizienne, et lecteur bien plus orthodoxe de Descartes. Le texte mérite de larges citations:

"M. Descartes voulant donner ses règles de la communication de mouvement entre deux corps qui se rencontrent, suppose (P.II,art.36) cette loi de la nature qu'il s'y conserve constamment la même quantité de mouvement qui a été imprimée une fois, comme cela paraît par le calcul des vitesses qu'il suit dans ces règles...M. Leibniz, qui veut montrer la fausseté de cette loi de la nature suppose que M. Descartes compte pour choses équivalentes la force motrice et la quantité de mouvement. Et il montre ensuite que ce ne sont point des choses équivalentes parce que etc...

"Il faudrait prouver en premier lieu que Descartes appuie la preuve de sa loi naturelle sur cette équivalence, ce qu'il ne fait point, car il la dérive immédiatement de l'immutabilité de Dieu.

"Il faudrait montrer en 2° que Descartes prend ces deux choses pour équivalentes, ce que je ne sache pas qu'il ait fait.

"De plus, il faudrait montrer troisièmement que Descartes ait voulu que la même quantité de force motrice se conservât dans la nature, ce qu'il semble que M. Leibniz lui suppose".

Tout le texte serait à citer, tant l'acuité de Huygens s'y révèle pénétrante. Bornons-nous à un fragment du paragraphe 3, dans lequel Huygens s'oppose à Leibniz comme étant lui-même le premier à avoir démontré l'erreur cartésienne et énoncé "une plus véritable loi de la Nature":

"Pour moi, je puis démontrer que la loi naturelle comme M. Descartes la pose est fausse, et j'ai publié dans le Journal de Paris il y a bien des années une plus véritable Loi de la nature, savoir que dans la rencontre des corps il se conserve toujours la même quantité de mouvement vers le même côté. Que le centre de gravité des corps qui se choquent devant et après la rencontre marche toujours en ligne droite et d'un mouvement égal. Et que devant et après le choc, multipliant chaque corps par le carré de sa vitesse, la somme de ces produits se trouve être égale".

Ainsi Huygens, en même temps qu'il conteste la vertu de l'argumentation de Leibniz contre Descartes ("pour en montrer la fausseté, il faudrait à M. leibniz d'autres preuves"), revendique pour lui-même la priorité de la démonstration décisive qui devait en finir avec les lois cartésiennes du choc.

Les paragraphes 4 et 5, enfin, ramènent et concentrent l'attention sur le concept fondamental du texte leibnizien de 1686, mais aussi, pour un lecteur éclairé comme Huygens, le plus problématique parce que le plus neuf:

"Leibniz dira que la force motrice de deux corps étant la même (prise ensemble) devant et après le choc, on peut démontrer que la quantité de mouvement après le choc ne sera pas la même que devant le choc.Cela est vrai, et il devrait l'avoir fait. Mais il ne peut pas prétendre qu'on lui accorde ce principe de la conservation de la force motrice comme qui n'aurait pas besoin de preuve". En 1686, Huygens n'admet donc pas comme un axiome la conservation de la force motrice. Même quand elle est évoquée en termes si huygueniens, et par l'exemple du pendule. C'est en revanche Huygens lecteur de Leibniz qui écrira en 1693, dans ses notes: "Dans les mouvements quelconques des corps, aucune partie des forces ne se perd ou ne meurt sans qu'un effet soit produit, pour la production duquel autant de force est requis qu'il en disparaît. J'appelle forces la puissance de soulever des poids. Ainsi une force double est celle qui est capable de soulever le même poids deux fois plus haut" (56).

En 1686, le concept de force ne semble pas prêt pour un tel usage, auquel la lecture de Leibniz, mûrie et réfléchie, après la réaction de premier jet, a pu, croyons-nous, conduire Huygens. Le paragraphe 5 de notre texte nous montre Huygens comme partagé entre l'usage leibnizien et l'usage cartésien:

"Leibniz dit qu'il faut dire que les forces motrices sont en raison composée non pas des corps et des vitesses en général, mais des corps et des hauteurs qui produisent la vitesse, c'est-à-dire et des carrés des vitesses.

"Mais on peut lui opposer pourquoi donc lorsque deux corps qui selon lui ont des forces motrices égales se rencontrent et se choquent directement, ils ne rejaillissent pas en conservant chacun sa première vitesse. Par exemple si le corps B est quadruple de A et que la vitesse de A soit double de celle de B. Ici leus forces motrices selon Leibniz sont égales. Et partant, il semble qu'en se rencontrant en C, l'une de ces forces ne devrait pas <u>prévaloir</u> à l'autre (nous soulignons); mais que chaque corps devrait s'en retourner avec la vitesse qu'il avait. Ce qui pourtant n'est pas. Mais cela arrive quand la vitesse de A est quadruple de celle de B. Il semble donc qu'en ce dernier cas, on devrait plutôt dire que les forces motrices sont égales, et non pas quand l'une prévaut à l'autre".

Leibniz a toujours considéré Huygens comme son professeur et son maître (57). Il lui doit incontestablement une technique démonstrative qui fait intervenir la cause de la vitesse et l'effet de la vitesse, compris en termes de hauteur de chute et de hauteur d'élévation. Cependant la distance entre les deux modes de pensée apparaît en ceci d'abord que Huygens n'est pas du tout d'accord avec Leibniz sur la lecture de Descartes. En un sens, ce que Leibniz met du sien, ce sont des contre-sens sur Descartes, que Huygens relève aussi bien que Descartes l'aurait fait lui-même. Il ajoute même dans le paragraphe 6: "Dans les cinq machines vulgaires, il ne s'agit point de la conservation de la quantité de mouvement, ni de la conservation de la quantité de force motrice, mais seulement de la quantité de la force motrice entre deux mobiles dont le mouvement de l'un cause nécessairement le mouvement de l'autre. Ainsi M. Leibniz n'a pas raison d'imputer une telle erreur à Descartes que sur ce principe de mécanique qui est véritable que les forces de deux mobiles de même espèce sont en raison composée de leur masses et de leur vitesses (c'est-à-dire quand le mouvement des deux se fait nécessairement ensemble) que sur ce principe dis-je, il ait fondé sa loi naturelle de la conservation d'une même quantité de mouvement. Et que pour cela il ait supposé que la même force motrice soit conservée dans la nature; et que cette force motrice fût équivalente avec la quantité de mouvement, qui sont deux choses qu'on ne trouve point que Descartes ait avancées". La différence entre les deux penseurs est encore soulignée par la vigilance critique de Huygens à l'égard de l'usage leibnizien du concept de force. Mais la citation de 1693 montre que, malgré de très fortes réserves initiales, c'est finalement à cet usage que Huygens se convertira, allant jusqu'à reconnaître dans la conservation de la force un axiome.

Intéressantes aussi pour préciser l'influence de Leibniz sur Huygens, les lettres de ce dernier à Basnage de Beauval, de l'été 1690 (58). On y voit Huygens insister sur la <u>nouveauté</u> et la difficulté du sujet, et marquer en termes non ambigus la spécificité de l'idée de conservation, quand il s'agit de conservation de la force: "Ce n'est pas la quantité de mouvement qui naturellement se conserve, mais la puissance de monter d'où ils sont descendus ou bien leur centre commun de gravité. Il faut beaucoup de justesse d'esprit pour ne se pas égarer dans des routes si nouvelles, peu communes et si peu sûres". Il s'agit plus particulièrement du Marquis de L'Hospital, mais la remarque vaut pour tous ceux qui s'exercent dans ce domaine. "Bernoulli soutient faussement que quand le centre de gravité monterait plus haut que d'où il est descendu, le mouvement perpétuel ne serait pas donné. Il n'est pas nécessaire de chercher une autre cause de cette perte de mouvement sinon que s'il ne s'en perdait point, le centre de gravité monterait plus haut que d'où il est descendu. Il se perd souvent du mouvement sans cause, c'est-à-dire sans qu'on puisse dire ce qu'il devient, comme dans le choc de deux corps de sorte que ce n'est pas une loi naturelle que la quantité de mouvement doit demeurer si elle ne se <u>consume</u> à quelque chose, mais la loi est que les corps gardent la force qui fasse monter leur centre commun de gravité à la hauteur d'où il est descendu" (59). Autre expression de la même idée: "...ce n'est pas une nécessité que la quantité de mouvement se conserve toujours, si elle ne se consume à quelque chose; mais c'est une loi constante, que les corps doivent garder leur force ascensionnelle, et que pour cela la somme des carrés de leurs vitesses doit demeurer la même. Ce qui n'a pas seulement lieu dans les poids des pendules, et dans le choc des corps durs... mais aussi en beaucoup d'autres recherches de Mécanique" (60). Ce que Daniel Bernoulli, en 1738, trouvera dans Huygens, c'est en définitive, plus encore que Huygens inspirateur de Leibniz, Huygens éclairé par Leibniz.

Revenons au travail leibnizien des concepts de force et d'effet. Une fois marquée l'originalité de la reprise leibnizienne du "principe" de Galilée et de Huygens, voyons comment,en réglant ses comptes avec Descartes, Leibniz élabore les concepts de force motrice et d'effet.

Des deux hypothèses initiales de la Brevis Demonstratio, il résulte que le corps A de masse 1 tombant d'une hauteur 4 a acquis autant de force (vires) que le corps B de masse 4 tombant de la hauteur 1. Puisque A, en arrivant au terme de sa chute D a acquis la force d'élever 1 livre à 4 aunes, et B en F, 4 livres à 1 aune. Il ne reste plus qu'à examiner les quantités de mouvement au terme de la chute des deux corps. La vitesse de A en D est double de celle de B en F. La quantité de mouvement de A arrivant en D à la vitesse 2 est égale à 2. Celle de B arrivant en F à la vitesse 1 est égale à 4. Or nous venons de voir que leur force motrice est égale. Force motrice et quantité de mouvement ne sont donc pas identiques et l'on ne peut estimer la première par la seconde.

"On voit par là que la force doit être estimée par la quantité d'effet qu'elle peut produire". L'effet est l'estimation correcte de la force parce qu'il est le produit de la force. On verra mieux tout à l'heure que la force se consume dans son effet, au moins dans son effet violent. Par une coïncidence lexicale dont Leibniz ne cesse de jouer, vis est la force et la violence, intégrée au phénomène naturel de l'effet.

Leibniz distingue la force (_vis_) et le mouvement (_motus_). La vitesse du corps mouvant ou du corps mu, carctéristique manifeste du mouvement, entre à bon droit dans la détermination de la quantité de mouvement. Mais quand il s'agit de déterminer la force d'un corps en mouvement, celle-ci n'est pas en raison simple de la vitesse, acquise ou transmise, mais de la hauteur de chute dont cette vitesse pourrait résulter. 3Il faut donc dire que les forces sont en raison composée des corps (...) et des hauteurs productrices de la vitesse, ou plus généralement (...) des hauteurs qu'ils transmettront, et non en raison simple des vitesses elles-mêmes" (p.119). La hauteur qui figure dans l'expression de la force est une _cause productrice_ (de la vitesse) ou un _effet_ (de la vitesse). "Le _mouvement_ lui-même n'est pas, par soi, quelque chose d'absolu et de réel" (p.123). On voit l'opposition tranchée de Leibniz au réalisme et à l'actualisme cartésien du mouvement.

L'effet est nettement distingué du _temps_ au cours duquel il prend effet. "En général, la puissance (_potentia_) doit être estimée par l'effet, non par le temps; car le temps peut être modifié par les circonstances extérieures" (p.122, scolie). Un plan diversement incliné retardera ou hâtera l'achèvement de l'effet, sans rien changer à sa grandeur. "J'entends ici par effet ce qui fait _violence_ à la nature, ou ce par quoi l'_impetus_ est diminué; tel que l'élévation d'un grave, la tension d'un ressort, la mise en mouvement d'un corps, le retardement d'un mouvement ou d'autres _opérations_ de ce genre" (p.122). L'effet leibnizien fait violence sinon à la nature, du moins à l'inertie des corps, dont il modifie l'_impetus_. Il est à l'intersection d'une opération et d'une dépense. L'_impetus_ est relié à la "_potentia viva_" ("in potentiis vivis seu concepto impetu agentibus") et opposé au _conatus_ de la "_potentia mortua_" comme la ligne au point ou le plan à la ligne. L'_impetus_ est une grandeur qui, dans l'effet, se dépense, ou qui diminue quand l'effet se produit (61).

Les effets permettant d'estimer la puissance absolue s'opposent à une autre sorte d'effet, où l'on reconnaîtra peut-être l'effet cartésien: à savoir la progression plus ou moins rapide du mobile sur le plan horizontal. Car cette progression laisse inchangée la puissance, son déroulement n'en est pas l'épuisement progressif, il la traduit sans la dépenser et ainsi il interdit de l'estimer directement par la formule m v. Il la traduit, disons-nous. Leibniz est plus précis, et il écrit qu'à travers lui, connaissant par ailleurs les circonstances, on peut juger de la puissance, mais la vitesse n'est pas la mensura absoluta de la puissance. Celle-ci, c'est l'effet proprement dit. Expression inaltérable de la puissance, que ni le temps ni les circonstances ne peuvent affecter. Ainsi, alors que l'effet improprement dit est deux fois dissocié de la puissance, qu'il laisse intacte et dont il ne permet de retrouver l'expression que par une judicatio détournée, l'effet proprement dit est deux fois rattaché inséparablement à elle, d'abord en ce qu'il la consume, ensuite en ce qu'il en est l'expression intégralement fidèle, ou comme dit Leibniz,la mesure absolue. Ces deux raisons font qu'il en fournir l'estime. La vitesse n'est pas mesure de la puissance. Il n'y a d'absolu en elle que ce dont elle est l'effet ou l'effet dont elle est capable. Elle est un phénomène relatif, comme le mouvement lui-même. La métaphore du son que rend la corde tendue par un poids illustre et confirme la distinction de l'absolu et du relatif dans le phénomène. Ce qui se conserve dans le choc, ce n'est pas la quantité de mouvement ou d'impetus -- relatives -- mais la quantité de virtus. Ce qui est conforme à l'exigence rationnelle qui veut que la même somme de puissance motrice se conserve dans la nature.

Face à la résolution cartésienne de réduire la force à son effet actuel, géométrisable, géométriquement clair, ou d'identifier force et effet, que trouve-t-on chez Leibniz? Quand l'effet fournit l'estimation de la force leibnizienne, il ne s'identifie nullement à elle. Il est l'effet, réel et absolu, de quelque chose de réel et d'absolu. Il répond à la question: que peut la force? La théorie cartésienne est faite pour ne pas poser cette question. il n'y a que des communications de mouvements actuels chez Descartes. La lecture leibnizienne de Descartes le rend méconnaissable parce qu'elle lui prête une réponse erronée à une question qu'il ne se pose pas, bien plus, qu'il exclut. Or Leibniz ne fut pas seul à défendre cette lecture de Descartes: les Cartésiens, de leur côté, en particulier Papin, font valoir contre Leibniz les prétendues réponses de Descartes.

Le raisonnement physique a, chez Leibniz comme chez Descartes, une portée métaphysique. mais de sens inverse: réduction à la géométrie d'un côté, promotion de l'extra-géométrique de l'autre. L'"estimation" leibnizienne de la force est une technique de révélation d'un absolu. Force, <u>potentia viva</u>, <u>virtus</u> sont les noms d'un absolu que Leibniz catalogue immédiatement comme <u>métaphysique</u>. "Il paraît de plus en plus, quoique tous les phénomènes particuliers de la nature se puissent expliquer mathématiquement ou mécaniquement par ceux qui les entendent, que néanmoins les principes généraux de la nature corporelle et de la mécanique même sont plutôt métaphysiques que géométriques, et appartiennent plutôt à quelques formes ou natures indivisibles comme causes des apparences qu'à la masse corporelle ou étendue. Réflexion qui est capable de réconcilier la philosophie mécanique des modernes avec la circonspection de quelques personnes intelligentes et bien intentionnées qui craignent avec quelque raison qu'on ne s'éloigne trop des êtres immatériels au préjudice de la piété", dit Leibniz dans le <u>Discours de Métaphysique</u>, exactement contemporain de la <u>Brevis Demonstratio</u> (art.XVIII). La controverse avec Clarke est un autre indice du caractère métaphysique de l'absolu leibnizien: deux thèses métaphysiques s'opposent: -- Dieu a originairement réglé le monde, -- Dieu continue à rectifier providentiellement le monde (62). On peut certes dire avec Gueroult que le mot absolu a deux sens: "D'une part, il se réfère à la substance, au-delà du phénomène; d'autre part, il désigne ce qui, dans le phénomène, échappe à la pure relativité mathématique, et constitue en lui l'élément supra-géométrique" (63). Mais il a deux sens pour nous. Pour Leibniz, il n'en a qu'un. Certes, la distinction entre le modal (la vitesse) et le substantiel (la force, l'effet proprement dit) passe à l'intérieur du phénomène, et "la force absolue est force phénoménale, c'est-à-dire celle-là même dont s'occupent Huygens et Newton, quoiqu'autrement interprétée". Mais l'absolu de Leibniz est immatériel, il n'est pas le positif de Navier et de Coriolis, il reste intrinsèquement prisonnier d'une pensée de la conservation, récusant les déperditions comme illusoires: "Ainsi ce défaut n'arrive qu'en apparence. Les forces ne sont point détruites, mais dissipées parmi les parties menues" (64).

Le principe de l'impossibilité du mouvement perpétuel, équivalent de l'hypothèse 1, est aussi phénoménalement perçu et métaphysique. Il n'est pas une vérité de raison. Les lois de la nature ne sont, pour Leibniz, que des vérités de fait. Ce sont des vérités universelles, certes, mais des propositions contingentes, qui dépendent du principe de raison et non du principe de contradiction. "Elles ne sont, écrit Couturat, ni des décrets arbitraires de Dieu, ni des pensées nécessaires qui s'imposent à son entendement. Leibniz se tient sur ce point à égale distance de Descartes et de Spinoza, et adopte un juste milieu, à savoir que les lois de la nature procèdent de la volonté divine, c'est-à-dire du choix du meilleur. C'est pourquoi Leibniz professe que les principes de la Mécanique (qui sont les premières lois de la nature) sont d'une nécessité métaphysique, et non géométrique (c'est-à-dire logique), et veut réhabiliter (contre Bacon, Descartes et les mécanistes) l'usage des causes finales en physique" (65). Dans le dialogue d'un métaphysicien et d'un ingénieur, que nous allons suivre tout à l'heure, le métaphysicien raisonne fort bien d'évaluation des forces motrices, et l'ingénieur reste souvent prisonnier de présupposés métaphysiques.

Nous ne voudrions pas conclure sans remarquer la persistance -- de Galilée à Leibniz en passant par Huygens (66) -- du rôle du pendule comme modèle d'intelligibilité des phénomènes mécaniques. Son va-et-vient exhibe l'égalité de la descente réelle et de la remontée potentielle. et du même coup suggère une technique de résolution des problèmes. Nous trouvons en lui, non seulement un paradigme au sens donné à ce mot par Thomas Kuhn, mais peut-être le paradigme des paradigmes. La première édition de La Structure des Révolutions scientifiques n'invoquait pas nommément le "principe" de l'ascension potentielle comme paradigme. Dans la Postface de 1969 au contraire, son jeu historique dans la séquence Galilée-D. Bernoulli en fait le paradigme du paradigme: autre chose et plus que règle, loi et théorie, l'exemple du pendule devrait faire comprendre que ce genre de connaissance, l'aptitude à "voir les ressemblances", "ne s'acquiert pas exclusivement par des moyens verbaux. Au contraire, quelqu'un y parvient quand on lui donne des termees en même temps que des exemples concrets de leur mise en pratique; la nature et les termes s'apprennent ensemble" (67). Il reste que, selon nous, y voir un "patron" sur lequel la perception scientifique moulerait aveuglément tout ce qui s'y prête, et rien de plus, reviendrait à passer sous silence les incessantes questions que les hommes de science du XVIIIe siècle se posent, très explicitement, à propos de la nature, du statut épistémologique et de la légitimité du principe de l'impossibilité du mouvement perpétuel mécanique, comme on le verra dans la troisième section de ce chapitre. L'exemple du pendule, à portée universelle, est, en tout état de cause, aux antipodes des modèles mécaniques, circonstanciels et hypothétiques, que multiplie la cartésianisme quand il veut "composer la machine" (68). Nous avons essayé de montrer en quoi Leibniz enrichit et spécifie cet exemple, dont il n'est pas l'inventeur: il y introduit, selon nous, le concept de la force et celui de l'effet, qu'il sera désormais impossible de ne pas y voir.

B. <u>La controverse Leibniz-Papin sur les forces motrices</u> (1689-1695).

Rappelons les pièces du dossier:

<u>Papin</u> <u>Acta Eruditorum</u> 1689 "De gravitatis causa et proprietatibus Observationes" p.183-188. (1)

<u>Acta Eruditorum</u> 1691 "Mechanicorum de Viribus motricibus motricibus Sententia" p.6-13. (2)

Acessoirement, voir les écrits de Papin sur ses machines:

<u>Acta Eruditorum</u> 1688 "De novo pulveris usu" 497-501.

" " 1690 "Nova methodus ad vires motrices validissimas levi pretio comparandas" p.410-414.

" " 1707 "Ars nova ad aquam ignis adminiculo efficacissime elevandam" p.420-423.

<u>Leibniz</u> répond à (1):

<u>Acta Eruditorum</u> 1690 (<u>Math. Schrift.</u>VI, p.193-203)

"De causa gravitatis et defensio sententiae autoris de veris naturae legibus contra Cartesianos"

... et à (2):

<u>Acta Eruditorum</u> 1691 (<u>Math. Schrift.</u> VI, p.204-215)

"De legibus naturae et vera aestimatione virium motricium contra Cartesianos Responsio".

A quoi l'on peut ajouter l'Essay de Dynamique (Math. Schrift. VI, p.215-231) et la Specimen Dynamicum (p.234-254) ainsi que l'Essay de Dynamique de 1692 publié par le P. Costabel (1960).

Au départ, Papin souhaite calculerl'effet dont la "machine à jeter les bombes" de Perrault (69) est capable quand elle est mue par des poids, afin de pouvoir le comparer à celui qu'on pourrait obtenir en utilisant sa machine à poudre de 1688 (70). Il ne peut le faire sans un préambule théorique sur la nature et les propriétés de la pesanteur.

Papin reconstitue ainsi la séquence Galilée-Huygens:

-- Galilée suppose qu'un corps grave en chute libre acquiert dans des temps égaux des degrés de vitesse égaux.

-- Blondel essaie de prouver a posteriori cette vérité par de multiples expériences,

-- Huygens la démontre a priori à partir du postulat selon lequel "la puissance qui est cause de la gravité a une vitesse infinie par rapport à celle des corps graves qui tombent". Mais il ne s'en tient pas à cela: adoptant l'hypothèse explicative cartésienne, il tente encore de prouver par l'expérience, que cette vitesse peut en effet être tenue pour infinie par rapport aux vitesses de chute observables et de déterminer par le calcul la vitesse dont la matière subtile qui cause la pesanteur doit être animée.

Cette reconstitution est très sujette à caution. Leibniz la critiquera. Mais il faut noter qu'avant la publication, en 1690, par Huygens de la Dissertatio de Causa Gravitatis, à la suite du Traité de la Lumière, même un correspondant et presque un familier de Huygens était excusable de s'abuser sur le fond de sa pensée. A plus forte raison s'il est, comme Papin, d'une intelligence théorique médiocre. Ce qui accapare son attention, c'est au premier chef la caution apportée à l'hypothèse cartésienne, et inséparablement, la confirmation du principe que la résistance opposée par la pesanteur au mouvement ascendant est directement proportionnelle aux temps pendant lesquels elle s'exerce.

Les résultats que Papin prête à Huygens permettent selon lui de résoudre, entre autres, l'objection soulevée par Leibniz en 1686 à l'encontre de la détermination cartésienne de la force motrice. Que devient celle-ci sous la plume de Papin? Elle est tirée, dit-il, "des propriétés de l'ascension des graves". Papin concède que, conformément aux "expériences" de Galilée, "un corps mû verticalement de bas en haut avec une vitesse initiale comme 2, peut monter à une hauteur quadruple de celle où il monterait avec une vitesse initiale comme 1". Papin élimine le principe déterminant de la démonstration leibnizienne (force acquise en tombant d'une hauteur h = force de remonter à la hauteur h) et donc la conception de l'effet qu'il impliquait. Tout ce que Papin accepte de considérer, c'est le fait ainsi énonçable: un corps animé d'une vitesse 2 montera à une hauteur quadruple, sur un plan incliné par exemple, de celle qu'il peut atteindre lorsqu'il est animé d'une vitesse égale à 1. Mais ce fait, par bonheur, ne constitue pas une objection dirimante à l'encontre de la thèse "cartésienne". Il ne pourrait l'infirmer que si l'on admettait que les espaces parcourus verticalement sont entre eux comme les forces motrices. Deuxième refus de l'idée leibnizienne d'effet: nous venons d'apprendre que la vitesse des parties de matière qui causent la pesanteur étant infinie, ces parties agissent sur le corps ascendant proportionnellement au temps où leur action s'exerce et non pas en raison de l'espace parcouru. Ainsi Papin élude deux fois la conception leibnizienne de l'effet.

Par quoi peut-il la remplacer? Qu'est-ce pour lui que l'effet? Un corps A de masse m et de vitesse v = 2 , montera jusqu'en C (hauteur 4) sur le plan incliné, dans le temps 2, tandis que le même corps, animé au départ d'une vitesse égale à 1 , montera jusqu'en D (hauteur 1) dans le temps 1. L'efficacité de la pesanteur est, dans ces deux mouvements, rigoureusement la même, si on envisage des temps égaux: c'est la même quantité de force motrice que la pesanteur retranche dans les deux cas par unité de temps, à savoir m x v = 1 dans le temps 1 et m x v = 2 dans le temps 2.

Papin pense qu'un corps, mû à la vitesse v sur un plan horizontal a un "effet" égal à la force motrice, telle qu'il l'entend (= m x v). Mais cet "effet" est parfois empêché par des obstacles. Sur un plan plus ou moins incliné, par exemple. Alors, de l'effet initialement défini, il faut retirer quelque chose pour avoir l'effet au sens n° 2, l'effet diminué de ce qu'enlève l'action de la pesanteur. De ces effets, le premier n'est pas effectif, et le second n'est pas l'effet pur et simple ou l'effet entier de la force motrice.

Comme Descartes l'avait fait dans l'examen des jets d'eau (71), Papin calcule d'abord l'espace qui serait parcouru à la vitesse initiale, en vertu du principe d'inertie, et abstraction faite de la pesanteur, puis il retranche l'action de celle-ci, qui est fonction du temps, et non de l'espace parcouru. Cet empêchement qu'est la pesanteur porte sur le mouvement, la vitesse, la force motrice: au bout d'un certain temps d'exercice, l'effet de la pesanteur égale, puis surpasse la force motrice dont le mobile est détenteur. L'énoncé de Papin met en relation les coups ou chocs de la matière causant la pesanteur et la vis motrix du corps ascendant, jusqu'à l'instant de son exhaustion complète, car cette exhaustion est affaire de temps. L'idée de Papin est de proposer une mesure incontestable de la force motrice: la vis motrix est évaluée par le temps qu'il faut laisser à l'action de la pesanteur pour l'égaler.

Donc, Leibniz se trompe, dit Papin, en pensant que dans ce cas, à savoir l'exemple leibnizien canonique (72), les forces motrices doivent être entre elles comme les espaces parcourus. Papin refuse de voir avec lui dans cette situation un cas parfaitement général. Toute sa tentative d'explication vise à trouver ce qui fait la singularité de ce cas: avec deux fois la force motrice, le corps monte quatre fois plus haut! Même alors, argumente-t-il, les forces motrices sont égales à la quantité de mouvement, respectivement 1 et 2, puisqu'elles nécessitent respectivement un temps 1 et un temps 2 d'exercice de la pesanteur pour être égalées. Papin esquive l'argument leibnizien en disant: peu importe la hauteur à laquelle s'élève le corps (le résultat de l'opération), les forces sont bien entre elles comme les quantités de mouvement et les temps.

Nous ne résumerons pas le raisonnement qui permet à Papin d'estimer l'effet de la machine de Perrault, en déterminant la vitesse d'émission du boulet. Pourquoi la première partie a-t-elle été nécessaire? Pour montrer que, quelle que soit la cause ou la puissance, si sa vitesse est infinie par rapport aux vitesses qu'elle imprime aux corps qu'elle met en mouvement, celui-ci acquiert des degrés égaux de vitesse dans des temps égaux. La notion d'effet d'un moteur est située dans "la différence entre la vitesse de la puissance mouvante et lavitesse de la charge mue". Si cette différence diminue, l'impulsion en sera moins efficace. Préjugé sur l'efficacité des moteurs, obstacle épistémologique majeur, dont nous suivrons la récurrence dans le chapître V. Mais cette notion de l'effet d'un moteur par l'intermédiaire d'une machine qui dans le catapulte se laisse si bien définir par le poids et la vitesse du projectile, quel rapport a-t-elle avec la notion d'effet aperçue au début de l'article? Il reste que le concept de force motrice réduite à la quantité de mouvement implique, dans l'énoncé théorique, un étrange aveuglement à l'égard de l'effet. Le sentiment très concret de l'effet dans la problématique technique du moteur, qu'il est un des premiers à affronter, ne suffit pas à Papin pour lui faire prendre conscience de l'inadéquation de ses concepts théoriques faisant intervenir le temps dans la détermination de l'effet. Leibniz va tenter dans la suite de la controverse d'attirer l'attention de Papin sur les anomalies et les absurdités qui en découlent.

C'est bien le concept d'effet, son caractère "effectif", qui est au centre des préoccupations, plus pédagogiques que polémiques de Leibniz dans le De Causa Gravitatis. Le douzième point concerne l'estimation des forces motrices, occupant à lui seul (p.199-203) la moitié de l'article. Accordant que ses propos antérieurs ont pu manquer de clarté pour des esprits prévenus, Leibniz élabore une nouvelle démonstration de sa proposition, puis s'interroge sur les sources de l'erreur et sur les causes de la résistance des cartésiens aux réfutations les plus péremptoires.

Cette résistance est d'autant plus surprenante que la controverse est bien réelle et qu'elle ne se réduit pas à une querelle de mots. Chacun reste libre d'appeler comme bon lui semble la quantité de mouvement. Qu'on l'appelle "force" si l'on veut, et qu'on dise alors que la "force" d'un corps dont la vitesse est multipliée par 2 est, elle aussi, multipliée par 2. Mais qu'est-ce qui se conserve dans la communication: est-ce la quantité de mouvement $m\,v$ ou la quantité $m\,v^2$? Par delà l'arbitraire des mots, la nécessité des faits s'impose à tous, et même les cartésiens doivent en convenir. La contreverse étant réelle, nous tomberons facilement d'accord sur les mots.

Leibniz définit d'abord l'inégalité de force. Deux corps sont doués de forces inégales si la substitution de l'un à l'autre entraîne le mouvement perpétuel mécanique. Il énonce ensuite le corollaire: la même force se conserve dans les corps, ou la puissance de la cause pleine est identique à celle de l'effet entier. Et enfin, le corollaire suivant: il est nécessaire aussi que les forces soient en raison composée des poids et des hauteurs, ou que ce qui se conserve, ce soit la somme des produits des poids par les hauteurs auxquelles ils peuvent être élevés. Cette démonstration foudroyante (la suite n'en est que l'illustration sur un exemple numérique) se distingue de celle de 1686. Mais il ne faut pas exagérer cette différence. Si le mouvement perpétuel n'apparaissait pas nommément dans la Brevis Demonstratio, on a vu que le principe de Huygens n'était qu'une version de son impossibilité. En outre, à la même date, dans le Discours de métaphysique, Leibniz le mentionnait aussi: "Or il est bien raisonnable que la même force se conserve toujours dans l'univers. Ainsi, quand on prend garde aux phénomènes, on voit bien que le mouvement perpétuel mécanique n'a point de lieu, parce qu'ainsi la force d'une machine, qui est toujours un peu diminuée par la friction, et doit finir bientôt, se réparerait, et par conséquent s'augmenterait d'elle-même, sans quelque impulsion nouvelle du dehors. Et on remarque aussi que la force d'un corps n'est pas diminuée qu'à mesure qu'il en donne à quelques corps contigus ou à ses propres parties en tant qu'elles ont un mouvement à part" (art.XVII)

Qu'y a-t-il de plus dans le raisonnement "foudroyant" opposé à Papin en 1690? Alors que précédemment on supposait au départ une hésitation sur la définition de la force, qu'il fallait en premier lieu surmonter, Leibniz a ici l'idée de définir d'entrée de jeu l'inégalité entre deux forces par la conséquence irrécusable qu'entraînerait la substitution de l'une à l'autre. Deux forces sont inégales quand on ne peut remplacer l'une
l'une à l'autre. Deux forces sont inégales quand on ne peut remplacer l'une
par l'autre sans créer un monde paradoxal et aberrant. C'est une définition effective et réelle de l'inégalité effective et réelle. Définition à usage diacritique, comme on le voit dans l'exemple numérique: le globe A de 4 livres est tombé d'une altitude 1 suivant la ligne A_1A_2. Sur EF horizontal supposons qu'il transfère toute sa puissance au globe B de 1 livre, précédemment en repos. Les cartésiens diront que le globe B recevra une

vitesse égale à quatre fois celle de A. Mais Leibniz applique ici sa définition discriminante: "Sed ego ex tali surrogatione ostendam oriri posse motum perpetuum seu absurdum" (p.200). En effet, B peut alors monter à une hauteur de 16 pieds et l'effet est plus puissant que la cause, car en retombant de cette hauteur il aurait la puissance d'élever la globe A --- "facili quadam machinatione" -- à une hauteur de 4 pieds. Ce critère est décisif contre la détermination cartésienne de la force mouvante. Deux corps ayant la même quantité de mouvement ne sont pas de force égale, et sur cette inégalité tout le monde doit tomber d'accord. Le virium lucrum comme l'amissio potentiae sont impossibles (p.201 ligne 8 et p.206). Mais il faut prendre garde à ce qu'impliquent ces formules: en toute rigueur, la seule définition acceptable de la force et de l'effet. Car la subrogatio (remplacement) se traduit par une supererogatio (action de donner en plus). L'inégalité de deux forces n'est pas une différence arbitraire ou seulement spéculative: elle est sanctionnée par un effet objectif, elle implique une irréversibilité effective dont nul ne peut s'affranchir.

D'où vient l'erreur? De ce que l'on prend pour réel et absolu ce qui ne l'est pas. "Ce qui trompe les gens c'est le préjugé d'école selon lequel mouvement et vitesse (degré de mouvement) sont pris comme entité réelle et absolue" (p.202). On songe à Rohault, qui comparaît la quantité de mouvement à la quantité de sel qu'on peut faire dissoudre dans une quantité d'eau déterminée. Or, le mouvement, la vitesse, le temps, ne sont pas des absolus. L'absolu, c'est vis ipsa motrix. Une fois de plus, Leibniz distingue de l'effet qui est fonction du temps d'exercice de la force, l'effet véritable où la force se consume en agissant, où elle dépense tout son acquis à produire un résultat indépendant du temps mis à le produire. "La force qui a été communiquée par violence (tension d'un arc, vitesse imprimée à un corps), si on la dépense tout entière suivant un mode unique d'opération à l'élévation d'un poids donné à une hauteur déterminée, ne peut produire un effet supérieur, quelque temps qu'on lui donne, et quelque autre dispositif mécanique ou artifice qu'on y emploie" (p.203). Machinatio, motus, tempus sont des relatifs. En tant que l'effet est effet de la force, c'est-à-dire du moteur, la machine n'en change que les modalités, ou les distributions: grille de lecture alors nouvelle, et de grand avenir. Leibniz propose une idée de l'effet, sans relation intrinsèque au temps, que Papin et les Cartésiens ne sont pas prêts d'admettre, on l'a vu, mais que le mécanicien Papin utilisait spontanément dans le calcul de l'effet de sa machine. Une notion qui répugne au cartésien, bien plus qu'à l'ingénieur.

Nous ne suivrons pas dans le détail l'approfondissement de la réflexion sur l'impossibilité du mouvement perpétuel mécanique, dans les textes de 1691, où la divergence s'accentue. On y voit que pour Papin, ce qui l'empêche d'avoir lieu, c'est seulement ce qui empêche la transmission intégrale de la force mouvante au corps mû. Il esquive le mouvement perpétuel en invoquant des phénomènes de résistance des matériaux. Dans un monde où les corps seraient parfaitement durs, il y aurait mouvement perpétuel. Bien que son impossibilité soit pour Leibniz une vérité de fait, et non de raison, le mouvement perpétuel mécanique serait scandaleux, s'il n'est pas absurde. Un monde dans lequel on pourrait attendre un effet supérieur en force à la cause ne serait pas absurde, mais ce ne serait à coup sûr pas le nôtre. Une fois posée cette distinction, l'argumentation peut prendre la forme d'une "reductio ad absurdum".

L'Essay de Dynamique publié en 1960 par le P. Costabel (73) mérite d'apparaître ici. Ecrit en 1692, il obéit à une stratégie. Ses destinataires sont l'Académie des Sciences et, peut-être surtout, Malebranche. C'est une tentative, une de plus, pour mettre en forme axiomatique l'argumentation de Leibniz, toujours "accommodée aux notions populaires", c'est-à-dire fondée sur les concepts opératoires de substitution et de mouvement perpétuel. La définition 1 est celle de "la force égale, moindre, et plus grande". Elle fait intervenir la notion d'"état", expliquée dans le scolie. "J'appelle ici état (statum) un corps ou plusieurs pris avec certaines circonstances de situation, de mouvement etc. J'ai voulu me servir de cette marque extérieure de la force augmentée qui est la réduction au mouvement perpétuel pour s'accommoder davantage aux notions populaires, et pour éviter les considérations métaphysiques de l'effet et de la cause. Car pour expliquer les choses a priori, il faudrait estimer la force par la quantité de l'effet prise d'une certaine manière qui a besoin d'un peu plus d'attention pour être bien entendue. Mais comme ce discours préparera le lecteur, je ne laisserai pas de faire entrer en passant quelques considérations de la cause et de l'effet" (p.97). Le mouvement perpétuel mécanique fait l'objet de la définition 3. Jamais Leibniz n'a été aussi précis et catégorique, sur la liaison entre ce concept et la considération des machines. "Le mouvement perpétuel mécanique (qu'on demande en vain) est un mouvement où les corps se trouvent dans un état violent, et agissant pour en sortir n'avancent pourtant point, et le tout se retrouve au bout de quelque temps dans un état non seulement autant violent que celui où l'on était au commencement, mais encore au delà, puisqu'outre que le premier état est restitué, il faut que la machine puisse encore produire quelque effet ou usage mécanique, sans qu'en tout cela aucune cause de dehors y contribue" (p.98). Ce qui est qualifié de "violent" ici c'est l'état et non l'effet, contrairement à Math. Schrift. VI, p.218. C'est beaucoup moins clair, et tout entaché d'anthropomorphisme: l'état violent est un état dont le mouvement naturel s'efforce de sortir.Mais c'est encore autre chose: il y a une quantité de "violence", cette quantité qui précisément dans le cas considéré s'accroîtrait. Le caractère violent de l'état, susceptible de quantification, est la source d'où provient l'effet mécanique. On serait tenté de dire: l'état violent, c'est la quantité d'énergie potentielle du système, car Leibniz considère bien un système clos, fermé aux influences du dehors. Dans la perspective leibnizienne, il nous semble que le concept bâtard d'état violent reçoit une légitimation partielle, et une valeur d'intellection, du fait que l'état violent est lui-même conçu comme un effet qui a nécessité, pour être obtenu, non un viol de la nature mais une dépense de force: "Par exemple, il y a une machine dans laquelle au commencement quelques poids étaient élevés à une certaine hauteur. Ces poids se trouvant dans un état violent, font effort pour descendre, et il y en a qui descendent <u>effectivement</u>, et qui obligent d'autres à monter. Mais la nature se trompe (pour ainsi parler) en croyant d'arriver à son but, et l'art ménage si bien les choses qu'au bout de quelque temps il se trouve qu'il y a tout autant de poids élevés qu'au commencement, et même au delà. Je dis <u>au delà</u>, puisque chemin faisant ces poids ont encore pu avoir et faire quelque autre effet violent, par exemple élever de l'eau, moudre du blé ou produire quelque autre chose selon l'usage auquel on a destiné la machine". Qu'un tel mouvement perpétuel soit impossible, Leibniz le prouve par une raison qu'il faut bien dire métaphysique, l'augmentation de la force qu'il impliquerait, à moins qu'on ne considère que de cette évidence le bon sens mécanicien est toujours capable. Enfin Leibniz indique, plus clairement qu'ailleurs, la différence à établir entre le mouvement perpétuel <u>physique</u> et le mouvement perpétuel <u>mécanique</u>. "Il est vrai que si l'on ôte les empêchements accidentels, les corps descendants peuvent remonter précisément d'eux-mêmes à la première hauteur. Et cela est <u>nécessaire</u>; autrement la même force ne se <u>conserverait</u> pas, et si la force diminue, l'effet entier n'est pas équivalent à la cause, mais inférieur. On peut donc dire qu'il y a un mouvement perpétuel physique, tel que serait un pendule parfaitement libre; mais ce pendule ne passera jamais la première hauteur, et même il n'y arrivera pas s'il opère ou produit le moindre effet en son chemin, et s'il surmonte le moindre obstacle; autrement, ce serait le mouvement perpétuel mécanique. Or ce qu'on vient de dire des poids a lieu aussi à l'égard des ressorts et autres corps qu'on fait agir en les mettant dans un état violent".

Ainsi, la nécessité du mouvement perpétuel physique et l'impossibilité du mouvement perpétuel mécanique sont impliquées aussi étroitement l'une que l'autre par le principe de la conservation de la force. Mais le premier n'est que l'affirmation d'une équivalence, non celle d'une surabondance avantageuse et gratifiante. En outre, il est la pierre de touche, qui permet de comprendre que dans les machines la force ne "restitue" pas l'état initial, puisqu'alors il lui est demandé de surmonter des obstacles, et de produire de l'effet sur son chemin. Le mouvement perpétuel physique est , comme l'écrit P. Costabel, "idéal", "abstrait".

Notons enfin, pour tenter de justifier ces longues citations, que l'<u>Essay</u> de 1692 est le premier texte dans lequel Leibniz emploie le terme "force vive" (74) et "force morte", là où il parlait, dans les textes latins antérieurs, de <u>potentia viva</u> et <u>mortua</u>.

Au terme d'une minutieuse et érudite analyse, le P. Costabel revandique, pour ce texte, une originalité par rapport aux autres textes leibniziens auxquels il le compare, ceux de la controverse avec Catelan en 1687 dans les <u>Nouvelles de la République des Lettres</u>. "Progrès très net" "affermissement de la pensée leibnizienne". Mais nous en venons à nous demander si une bonne part de cette originalité ne lui serait pas venue des laborieux débats que nous venons de suivre dans la controverse avec Papin, et si la considération du mouvement perpétuel mécanique n'aurait pas été, avec celle des machines et de leurs possibles effets, suggérée à Leibniz comme un élément stratégiquement déterminant, un coup décisif, par l'approfondissement de la notion d'effet auquel il a été conduit en essayant de faire entendre raison à son adversaire obstiné. Quel meilleur modèle que les machines pour apprendre à distinguer effet violent et effet formel, restitution intégrale de l'état initial et restitution appauvrie d'une quantité dépensée à la levée des obstacles? Leur médiation est nécessaire pour montrer que dans le premier cas, idéal, la force donne intégralement l'effet dont elle est capable (équivalence et conservation) et que dans le second, la même force produit des effets et restitue imparfaitement l'état initial. Leibniz considère donc explicitement la machine isolée, la machine comme système dont l'état initial "violent" contient la suite des états successifs. Le principe d'équivalence et de conservation interdit à la machine de fonctionner durablement avec le seul contingent de force donné au départ. Place est ainsi faite à l'étude de celles qui reçoivent continuellement de la force d'un moteur. L'état initial violent est un déséquilibre que seuls les "empêchements accidentels" peuvent ramener à l'équilibre. Encore n'est-ce qu'une façon de parler: "Ce déchet n'arrive qu'en apparence. Les forces ne sont point détruites, mais dissipées parmi les parties menues" (75). La mécanique de Leibniz est une réflexion sur le <u>deséquilibre</u>. Puisque la force se conserve, l'équilibre ne l'emporte jamais. Ressort tendu, poids élevé, indissociablement causes et effets: le véritablement réel est principe et résultat de tension dynamique et d'effort, quantité de force motrice que la machine ne fera que "ménager".

La preuve que l'idée est nouvelle, c'est que tant d'obstacles empêchent son admission, non seulement auprès des philosophes, mais même chez Papin. Mais la preuve que Leibniz la croit à la portée d'une intelligence de mécanicien, c'est qu'il la lui objecte, à lui précisément. Et qu'il charge Filleau des Billettes (76) de la répandre.

--Ancien disciple et collaborateur de Huygens, regardez une horloge!
-- Mais l'effet y est, justement, inséparable du temps où elle exerce son mouvement!
-- Ce n'est pas ce que je veux dire. Comment le resort tendu ou le poids élevé pourraient-ils avoir plus d'effet qu'eux-mêmes n'en accumulent? L'horloge, machine où aucune force n'arrive subrepticement de l'extérieur, en dehors du moment où l'on remonte son mécanisme, finit par s'arrêter. Et cela me suffit.

Pourquoi avoir ressuscité de si vieilles querelles? En cherchant chez Leibniz la naissance du concept d'effet qui consume la force, notre intention n'a pas été de retrouver la préhistoire de la théorie de la conservation de l'énergie, ni de délimiter la contribution de Leibniz de façon catégorique, encore moins de réduire, par notre silence, l'apport de tel ou tel de ses contemporains à une pensée de la force alors toute nouvelle. Mais il nous a semblé que le travail conceptuel que nous suivrons chez Daniel Bernoulli, Lazare Carnot, Navier et Coriolis, rendant possible une science des machines, commence véritablement ici. Il serait certes intéressant d'étudier la notion de force chez Newton (77), ainsi que celles d'action et de réaction qu'il promeut. Mais nous demanderons au passage suivant du livre de Maxwell Matter and Motion de dire, sinon les raisons du moins les motifs de notre silence:

"Newton, in the "Scholium to the Laws of Motion" expresses the relation between the rate at which work is done by the external agent, and the rate at which it is given out, stored up, or transformed by any machine or other material system, in the following statement, which he makes in order to show the wide extent of the application of the Third Law of Motion:

"If the action of the external agent is estimated by the product of its force into its velocity, and the reaction of the resistance in the same way by the product of the velocity of each part of the system into the resisting force arising from friction, cohesion, weight and acceleration, the action and reaction will be equal to each other, whatever be the nature and motion of the system". That this statement of Newton's implicitly contains nearly the whole doctrine of energy was first pointed out by Thomson and Tait (Treatise on Natural Philosophy, 1867, §268)". (78)

Et plus nettement encore, au chapitre IV de Theory of Heat, Maxwell écrit: "Newton, dans un scolie de sa Troisième Loi du Mouvement, a établi la relation entre le travail et l'énergie cinétique, d'une manière si parfaite qu'on n'a rien pu lui ajouter, mais en même temps avec si peu d'effort apparent et de désir d'attirer l'attention, que personne ne semble avoir été frappé par l'iportance du passage, avant qu'elle soit signalée récemment par Thomson et Tait". (79)

3. Définition et destin de la force: la querelle des forces vives.

La querelle des forces vives ne fut-elle qu'une "dispute de mots"? On sait que telle est la conclusion de d'Alembert dans la Préface au Traité de Dynamique (1743), où l'on a vu souvent le point final mis à la controverse. Des articles récents ont apporté un démenti argumenté et convaincant à cette dernière prétention, et ont du même coup fortement ébranlé la réponse affirmative à la première question.

L.L. Laudan (80) conteste l'idée, courante en histoire des sciences, selon laquelle d'Alembert a mis fin à la controverse: pour qu'elle s'impose, il faudrait en effet que les trois propositions suivantes soient établies:

1) que la querelle ait effectivement pris fin, que la controverse ait cessé d'être un sujet de discussions sérieuses peu après la date de 1743.

2) que les auteurs qui ont alors pensé que la querelle était finie l'aient fait au vu des raisons avancées par d'Alembert (en substance parce que le choix entre l'estimation de la force par m v et l'estimation par $m\ v^2$ est empiriquement indécidable).

3) que ces auteurs en soient venus à cette conclusion grâce à la lecture de d'Alembert.

Or, aucune de ces trois propositions n'est défendable. Laudan propose de distinguer trois sortes d'auteurs parmi ceux, postérieurs à 1743, dont la position nous est connue:

A) ceux qui pensaient que la controverse était encore d'actualité,

B) ceux qui pensaient qu'elle était caduque parce que la thèse du moment m v avait gagné,

C) ceux qui pensaient qu'elle était caduque parce que le débat était seulement une question de définition (nominale) et non de fait.

Il établit que la première rubrique est abondamment fournie:

-- partisans de m v: Kant (1747), R. Boscovich (1745 et 1758), Nollet (1749), McLaurin (1748),

-- partisans de $m\ v^2$: Daniel Bernoulli (1748), Euler (1745), Smeaton (1776)

Dans le second groupe, il fait figurer R. Boscovich et McLaurin, qui étaient déjà dans le premier, ainsi que Jurin et Nicholson. Dans la troisième famille, -- où avant d'Alembert, on trouvait déjà 'sGravesande (1729) et l'Abbé Nollet (1743) -- on rencontre les noms de Desaguliers (1744) et Thomas Reid (1748), qui sont parvenus à la même opinion, mais indépendamment de d'Alembert. Ils auraient découvert dans 'sGravesande et Musschenbroek "que ni des arguments mathématiques, ni l'examen expérimental ne pouvaient, en toute rigueur, infirmer la force vive". Ils auraient constaté que l'on ne peut prouver, comme ils avaient d'abord espéré le faire, la validité de m v comme la seule mesure vraie de la force motrice.

Curieux article, en définitive, parce que si d'Alembert se voit sans aménité dénoncé comme falsificateur de l'histoire et premier propagateur de sa propre légende (81), c'est néanmoins sa thèse, même si elle ne lui est pas propre, qui apporte la réponse définitive, selon Laudan, à tous les problèmes débattus par les adversaires. "Like other controversies, the vis viva dispute came to an end -- not at a specific time or because of the work of a pivotal individual -- but because independently and almost simultaneously several scientists recognized that very little hung in the outcome of the debate". Débat devenant sans objet quand on s'aperçoit que tout le monde a raison. Thomas Hankins (82) soutient en revanche: "Modern historians have realized that the vis viva controversy was much more than a dispute of words". Il suffit, pour s'en convaincre, de lire attentivement tant les témoignages rapportés par Laudan lui-même que certains de ceux qu'il néglige. Il faudra alors insister davantage sur des différences auxquelles Laudan ne prête pas suffisamment attention, pour améliorer sa typologie des attitudes, et en même temps mieux comprendre les questions débattues. On ne peut manquer en effet de s'apercevoir qu'outre le caractère peu cohérent et peu discriminant à la fois des rubriques de la typologie de Laudan, une des causes de la déception que provoque son article tient à l'indistinction maintenue entre les deux questions qui motivent le débat:

1) est-ce que la force vive ($1/2\ m\ v^2$) est la vraie mesure de la force motrice des corps en mouvement? et

2) est-ce que la conservation de cette force vive est une loi de la nature?

Ces deux questions sont de type très différent, leurs implications sont irréductibles, et les réponses qu'on peut leur apporter, si elles sont reliées les unes aux autres, sont néanmoins de type également fort différent. Si la première peut apparaître comme "inutile" et "sans objet réel", futile et métaphysique, il n'es est pas de même de la seconde.

La difficulté de trouver des critères discriminants pour classer les réponses de façon pertinente peut être mise en lumière à propos du cas 'sGravesande. N'est-ce pas par une singulière inadvertance que Laudan rapproche l'attitude de ce dernier et celle de d'Alembert, dont il serait le prédecesseur: "Apart from 'sGravesande, who called the debate "a dispute of words" as early as 1729, one must mention here among the predecessors of d'Alembert..." (p.136)? S'il est parfaitement légitime de rechercher qui, avant d'Alembert, a pu écrire que la dispute était seulement une querelle de mots, il importe de ne pas en conclure trop vite à une parfaite unité de vues entre les auteurs considérés. Hankins rappelle pour sa part les noms de 'sGravesande et de Boscovich sans pouvoir être accusé de tomber dans l'amalgame (p.282 et 287). On peut ajouter à la liste ceux de Desaguliers (1743) et de Madame du Châtelet (1738): elle reprend le mot de Maupertuis dans sa correspondance avec ce dernier (83) mais ne semble pas très convaincue, et elle loue Leibniz d'avoir percé le secret du Créateur.

Que dit 'sGravesande en 1729, dans ses Remarques sur la Force des Corps en mouvement et sur le Choc, répondant à Samuel Clarke? "Pour ce qui regarde la Force, je tâcherai de développer l'équivoque qu'il y a dans ce mot, aussi bien que dans celui de mouvement: on verra que dans ce qui regarde la mesure de la Force, il y a entre les sentiments de plusieurs de ceux qui disputent, plus de malentendu que de différence véritable; et après avoir éclairci quelques difficultés, je passerai au choc, où on verra que ce qui n'était d'abord qu'une dispute de mots devient une dispute sur la chose même". (84)

La dispute de mots n'est donc pas tout dans le débat. Voyons d'abord comment on peut éclaircir l'équivoque. Le point le plus important est celui-ci: "Ceux qui, au mot Force, attachent l'idée de pouvoir d'agir, dont est pourvu le corps en mouvement, ne se forment pas la même idée de l'action; et par là, quand il s'agit de la mesure de ce pouvoir, ils envisagent la Force sous des idées différentes...Dans une action qui dure pendant un temps, il y a deux choses à considérer. 1) la grandeur de l'action dans chaque moment infiniment petit, que nous nommons Action instantanée. 2) la grandeur de la somme de toutes ces petites actions, et que nous nommerons Action totale" (p.258). Les newtoniens ne font attention qu'à l'action instantanée $\int p\ dt$ quand ils parlent de la force. Les continentaux rapportent l'action totale à l'effet entier. Mais les formules auxquelles les uns ($\int p\ dt = m\ v$) et les autres ($\int p\ dx = 1/2\ m\ v^2$) se réfèrent ne sont pas le moins du monde en désaccord. "Ceux qui disent que la force, quand il s'agit de masses égales, est comme la vitesse; si par le mot de Force, ils entendent le pouvoir qui produit l'action instantanée, ils disent la même chose que ceux qui soutiennent que la force suit la raison doublée de la vitesse, puisque ceux-ci par le mot de Force entendent le pouvoir total, qui produit l'action totale" (p.260). On peut trouver plus de clarté, plus de rigueur à l'analyse de 'sGravesande qu'à celle de d'Alembert, qui est confuse et peu convaincante (85). D'Alembert n'est pas le premier à reconnaître que les deux parties admettent les mêmes lois du mouvement? Certes, mais 'sGravesande n'est pas non plus le premier! Quand on établit correctement les distinctions fondamentales, les équations reliant l'impulsion à la quantité de mouvement et la quantité $F\ x$ à la force vive n'ont rien d'incompatible, et Varignon par exemple n'en a jamais douté. L'équation $F\ dx = m\ v\ dv$ lui était familière, comme plus tard à Hermann, aux Bernoulli, à Euler, à d'Alembert. Et l'équation $F \; dt = m \; dv$ (en fait la deuxième loi du mouvement de Newton (86)) lui était tout aussi familière (87). On peut donc s'étonner devant la nécessité de la réitération périodique de ces principes, sur lesquels se fondent 'sGravesande et d'Alembert pour dire que le débat sur l'estimation de la force motrice est une querelle de mots. Cette formule n'est certainement pas la partie la plus originale de la prise de position. En tout cas, elle ne suffit pas pour marquer la différence irréductible de leurs attitudes, différence qui empêche de voir en 'sGravesande un "prédécesseur" de d'Alembert. La reconnaissance des mêmes principes n'empêche pas les géomètres de s'opposer, c'est la leçon de toute la controverse. Bien loin que le débat soit clos sur cette affirmation, c'est là qu'il commence.

D'Alembert écrit, dans le Discours Préliminaire au Traité de Dynamique (édition de 1758): "Qu'on propose le même problème de mécanique à résoudre à deux géomètres dont l'un soit adversaire et l'autre partisan des forces vives, leurs solutions, si elles sont bonnes, seront toujours parfaitement d'accord; la question de la mesure des forces est donc entièrement inutile à la mécanique, et même sans aucun objet réel". D'Alembert propose une mécanique sans force comme Ribot une psychologie sans "âme" ou Wölfflin une histoire de l'art sans noms propres: "J'ai entièrement proscrit les forces inhérentes aux corps en mouvement" (88). 'sGravesande écrivait pour sa part: "On verra qu'à l'égard du choc, il ne s'agit plus d'une dispute de mots, avec ceux qui disent que la force est proportionnelle à la masse multipliée par la vitesse. Pour peu qu'on fasse d'attention à la manière dont ils raisonnent sur le choc, on verra aisément que par le produit de la masse et de la vitesse, ils entendent la force totale, sans faire attention à l'action instantanée" (89). Si les newtoniens s'en tenaient au sens précédemment défini, le débat ne serait qu'un malentendu sémantique entre deux façons d'entendre l'action d'une force. Mais ils vont plus loin, ils contredisent les lois de la mécanique en confondant "impulsion" et "travail" (pour parler de façon anachronique) ou "moment" et "force totale". Et c'est dans cette mesure que les expériences du choc leur donnent tort. Le choc de corps durs contre un corps mou et inélastique comme la terre glaise montre des effets mesurables de la force et l'on peut s'entendre sur le sens de ce terme: c'est une "dispute sur la chose même". Ainsi, 'sGravesande peut-il conclure son article de 1733 "Nouvelles expériences sur la Force des corps en mouvement" par ces mots: "Qu'on donne au mot de Force un autre sens; qu'on dise que cet autre sens est plus naturel; je ne m'y oppose pas. Tout ce que j'ai voulu soutenir, c'est que ce que j'ai nommé Force doit être mesuré par le produit de la masse et du carré de la vitesse. Pour soutenir qu'en envisageant la Force sous une autre face, on peut admettre une autre mesure, il faut expliquer toutes les expériences qu'on a faites sur la Force et sur le Choc; ce que nous faisons de notre côté; et j'ose assurer que cela n'a pas encore été fait par ceux qui ont embrassé le sentiment opposé" (90).

Malgré la trompeuse similitude d'une formule, quelle différence entre 'sGravesande et d'Alembert! Bien qu'il ait horreur de la polémique, le premier a bataillé pour imposer et justifier l'estimation "correcte" de la Force. "Pour mesurer la Force d'un corps, il faut prendre la somme de toutes les actions par lesquelles ce corps a consumé sa force entière sans faire attention au temps" (91). Il s'est écrié: "Ah! c'est moi qui me suis trompé!" quand l'expérience lui a découvert que des boules d'un volume égal et de masses différentes imprimaient sur l'argile des cavités égales quand les hauteurs d'où elles tombaient étaienten raison inverse des masses Sa volte-face, incompréhensible si l'on dit simplement qu'il n'y a pas de problème, n'est pas unique en son genre. Desaguliers a fait attendre dix ans le deuxième volume de son Cours de philosophie expérimentale (de 1734 à 1744) parce qu'il s'est rendu compte du caractère inadéquat de ses premières prises de position en faveur du momentum. En 1744, après avoir lu 'sGravesande sur les injonctions de Musschenbroek (92), il écrit: "I am now convinced that all the phaenomena of the Congres of Bodies may be equally solved according to the principles of the defenders of the new, as well as those of the Old opinion". Et il dit clairement que la démonstration qui confirmait dans son esprit l'opinion ancienne a longtemps été mise en balance avec les expériences faites pour prouver la nouvelle (Poleni, 'sGravesande, Musschenbroek, D. Bernoulli) tant qu'il a cru qu'entre les deux, il fallait choisir. Il n'a pris acte des résultats expérimentaux que quand on lui a fait voir qu'ils ne contredisaient pas ses premières options théoriques. Mais il n'a jamais songé à dire qu'il s'agissait de propositions dénuées de sens, encore moins à dire qu'on pouvait, en mécanique, laisser la "force" entre parenthèses! Pour lui, c'est le contraire: l'expérience est concluante. Et les prétentions d'un McLaurin à l'exclusivité de m v comme mesure de la force sont évidemment battues en brêche par la même occasion. Pour Desaguliers comme pour Smeaton plus tard, la question est empiriquement décidable.

A condition de ne pas désigner par la "force" autre chose que l'impulsion, les partisans du moment peuvent l'estimer par m v. Mais ce n'est pas la meilleure façon de la concevoir. D'ailleurs, ce n'est pas chez eux que le débat sur la force trouve son origine; Newton n'a pas pris part en personne au débat, et on n'a découvert que récemment (93) sa participation à la controverse de 1715-1716. Hankins montre chez d'Alembert et chez son disciple l'abbé Bossut, aisi que chez Bezout, des incertitudes troublantes et même des confusions caractérisées, entre Puissance (F v) et Moment (m v): "D'Alembert ne pouvait expliquer les problèmes de la

Statique que par l'équilibre entre les moments virtuels...Ainsi, il ouvrait la porte à la confusion entre énergie et momentum" (p.285). Exemple de confusion caractérisée: l'article "Perpétuel" de l'Encyclopédie. Le passage incriminé par Hankins est celui-ci: "Il est certein que la multiplication des forces ou des puissances ne sert de rien pour cela (cela = "en troisième et dernier lieu, il faudrait trouver une méthode de regagner par la disposition et la combinaison des puissances mécaniques une force équivalente à celle qui est perdue"): car ce qu'on gagne en puissance est perdu en temps; de sorte que la quantité de mouvement demeure toujours la même. jamais la mécanique ne saurait faire qu'une petite puissance soit réellement égale à une plus grande, p. ex. que 25 livres soient équivalentes à 100. S'il nous paraît qu'une puissance moindre soit équivalente à une plus grande, c'est une erreur de nos sens. L'équilibre n'est pas véritablement entre 25 livres et 100 livres, mais entre 100 livres qui se meuvent ou tendent à se mouvoir avec une certaine vitesse et 25 livres qui tendent à se mouvoir avec 4 fois plus de vitesse que les 100 livres". Et on relève dans la suite du texte des formules comme celles-ci: "le milieu doit absorber une partie considérable du mouvement", "ce frottement doit (...) diminuer peu à peu la force imprimée ou communiquée à la machine", "un corps qui donne du mouvement à un autre doit perdre autant de mouvement qu'il en communique". Hankins porte un jugement sévère sur d'Alembert au terme de cet examen: "Far from removing the clouds of confusion from the vis viva controversy, d'Alembert's tational mechanics led many of his sucessors astray" (p.286).

Bien que tout le monde se dise qu'on a bataillé sur des mots, il y a donc quasi-unanimité, parmi les expérimentateurs et les théoriciens des machines, jusqu'à Smeaton, pour reconnaître que la force d'un corps en mouvement n'est pas seulement un concept métaphysique, mais aussi et toujours une réalité de mécanique pratique, qu'on ne peut mesurer correctement que par l'expression $1/2\ m\ v^2$. Cela ne concerne pas seulement les théologiens, mais aussi les constructeurs de moulins à foulons, comme le dit joliment 'sGravesande (94). Et il faut avouer que, de la part des expérimentateurs et des théoriciens des machines, une autre attitude n'aurait guère eu de sens.

Mais la question débattue n'était pas sulement: que faut-il entendre par force d'un corps en mouvement? -- C'était aussi: la force vive se conserve-t-elle dans l'univers?

Pour qu'on en vienne à poser cette question, il a fallu que passe au premier plan le problème des corps durs. Les atomes des newtoniens sont inélastiques. Dans le choc, ils ne rebondissent pas, mais si leurs quantités de mouvement sont égales, ils s'arrêtent instantanément (95). On voit bien que la pensée de la conservation n'est pas ici pensée directrice: $\underline{m\ v}$ ne se conserve que prise comme quantité vectorielle; $\underline{m\ v^2}$ ne se conserve pas (quantité scalaire). Les Leibniziens, au contraire, niaient la possibilité d'un arrêt brusque; ils prétendaient que la force était nécessairement conservée suivant une loi de continuité. Leibniz écrivait dans son cinquième écrit contre Clarke: "J'avais soutenu que les Forces actives se conservent dans le mouvement. On m'objecte que deux corps Mols ou non élastiques concourant entre eux, perdent de leur force. Je réponds que non. Il est vrai que les Touts la perdent par rapport à leur mouvement total; mais les parties la reçoivent, étant agitées par la force du concours. Ainsi ce défaut n'arrive qu'en apparence. Les Forces ne sont pas détruites, mais dissipées parmi les parties menues. Ce n'est pas les perdre, mais c'est faire comme ceux qui changent la grosse monnaie en petite" (96). Donc, pour eux, pas d'atomes inélastiques. A la question mise au concours par l'Académie royale des Sciences pour 1724, McLaurin répond victorieusement dans sa "Démonstration des Lois du Choc des Corps" (97). Une perte de force dans le choc des corps durs est algébriquement et expérimentalement démontrée. Son principal adversaire, Jean Bernoulli, pense (98) que les corps parfaitement durs sont parfaitement élastiques et rebondissent, force et vitesse étant conservées (cette première loi du choc est identique chez Descartes et chez Leibniz). "La dureté prise au sens ordinaire est absolument impossible, inconciliable avec la loi de continuité". Le même discours servira de réponse à la question posée pour 1726, concernant cette fois les corps élastiques. On a ainsi d'un côté un atomisme non conservationniste et de l'autre un conservationnisme non atomiste. On voit que la question: $\underline{m\ v^2}$ est-elle conservée dans la nature? devient inséparable du choix d'une théorie des propriétés des corps durs.

D'Alembert, bien qu'il proclame qu'il n'y a dans la question des forces vives qu'une dispute de mots, trouve "plus naturelle" la mesure de la force par la somme des résistances des obstacles (99). Outre les raisons intrinsèques qu'il avance, dans le passage cité ("un obstacle n'est tel qu'en tant qu'il résiste"), on peut lui prêter, et Hankins n'y manque pas (p.284), une raison extrinsèque: dans son système, le moment se conserve, mais la force vive ne se conserve pas. Car il pense, comme Newton, que les éléments de la matière sont des particules "<u>dures</u>", c'est-à-dire non élastiques. Il y a dans leur choc changement instantané de vitesse. Elles n'ont pas de "ressort", donc leur mouvement relatif cesse immédiatement quand elles se heurtent. C'est seulement quand ces petits corps durs changent de vitesse insensiblement que la conservation des forces vives a lieu. Celle-ci n'est donc pas une loi générale de la nature. D'Alembert écrit dans l'article "Force" de l'<u>Encyclopédie</u>, au paragraphe "Conservation des Forces vives": "La conservation des <u>forces vives</u> a lieu dans les mouvements des corps qui se poussent, pourvu que ces mouvements ne changent que par degrés insensibles, ou plutôt infiniment petits; au lieu qu'elle a lieu dans les corps élastiques qui se choquent, dans le cas même où le ressort agirait en un instant indivisible, et les ferait passer sans gradation d'un mouvement à un autre". Et plus bas: "M. Daniel Bernoulli s'est servi quelque fois du principe de la conservation des forces vives dans certains cas où il n'aurait pas dû en faire usage. Ce sont ceux où la vitesse du fluide change brusquement et sans gradation, c'est-à-dire sans diminuer par des degrés isensibles". Ce reproche nous semble particulièrement mal venu à l'encontre de Daniel Bernoulli, qui a toujours eu conscience de cette limite de validité du principe de conservation. En 1727, il postule l'élasticité parfaite des corpuscules composant les fluides:"Demonstravit autem Hugenius, post eumque multi alii, esse hoc aggregatum constans quomodocunque se invicem percutiant ipsa corpora, modo sint perfecte elastica atque in vacuo mota concipiantur". Et il poursuit: "Pono autem corpuscula minima fluidum aliquod componentia esse perfecte elastica; nisi enim essent durissima summaque elasticitate proinde praedita, possent ulterius subdividi" (100). En 1738, en revanche, dans l'*Hydrodynamica*, le paragraphe 20 de la première section précise que le calcul du mouvement des eaux est dans une certaine mesure assimilable à celui du mouvement des corps mous, imparfaitement élastiques: "simile quid succedit in motu aquarum computando, ubi quandoque manifestum est, partem ascensus potentialis continue perdi; cujus utique rei in subducendo calculo ratio habenda est". Enfin, qui pourrait se targuer d'avoir mieux compris que Daniel Bernoulli, en ces années-là, la liaison entre conservation et continuité, ou changement insensible?

Maupertuis trouve enfin dans le principe de moindre action un principe universellement valable, pour les corps "durs" et les corps élastiques, pour le changement brusque et instantané et pour le changement insensible: la quantité d'action nécessaire pour causer un changement dans la nature est toujours la moindre possible (101).

Dans le phénomène du concours des corps, la conservation de la quantité de mouvement s'établit en comparant ($m\vec{v} + M\vec{V}$) avant le choc et ($m'\vec{v'} + M'\vec{V'}$) après le choc. La "conservation" des forces vives ne se manifeste par des formules aussi simples que dans la collision des corps parfaitement élastiques. Quand il s'agit de corps parfaitement durs (= <u>in</u>élastiques) tout changement brusque de vitesse s'accompagne d'une perte de force vive (102). Quand il s'agit de corps mous (= ni tout à fait durs ni tout à fait élastiques) une partie de la force se consume à produire l'enfoncement. le cas intermédiaire est d'abord intéressant parce qu'il est le plus <u>ressemblant</u>, le plus voisin des conditions réelles de l'expérience. Une physique des corps durs et une physique des corps parfaitement élastiques ne donnent pas une image du monde qui nous entoure. Au contraire, une physique des corps "non flexibles à ressort" comme dit 'sGravesande, s'expose peut-être à tous les dangers de l'expérience immédiate. Mais ce sont les cas intermédiaires qui posent les problèmes les plus intéressants du point de vue de la conceptualisation physique. On s'aperçoit que la formule "les forces vives ne se conservent pas dans le choc" devient équivoque, car la force "perdue", la force qu'on ne retrouve pas à la sortie, a néanmoins été employée à produire l'enfoncement. Et l'on sait calculer la quantité de force employée à produire cet effet.

En 1722, 'sGravesande décrit une expérience qui devait lui permettre de progresser dans ce problème. "C'est une expérience connue que deux corps dont les vitesses sont en raison inverse des masses et dont les directions sont contraires, restent en repos après le choc...Elle m'a néanmoins paru trop <u>paradoxe</u> pour ne pas la confirmer par de nouvelles expériences". Il s'agit ici de corps mous, d'inélasticité "intermédiaire". La conservation des quantités de mouvement est vérifiée: $m\vec{v}$ et $M\vec{V}$ sont égaux et de signes différents, puisque $\frac{m}{M} = \frac{V}{v}$. Mais on doit admettre que $m v^2$ est différent de $M V^2$. Si $V > v$ et $M < m$, la boule M de vitesse V a une force vive supérieure. Comment, alors, les deux forces se détruisent-elles? On serait tenté de voir dans ce cas le paradigme de deux forces <u>égales</u> qui se détruisent. Or les forces se détruisent, mais elles sont inégales. Voilà le paradoxe. Autre façon de le dire: l'effet observé est proportionnel à la quantité de mouvement de chaque corps, non à leur force vive! 'sGravesande va résoudre le paradoxe en montrant que, pour obtenir un tel effet, il faut justement que les forces soient <u>différentes</u>. L'appareil était arrangé de façon que les boules de cuivre frappent la boule de terre glaise avec le même moment dans chaque cas. Mais la boule la plus petite animée d'une vitesse supérieure (M V) faisait un enfoncement supérieur. Deux effets différents peuvent être mesurés dans une collision inélastique: les changements de vélocité et les compressions des corps choqués. l'un est proportionnel aux vitesses, l'autre au carré des vitesses "Dans le choc, disait-il plus haut, il n'y a de force perdue que celle qui est employée à aplatir ou enfoncer les parties des corps" (p.225). La présente expérience fait voir que "pour que deux corps inégaux restent en repos après le choc, il faut nécessairement que leurs forces soient inégales. Cette expérience s'explique en supposant que la <u>force</u> et l'<u>inertie</u> diffèrent entre elles, et réciproquement cette expérience prouve bien clairement cette distinction" (p.237). "Les forces, dans ces expériences, ne sont détruites que parce qu'elles ont été employées à enfoncer les parties de la terre glaise. Or pour qu'une force se consume en enfonçant les parties d'un corps, il suffit que ce corps lui résiste, et cette résistance est égale à la force qui se consume. Cette résistance vient de la force contraire et de l'inertie du corps qui résiste; par conséquent, plus un corps aura d'inertie, i.e. plus il contiendra de matière, moins il lui faudra de force pour produire la même résistance, c'est-à-dire pour faire perdre la même force à un corps". 'sGravesande s'efforce de penser l'<u>action</u>

de la force, entre l'échange et la destruction:

P IV: "l'action de la force est égale à la force que le corps <u>perd</u>".

P VI: "dans le choc, il n'y a de force perdue que celle qui est <u>employée</u> à aplatir ou enfoncer les parties des corps...Cette action n'est que la force que l'autre corps <u>gagne</u>, <u>et</u> l'aplatissement ou enfoncement des parties des corps...Les forces ne s'entre-<u>détruisent</u> pas, à parler exactement, mais la résistance qui vient de l'une donne occasion à l'autre de <u>se consumer</u> par l'enfooncement des parties, qui à proprement parler est l'<u>action</u> de cette force qui se <u>perd</u>" (p.224-225).

Conservation? L'analyse, selon nous, va plus loin. Cette force qui pour partie est gagnée, et pour partie consumée en action, oblige à une physique utilisant toutes les ressources de la conservation, de la communication et de l'équivalence. "La force se perd" prend tour à tour trois sens:

-- elle se transmet ou s'échange, d'un corps qui la "perd" à un corps qui la gagne, sous le signe de la conservation.

-- elle agit, s'emploie à produire son effet, dans lequel la pensée de l'équivalence apprend à lire sa traduction.

-- elle se consume, et ce terme nous semble marquer cette fois l'irréversibilité de la transformation. Idée seulement suggérée. Comment la concilier avec celle de l'engendrement réciproque de la force vive et du "travail"? Car 'sGravesande nous semble à la recherche d'un cadre structurel permettant de penser l'ensemble des phénomènes de "la force". Nous croyons pouvoir le dire sans projeter indûment sur ses écrits les lumières du <u>Mémoire sur la conservation de la force</u> de Hermann von Helmholtz (103) et en notant que sous tous ces aspects l'invariant physique recherché appelle une élaboration plus poussée de l'outil conceptuel et des procédures d'analyse.

Si l'on ne réduit pas l'affaire à l'affrontement pittoresque de la science insulaire et de la science continentale, on assiste, dans la querelle des forces vives, à l'antagonisme de deux stratégies scientifiques en présence de l'obscur. D'Alembert élimine le concept de force parce qu'il est selon lui nécessairement ambigu, anthropomorphique, qu'il ne correspond à aucune idée claire. En cela, il se rapproche de Descartes (104). Au contraire, des auteurs comme 'sGravesande, Desaguliers, D. Bernoulli, Euler, Smeaton, n'hésitent pas à affronter une physique de la force, une physique de sa communication. "La conservation de la force vive, écrit Hankins, ne pouvait être démontrée théoriquement que pour des problèmes mécaniques idéaux de chocs parfaitement élastiques ou de pendules sans frottements. Et il n'y avait pas de modèle satisfaisant pour la conservation de l'énergie jusqu'à ce que Boscovich inventât son fameux système; et mêm alors, Boscovich ne reconnut pas la signification de la force vive dans sa théorie" (105). Le problème n'est pas seulement quant à la nature de la matière et à l'organisation intérieure des corps (106), mais,croyons-nous, quant à l'intelligence même d'un problème de conservation, et au rapport entre la solution idéale et la réalité.

On a vu d'Alembert fixer un principe de conservation universel ($\underline{m\,v}$) et un principe de conservation partiel ou régional ($\underline{m\,v^2}$). Maupertuis, au contraire, écrit: "La conservation de la quantité de mouvement n'est vraie que dans certains cas. la conservation de la force vive n'a lieu que pour certains corps. Ni l'une ni l'autre ne peut donc passer pour un principe universel, ni même pour un résultat général des lois du mouvement" (107). Mais pour le choc des corps durs, le principe de Maupertuis demeure vague. On verra Lazare Carnot se targuer d'avoir le premier précisé le principe de Maupertuis pour le cas du choc des corps durs et du changement brusque. Il écrira dans l'Essai sur les machines en général (1783): "Dans le choc des corps durs, soit qu'il y en ait de fixes, ou qu'ils soient tous mobiles (ou ce qui revient au même) soit que ce choc soit immédiat, ou qu'il se fasse par le moyen d'une machine quelconque sans ressort; la somme des forces vives avant le choc est toujours égale à la somme des forces vives après le choc, plus la somme des forces vives qui aurait lieu si la vitesse qui reste à chaque mobile était égale à celle qu'il a perdu dans le choc" (108). Ainsi passe au premier plan, après correction des "erreurs" de Daniel Bernoulli, constatées déjà par d'Alembert à l'article "Force", la problématique de la construction optimale des machines (109).

Cette séquence entre donc bien dans l'histoire du principe de la conservation de l'énergie. A plus court terme, elle représente des chemins et des étapes remarquables dans la formation des concepts de travail, de puissance et d'énergie, potentielle et cinétique. Le choc, qui dans le phénomène de la percussion passait pour le paradigme de la communication d'une force prodigieuse (chez Galilée, Mersenne, Descartes et encore Mariotte), et qui devient passible des premières lois de la mécanique, conçu comme échange, à la lumière d'un principe de conservation, se voit finalement réduit au statut de paradigme de la perte pure de la force. Mais en même temps, la mécanique transgresse l'interdit cartésien bannissant le moteur.

En 1802, Thomas Young publie un petit ouvrage, dont il envoie à Lagrange un exemplaire dédicacé (110) -- A Syllabus of a Course of Lectures on Natural and Experimental Philosophy -- dans lequel on peut lire, à propos du choc, une intéressante innovation terminologique: "The product of the mass of a body into the square of its velocity may properly be termed its energy. It has been called the living or ascending force, since the height of vertical ascent is in proportion to it; and some have considered it as the true measure of the quantity of motion; but although this opinion has been very universally rejected, yet the force thus estimated well deserves a distinct denomination. In two bodies perfectly elastic, the joint energy, with respect to any quiescent space, is unaltered by collision" (111). C'est une innovation terminologique, plus que conceptuelle, dont il ne faut sans doute pas surestimer la portée, comme Maxwell (112) par exemple a pu le faire. On voit que Young ne quitte pas le terrain de la controverse passée, que le terme "énergie" ne désigne chez lui que ce qu'on appellera plus tard "énergie cinétique", mais qu'il ne donne lieu à aucune généralisation. Helmholtz, en revanche, se contentera des termes "conservation de la force" (Kraft) pour formuler son principe (113). Mais à l'aube du siècle, Thomas Young a bien vu la nécessité ou du moins l'opportunité et l'urgence d'une mécanique de "l'énergie", fût-ce en son sens restreint, en vue de l'établissement de la mécanique pratique ("Practical Mechanics").

CHAPITRE V

FORCE ET EFFET DANS LES MACHINES HYDRAULIQUES

Moins d'un demi-siècle sépare la publication du Theatrum Machinarum Novum de G. A. Böckler (Nürenberg, 1662) et celle du mémoire de Parent "Sur la plus grande perfection possible des machines dont un fluide est la force mouvante" (1). Malgré la nouveauté revendiquée par son titre, le premier perpétue une tradition didactique en voie d'essoufflement, qui a durablement imposé aux machines sa scénographie et ses prestiges. Le second, auquel feront référence, pour le confirmer ou pour l'infirmer, les principaux travaux du XVIIIe siècle sur la question, marque le début d'une problématique et l'affleurement d'une exigence nouvelle, l'affrontement d'une réalité moins euphorique. En quittant la scène du Théâtre pour se soumettre au jugement de la théorie, la machine va se voir poser la question de son effet. Ménager des effets ne signifiera plus pour le mécanicien instrumenter des artifices et animer un univers où l'illusion côtoie toujours le merveilleux, mais mesurer, épargner, calculer des efforts, des dépenses, des produits, des déchets, pour faire rendre à la machine le maximum qu'on en peut attendre. Au sens de consécution mécanique de mouvements, les effets sont choses à décrire, et au mieux, à comprendre. Ainsi lit-on dans la Nouvelle Description des Châteaux et Parc de Versailles et de Marly de Piganiol de La Force: "La grosseur de ce volume suffirait à peine pour décrire la construction, les mouvements et les effets de la machine de Marly. Peu de gens sont d'ailleurs capables de les comprendre, puisque Monsieur De Ville assure qu'il n'a presque trouvé que feu Monsieur le Maréchal de Vauban, qui en voyant ce merveilleux ouvrage, en ait connu tous les effets" (2). Chez Parent, déjà, la plus grande perfection possible des machines est un concept quantitatif et sévèrement restrictif: c'est un maigre bilan. La théorie fixe des limites d'efficacité, qu'aucune machine ne peut dépasser. Mais à quelles conditions peut-elle seulement les atteindre? Quels obstacles l'en empêchent, et dans quelle mesure? Dès qu'il accède à ces problèmes, le rapport du discours mécanique au réel machinal s'établit d'une autre façon. Entre la théorie et le réel, l'effet, concept charnière, engage un dialogue incessant: l'effet est ce que l'on calcule et aussi ce que l'on mesure, ce que l'on anticipe par la théorie et ce que la machine fait effectivement; il est le résultat des opérations du mathématicien et le résultat de l'opération de la machine. Coïncidence que sanctionneront, à leur manière, le "maximum d'effet", la machine "parfaite", et la machine "idéale".

Mais le concept d'effet mérite à un autre titre l'attention de l'épistémologue: il rompt avec l'habitude ancienne qui limitait l'examen des machines à l'état d'équilibre, et ne voyait en elles que des applications ou des vérifications des grands principes de la statique. C'est par lui que passent toutes les tentatives pour penser la machine en mouvement, dans sa relation avec l'effort des puissances qui la meuvent. A partir du moment où il intervient au centre des préoccupations des géomètres, la théorie des machines cesse d'être exclusivement celle des machines simples. Les machines mues par l'eau et par le vent, les moulins et les roues, les "machines à feu" et à vapeur, les machines mues "par des puissances animées" passent au premier plan. En l'absence des concepts d'énergie et même de travail, la conceptualisation de l'effet des machines hydrauliques, de la part des mécaniciens et "géomètres", jalonne les étapes d'une approche dynamique originale de la question. On devine qu'une notion originellement aussi lourde d'ambiguïté, même dans son usage strictement mécanique, n'acquiert pas du jour au lendemain la transparence du cristal. Surtout en un temps où, comme on l'a vu au chapitre IV, sont si débattues les lois du choc dans les théories mathématiques de la communication du mouvement, si recherchés les principes métaphysiques de la mécanique, si mouvants et si insistants à la fois les concepts de dépense, de conservation et d'économie, si animées enfin les controverses philosophiques à propos de la causalité. Ce n'est sans doute pas par hasard que "la méthode des plus grands et des plus petits" a d'abord permis de concevoir et de forger l'idée d'un maximum de perfection, en fonction de la vitesse relative du courant et de la surface qu'il frappe dans le cas des machines où le choc de l'eau sur les aubes entraîne la roue. Ce n'est que plus tard que la considération attentive de l'effet et des conditions de son maximum amènera les théoriciens à éliminer les impacts violents et les chocs dans les machines idéales.

1. Parent et la "plus grande perfection possible des machines".

Aux machines simples "vulgaires", objet des Mécaniques depuis l'antiquité, qu'opposait Leibniz? La *potentia viva*, le corps acquérant de l'*impetus*, et non pas limité au *conatus*, la *vis viva* engendrée. Il reprochait à la mécanique traditionnelle d'être seulement la science de la force morte (3) et de fixer son attention sur des dispositions machinales où la vitesse compense, exactement, la grandeur. Il proposait aussi, dans le cas des corps acquérant de l'*impetus*, d'estimer la force acquise par l'effet violent, ou l'opération dont elle est capable en se consumant. Mais ce nouveau schèma de la communication mécanique, cette nouvelle grille de lecture des mécanismes n'étaient guère corroborés que par défaut, et illustrés par l'arrêt nécessaire d'une machine à laquelle aucun apport de force motrice, aucun apport continu, prolongeant l'apport initial, ne servait de moteur. Comme si l'épuisement du contingent octroyé une fois pour toutes, probant paradigme, confirmait suffisamment une conception résolument substantialiste de la force. Il n'examinait pas de machine où s'effectue un processus continu de transmission. Papin, de son côté, ne parvenait pas à une estimation unique de l'effet, et en outre, ce qu'il s'évertuait à estimer, c'était la puissance du moteur, non le rapport à celle-ci de la puissance que la machine pouvait en recueillir. Ni l'un ni l'autre ne pose le problème de l'effet comme utiisation nécessairement partielle de la force motrice par la machine, indépendamment des frictions.

Le mémoire d'Antoine Parent (1666-1719) "Sur la plus grande perfection possible des machines" (1704), bien qu'il soit dû à un mathématicien oublié, qu'on a presque honte de citer à la suite de si grands noms, et de disputes si relevées, représente une innovation très remarquable. On y trouve d'entrée de jeu une remise en question de la mécanique vulgaire mais, on va le voir, celle-ci n'est pas assimilable à la remise en question leibnizienne. L'intervention de Parent ne se laisse pas situer dans la perspective des recherches précédentes. Ce géomètre autodidacte et indépendant, même pour l'époque, se vante, dans une de ses oeuvres (4), de ne se souvenir que de quelques lectures, et modestes: "Les seuls dont il me soit resté quelque teinture, Renau, La Hire, Mariotte"... En effet, son apport personnel est assez comparable à celui du Chevalier Renau --bien qu'il ait eu une influence historique de plus longue portée. Ces francs-tireurs, auteurs ingénus de questions intrépides et décisives, ont eu en commun l'audace des réponses prématurées. Au moins Parent ne s'est-il pas opposé à l'enseignement et aux corrections de plus savant que lui: il n'a pas eu à le faire car, longtemps encore après sa mort, ses théorèmes devaient bénéficier de l'assentiment des plus grands "géomètres" du siècle des lumières: D. Bernoulli, McLaurin, Euler...

Du double point de vue de la connaissance des machines et de leur utilisation capitaliste, Parent prend position contre les procédures habituelles des "machinistes" et leur détermination de la mécanique comme science de l'équilibre. Les "savants machinistes", qui d'ailleurs sont fort peu nombreux, savent déterminer exactement la force d'équilibre, mais pour ce qui est de soulever effectivement la charge, ils laissent tout au hasard. Or en ce domaine, abandon au hasard signifie gaspillage de la force, comme calcul signifie économie. Cette façon de faire "ne peut manquer de causer un grand préjudice aux Propriétaires, aux Machinistes mêmes, et à ceux qui s'associent avec eux". Ainsi s'affirme chez Parent la volonté d'une connaissance (du maximum) capable de décider, antithèse d'une mathématique inopérante de l'absolu, la croyance à l'efficacité des seuls choix rationnels c'est-à-dire calculés, et la conception d'une réussite économique liée à l'utilisation opératoire des compétences. Entrepreneur et machiniste ont des visées convergentes, dans la perspective unifiée de la maximisation des effets et des gains.

La question à laquelle Parent va imprimer durablement sa marque naît de l'observation attentive d'une machine bien déterminée: la roue hydraulique, le moulin à eau, ou "roue en dessous", à aubes ou palettes, qui ne cesse de se répandre à la fois comme machine élévatoire (Marly), et comme force motrice pour la meunerie, les mines, l'industrie textile (5). "Ce fut en visitant et en calculant les différentes Machines hydrauliques de Paris et des environs, que j'eus l'occasion de faire ces sortes de réflexions; mais quoique je susse donner l'équilibre à une machine, j'étais encore bien éloigné de savoir lui donner les proportions les plus parfaites". Si nous avons décelé (Chapitre Ier) un regard nouveau porté sur les machines à la fin du XVIIe siècle, en voici une très heureuse illustration. En "visitant" les machines de la capitale, Parent découvre une question que nul ne s'était avisé de formuler avant lui. Voyons comment, de cet examen, allait naître l'idée d'un nouveau calcul: celui de l'effet maximum des moulins.

Le calcul des mécaniciens s'arrête trop tôt. le mener à son terme, c'est passer du calcul de l'équilibre à celui de l'effet, et de ce dernier au calcul du plus grand effet possible. Or cette extension est rendue à la fois difficile et possible par la complexité intrinsèque de l'effet. Supposons la machine à l'équilibre. "A mesure que l'on diminue sa charge, on augmente à la vérité sa vitesse, ce qui pourrait augmenter l'effet; mais cela même pourrait aussi fort bien le diminuer. De même en augmentant le rayon d'une des roues, ou diminuant celui d'une des lanternes ou pignons, on peut augmenter à la vérité la charge; mais aussi on diminue d'autant sa vitesse, ce qui peut aussitôt diminuer l'effet que l'augmenter: de sorte qu'il est très important de trouver la proportion qui donne le plus grand effet". L'intervention mécanicienne peut avoir des conséquences opposées à celles qu'on imagine d'abord: les variables qui concourent à déterminer l'effet ne sont ni indépendantes ni directement proportionnelles J'aperçois bien des variables que je peux modifier, mais j'ignore pour l'instant le parti le plus avantageux en définitive. Devant la machine en mouvement, entraînée par le courant qui la meut, il faut donc analyser l'effet, comme caractéristique de la machine, de ses "proportions", de sa charge, de son régime et de son allure, de sa façon singulière de recevoir l'effort du courant pour effectuer une action quantifiable.

Que faut-il entendre par cet étrange superlatif relatif "de la plus grande perfection possible des machines"? Il ne s'agit pas du tout de ce qu'on appellera, beaucoup plus tard, un "rendement". On ne comprend cette plus grande perfection possible que si l'on se fait une idée juste de l'effet des machines dont un fluide est la force mouvante. Il faut tirer au clair le paradoxe et découvrir la formule reliant les variables qui constituent l'effet. Le paradoxe se résout quand, à l'effet tel qu'il existait dans la "pensée naturelle" (6) -- l'effet "qu'on demande à la machine", c'est-à-dire soulever le poids d'équilibre, ou à peu près -- est substitué l'effet au sens de Parent: le produit de la charge par la vitesse uniforme d'ascension, quantité dont il s'agit de trouver le maximum. On passe du mouvement-événement au mouvement-état (7), d'un effet polarisé par l'équilibre à un effet rapporté à cet extremum.

Appelons "poids d'équilibre" le poids qui, suspendu au centre d'une aile (horizontale) de la roue, arrêterait l'effort du fluide et tiendrait le moulin en repos. Il équivaut à l'"effort absolu du fluide". Le produit du poids d'équilibre par la vitesse du fluide est "l'effet naturel" du fluide. Au "poids de mouvement" ou "poids diminué" correspond en revanche "l'effet général" du fluide, ou le produit de la multiplication du poids solide qu'il élève par la vitesse du même poids.

Parent fonde sa démonstration sur quelques "principes mécaniques. Le premier donne la formule de l'effort d'un fluide sur une surface immobile qu'il frappe frontalement. Cet effort est égal au produit de la pesanteur spécifique du fluide par le carré de sa vitesse et par l'aire de la surface soumise à l'effort (8). Le second pose que la résistance offerte par la machine chargée à la force motrice est indépendante de la vitesse de la charge. A la différence de l'impression du fluide sur l'aile, qui diminue lorsque celle-ci va plus vite, la valeur de l'effort exercé par la pesanteur ne dépend pas de la vitesse du corps sur lequel elle s'exerce. Un troisième principe pose l'égalité de deux rapports, celui des efforts absolus et celui des états d'équilibre, pour des vitesses différentes du fluide. Le quatrième principe se distingue du précédent, en ce qu'il sort du cas de l'équilibre. C'est ici que se manifeste l'originalité de Parent. Voici le principe mécanique qui va lui permettre de calculer la machine dans l'état de mouvement, comme il était dit au début. Tandis que dans la machine en équilibre, la vitesse du fluide (élevée au carré) est à prendre absolument comme composante de l'effort sur l'aile, c'est la différence

vitesse du fluide -- vitesse de l'aile

qui, élevée au carré, intervient dans le calcul de l'effort du courant sur l'aile en mouvement. Ce principe, on le voit, n'introduit pas de concept nouveau, mais il engage à une procédure sans précédent.

Retenons cinq étapes dans le raisonnement de Parent:

1. détermination de la vitesse uniforme <u>x</u> de l'aile B de la roue, lorsque le poids diminué a été substitué au poids d'équilibre. Pourquoi une vitesse <u>uniforme</u> s'impose-t-elle, après que B mis en mouvement a vu sa vitesse augmenter? Parce que, au fur et à mesure que la vitesse de B augmente, "l'effort du fluide contre l'aile diminue; de sorte que la vitesse de B ne peut jamais atteindre celle du fluide (=V), puisque si ces deux vitesses étaient égales, le fluide ne ferait plus aucun effort sur B, ainsi <u>p</u> descendrait au lieu de monter" (9).

2. détermination de la vitesse <u>u</u> de ce poids <u>p</u>.

3. détermination de l'<u>effet général</u> de la machine $E = p \, . \, u$

4. Par la méthode des infiniment petits, on obtient la valeur de la variable <u>p</u> correspondant à E maximum, en égalant à 0 la différentielle de la formule générale de E trouvée en 3. On trouve

$$p = \frac{4}{9} P$$

"Ce qui nous apprend que si l'on réduit le poids d'équilibre P aux 4/9, ce poids aura la proportion propre à faire produire à la machine son plus grand effet, et cette proportion est, comme on le voit, aussi simple que générale".

5. La valeur de ce plus grand effet est obtenue en remplaçant dans l'expression 3 le terme p par la valeur qu'on vient de trouver. On trouve alors que ce maximum d'effet est 4/27 de l'effet naturel du fluide. Le rapport de l'effet général à l'effet parfait donne, en chaque occurrence, le "degré de perfection" de la machine. On remarque enfin que dans l'effet parfait, on a $$x = \frac{V}{3}$$

Parent termine en présentant les deux "paradoxes très remarquables" qu'il a mis à jour.

-- "Une puissance n'ayant que les 4/9 de sa charge produit après un certain temps un plus grand effet que si elle portait beaucoup davantage".

-- "Quelque changement qu'on fasse à une Machine, son produit n'excèdera jamais 4/27 de son effet naturel, c'est-à-dire de ce que la force motrice produirait sans machine".

Enfin, après avoir fait un tableau des vitesses du fluide, de leur effet naturel et des plus grands effets correspondants, Parent constate que "même dans l'état parfait du mouvement, les effets ne sont proportionnels ni aux forces ou causes, ni aux efforts qui les produisent, comme on l'avait cru jusqu'ici; ce qui peut encore passer pour un troisième paradoxe".

Ces paradoxes remontent à l'opposition entre une pensée de la machine au repos, et la pensée de la machine en mouvement. Parent les dissout de la façon suivante: la vitesse V du courant étant donnée, plus le moulin tourne vite, moins l'impulsion est forte, puisque celle-ci est proportionnelle à $(V - x)^2$. La vitesse n'intervient pas, comme dans le cas des vitesses virtuelles, sous l'aspect d'un résultat indépendant et définitif, mais comme un résultat rectifiant sans cesse les données initiales du problème. La vitesse uniforme à laquelle se fixe le mouvement de l'aube ou du moulin est le résultat d'un compromis entre l'incidence de l'action du courant sur l'aube, qui tend à augmenter sa vitesse, et l'incidence de la vitesse de l'aube, qui tend à diminuer l'action du courant. Tout se passe comme si Parent s'adonnait concurremment à deux expériences de pensée unilatérales, qui ne se rencontrent qu'une fois. D'où la curieuse formule citée plus haut: si la vitesse de l'aube atteignait celle du fluide, "p descendrait au lieu de monter". Parent découvre que la vitesse constante est déjà un maximum: "quand la vanne a pris du fluide la plus grande vitesse qu'elle puisse prendre, chargée de ce poids comme elle l'est, elle la conserve toujours, et par conséquent se meut d'une vitesse uniforme" (10), explique très bien Fontenelle. Comme il l'écrira en 1725 à propos du mémoire de Pitot examiné à la fin de cette section: "Puisque d'un côté, le fluide agit sur l'aube avec d'autant plus de force qu'il la frappe avec plus de vitesse et que de l'autre elle reçoit d'autant moins d'impression du fluide qu'elle est frappée avec plus de vitesse, parce qu'elle se dérobe davantage à son action, il doit y avoir un certain point moyen où ces deux effets contraires se détruiront le moins qu'il soit possible et se combineront le plus avantageusement" (11).

A l'origine de la procédure de pensée ainsi ébauchée, on devine la constatation de la difficulté qu'une puissance animée éprouve à exercer un effort d'une certaine intensité sur un organe mobile, au-delà d'une certaine vitesse de cet organe. Mais le second principe mentionné ci-dessus révèle l'impact que pouvait avoir une telle constatation dans le cadre de l'interprétation cartésienne de la pesanteur: tout effort, toute force actuelle, est représenté comme le choc de corps animés d'une certaine vitesse. Si bien qu'à la base des "paradoxes" de Parent et de Fontenelle, il faut dénoncer une philosophie du choc, une phénoménologie tenace de la percussion. Parent ne prend pas la peine de justifier son premier principe: la proportionnalité de l'effort au carré de la vitesse du courant était admise par tout le monde. Mais il est encore expliqué par Fontenelle dans des termes qui rappellent ceux de Renau au début de sa Théorie de la Manoeuvre: "Si la vitesse augmente, l'effort ou impression augmente selon les carrés des vitesses, parce que quand un fluide a 2 fois, 3 fois etc. plus de vitesse, non seulement il frappe une surface avec 2 fois, 3 fois plus de force, mais il la frappe avec 2 fois, 3 fois plus de parties en même temps, puisqu'elles se meuvent plus vite, et par conséquent l'impression du fluide croît selon la raison doublée ou selon les carrés de la vitesse" (12). On verra avant la fin de cette section que cette explication et l'explication de type galiléen-huguenien sont présentées concurremment par Mariotte, dans son Traité du Mouvement des Eaux. En réalité, elles relèvent de modes de pensée très différents, et prennent place dans des horizons épistémologiques difficilement conciliables. Parent n'appartient pas du tout au second, comme on peut s'en convaincre en considérant non seulement ses principes et ses procédures, mais encore les questions qu'il ne s'est pas posées: présentant l'effet maximum comme les 4/27 de l'effet naturel du fluide, il n'a pas l'idée de se demander ce que devient la force motrice initiale: disparaît-elle, se conserve-t-elle, se consume-t-elle, et à quoi? Il n'ébauche pas même la problématique d'une perte. Pour mouvoir, il faut choquer, heurter l'obstacle: Parent est aux antipodes de l'idée d'une perte d'énergie dans le choc inélastique. Le titre complet du premier ouvrage de Parent est Eléments de Mécanique et de Physique, où l'on donne géométriquement les principes du choc et des équilibres entre toutes sortes de corps. Avec l'explication naturelle des machines fondamentales. "Quant au titre de ce livre, je ne crois pas qu'il se trouve encore personne assez étrangère dans la Physique pour vouloir contester qu'elle n'est qu'un pur effet du choc des corps; c'est pourquoi on m'avouera qu'on ne peut pas donner des Eléments du choc, qui ne le soient de toute la Physique en même temps" (Préface) (13).

Son concept de "la machine la plus parfaite" est révélateur à cet égard. La "machine dans son état de perfection" est une machine au fonctionnement optimal, mais ce n'est pas une machine idéale, comme on en verra paraître l'idée chez D. Bernoulli et Borda. Parent semble avoir été de tout temps sensible à la question de l'optimum: la machine lui est toujours occasion d'une recherche du meilleur. On en a des indices dans les Eléments de 1700, qui répndent à des questions comme "trouver le plus grand effet possible, dans le choc d'un fluide qui agit contre lui-même ou contre un autre fluide", ou "trouver le plus grand effet possible, entre des fluides, dans toutes sortes de suppositions" (p.284-286), ou "De la situation la plus avantageuse de l'aile des moulins; et du résultat d'un choc oblique autour d'un point fixe" (p.300). Mais ce ne sont que des éléments épars: "Je ne m'engagerai pas plus avant dans la résolution de ces questions, parce que j'espère, avec l'aide de Dieu, en faire l'application dans le Traité des Hydrauliques que j'ai promis au Public" (p.290). Nous savons, grâce à ses Essais et Recherches de Mathématique et de Physique (1713) qu'il a présenté en 1701 à l'Académie un Mémoire intitulé "Analyse de la plus avantageuse disposition de l'axe des moulins à vent verticaux à l'égard du cours du vent". Il a également fait des recherches sur "les figures des dents des roues propres à égaler la levée des pistons, avec les réflexions nécessaires pour diminuer les frottements et la dépense" (tome 1, p.1-51). Il termine ainsi cet article, dont nous ignorons la date: "Il ne reste donc ici que deux choses à ajouter; la première, quelle est la disposition de machine la plus simple et qui engage à moins de dépense; et la seconde, quelles doivent être les proportions de ces parties, et des puissances Z et R, afin que la somme de tous les frottements qui s'y trouvent soit la moindre qu'il soit possible, et qu'il y ait le moins de force perdue qui se puisse; ou du moins la manière de calculer ces frottements. Il y en aurait encore une troisième, savoir quels doivent être les rapports de ces mêmes parties, afin que les forces motrices produisent le plus grand effet qui se puisse...Toutes ces matières seront traitées à fond dans une Mécanique universelle, à laquelle je travaille depuis quatre années, et dont la Statique est déjà finie, et les autres parties, savoir l'Hydrostatique et la Kinétique fort avancées" (tome 1, p.51-52). Autre indice du caractère systématique de la démarche d'optimisation, un travail sur les pompes, dont "Huit problèmes proposés aux savants sur les mesures les plus parfaites des Pompes et de leurs aspirants" sont, semble-t-il, tout ce qui reste, le traité dont ils sont tirés, approuvé par l'Académie en 1700, ayant disparu sans voir le jour (14). Académicien obscur, resté Elève jusqu'en 1716, mais calculateur infatigable, Parent est toujours sur la brèche pour déterminer maxima et minima à l'aide des infiniment petits. Dans le cas qui nous occupe, la machine la plus parfaite est seulement, entre toutes les machines réelles mues effectivement, celle qui est chargée et proportionnée de manière qu'elle tourne à une vitesse trois fois moindre que celle du courant. C'est un optimum obtenu par sélection, pas du tout un idéal, atteint par atténuation tangentielle ou asymptotique d'une cause structurelle de déperdition.

De Bélidor (15) à Ackeret, on a souvent présenté ainsi la découverte de Parent: la meilleure machine n'est pas celle qui reçoit du courant le plus grand effort absolu -- ce serait la machine en équilibre --

mais celle qui reçoit le produit maximum de la force par la vitesse du point d'attaque. C'est en réalité Henri Pitot (1695-1771) qui, dans son Mémoire de 1725 "Nouvelle méthode pour connaître et déterminer l'effort de toutes sortes de machines mues par un courant ou une chute d'eau" (16), présentera les choses de cette façon plus claire et plus cohérente. Sachant qu'il veut obtenir le maximum de la quantité $(V - v)^2 . v$ Pitot fait d'abord "le calcul de la vitesse que les aubes d'une machine doivent prendre pour produire le plus grand effet possible". Cette présentation nouvelle, plus intelligible et plus intelligente, de l'idée de Parent ne doit pas être sous-estimée. C'est elle qui la popularisera, qui lui permettra de toucher un plus large public de savants (Euler, McLaurin, D. Bernoulli), d'hommes de l'art (Bélidor) et d'expérimentateurs (Deparcieux, Smeaton). C'est donc elle, aussi, qui contribuera à accréditer l'erreur initiale, tenant aux suppositicns tacites de Parent (une seule aile frappée par un courant de section très large) qui ne correspondent pas aux conditions réelles d'usage des moulins.

Serions-nous quelque peu injuste à l'égard de Parent? A la suite d'une transcription de l'argument qui doit beaucoup à Pitot, c'est Parent, et non Pitot, que Bélidor célèbre dans une page enthousiaste qui a la valeur du plus authentique des témoignages: "Cette découverte mérite d'être regardée comme une des plus importantes que l'on ait fait depuis le renouvellement des Sciences et des beaux Arts; quand tous les travaux de Monsieur Parent n'auraient abouti qu'à ce seul objet, il devrait suffire pour le rendre recommandable parmi ceux qui sont touchés du bien public, d'autant mieux qu'elle est le fruit d'un grand nombre de connaissances acquises, et d'une nature à ne rien tenir du hasard; j'avouerai ingénuement que la première fois que je la vis dans les Mémoires de l'Académie de l'année 1704, j'en fus si frappé que je la regardai comme ce que j'avais appris jusque là de plus intéressant en mécanique: en effet, que pouvais-je rencontrer qui me satisfît plus, vu le goût que j'ai eu dès l'âge le plus tendre pour tout ce qui s'appelle machine, qu'un principe qui ne laissait plus rien à désirer pour la justesse de leur calcul" (17). Qu'on y prenne garde: la découverte dont Bélidor crédite Parent est une maxime d'ingénieur, fondée sur une apparence de raison et garantie par un calcul en forme, susceptible de donner aux utilisateurs de machines hydrauliques une assurance qu'ils n'avaient jamais pu avoir, sinon inconsidérément. Son point de vue avant tout pratique ne coïncide pas avec celui d'une histoire de la science des machines. Parent intéresse celle-ci par la question qu'il pose, plus que par la réponse qu'il trouve, dira-t-on? Mais cette formule encore serait inexacte. Car Parent est tout autre chose qu'un poseur de questions, et c'est sa réponse, à la longue, qui les fera naître dans l'esprit des autres.

Ses résultats, écrira Navier en 1818, "sont uniquement fondés sur cette remarque que l'effort sur les aubes variant avec la vitesse de la roue comparée à celle du courant, il devait y avoir une certaine relation de ces vitesses correspondante au maximum d'effet; et il trouve, en supposant l'effort proportionnel au carré de la vitesse relative, que la vitesse de l'aube doit être alors le 1/3 de celle du fluide. Cette supposition étant à très peu près conforme à la vérité, le résultat l'est aussi; mais la valeur absolue de l'effet maximum donnée par Parent est tout à fait inexacte, et on ne pourrait le connaître qu'en déterminant les quantités respectives de force vive que le fluide perd contre la roue, et conserve après avoir agi sur elle" (18). Cette question ne peut apparaître si l'on s'en tient au schéma de la communication qui est celui de Parent. Le jugement de Navier peut nous aider à nuancer l'éloge d'Ackeret: "In seiner Arbeit ist vielleicht zum ersten Male die Bedeutung der Leistung (in Gegensatz zur statischen Kraft) für die hydraulischen Maschinen erkannt worden" (19). D. S. L. Cardwell note: "Il a faussé le problème, à son insu, en ne considérant que les roues "en dessous", et son analyse est déficiente en ce qu'il suppose qu'une aube seulement est immergée à un instant donné. Cela l'a conduit à conclure que la masse d'eau frappant la roue dans l'unité de temps variait selon la vitesse relative...Néanmoins, les conclusions de Parent furent généralement acceptées, et beaucoup crurent que 4/27 représentait la puissance maximale pour toutes les roues, dans toutes les circonstances" (20).

On tentera, pour finir, d'apprécier l'originalité de Parent, en le situant non par rapport à ceux qui l'ont suivi, mais par rapport à l'un de ses plus importants prédécesseurs. Il doit certainement beaucoup à Mariotte, dont il cite les expériences de mesure à la fin du Mémoire. C'est au Traité du Mouvement des Eaux, oeuvre posthume éditée par La Hire en 1686, qu'est empruntée l'expression de la force du courant exercée sur les ailes de la roue. Après avoir donné, dans ses règles 3 et 4 (p.399) la double explication de la force du jet par le principe galiléen de l'ascension potentielle, et par le choc des petites parties composant le fluide, Mariotte en vient aux problèmes pratiques: "Pour savoir la force des eaux coulantes, lorsqu'elles choquent des ailes de moulins ou de quelqu'autre machine, il faut savoir leur vitesse et la comparer à celle des eaux qui jaillissent au bas d'un réservoir. Il est encore nécessaire de savoir la pesanteur spécifique de l'eau à l'égard des autres corps. Voici les observations que j'en ai faites" (p.402). Il présente un dispositif, comprenant un tourniquet avec un ais ou palette, pour mesurer le poids faisant équilibre au choc d'un courant d'eau. Les rapports vitesse/force sont ceux que les règles permettaient de prévoir. "J'ai trouvé de même la force de l'eau coulante dans plusieurs autres endroits de la rivière, et même dans l'aqueduc d'Arcueil".

Mais voici l'idée d'une autre observation: "Les roues des moulins qui sont sur la Seine à Paris entre le Pont Neuf et le Pont au Change, n'ont, à leurs extrêmités, que la moitié de la vitesse de l'eau courante qui les choque; ce qui revient à la même chose que lorsqu'un poids en mouvement en rencontre un autre immobile de même pesanteur et qu'il s'y attache, car étant joints ensemble, ils n'ont incontinent après le choc que la moitié de la vitesse que celui qui a choqué: Et ainsi on peut supposer que la résistance du frottement de l'essieu de la roue, de celui de la meule et du grain qu'elle brise joint au poids de la roue et de ses palettes, vaut autant à peu près que la résistance d'un poids égal à celui de l'eau qui choque, et par conséquent elles doivent retarder de moitié à peu près la vitesse de l'eau qui les choque. On remarque les mêmes proportions dans les roues de la Pompe de la Samaritaine". Parent n'est pas le premier qui ait eu l'idée de mesurer la vitesse relative de la roue, sur une machine en fonctionnement. Mais s'il doit bien quelques règles à Mariotte, comme il le rappelle avec reconnaissance, il ne lui doit pas l'idée de la "plus grande perfection possible des machines".

3. Pompe et Pendule. Daniel Bernoulli et la machine idéale.

Daniel Bernoulli est connu pour avoir, le premier, appliqué le principe de la conservation des forces vives à l'étude du mouvement des fluides. Ce point ne fut pas même contesté par son irascible père, et la postérité, Lagrange en tête, voit en lui un initiateur. Dans son Hydrodynamica (1738), et dès 1727 dans ses mémoires des Commentaires de Saint-Pétersbourg (21), D. Bernoulli propose une extension décisive du champ de la mécanique rationnelle, qui ouvre la possibilité d'une "hydrodynamique" (le terme est sa création), à côté de l'hydrostatique d'Archimède et de

Pascal. Ce n'est pas pour confirmer ces vérités bien établies qu'on évoque ici D. Bernoulli, mais pour tenter de saisir les rapports subtils de son initiative théorique la plus remarquable avec la réflexion qu'il a menée sur les machines hydrauliques. Roger Hahn soulignait jadis l'importance des "soucis pratiques" et même des "considérations artisanales" qui ont animé la recherche des savants du temps, l'hydraulique jouant un rôle dans tous les domaines de la vie courante (22). Il propose à l'historien des sciences le programme d'une histoire qui tiendrait compte des solidarités spécifiques et changeantes du dialogue ininterrompu entre les savants et les divers praticiens des eaux mouvantes, constructeurs de canaux et d'écluses, de pompes et de moulins, de ports et de navires; de l'échange incessant entre les conceptions théoriques des uns et la technique concrète des autres.

Comment D. Bernoulli, jeune médecin, a-t-il rencontré ces problèmes? Il fut envoyé en Italie, selon Condorcet, "pour se former dans les sciences médicales sous Michelotti et Morgagni", l'exil vénitien venant à point nommé confirmer le mythe d'une précoce vocation théoricienne contrariée par la jalousie paternelle, et finalement victorieuse. A Venise et à Padoue, où il publie en 1724 Exercitationes quaedam mathematicae, il aurait été, géomètre bâlois élève de Leibniz et de son père, en butte à l'incompréhension des tenants de la tradition expérimentale italienne: "En général, il paraît que l'on ne voyait en Italie que d'un mauvais oeil l'accueil que la République de Venise avait fait à ces géomètres allemands ...aussi abandonnèrent-ils bientôt la partie". En réalité, Jean Bernoulli n'envoyait peut-être pas son fils au purgatoire: il tenait en haute estime les iatromécaniciens italiens, ayant préfacé une réédition du De Motu Animalium de Giovanni Alfonso Borelli, et écrit lui-même des Meditationes mathematicae de Motu musculorum (23). Nulle part ailleurs qu'à Padoue et à

Venise, on n'était enclin à prolonger et à éprouver les connaissances d'hydraulique par une étude de la mécanique des corps vivants. D. Bernoulli a travaillé avec Pietro Antonio Michelotti, médecin, auteur du De Separatione fluidorum in corpore animali, dissertation "physico-mécanico-médicale" (Venise, 1721). Ce livre contenait des recherches expérimentales et théoriques sur le mouvement des fluides du corps et leurs lois physiques Il rejetait l'hypothèse newtonienne de la cataracte, et s'interrogeait, une fois de plus, sur la démonstration possible du principe de Torricelli. On cite, parmi les Italiens qui ont écrit sur la question (24), P. Guido Grandi, E. Manfredi, qui a enrichi de notes le Della Natura de'Fiumi de Guglielmini, Geminiano Montanari, et surtout le marquis de Poleni, auteur du De motu aquae mixto (Padoue 1697) et du De Castellis per quae derivantur fluviorum aquae (Padoue, 1718), expérimentateur et théoricien de renommée européenne. Les liens entre Jean Bernoulli et l'école vénitienne sont encore confirmés par l'existence d'une centaine de lettres échangées précisément avec Michelotti (25). Nul doute que D. Bernoulli a partagé, avec un esprit critique toujours en éveil, ces préoccupations expérimentales du milieu scientifique vénitien. Dans ses Exercitationes mathematicae de 1724, il polémique avec Ricatti sur la manière dont Michelotti envisageait le mouvement des eaux. Et on retrouve l'écho de ces vifs débats, avec les accents d'un réel désarroi, dans les premières pages de l'Hydrodynamica.

Mais il apparaît que c'est dans le cadre tout différent de l'Académie de Saint-Pétersbourg que D. Bernoulli parvient à la formulation et à l'accomplissement de son projet d'une science nouvelle (26). L'Académie, fondée en 1725, l'appelle aussitôt avec son frère Nicolas, qui mourra huit mois plus tard. Daniel restera à la cour impériale jusqu'en 1733, comblé d'honneurs. Dès 1727, comme l'atteste une lettre à Poleni (27), il est en possession d'une véritable théorie du mouvement des eaux, applicable à tous les cas, et il en fait grand usage dans ses publications des Commentaires. Ses articles, dans ces volumes, voisinent avec ceux de Ch. Wolf, Jean Bernoulli, Nicolas Bernoulli, Euler, Hermann, en un mot l'élite des savants continentaux, principalement bâlois, qui dans une tradition leibnizienne avouée, ont élaboré l'instrument du calcul et poursuivi le projet d'une dynamique rationnelle.

Aux principes newtoniens auxquels on remonte par induction et analyse, par généralisations successives de résultats empiriquement donnés, s'oppose, dans l'épistémologie de l'Hydrodynamica, le principe indirect contingent, synthétique et unique, qui insuffle en une fois dans l'édifice par ailleurs géométrique du savoir l'enseignement que l'expérience nous donne sur la légalité du monde dans lequel nous vivons. L'"hypothèse physique", comme il appelle l'axiome huguenien de l'égalité de la descente actuelle et de l'ascension potentielle, est un principe-paradigme. Cela explique, selon nous, que pour Newton l'expérience a un sens bien plus limitatif et circonscrit que pour Torricelli et pour Bernoulli. Le refus préalable des hypothèses se fait chez Newton au nom de l'expérience, seule porteuse d'évidence. Toutes les expériences se valent, étant toutes pourvoyeuses d'évidence. Au contraire, ce n'est pas parce qu'il serait plus incontestable, que le paradigme de l'ascension potentielle est un principe; c'est parce qu'il contient plus d'information sur le monde, qu'il condense plus d'a posteriori, même si sa révélation expérimentale est contestée. C'est en cela qu'il est une "hypothèse physique" (28). Nous retrouvons le pendule comme modèle d'intelligibilité mécanique, le pendule ou son équivalent hydrodynamique, la pompe (29). Selon Kuhn, "Daniel Bernoulli découvre comment assimiler au pendule de Huygens l'écoulement de l'eau par un orifice.Déterminons la descente du centre de gravité de l'eau dans le réservoir et le débit pendant un temps infinitésimal. Imaginons ensuite que chaque particule d'eau se déplace séparément et vers le haut jusqu'à la hauteur maximale qu'il lui est possible d'atteindre avec la quantité de mouvement acquise durant cet intervalle. La montée du centre de gravité des particules isolées doit alors être égale à la descente du centre de gravité de l'eau dans le réservoir et le jet" (30). Bernoulli résout son problème "en le modelant sur des solutions précédemment trouvées à d'autres problèmes, avec un recours minimum aux généralisations symboliques". La Gestalt de la remontée potentielle égale à la descente réelle induit une vision originale du phénomène. Ce qui retient notre attention, malgré les réserves précédemment exprimées, c'est que l'information véhiculée par le "paradigme" est ici le résultat mécanique patent, tel que l'arbore un dispositif où se condense une expérience et une compréhension du monde. Machina index naturae. Le modèle préférentiel de la tradition spécifiquement galiléenne (Galilée, Torricelli, Huygens, Leibniz, D. Bernoulli) est machine (31). Et la rencontre entre le paradigme et la machine n'est pas fortuite (32) dans la mesure où la machine est le phénomène érigé en modèle, à la fois exhibition, manifestation et prédiction contrôlable de l'effet. C'est pour cela que la réflexion sur l'effet des machines nous introduit au coeur, et aux moments décisifs de la nouvelle dynamique.

Ainsi, la science des machines, avant d'apparaître comme application ou corollaire de la théorie générale -- ce qu'elle est bien, en fait, dans la Section IX -- est une matrice de concepts et de procédures, une école de théorisation. Tout se passe comme si les notions de conservation, de consommation, de dépense, de bilan, de déperdition avaient été rencontrées, éprouvées et travaillées dans une réflexion aigue tournée vers les machines, auxquelles elles s'ajustent tout particulièrement comme le principe de Huygens et l'impossibilité du mouvement perpétuel, comme la réflexion de Galilée qu'on ne fraude pas la nature, comme l'idée leibnizienne de l'équivalence de la force vive et de l'effet mécanique. Non certes que les concepts fussent disponibles, ou même toujours en voie d'élaboration, dans la pensée des mécaniciens de l'époque. On vient de voir qu'ils faisaient défaut chez Parent, qui conçoit l'effet maximum dans une tout autre prespective. L'hydraulique manquait encore des instruments théoriques nécessaires pour articuler une science des moteurs. A ce compte, le progrès décisif que Daniel Bernoulli fait accomplir à la pensée des machines (et c'est du côté de la métaphysique et de la physique de Leibniz, plus que dans le fonds d'idées des ingénieurs qu'il en a puisé l'inspiration), peu sensibles aux lecteurs de son temps, serait la condition des progrès dont on le crédite en matière de mécanique des fluides.

"Chez D. Bernoulli, on peut encore trouver des références aux machines hydrauliques de son époque. Il cite les travaux de Weidler, Fontana, Chazelles et surtout Mariotte..." La perspective adoptée dans ces lignes par R. Hahn, présentant l'oeuvre qui nous occupe comme la fin d'une époque, a de quoi surprendre. Car la référence aux machines hydrauliques, dont on verra que c'est plus qu'une simple référence, est ici tout à fait digne de considération (33). En effet, chez les Vénitiens, auprès de qui Bernoulli s'est initié à ces questions, chez le plus illustre, Poleni, comme chez leur maître à tous Guglielmini, la préoccupation pratique majeure n'est nullement celle des machines mais celle des adductions d'eau, canalisations, aqueducs, installations fluviales et portuaires, fontaines et jets d'eaux. On ne trouve nulle part chez Guglielmini, le concept d'effet d'une machine. Carlo Fontana, à qui Bernoulli renvoie en passant (p.192), présente des "giuochi e scherzi", des fantaisies baroques.

Si la machine hydraulique apparaît, c'est chez les physiologistes, et en tant que modèle mécanique du corps vivant, en premier lieu de la circulation du sang. Mais l'interrogation sur les phénomènes de la circulation sanguine n'éclaire pas en retour le modèle qu'elle se donne. Dans l'Hydrodynamique, D. Bernoulli, dont il ne faut pas oublier qu'il fut professeur d'anatomie à Bâle de 1733 à 1751 (34), traitera aussi de la pression du sang dans les vaisseaux, mais accessoirement, et plutôt en guise de corollaire. C'est au contraire la machine en tant que telle, une sous ses diverses dispositions, objet d'analyse et non plus seulement de description qui passe alors au premier plan. C'est pour cette raison que les références sont à la fois précises -- utilisation des descriptions chiffrées, sinon calculées, de Weidler -- exhaustives -- toutes les sortes de machines pompes, norias, roues, moulins, machines à vapeur et machines à feu sont étudiées en détail -- et intégrées à une réflexion qui les transcende et les ordonne. Elles ne sont pas le vestige d'une tradition ancienne, mais une nouveauté: l'hydrodynamique est étroitement associée à la réflexion qui s'efforce de comprendre la machine.

D. Bernoulli centre sans équivoque son propos mécanologique sur la notion d'effet maximum, grâce à quoi il élabore l'idée de machine parfaite. C'est l'objet des sections IX et X. Sur ce point, il sera possible de distinguer ce qu'il reçoit de "savants praticiens" comme Parent et Pitot, et ce qu'il ajoute à leurs résultats. On se rendra compte du lien intime qui associe la problématique de l'effet et celle de l'hydrodynamique en général, du parallélisme ou de l'isomorphisme structurel des deux démarches. La machine, comme fait idéal, et le principe indirect, le paradigme non démontré mais indubitable, sont au centre de perspectives convergentes. Ils se projettent l'un dans l'autre.

La section IX de l'Hydrodynamique traite des machines hydrauliques sous le titre suivant: "Du mouvement des fluides qui jaillissent sous l'effet non de leur poids, mais d'une puissance étrangère, où il est surtout question des machines hydrauliques, et du dernier degré de perfection qu'il est possible de leur donner, ainsi que des moyens de perfectionner à l'avenir la mécanique des solides aussi bien que des fluides". Une première distinction est opérée entre les machines

A) qui projettent l'eau avec impetus et

B) qui la transportent paisiblement (placide).

Les premières sont les pompes, les secondes les norias ou chapelets. Le problème de l'effet se pose dans les deux cas de manière identique (p.180). Une nouvelle distinction sera faite ultérieurement entre ce premier groupe et C) les machines actionnées par l'impetus du vent ou de l'eau (p.192), et le concept d'effet sera alors directement impliqué dans cette opposition. Les concepts qui nous intéressent sont d'abord utilisés pour l'analyse de la première sorte de machines (figure 1). Le poids P étant supposé égal à celui de l'eau qui viendrait remplir le volume H A B I , le jet FG atteindra la hauteur de la ligne HI.

La machine renvoie, en vertu de la définition impliquée dans le titre, à une puissance mouvante, principe extérieur à elle agissant sur elle, poids, effort d'un fluide comme l'eau et le vent,traction pression, vis mortua toujours exprimable par un poids. Face à ce terme concret, descriptif et directement quantifiable, Bernoulli campe le terme de puissance absolue, pour désigner le produit de la puissance mouvante par sa vitesse et par le temps durant lequel elle agit: P v t ou P e , e désignant l'espace parcouru dans le temps t .

"J'appelle ce produit puissance absolue parce que c'est à partir de lui que doit être estimé le labeur dépensé par les hommes de peine pour l'élévation des eaux". Ce labeur des hommes attelés à la machine, si difficilement quantifiable (35), donne l'idée de quelque chose que l'on dépense, ou à quoi on se dépense; exercice qui fatigue et exténue, qui épuise, suivant une ambiguïté nécessaire, l'eau et l'ouvrier. Pourquoi le produit P v t convient-il pour l'estimation des labores? Les trois facteurs se justifient aisément:

-- P parce que toutes choses égales d'ailleurs, doubler le nombre des ouvriers, c'est doubler les labores.

-- v parce que "doubler la puissance mouvante, ou doubler sa vitesse, c'est produire dans les deux cas un effet double".

-- t parce que doubler le temps, c'est doubler les labores.

Dans un scolie, p.165, Bernoulli remarque que cette estimation du labeur est à prendre non dans un sens "physiologique" mais dans un sens "moral". "Moralement", en effet, les labeurs (2 P) v t et P (2 v) t sont équivalents. Mais ils ne sont pas interchangeables sur le plan physiologique, c'est-à-dire du point de vue des qualités athlétiques voire acrobatiques mises en jeu. Egalité morale et différence physiologique: il y a donc des précautions à prendre, quant aux proportions et au dispositif des machines mues par des hommes, pour obtenir le maximum d'effet avec le minimum de fatigue. Par exemple en réglant l'inclinaison des roues "calcatoires". Labeur n'est pas fatigue, mais son estimation juste est la condition d'une étude physiologique de la fatigue et d'une rationalisation du travail:humain. La mesure objective des labores ne recoupe ni le pur résultat, séparé des conditions réelles de son obtention (Descartes), ni l'estime de l'effort en quelque sorte subjectivisé ("action motrice" leibnizienne (36)). D. Bernoulli se servira de cette estimation sans équivoque et universelle de la performance ou du travail moteur exercé sur la machine dans son mémoire de 1753: "Recherches sur la manière la plus avantageuse de suppléer à l'action du vent sur les grands vaisseaux (...) fondée sur une Nouvelle théorie d'économie des forces et des effets (37). Si l'on veut respecter la pensée de Bernoulli sans anticiper indûment la traduction du mot labores est délicate: efforts, labeurs, travaux... C'est néanmoins "labeur", au singulier, qui rend le mieux les principales connotations: charge concrète, usage courant, liaison avec les phénomènes de fatigue et le notion de dépense, idée d'une force jointe à la vitesse du déplacement de son point d'application et à la durée de son exercice. L'autre mérite de cette traduction, c'est qu'elle marque le fait le plus intéressant: l'anticipation à la fois conceptuelle et terminologique.

La règle 2 définit sans préambule la machine idéale. "Etant donnée une même puissance absolue, je dis que toutes les machines, affranchies de frottement et n'engendrant aucun mouvement inutile, produiront le même effet, et que l'une n'a pas à être préférée à l'autre". L'élimination ou du moins la mise entre parenthèses des frottements et gaspillages nous met dans le cas, idéal, de la conservation, la machine réelle posant dès lors un problème de transmission ou de communication (38). L'idéal est ce à partir de quoi il devient possible de comprendre la machine en général. On mesure la distance qui sépare la machine idéale ainsi entendue et la "machine la plus parfaite" de Parent, qui n'était, elle, qu'un cas particulier. Nous voici en présence de la machine qui, entre la puissance absolue qui la meut et l'effet qu'elle produit, ne donnerait lieu à aucun gaspillage. Intégralement restitutive, conforme au principe de conservation de Huygens, de Leibniz, de Bernoulli. Modèle idéal obtenu par dépouillement, débarrassé de toutes les dépenses inutiles. Exhibant la pure égalité de la puissance absolue et de l'effet, un tel modèle subsume sous sa figure abstraite toutes les machines réelles de son ordre. Idéale ou abstraite, parce que frictions et remous y sont abolis par un acte de l'esprit, la machine ainsi envisagée l'est aussi parce qu'affranchie des particularités non structurelles, ramenée à l'épure qui en condense les opérations et en cristallise pour la représentation l'exercice. Unicité et simplicité de la forme pure, non plus comme structure spatiale, à la manière de la science des machines simples, mais comme fonctionnement, atteint par une expérience de pensée. Dans l'histoire de la paradigmatique des machines, Daniel Bernoulli ouvre ici la voie à Lazare Carnot (et à son fils). Chez lui on trouve l'optimum par réflexion sur l'idée, sur la machine-idée, c'est-à-dire le dispositif où se lit la conservation. C'est à cet idéal que l'optimisation est asymptotique. D'où le congé hautain donné à la tradition des Théâtres: "Il n'en manque pas pour penser qu'on peut inventer une machine grâce à laquelle avec des labeurs très petits, on pourrait élever à n'importe quelle hauteur la plus grande quantité d'eau, et pour se mettre à la torture en multipliant les roues, les leviers et les poids. Ils perdent leur temps, et l'on ne doit pas écouter ces faiseurs de promesses, quand ils croient avoir fait des découvertes fracassantes: la machine optimale est, si l'on n'a égard qu'à son effet, celle qui supporte les moindres frictions et n'engendre aucun mouvement inutile, et nous donnerons plus tard son mode de réalisation".

Il faut donc travailler l'idée de la machine où la force ne se perd pas en route, où elle est toute canalisée vers le but à atteindre, pour découvrir à quelles conditions la machine restitue intégralement sous forme d'effet, la puissance absolue dépensée sur elle. Assuré du principe de la conservation, on va chercher les procédures d'une transmission aussi entière que possible.

Soit d'abord le problème de la vitesse. Supposons que sur la figure 1 nous voulions élever de l'eau en G. Ce sera perdre sans fruit une partie de la puissance absolue que de donner à l'eau qui sort en F une vitesse supérieure à celle dont elle a exactement besoin pour monter à la hauteur G. On raisonnera maintenant sur la figure 2. La puissance absolue serait tout entière employée utilement si l'on faisait sortir l'eau en F avec une vitesse presque insensible. Plus l'eau est élevée lentement, mieux la puissance absolue est utilisée. "Il suit de là que plus les eaux sont puisées lentement, plus la puissance absolue est dépensée avec profit, et qu'elle est donc presque toute dépensée utilement, quand les eaux coulent par l'orifice F avec une vitesse à peu près insensible" (p.168). Effort que l'on fournit, la puissance absolue est, dans l'économie de la transmission, un capital que l'on dépense, sous forme d'effet utile ou en pure perte. Bernoulli établit donc le maximum de la transmission, grâce à une norme de fonctionnement de la machine, selon laquelle la transmission sera à l'image de la pure et simple conservation.

Il en est de même quand il examine les autres cas de gaspillage. Interstices laissés entre le piston et les parois du cylindre (règle 6), frottements des pistons trop étroitement ajustés (scolie de la règle 6), orifices qu'il est toujours dangereux de prévoir trop petits (donnant l'occasion d'une illustration, par le calcul des déperditions de puissance absolue dans les pompes de Perrault), effort inutilement dépensé dans la phase d'admission des pompes foulantes (règle 8): Bernoulli se livre au relevé méthodique et à l'estimation de toutes les dépenses indues. Il termine en disant que le piston doit, en tout état de cause, être levé lentement (p.177). Ayant donné pour tous ces obstacles les règles de leur calcul, et les moyens de les diminuer, il conclut: "Qui vise à un résultat supérieur, prétendant par des labeurs très petits ou grâce à une puissance très petite, obtenir tout effet requis pour l'élévation des eaux, se fourvoie et perd sa peine. Car si l'on fait abstraction de ces obstacles et autres semblables, la machine la plus parfaite qui puisse exister sera la pompe toute simple (fig.1) et si l'on recueille en G les

FIGURE 1

FIGURE 2

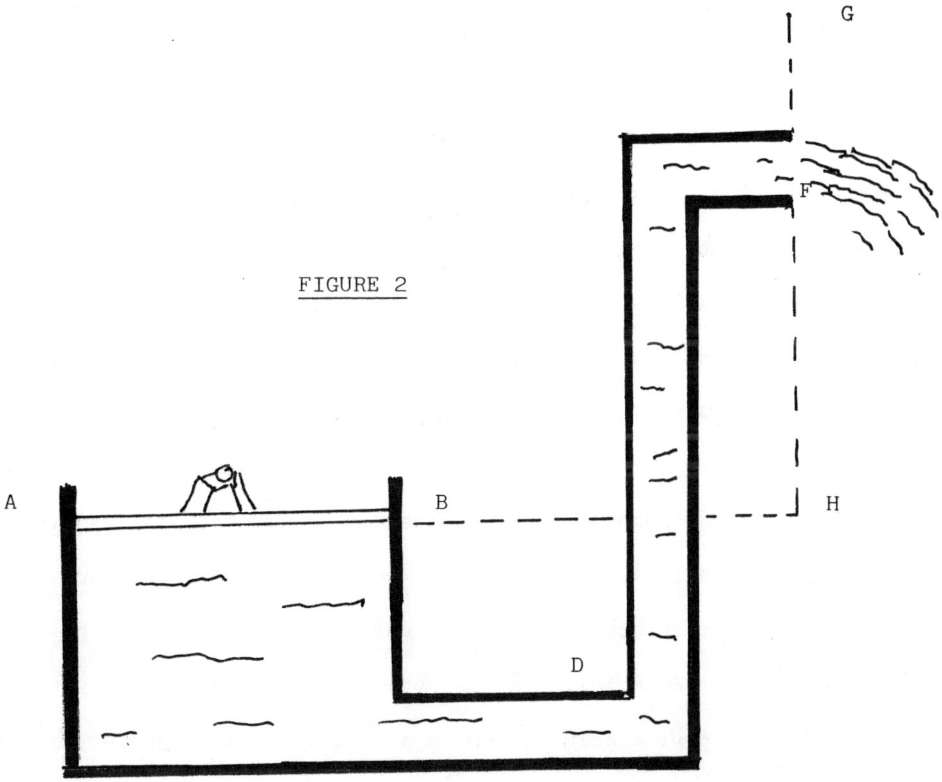

eaus pulsées grâce à elle, je dis qu'on ne peut obtenir un résultat équivalent à moindres frais" ("minori labore" p.178).Le parfait est donc le simple, et la règle du maximum est reliée à celle de la conservation. La machine idéale fonctionne sans chocs ni heurts, à régime constant et aussi lentement qu'il se peut. On peut constater l'identité de vues, et aussi le progrès réalisé par Bernoulli, en comparant son enseignement ave ccette remarque de Leibniz sur les pompes: "Deux principaux inconvénients dans les machines: la friction ou frottement, et la perte d'impetus de la matière choquée; pour qu'elle serve toujours à la continuation du mouvement, il faut un subterfuge. Le premier défaut des machines a été considéré plus tard. Ainsi, il faut prendre garde, si l'on veut faire des pompes où l'eau soit soumise à une pression partout uniforme et constante, comme sous un piston, à ce qu'une trop grande quantité d'eau ne soit pas entraînée par là dans un mouvement inutile, ou, en un mot, sans effet" (39). Bernoulli prolonge le voeu pieux du philosophe, par des consignes claires, il accomplit son programme en donnant la figure opérante du fonctionnement idéal. Mais nous pouvons déjà formuler la question suivante: si la machine idéale, quand on examine les pompes, est celle où aucun choc ne se produit, comment pourra-t-on concevoir une roue hydraulique "idéale", la roue étant, justement, mue par le choc de l'eau sur les ailes?

Avant d'aborder cette question, l'examen de la deuxième sorte de machines, élevant l'eau sans impetus notable, ne réserve aucune surprise. Cette sorte de machines peut être illustrée par la roue à double chapelet dite machine de Francini. Le degré de perfection maximum y revient au même. Bernoulli peut conclure, en un scolie général de grande importance: "Abstraction faite des frictions et gaspillages énumérés, toutes les machines reviennent au même, parce que la puissance absolue dépend simplement de la hauteur à laquelle on doit élever le corps et de son poids" (p.180).

On aperçoit alors, et il la résume en une formule lapidaire, l'unité de son livre et de sa méthode: "C'est là ce que la <u>puissance absolue</u> a en commun avec la <u>vis viva</u>, ou avec l'ascension et la descente actuelle". Huygens, Bernoulli, Carnot: par le biais de l'idéalisation, la machine et le phénomène général (la généralité du principe) en viennent à coïncider. Machine, mais idéale. Principe; mais indirect. Ils ont le même statut d'intelligibilité. Si la transmission parfaite vient coïncider avec le principe de la conservation, la transmission imparfaite n'en est pas moins, au second regard, une autre illustration. La machine idéale montre l'égalité de la descente actuelle et de l'ascension potentielle-actuelle, mais à sa manière, la leçon de toute machine imparfaite la vérifie. On pourrait s'étonner que Bernoulli, qui dit ce qui se conserve, la <u>vis viva</u>, n'ait pas de mot pour dire ce qui se transmet: il continue à parler de <u>potentia</u> à l'entrée et d'<u>effet</u> à la sortie. Le terme <u>labores</u>, ou même <u>labor</u> (p.177-178), ne sert pas pour désigner ce qui se transmet (Coriolis posera un "principe de la transmission du travail"), mais seulement ce qui est donné au départ, comme si <u>labor</u> ne pouvait recouvrir le domaine, anthropologiquement ambigu, des frottements, des gaspillages <u>et</u> des efforts utiles. Le principe de conservation pose l'égalité de deux quantité désignées par des noms distincts, mais de formules équivalentes ou convertibles: descente actuelle et ascension potentielle, labeur et effet. Suivant le texte de 1736,

$$1/2\ m\ v^2 = \int p\ dx$$

où <u>dx</u> est l'élément d'espace parcouru dans l'élément de temps <u>dt</u>. En toute rigueur, on doit donc parler d'équivalence et non de transmission, et tenir en réserve le terme de <u>travail</u> comme le terme <u>énergie</u>.

En fait, les machines se signalent par des performances inégales. Celles du second groupe souffrent de frictions, de fuites, de gaspillages et de dépenses superflues. En général, les plus grandes machines, nécessairement fort composées, sont aussi les moins performantes. C'est une (40) des raisons pour lesquelles, reprenant les données numériques fournies par Weidler sur la machine de Marly (41), Bernoulli arrive à cette conclusion stupéfiante que 55/56 de la puissance absolue y sont perdus. La vis d'Archimède n'est à son tour qu'une machine parmi d'autres, elle ne fait en rien exception à leurs lois communes, bien qu'on ait voulu y voir un prodige. "La même puissance absolue est requise dans la Vis d'Archimède que sur le plan incliné, auquel toutes les machines peuvent être ramenées".

Le problème de la machine, dans le premier éveil de l'intelligence des moteurs, -- et cela est vrai chez Bernoulli comme chez Parent déjà -- n'est pas de trouver des puissances motrices nouvelles, mais de ne pas gaspiller celles que l'on utilise sans ménagement. L'eau et le vent sont des puissances motrices gratuites, mais non universellement disponibles. D'où l'idée de les mesurer par comparaison avec ces puissances disponibles mais coûteuses, hommes, chevaux, qu'il faut nourrir. L'alimentation de la force motrice est un problème d'intendance avant d'être un problème de technologie. Mais cette prise de conscience s'accompagne d'une découverte: parmi les machines les plus couramment employées, il en est dont le bilan est nécessairement maigre ou structurellement limité. Qui dit machine, et surtout moulin, dit gaspillage. C'est ainsi que se fait, chez Parent et chez Bernoulli, la découverte du problème des moteurs. Les théoriciens vont montrer que l'effet n'est que la $n^{\text{ième}}$ partie de la puissance motrice, ou que de telles machiners ne prélèvent qu'une partie dérisoire de la puissance motrice naturelle. Pourquoi? On a vu que Parent ne se pose même pas la question. Bernoulli, tout en reprenant le résultat de Parent sans le modifier, donne par sa théorie générale le moyen de comprendre. Il annonce ainsi ceux qui rectifieront l'erreur.

Les machines mues par le choc de l'eau ou du vent sont soumises aux mêmes lois que celles sur lesquelles s'exercent des puissances animées: "le produit de la puissance motrice par le temps et la vitesse du point d'application donnera toujours le produit de la quantité d'eau par la hauteur à laquelle elle est élevée dans le même temps, abstraction faite des obstacles extérieurs" (p.192). Labeurs = effet, dans la machine idéale. Selon le schème de la conservation, "il apparaît qu'une quantité d'eau élevée à une certaine hauteur peut en retour (rursus) produire par sa chute le même effet". Rursus: la réversibilité, le maître-mot de ces analyses, assurant le passage du potentiel au cinétique. Bernoulli présente une interprétation intelligente de la machine de Francini, débarrassée de ses prétendus paradoxes. "Mais si l'on croyait que le même résultat puisse être obtenu en utilisant le choc des eaux tombant d'une hauteur donnée sur les ailes d'un moulin, on se tromperait grandement. Car un tel dispositif appartiendrait à la classe des machines où la plus grande partie de la puissance absolue disparaît sans être utilisée". On va donc rechercher quelles sont les conditions les moins mauvaises pour l'utilisation des fluides agissant par leur choc. C'est ce que signifiera ici le terme "effet maximum". Les résultats convergent avec ceux de Parent. Mais la position du problème (le choc comme phénomène de dissipation de la force vive, la distinction entre les deux sortes de roues) et la démarche du raisonnement sont loin d'être identiques.

Replaçons-nous dans la situation qui vient d'être évoquée. Une réserve d'eau à une hauteur donnée, dont la chute serait utilisée pour mouvoir avec impetus les ailes d'un moulin: "Il ne se peut faire que la puissance absolue contribuant au mouvement de la roue ne soit considérablement inférieure à celle qui a été dépensée pour l'élévation de cette eau. La raison principale en est que les eaux, après le choc, conservent une vitesse qui ne contribue en rien au mouvement de la roue. Il en résulte qu'une grande partie de la puissance absolue resterait inutilisée si l'on voulait obtenir par l'élévation des eaux cet effet, à savoir actionner une machine par leur choc, et élever à leur tour des eaux à une certaine hauteur par l'action de cette machine" (P.193).Le coût initial serait grandement supérieur au résultat finalement obtenu. De combien?

La réponse de Bernoulli est, nous le savons déjà, assez curieuse.A s'en tenir à l'estimation -- courante mais erronée -- de l'impetus de la veine qui a cours depuis Mariotte, la déperdition ne serait jamais inférieure à 23/27.

On reconnaît le résultat de Parent. Mais cette similitude ne doit pas dissimuler l'originalité de l'intuition de Bernoulli. Le dispositif sur lequel il raisonne est remarquable en ce qu'il constitue ue chaîne idéale, dont le premier maillon est la pompe A B C projetant l'eau en E, le deuxième le réservoir E D F, constamment plein, puisque le débit en D est supposé égal au débit en E, le troisième la roue de centre H dont une seule aile est représentée, qui élève des eaux à une certaine hauteur. Sur cette chaîne, idéale parce que sans frottements, toutes les transmissions ne sont pas, néanmoins, conservation pure et simple. Bernoulli établit un bilan, au point nodal central G, entre le coût de la puissance absolue obtenue en G et le résultat que l'on peut obtenir en utilisant encore la roue H à élever de l'eau. Or il n'est plus possible ici d'assurer la conservation de la puissance absolue,fût-ce en énonçant comme plus haut les conditions d'un hypothétique idéal. L'impulsus, impulsion violente du fluide sur la surface qu'il met en mouvement, est un mode de transmission intrinsèquement défectueux. Le paragraphe 36 dénonce un préjugé tenace une vieille erreur: "Dans presque toutes les machines dont le principe de mouvement consiste dans l'impulsion d'un fluide, l'habitude est de faire en sorte que la vitesse du levier, là où il reçoit le choc du fluide, soit très petite par rapport à celle du fluide; et pourtant dans ces machines, la plus grande partie de l'effet qu'on pourrait obtenir par le moyen de la même quantité de fluide mû à la même vitesse est perdue" (p.195). A l'endroit du choc, la puissance utilisée est nécessairement inférieure à la puissance absolue intégrale. "La majeure partie de la puissance absolue s'évanouit sans profit". Mais que faut-il entendre par là? Est-ce que le choc, se produisant entre des particules imparfaitement élastiques, anéantit ou dissipe une partie de la puissance absolue ou de la force vive? Ou la partie "perdue" est-elle seulement inutilisée, et conservée par le fluide, qui garde à la sortie une certaine vitesse? L'intuition majeure de Bernoulli (la transmission par choc est un mode intrinsèquement défectueux de transmission) n'est pas autrement précisée (p.12-13 et 193).

Il reste à noter que ce résultat est après coup désigné comme entaché d'erreur, puisqu'il adopte l'hypothèse de Mariotte sur l'estimation de l'impetus de la veine fluide (42). Cependant, bien que la section XIII présente la correction apportée par Bernoulli à cette hypothèse, on ne dit nulle part ce qui en résulte quant à l'effet des machines hydrauliques mues par le choc.

Daniel Bernoulli a, d'une part, saisi, comme l'écrira Petit (43) que "parmi les propriétés générales du mouvement, celle qu'on désigne sous le nom de <u>principe des forces vives</u> était plus spécialement appropriée qu'aucune autre au calcul des machines". Nous avons lu dans l'<u>Hydrodynamique</u> que la puissance absolue se comporte comme la <u>vis viva</u>. Dans un langage qui a trouvé plus de clarté, Petit dira que "les forces vives fournissent, dans chaque cas, l'évaluation la plus naturelle du moteur et de l'effet produit, l'équation qui détermine la relation qui lie ces deux quantités donne la solution directe et immédiate du seul problème qu'on ait besoin de considérer dans la pratique" (p.187). Opérant la genèse des effets par intégration des labeurs, le principe joue comme un algorithme de la communication et de la transmission de la force. Mais D. Bernoulli est d'autre part resté prisonnier d'une évaluation erronée de l'effet maximum des machines mues par le choc de l'eau. Celle-ci, trouvée par Parent, popularisée par Pitot, Bélidor, Desaguliers, adoptée après 1738 par McLaurin dans le Traité des Fluxions (1742) et par Euler dans de nombreux mémoires (44), constitue un exemple remarquable de persistance du faux et de résistance de l'erreur (45). Mais plus remarquables encore, sans aucun doute, sont les démarches par lesquelles cette erreur fut reconnue comme telle, et en particulier celle de Borda, le premier à la contester dans une argumentation théorique. On verra en effet tout ce qu'elle doit à la méthode élaborée par D. Bernoulli. Car celui-ci est le premier à aborder l'étude des moteurs avec des moyens appropriés et à forger le concept de machine idéale en énonçant les conditions de maximum en termes de changements (de vitesse en particulier) minimaux.

3. La remise en cause du résultat de Parent.

A. Le recours à l'expérimentation. Smeaton.

John Smeaton (1724-1792) est l'auteur de la première tentative cohérente et concertée de soumettre l'évaluation de Parent à un examen expérimental scrupuleux. Il est curieux, dira-t-on, qu'on se soit avisé si tard -- dans le courant des années 1750 -- de demander à des expériences de mesure la confirmation ou l'infirmation de pareille théorie. C'est qu'il fallait, pour que la chose fût réalisable, qu'on vît se dessiner un nouveau type d'examen des machines, de nouvelles procédures et un nouvel idéal de l'enquête mécanique.

Smeaton réunit en lui plusieurs compétences, il assume des

fonctions qui étaient jusqu'alors séparées et relevaient d'hommes différents:

-- C'est un constructeur de machines, capable à la fois d'élaborer des plans, et de réaliser jusqu'à un certain point de ses propres mains ce qu'il a conçu. Il a fait son apprentissage (comme le fera James Watt, de douze ans son cadet) chez un constructeur d'instruments mathématiques. Du seul point de vue de la fabrication des machines, il réunit les compétences des ouvriers spécialisés (craftsmen) et de l'engineer qui, en général, les supervise. Les avis de ce professionnel réputé de la mécanique pratique, de ce consulting engineer, sont très recherchés pour les grands projets d'investissements industriels ou d'équipements publics. C'est ainsi qu'en 1763, il est chargé de remplacer la machinerie des pompes installées au Pont de Londres, et qu'il y fait construire une roue en dessous qui fonctionne de 1768 à 1817. Si la construction du Phare d'Eddystone sur un rocher à 15 miles au sud-ouest de Plymouth (1759) fit de lui une gloire nationale, ce sont surtout les installations de machines à vapeur et de grandes roues à augets qui l'ont accaparé. Ingénieur conseil de la Compagnie Carron à Falkirk (Carron Iron Works), il dispose de toutes les facilités pour y faire réaliser des pièces mécaniques selon ses propres directives. Il améliore et perfectionne tout ce qu'il touche, a-t-on pu dire. On le voit bien dans sa machine à vapeur des Houillères de Long Benton (46) qui multiplie par deux le rendement de la machine atmosphérique de Newcomen. Plus que ses réalisations nous intéresse ici la manière dont il y parvient. Il expérimente dans son atelier sur des modèles réduits. Il rassemble une documentation considérable sur toutes les machines, à vapeur et hydrauliques, en service dans son pays, leurs particularités, leurs performances. Il en tire des statistiques sur le rendement. La Royal Society possède à peu près 1200 dessins réunis en six volumes, qui constituaient son porte-feuille ou sa banque de données (47).

-- C'est un homme de science, versé dans le maniement théorique des concepts, bien au fait de la science de son temps, au courant de toutes les pièces versées à ce dossier. Il a lu Newton, McLaurin, Euler mais aussi outre Parent, Desaguliers et Bélidor. Il souhaite une théorie sanctionnée par les faits, une science opérationnelle, conduisant à des applications industrielles.

-- C'est un expérimentateur, particulièrement adroit et particulièrement scrupuleux. Nous n'en voulons comme exemple, pour l'instant, que le soin qu'il met à confectionner ses modèles réduits, la précision impressionnante de ses comptes-rendus, le nombre considérable de tests qu'il s'astreint à enregistrer, sa volonté de contrôler toutes les variables. Si l'on compare ses expériences à celles que Deparcieux présente à la même époque à l'Académie des Sciences, à paris, on a l'impression de voir s'opposer un amateur et un professionnel, une observation du temps de l'à-peu-près et une expérimentation minutieusement mesurée et rigoureusement conduite. Smeaton est d'autant plus attentif aux résultats et aux conditions de validité de ses mesures qu'il revendique le droit d'en déduire des conséquences théoriques. Il croit en effet au caractère empiriquement décidable des questions théoriques soulevées dans ce domaine.

La réunion dans la même personne de l'expérience d'un excellent praticien, d'un souci motivé d'expérimentation, et d'une bonne connaissance des débats théoriques non résolus est alors chose exceptionnelle. Smeaton préfigure au milieu du siècle l'ingénieur que se proposeront de former les grandes écoles de la Révolution et de l'Empire. La différence, c'est que le pionnier est quelque peu solitaire, et qu'il se situe historiquement pour son propre inconfort, à la charnière de l'âge des moulins et de l'âge de la machine à vapeur. Comme l'eau et le vent sont en concurrence avec la vapeur, en tant que forces motrices pour l'industrie, les problèmes de leur puissance et ceux du rendement (duty) des machines à vapeur sont concurremment abordés par Smeaton (48). Il y apporte une largeur de vues, une connaissance du monde industriel et une détermination patiente dont on chercherait en vain l'équivalent sur le continent.

Pourquoi ces expériences? C'est la triple insatisfaction d'un mécanicien déçu, d'un expérimentateur exigeant et d'un théoricien sceptique qui semble le conduire à l'enquête originale menée de 1751 à 1753, dont la communication à la Royal Society n'a lieu, pour plus de précaution, qu'en 1759: "An experimental Inquiry concerning the natural Powers of Water and Wind to turn Mills and other Machines depending on a circular motion" (49). Mais la déception du constructeur est déterminante: les conclusions de Parent s'écartent beaucoup de la vérité et les règles pratiques déduites par les auteurs qui les reprennent à leur compte sont imparfaites à l'usage. D'où le recours, sous forme d'un défi relevé, à une mesure expérimentale dont la difficulté intrinsèque a empêché jusqu'alors l'effectuation, mais dont elle n'aurait à coup sûr point dû interdire au moins l'ambition.

Pour déterminer la charge que les roues doivent porter pour produire le maximum d'effet, et aussi pour comparer les avantages respectifs des roues à aubes et des roues à augets, Smeaton a construit des modèles réduits d'expérimentation (working models). Mais il est très prudent: "Dans ce cas, il est très nécessaire de distinguer les circonstances par lesquelles un modèle diffère d'une machine en grand; sans quoi un modèle nous éloigne plus de la vérité qu'il ne nous en rapproche...Si grande soit la circonspection dont on use, la meilleure structure des machines ne peut être déterminée avec une parfaite certutude que par des essais opérés en grandeur réelle". Réduction et miniaturisation jouent contre le modèle;

on n'est jamais assuré qu'une réduction de taille conserve les propriétés d'un système mécanique tant qu'on n'a pas opéré la vérification des résultats sur la machine en grand. Smeaton a mis six ans pour mener à bien cette contre-épreuve. On pourrait être tenté de demander alors: pourquoi construire des modèles réduits et expérimenter sur eux, s'il est vrai que les résultats ainsi obtenus à grand peine ne sont validés que par les essais récurrents sur les machines en grand? Smeaton répond: c'est que l'expérimentation en petit donne les grandes lignes du phénomène. elle dégage un profil, une ébauche (outline) qu'il ne s'agit plus, ensuite, de trouver, mais de retrouver. Le working model n'est pas seulement une réduction à petite échelle de la machine hydraulique: c'est essentiellement une recomposition de celle-ci dans laquelle l'expérimentateur peut contrôler toutes les variables au cours des séries de tests successives. Des appareils des Cabinets de Physique, des appareils d'un Musschenbroek, d'un Nollet, d'un Desaguliers, il diffère en ceci qu'il vise à typer et à simuler le fonctionnement d'une catégorie de machines, afin d'en déterminer les conditions optimales d'utilisation. C'est à la mécanique industrielle, pas à une indistincte "Nature" que Smeaton applique les procédures expérimentales. Working model et mesures sur lui sont partie intégrante d'un procès de rationalisation des pratiques industrielles. Mais le working model de Smeaton n'est pas, non plus, cet analogon descriptif et démonstratif d'un dispositif mécanique complet, tel qu'on le voyait par exemple figurer dans l'exposition de la rue de La Harpe, en 1683 (50). Loin d'être le toujours problématique index de la machine à construire, il constitue plutôt un instrument de mesure dûment étalonné, objet et moyen d'un contrôle exigeant de la transmission au niveau d'un organe mécanique précis. Cet instrument et ce contrôle doivent permettre de déterminer les conditions d'une exploitation maximale des puissances naturelles, c'est-à-dire de répondre à une question mise au premier plan par l'investigation théorique, et à laquelle les entrepreneurs sont plus que jamais intéressés, à une époque où la demande de force motrice s'accroît considérablement.

Les appareils sur lesquels furent faites les expériences sont aussi soigneusement décrits que soigneusement construits: sans rien laisser dans l'ombre, ou au hasard. Dimensions et matières employées sont toujours précisées. Le point le plus original est sans doute le contrôle de toutes les variables du problème. On est loin des "expériences" contemporaines de Deparcieux (1753), faites à la hâte (une journée) en pleine nature. (Il est vrai que cet auteur, tout en déclarant la question "des plus susceptibles d'expérience" (51), n'avait recours à celle-ci que "pour achever d'établir son opinion"! Il ne pensait guère qu'à la phénoménologie du choc, alors que Smeaton mesure des grandeurs physiques en amont et en aval de la roue). Voici comment ce contrôle est obtenu, dans le cas de la roue en dessous, à aubes planes (52):

-- Par le dispositif tout d'abord: l'eau est élevée dans un réservoir haut de trois pieds à l'aide d'une pompe manuelle. Elle se déverse dans le coursier par une vanne ajustable. La vitesse de l'eau dans le coursier, déterminée par la hauteur de l'eau dans le réservoir au-dessus de la vanne (effective head), et le débit, mesuré par le nombre de coups de piston nécessaires pour maintenir le niveau constant dans le temps donné, et commandé par l'ouverture de la vanne, peuvent varier indépendamment l'un de l'autre.

-- Par les procédures d'expérience, ensuite. En fait, Smeaton mesure la vitesse de l'eau dans le coursier, et il en déduit la hauteur de chute productrice de cette vitesse (virtual head) qui va intervenir seule dans les protocoles d'expérience, parce qu'en sont eliminées toutes les incertitudes tenant auxfrottements. Caractéristique aussi des précautions dont il s'entoure, sa manière de mesurer la vitesse de l'eau dans le coursier. Il ne se contente pas de déterminer celle-ci par le nombre de tours de la roue à charge nulle, (résultat toujours entaché d'erreur du fait des frottements de celle-ci), mais en enroulant à l'envers la corde portant la charge, il transforme le courant en "régulateur" de la roue.

Conjointement, ayant écarté les suppositions douteuses et les mesures incontrôlées, Smeaton n'admet que des concepts théoriques opérationnellement définis. Voici comment il présente la notion de Puissance (Power): "Comme je vais être obligé d'utiliser un terme qui jusqu'à ce jour a été source de disputes, je pense nécessaire de donner le sens dans lequel je voudrais qu'on le comprenne ici; et dans lequel je le vois utilisé en mécanique pratique...Il signifie exercice d'une force, attraction, impulsion ou pression avec production de mouvement; et par le moyen de la force, attraction, impulsion ou pression, avec mouvement, capacité de produire un effet; et que nul effet n'est à proprement parler mécanique, s'il ne requiert une telle sorte de puissance pour le produire". Il en découle immédiatement que la puissance se mesure par les effets mécaniques qu'elle produit. "L'élévation d'un poids, considérée avec la hauteur à laquelle ce poids peut être élevé dans un temps donné, est la mesure la plus adéquate de la puissance...Mais il faut noter que tout ceci est à comprendre dans le cas du mouvement lent et uniforme du corps élevé; car dans le cas du mouvement rapide, accéléré ou retardé, la vis inertiae d la matière mue mettra quelque variation".

Mais si la mesure la plus adéquate de la puissance est l'effet qu'elle produit, le "travail" dans un temps donné, comment mesurer dans le problème qui nous occupe la puissance originelle de l'eau de la chute, pour la comparer à la puissance réellement utilisée à produire l'effet mécanique par l'intermédiaire de la machine hydraulique? Smeaton définit cette puissance originelle non plus par son effet, mais par le produit du poids d'eau écoulée et de la hauteur d'où elle est censée descendre. "On doit cependant toujours entendre, précisera-t-il en 1776, qu'un corps qui descend verticalement est, en tant qu'on l'emploie à mesurer la puissance mécanique, supposé descendre lentement comme le contrepoids d'une horloge; car s'il descendait rapidement, il serait sensiblement soumis à une autre loi, celle de l'accélération des graves" (53).

Quant à l'effet que l'on compare à la puissance originelle ainsi définie, il doit faire entrer en compte non seulement la charge que soulève la roue, mais le poids requis pour surmonter ses frictions (et la résistance de l'air), le tout multiplié par la hauteur à laquelle la charge est soulevée, dans le temps donné.

Pour un débit et une vitesse donnés, Smeaton fait passer la charge de la roue par n valeurs, en notant à chaque fois à quelle hauteur elle est élevée en un temps donné, et la vitesse de la roue. Il repère alors le maximum d'effet por la batterie d'expériences. Il rapporte les résultats de 27 tests de cette nature.

Dans le premier ensemble d'expériences, l'effet maximum est égal à 3,63 / 10 . "La proportion de la puissance dépensée pour produire l'effet est au plus grand effet qu'elle est susceptible de produire comme 10 : 3,63 ". Ce plus grand effet correspond à une vitesse de la roue comprise entre 1/3 et 1/2 de celle de l'eau: la première valeur étant approchée pour les grandes vitesses, la deuxième pour les grands débits. L'effet varie, dans les autres, entre le quart et la moitié de la dépense. Notons que pour parvenir à ces résultats, Smeaton retranche de la puissance originelle celle que conserve l'eau, quittant la roue avec une vitesse égale à celle des aubes.

Voilà remis en cause, nettement et inexorablement, le système des certitudes héritées de Parent. "Il est assez remarquable, écrit Smeaton que, bien que la vitesse relative de la roue soit supérieure à 1/3 de la vitesse de l'eau, l'impulsion de l'eau dans le cas du maximum soit plus du double de ce qui était assigné par la théorie". Plus encore que les maxima de Parent, ce sont ses "raisons" qui s'effondrent. On trouvera le même "paradoxe" chez Borda: quand le choc est compris comme déperdition de force, le maximum s'élève au lieu de s'abaisser. Smeaton arrive à ses conclusions en comparant seulement les deux produits qui définissent original Power et mechanical Effect. Tout son effort de raisonnement se borne à définir ces deux quantités de la manière la moins équivoque, la plus positive. Le phénomène du choc de l'eau sur les palettes est laissé entre parenthèses. C'est pourtant lui qui va bénéficier de cet éclairage indirect, ainsi qu'il ressort de la comparaison des performances de la roue en dessous et de la roue à augets actionnée seulement par le poids de l'eau.

Smeaton établit par ses expériences sur la deuxième sorte de roues (overshot wheels) que "l'effet de ces roues, supposées dans les mêmes circonstances quant à la charge et à la dépense d'eau, est en moyenne double de l'effet des roues à aubes. D'où l'on tire comme conséquence que des corps non élastiques qui agissent par impulsion ne communiquent qu'une partie de leur puissance, l'autre partie étant employée à opérer le changement de figure qu'ils éprouvent par l'effet du choc" (54). Ici aussi, donc, le résultat obtenu est, du point de vue du raisonnement habituel, surprenant et paradoxal. Smeaton le sait bien: "En raisonnat a priori, on pourrait être conduit à imaginer que malgré la différence du mode d'application, chaque fois que la même quantité d'eau descend de la même hauteur, la puissance naturelle effective est la même; en supposant la machine affranchie des frottements et calculée pour recevoir l'effet entier de la puissance, et le communiquer au maximum". Un pied cubique d'eau tombant d'une hauteur de 30 pouces et choquant alors un autre corps serait capable de produire, par le choc, un effet égal à celui qu'il produirait en tombant d la même hauteur plus lentement, et en agissant graduellement. En conséquence, on s'attendrait à trouver le même rapport de la puissance totale à l'effet dans les deux sortes de roues. Or l'expérience montre, bien au contraire, "que l'effet de la gravité sur les corps qui descendent est très différent de l'effet du choc de ceux qui sont non élastiques, bien qu'engendré par une puissance mécanique égale". Smeaton met ici un terme à la légende, accréditée par Bélidor, de la supériorité des roues à aubes. Sur ce point précis, il répond à une question qui commençait à se poser avec insistance: D. Bernoulli (1738),Jean-Albert Euler (1752) (55), Desaguliers (1754) (56) et Deparcieux (1754 et 1759) (57) étaient parvenus par d'autres voies à des conclusions semblables. Mais, chez ce dernier, l'idée reposait sur une intuition assez naîve et sur des expériences moins bien faites. Smeaton, au contraire, profite de cette discordance mise en lumière par ses mesures, pour reconsidérer l'assimilation implicite, voire l'identification, de la puissance comme moment de mouvement et de la puissance comme force vive, telle qu'elle découlait de sa définition du Power. La médiocrité de l'effet maximum dans la première sorte de machines s'explique si l'on note que, en réalité, l'eau n'y agit pas conformément au schèma de l'égalité des moments de mouvement, mais qu'elle y communique (imparfaitement) l'équivalent d'une puissance engendrée par la chute. Le choc, qui avait d'abord été laissé entre parenthèses, soulève le problème de la conservation de la force vive et des corps inélastiques. Ainsi le second point, le résultat concernant les roues à augets, vient-il réactiver la réflexion sur le premier: le désaccord avec les chiffres de Parent.

Smeaton n'a cessé de vérifier, sur les moulins qu'il construisit, la validité des résultats expérimentaux qui lui valurent en 1759 la médaille annuelle Godefroy Copley (58). Ils ne furent contestés par personne. Il ne cessa non plus de réfléchir aux retombées théoriques de ses mesures. Dans sa communication du 25 avril 1776 à la Royal Society (53), il retrace rétrospectivement le cheminement de sa pensée et situe son apport relativement à l'arrière-plan historique où il prend tout son sens. Il accentue la différence de ses résultats par rapport à ceux de Parent. L'effet dans les machines en grand (en dessous) approche de la moitié de la dépense, "ce qui semble être la limite de l'effet des roues à aubes; comme la totalité de l'eau dépensée serait la limite de l'effet des roues à godets, s'il était possible de les débarrasser de toute espèce de frottements, de la résistance de l'air etc." Quant à la vitesse relative de la roue, "la moitié semble être le véritable maximum". Aux règles de Parent, il convient donc de substituer des maximes dont les roues recevront de grands perfectionnements.

Si les règles erronées ont si longtemps triomphé, c'est grâce à la crédibilité du raisonnement qui les soutendait. Smeaton n'a jamais attaqué de front l'idée que l'impulsion est proportionnelle au au carré deladifférence des vitesses. Mais ses chiffres témoignent qu'il en est autrement. Il est homme à se défier constamment de "ce que l'on pourrait penser". C'est ainsi par exemple qu'il juge sévèrement la désinvolture d'Euler (59) affirmant: "Cependant, dans ces cas, puisque l'eau est réfléchie et qu'elle s'écoule sur les aubes vers les côtés, elle y exerce encore une force particulière, dont l'effet de l'impulsion sera augmenté et l'expérience jointe à la théorie a fait voir que dans ce cas, la force est presque double; de sorte qu'il faut prendre le double de la section du fil d'eau pour ce qui répond dans ce cas à la surface des aubes, pourvu qu'elles soient assez larges pour recevoir ce supplément de force".

Certes, Euler semble ici "annoncer" la découverte de Smeaton, quant aux chiffres qu'il avance. Mais on ne trouve, dit ce dernier, aucune démonstration, ni théorique ni expérimentale du principe invoqué. D'ailleurs, Euler, passée cette incidente, n'en a fait aucun usage dans ses calculs. Smeaton ne se livre jamais, à notre connaissance, à une étude phénoménologique du choc. Mais il raisonne à partir des tables de résultats numériques où le choc de l'eau sur les pales laisse à grands traits transparaître ses lois. A posteriori, sur des résultats expérimentaux nombreux et élaborés avec les précautions qu'on a vues, il raisonne même beaucoup, puisqu'il rectifie, outre les consignes pratiques de Parent, la façon d'appliquer aux roues à aubes les lois de la communication du mouvement (54). Il y trouve la confirmation définitive de la validité de la force vive comme estimation de la force motrice: "Je conclus... que c'est une loi de la nature que les puissances mécaniques dépensées soient comme les carrés des vitesses à produire, et vice versa, et que les simples vitesses engendrées soient comme les puissances impulsives multipliées par la durée de leur action et vice versa" (Mémoire de 1776).

Smeaton n'a pas inventé de machines (60), et ce n'est même pas lui qui a découvert qu'elles fussent capables d'un maximum d'effet. Mais il a le premier fait une confiance raisonnée aux expériences de mesure pour déterminer ce maximum. Et il a trouvé des chiffres dont il s'est aperçu qu'ils exigeaient une rectification de l'intelligence de l'impulsion En tant qu'expérimentateur, il est le maître incontesté des "hydrologues" de la fin du siècle: Bossut, Du Buat, J.A. Fabre (61). Seules les expériences de Coulomb (62) amélioreront la connaissance des moulins à vent. Pour ce qui est de la rectification des principes, Borda dans son Mémoire de 1767, qui ne semble rien devoir à l'expérience (bien que Borda fût aussi un remarquable expérimentateur) pas plus qu'à Smeaton, va beaucoup plus loin que ce denier. Moins préoccupé de mécanique industrielle pratique, il pose d'emblée le problème dans sa dimension théorique. Et c'est de lui que les travaux de Coulomb sur les moulins à vent, et ceux de Lazare Carnot prendront la suite. Encore Smeaton a-t-il compris qu'il devait réenvisager à la lumière de ses résultats le problème des forces vives.

L'importance historique de Smeaton nous semble dépasser de beaucoup ce réajustement ponctuel. Le souci qu'il fait passer au premier plan est symptomatique d'un nouveau cours des choses, il cristallise le souci d'une classe: celle des entrepreneurs capitalistes. L'ingénieur n'est pas une individualité d'exception -- "artiste, savant, génie" -- multipliant les inventions mécaniques, il se consacre à un unique problème qui prend figure de plus en plus nettement: et c'est, par delà la diversité spectaculaire des effets, encore perceptible dans l'oeuvredes constructeurs d'automates, celui de l'exploitation optimale des forces naturelles, des puissances conçues pour la première fois comme ressources limitées. On quitte la métaphore cartésienne des ateliers et des métiers, désignant et dessinant la connaissance de "la force et (des) actions" des corps qui nous environnent: "<u>les</u> actions", "<u>les</u> usages auxquels ils sont propres", c'était la multiplicité des usages possibles pour l'utilisateur compétent ("les<u>divers métiers</u> de nos artisans"): Descartes était alors plus près de Bacon que de Smeaton. Il n'envisageait nullement sous le terme "la force" une disponibilité universellement quantifiable mais limitée, que les moteurs devraient transmettre au meilleur prix. Smeaton, lui, cherche une chose dont s'inquiètent non les artisans mais les industriels, avec des méthodes qui sont celles des physiciens expérimentaux. Sa tentative s'inscrit dans la série des efforts pour définir l'unité de puissance et l'unité de travail. D'Amontons à Watt, de Parent à Coulomb, cette recherche est selon nous l'un des traits qui caractérisent, au XVIIIe siècle, l'effort pour articuler la mécanique rationnelle et la mécanique pratique.

Avec une précision chronologique remarquable, puisque son surgissement coïncide avec les premières années du siècle: Amontons, Parent, La Hire, Papin. C'est au cours de ses recherches sur la force humaine au travail qu'Amontons a fait sa découverte sur les frottements; mais il cherchait à évaluer la force humaine pour évaluer l'efficacité de sa machine à feu. Aux problèmes qu'Amontons pense résoudre en deux mémoires, Smeaton a consacré le travail de toute sa vie. Il manque certes des instruments appropriés pour exprimer cette puissance et cette "énergie" à l'intelligence desquelles font obstacle concurremment les embarras des ingénieurs, les hésitations des industriels, et les perplexités du monde savant. Avant Watt (1783), les ingénieurs ont du mal à trouver une unité de puissance sur la définition de laquelle ils puissent se mettre d'accord. Et l'équivalent-cheval peut être pris au sens énergétique, aussi bien qu'à celui de la rentabilité (63). Quand Wolf écrit: "Smeaton made no use of the concept of "Power" as a "Rate of Doing Work" et affirme qu'il s'en est tenu à la mesure des "total quantities of work done in a given time" (64), il caractérise justement la manière dont il <u>aborde</u> le problème des machines hydrauliques, mais non ses ultimes conclusions. Quant à la machine à vapeur Smeaton raisonne comme ses contemporains à son égard en termes de <u>duty</u> ou rapport du travail utile à la quantité de charbon consommée (65).

Smeaton est donc un précoce représentant de cet <u>engineering</u> que Thomas Tredgold devait définir en 1828 "the art of directing the great sources of <u>Power</u> in nature for the use and conveniance of Man" (66).

<u>B. La révision théorique. Borda.</u>

La considération des forces vives dans l'étude des machines iintroduite par D. Bernoulli en 1738 "a été entièrement négligée dans les grands ouvrages de mécanique pratique qui ont paru vers cette époque, tels que la Physique de Desaguliers et l'Architecture Hydraulique de Bélidor. Elle l'a été aussi pendant longtemps par les savants eux-mêmes: Euler, dans les Mémoires qu'il a donnés sur la roue à réaction, la roue à force centrifuge et la vis d'Archimède, n'en a fait aucun usage" (67). Quand Navier rappelle cette histoire en 1818, il exhume, "tâchant de faire revivre des procédés et des résultats presque oubliés", le premier ouvrage où l'on retrouve l'application du principe des forces vives aux machines, le mémoire de Borda Sur les Roues Hydrauliques (1767) "qui ne contient pas 17 pages et où la matière est presque épuisée". Or à propos de cette application, négligée d'abord, presque oubliée ensuite, Lagrange pouvait écrire dans la Théorie des fonctions Analytiques: "Cette loi des forces vives est d'une grande importance dans la théorie des machines" (68). Et Petit plus explicitement encore: "Les géomètres ont reconnu depuis longtemps que parmi les propriétés générales du mouvement, celle qu'on désigne sous le nom de principe des forces vives était plus spécialement appropriée qu'aucune autre au calcul des machines" (69).

Pourquoi cette application est-elle si durablement ignorée? Pourquoi est-elle si importante? La même réponse vaut, croyons-nous, pour ces deux questions. C'est parce qu'elle est profondément théorique que la considération des forces vives apporte une intelligence de la machine comme communication, comme moteur, comme puissance de travail, et qu'elle est peu accessible aux praticiens et à tous ceux dont les habitudes de calcul et de travail sont dépendantes d'un autre stade du calcul des machines, de recettes antérieures aussi bien que d'une problématique plus ancienne. Dire que la considération des forces vives est "plus appropriée qu'aucune autre" aux machines ne veut pas dire qu'elle est banale, et encore moins qu'elle soit facile. On va se rendre compte d'ailleurs que Borda s'inscrit dans la ligne en pointillés, qui va de Huygens à Navier et Petit en passant par D. Bernoulli et Lazare Carnot, en réfléchissant sur les restrictions au principe de conservation.

Quelles raisons Borda a-t-il eues de remettre en question la "solution" de Parent presque unanimement acceptée, malgré l'intervention de Smeaton et de Deparcieux? Le Chevalier Jean-Charles de Borda (1733-1799), ingénieur maritime, marin et géomètre, s'est signalé à l'Académie royale des Sciences par des comptes rendus d'expériences sur la résistance des fluides: après avoir étudié la résistance de l'air (1763), il s'intéresse à celle de l'eau (1767). Ces dernières sont explicitement destinées au perfectionnement de la marine et de la construction navale. Mais Borda a également proposé à l'Académie des réflexions plus théoriques. C'est le cas du mémoire "Sur l'écoulement des fluides par les orifices des vases " (1766) (70) et du mémoire "Sur les Roues Hydrauliques" (1767) (71). Ce dernier est fondé sur le précédent. Introduisant (p.280) les "Solutions des problèmes contenus dans ce mémoire par le principe de la conservation des forces vives", Borda écrit: "J'ai cru qu'on ne serait pas fâché de voir cette nouvelle application d'un principe dont on a fait jusqu'à présent un si grand usage dans les questions d'hydrodynamique; mais j'avertis que pour bien entendre les solutions que je vais donner, il faudrait avoir présente la manière dont je me suis servi de ce principe dans mon mémoire sur les fluides, imprimé avec ceux de 1766, mémoire dont ceci peut être regardé comme une continuation". Il faut donc recourir au mémoire de1766 pour préciser cette "manière".

La manière d'utiliser le principe: ce terme que nous soulignons définit assez heureusement à la fois la dette de Borda et son originalité par rapport à D. Bernoulli. Il est à son égard tour à tour élogieux et critique. D'abord l'hommage: "Dans l'*Hydrodynamique*, les questions sur les fluides sont résolues par le principe de la conservation des forces vives, dont Monsieur Bernoulli fait une application heureuse et pleine de génie" (p.579). Mais Borda ajoute aussitôt: "Je me propose de reprendre les questions que MM Bernoulli et d'Alembert ont traitées" et il substitue l'hypothèse des canaux confluents à l'hypothèse des tranches. Pourquoi cette reprise et en quoi la manière de Borda est-elle nouvelle?

Pourquoi la reprise? Pour corriger l'erreur commune à Bernoulli et d'Alembert qui résulte de l'hypothèse des tranches. En quoi consiste la nouveauté de la manière? La réponse est fournie à partir de la page 590 sous le titre: "Des questions d'Hydrodynamique dans lesquelles on doit admettre une perte de forces vives". Le mouvement des fluides dans les vases submergés, ou dans les vases partagés par des diaphragmes, n'est pas un simple corollaire des lois générales de l'écoulement des fluides: "Comme l'a remarqué M. Bernoulli, le principe de la conservation des forces vives n'a pas lieu sans restriction dans la plupart de ces problèmes: en effet, le mouvement de l'eau dans les vases peut être regardé comme celui d'un système de corps durs (72) qui agissent les uns sur les autres d'une manière quelconque; or nous savons que le principe de la conservation des forces vives n'a lieu dans le mouvement de ces corps que lorsque leur action mutuelle s'exerce par degrés insensibles, et qu'il y a nécessairement une perte de forces vives dans le système d'abord que l'un de ces corps vient à en choquer un autre" (p.590). Il y en a donc une dans le mouvement des tranches de fluide, par exemple quand un fluide entre dans un vase submergé. Si le maître-mot de l'article est cette restriction au principe de conservation, décidée par la raison théorique, la formule décisive est celle qui donne la valeur chiffrée de la perte de force vive. Soit un corps dur a dont la vitesse est u, et qui frappe un autre corps dur A de vitesse V. Borda évalue le montant de la perte des forces vives qui se fera dans le choc à

$$\frac{a\,A}{a + A} \cdot \frac{(u - V)^2}{2\,g}$$

C'est cette formule qui lui fournit la clé des problèmes examinés dans la suite du mémoire de 1766. La restriction invoquée, quant à la conservation, revient en fait à une extension du champ ouvert au raisonnement sur les forces vives.

Dès lors, Borda peut prendre ses distances par rapport à Bernoulli. Il s'oppose même carrément à lui dans le Problème IV concernant l'écoulement d'un fluide sortant par un tuyau infiniment petit adapté à un vase. "M. Bernoulli a résolu ce problème dans les sections III et IV de son Hydrodynamique, en employant le principe de la conservation des forces vives sans aucune restriction, mais en examinant les conséquences qu'on peut tirer de la solution de ce grand géomètre, on se convaincra facilement qu'elle doit être rejetée, et qu'il y a une perte de forces vives dans ce mouvement du fluide ainsi que dans les précédents...D'où l'on doit conclure que la vitesse du fluide qui sort par un tube cylindrique n'est pas due à toute la hauteur du fluide au-dessus du tube, comme on l'a cru jusqu'à présent" (p.599).

De l'intelligence de ces restrictions au principe de conservation des forces vives, Borda fait tout particulièrement profiter la théorie des machines hydrauliques. La seconde partie de son mémoire de 1767 (p.280 sq) parvient à la détermination de l'effet maximum pour chaque sorte de machine hydraulique par cette seule méthode, confirmant les résultats fournis dans la première par l'examen des quantités de mouvement instantanées.

-- Roues horizontales à palettes courbes: si l'eau entre sur les palettes sans les frapper et si elle en ressort horizontalement, "il est facile de voir qu'il n'y a pas de forces vives perdues dans cette question: par conséquent l'incrément des forces vives acquis par le système pendant un instant sera égal à l'incrément du moment de l'ascension du poids P" (p.280).

-- Roues à godets. "Le fluide frappant les cavités de la circonférence ... il y a nécessairement (73) une perte de forces vives, et elle est égale à

$$\frac{(u - V)^2}{2g} \times \frac{E\,dt}{I''}$$

-- Roues verticales à palettes plates. "Il y a une perte de forces vives qui est pareille à celle de la question précédente".

-- Roues horizontales à palettes plates. Ici, le problème est plus embarrassant, "parce que la perte de forces vives qui se fait au point B (du choc de l'eau sur la palette) ne doit pas être estimée comme dans les questions précédentes".

Mais le point le plus caractéristique du mémoire est le Corollaire général, dans lequel Borda abandonne les cas d'espèce pour raisonner sur une machine quelconque mue par un fluide. C'est un niveau d'abstraction, et de contrôle de la généralité, jamais atteint auparavant.

"Supposons une machine quelconque mue par un fluide, et soit la vitesse que ce fluide conserve après avoir agi sur la machine = Z, soit encore la perte des forces vives qui peut se faire dans tout le système $= \frac{E\,dt}{I''} \times \frac{v\,v}{2g}$, il est clair par les solutions précédentes qu'on aura

$$\frac{E\,dt}{I''} \times \frac{Z\,Z + v\,v}{I''} = \frac{E\,dt}{I''} H - \frac{P \,.\, V\,r\,dt}{R}$$

(...) d'où l'on voit qu'une machine dans laquelle on aurait

$\frac{E}{I''} H = P \quad \frac{P \,.\, V\,r}{R}$ produirait le plus grand de tous les effets possibles, et qu'il serait absurde de dire qu'une autre machine quelconque pût produire un effet plus grand: or cette équation a lieu dans le mouvement des roues à godets et des roues horizontales à palettes courbes, pourvu qu'on remplisse toutes les conditions du maximum que j'ai assigné; donc ces deux espèces de roues peuvent dans la théorie produire le plus grand de tous les effets possibles. D'où il suit aussi par l'article 8 que les roues à palettes plates ne peuvent produire que la moitié de ce plus grand effet" (74). Cela revient à reconnaître que dans une machine quelconque mue par un fluide, l'effet est toujours proportionnel à la force vive représentée par la descente de l'eau, moins celle qui est perdue par les chocs et moins celle qui est conservée par ce fluide après avoir agi sur la machine (75).

A partir de cette formule, les conditions du maximum pour les cas de la conservation sans restriction deviennent parfaitement intelligibles. Borda obtient la légitimation des modalités de fonctionnement de la machine idéale intégralement restitutive. Dans la roue horizontale à palettes courbes, l'équation a lieu pourvu que l'eau tourne dans la palette sans produire aucun choc. Elle est valable pour la roue à godets à condition que la vitesse d'entrée de l'eau et la vitesse de la roue soient infiniment petites. Il faut aussi que la roue ait un diamètre égal à la hauteur de chute dont on dispose. Alors la roue à godets "peut élever depuis la partie inférieure de la roue jusqu'à la surface du réservoir qui fournit l'eau une quantité de poids égale au poids de toute l'eau qui la fait mouvoir" (p.280).

Mais l'équation du Corollaire général fait apparaître aussi que, pour les roues à palettes planes, qu'elles soient verticales ou horizontales, la perte de forces vives n'est pas susceptible d'être annulée, car ces systèmes impliquent le choc de l'eau contre les palettes. L'idéal se heurte à une restriction structurale de la conservation. Ainsi la recherche des conditions du maximum n'y a-t-elle plus l'aspect d'une recherche de la conservation des forces vives. Ici, au mieux, "les poids élevés ne seraient jamais que la moitié du poids de l'eau descendue" (p.273 et p.276-277).

Dans la première partie du Mémoire, Borda a déjà rectifié les chiffres de Parent. Il vaut la peine de citer le passage: "Ce que la solution vient de donner est contraire à ce qu'ont dit jusqu'à présent les géomètres qui ont travaillé sur cette matière: en effet, tous ont trouvé que pour faire produire à une roue à palettes le plus grand effet possible, il ne fallait faire prendre aux palettes que le tiers de la vitesse du fluide qui les frappait, et voici sur quoi ce résultat était fondé. On ne considérait dans cette roue qu'une seule palette AB, contre laquelle on cherchait la force du choc du fluide; on trouvait, en appelant B la vitesse du fluide et V celle des palettes, que le choc était proportionnel à $(B - V)^2$; et comme l'effet de la roue est nécessairement proportionnel à la vitesse des palettes, multipliée par le choc du fluide, on avait l'effet de la roue représenté par $V. (B - V)^2$, d'où l'on tirait pour le maximum $V = 1/3\ B$; mais il fallait observer que dans le mouvement dont il s'agit, l'action de l'eau ne s'exerce pas contre une palette isolée mais contre plusieurs palettes à la fois, et que ces palettes fermant tout le passage du petit canal, et ôtant au fluide toute la vitesse qu'il a de plus qu'elles, la quantité du mouvement perdu par ce fluide, et par conséquent le choc qu'éprouvent les palettes n'est plus proportionnel au carré de la différence des vitesses des fluides et des palettes, mais seulement à la différence de ces vitesses. D'où il suit que l'effet est représenté par $V. (B - V)$ et non par $V. (B - V)^2$; or égalant $V. (B - V)^2$ à un maximum, on trouve $V = 1/2\ B$, comme dans le Corollaire III" (p.273-274).

A quoi revient le passage de la considération d'une palette à celle de plusieurs. Dans cette nouvelle façon d'envisager le problème, le choc apparaît comme un phénomène global de communication d'une quantité de mouvement. C'est par là qu'il devient susceptible d'un bilan, qui se substitue à la phénoménologie immédiate et ponctuelle de l'impulsion violente, et c'est par là qu'il s'intègre à la théorie rectifiée de la conservation des forces vives. <u>B</u> étant la vitesse initiale du fluide et <u>V</u> la vitesse des aubes parvenues à un mouvement uniforme, ou la vitesse du fluide à la sortie, la force vive totale est $M B^2$, la force vive gardée par le fluide $M V$, et la force vive perdue dans le choc $M (B - V)^2$. Donc la force vive communiquée à la résistance, l'effet, est

$$M B^2 - M V^2 - M (B - V)^2 = 2 M V (B - V)$$

Quand Parent et ses successeurs prétendaient que le choc ou plutôt son effet était proportionnel à $(B - V)^2$, ils omettaient de distinguer l'impulsion et la perte de force vive. Borda distingue $M (B - V)^2$, perte de force vive, et la quantité à rendre maximum, $V (B - V)$, qui entre dans la formule de l'effet.

Rétrospectivement, nous avons là la clé de la méprise de D. Bernoulli: il n'a pas pensé à la restriction nécessaire du principe de la conservation des forces vives. Il a raisonné ainsi: le choc n'entraînant pas la perte de $M (B - V)^2$, on aura communiqué à la résistance:

$$M B^2 - M V^2 = M (B^2 - V^2)$$

C'est justement ce que Borda lui reprochait dans son Mémoire de 1766: "Il a estimé que la perte des forces vives était proportionnelle à $V^2 - U^2$, au lieu que j'ai fait voir qu'elle est proportionnelle à $(V - U)^2$ " (p.596).

La "manière" de Borda méritait donc qu'on s'y arrêtât quelque peu. C'est parce qu'il a rectifié l'usage du principe de conservation qu'il s'est trouvé en mesure de dénoncer une erreur véhiculée par tout son siècle. "Restriction" devient indissociable de "compréhension par les forces vives". Cette restriction au principe l'approfondit, le problématise ou le dialectise. En en interrogeant les failles et les manques, elle travaille dans la direction d'un bilan énergétique, attentif aux grandes sources de dissipation. Dissipation? Regardons la formule de l'effet: $M V^2$ n'est pas une dissipation mais une rétention; la quantité $M (B - V)^2$, au contraire, se perd. Pourquoi? Parce que le fluide et les palettes se heurtent, et que le fluide est considéré comme un système de corps durs. On se souvient du théorème déjà cité: "lorsque dans un vase quelconque, quelque tranche de fluide perd une partie de sa vitesse, contre le fluide antérieur, soit subitement, soit par degrés insensibles, il y a une perte de forces vives. On voit par la que le principe de la conservation des forces vives n'a pas lieu dans la plupart des questions d'hydrodynamique pour la solution desquelles on l'avait employé jusqu'à présent" (1766, p.604). Joint au lemme de définition des pertes de forces vives dans le choc des corps durs, ce théorème constitue un instrument de calcul des machines, dont les effets théoriques ne seront véritablement exploités que dans les trois premières décennies du siècle suivant.

Borda est, au grand tournant de son siècle, l'homme des révisions théoriques, qu'elles soient motivées par des résultats d'expériences ou par l'inflexible rigueur d'un raisonnement. Il concluait ainsi son mémoire de 1767 "Expériences sur la résistance des fluides": "Il résulte des expériences que je viens de citer... que la théorie ordinaire du choc des fluides ne donne que des rapports absolument faux, que ces rapports s'éloignent même beaucoup de la vérité, et que par conséquent il serait inutile et même dangereux de vouloir appliquer cette théorie à l'art de la construction des vaisseaux" (76). Par cette modestie et cette audace, il nous semble bien mériter le jugement élogieux de Biot (77): "C'est à Borda et à Coulomb que l'on doit la renaissance de la véritable physique en France, non pas de la physique verbeuse et hypothétique, mais de cette physique ingénieuse et exacte qui observe et compare tout avec rigueur".

il faut néanmoins ajouter que, chez Borda comme chez Coulomb, qui adopte la même manière de calculer les machines dans son Mémoire sur les Moulins à vent de 1781, le théorème n'intervient que comme application particulière du principe à une catégorie déterminée de machines. C'est Lazare Carnot qui "a démontré, comme l'écrit Navier (78) d'une manière générale le théorème qui porte son nom, sur l'évaluation de la perte de force vive résultant des chocs entre corps non élastiques".

CHAPITRE VI

LAZARE CARNOT ET LA SCIENCE DES MACHINES EN GENERAL

En avril 1777, l'Académie royale des Sciences propose pour sujet du Prix à adjuger en 1779 "la théorie des machines simples, en ayant égard au frottement et à la roideur des cordages, mais elle exige que les lois du frottement et l'examen de l'effet résultant de la roideur des cordages soient déterminés d'après des expériences nouvelles et faites en grand, elle exige de plus que ces expériences soient applicables aux machines usitées dans la marine, telles que la poulie, le cabestan, le plan incliné". Aucun des mémoires reçus n'ayant répondu à ces exigences, le même sujet fut reconduit pour le Prix de 1781. Coulomb remporta le prix pour son mémoire "Théorie des machines simples, en ayant égard au frottement de leurs parties..." (1). Lazare Carnot fut ainsi éliminé deux fois, avec mention honorable, par les juges de l'Académie, d'Alembert, Bezout, Bossut, Condorcet et Trudaine de Montigny. Ses deux mémoires sur la théorie des machines, conservés à la Bibliothèque de l'Institut, ont été partiellement publiés par Charles Coulston Gillispie dans sa grande monographie Lazare Carnot, Savant (2).

Carnot, né en 1753, a dix-sept ans de moins que Coulomb (1736-1806). Leur formation est identique: sortis l'un et l'autre de l'Ecole royale du génie de Mézières (3), ils sont officiers au Corps Royal du génie, et partagent leur temps entre les responsabilités d leur état, aménagements portuaires, fortifications... et la culture des sciences exactes (4). Mais les conditions et les perspectives dans lesquelles ils ont préparé leurs contributions sont bien différentes. Carnot a travaillé, à Cherbourg puis dans sa garnison de Béthune, en solitaire. Pour vaincre l'ennui et dans l'espoir de sortir de l'anonymat. Coulomb, déjà familier des cercles scientifiques parisiens, intime de Bossut, a bénéficié des facilités procurées par un supérieur intelligent: "Monsieur de La Touche-Tréville, qui commandait alors à Rochefort, donna les ordres les plus précis pour que l'on mît à la disposition de Coulomb tout ce dont il avait besoin pour faire en grand ses expériences, et celui-ci a parlé toute sa vie avec reconnaissance de cette faveur" (5). Aide d'autant plus intéressante et précieuse qu'elle permettait de satisfaire au voeu impératif de l'Académie. Le succès de Coulomb fut tel qu'outre le Prix, il gagna à l'unanimité son élection en cette même année 1781. Nos études sur la marine et sur les résistances dues au frottement ont déjà fait apparaître le besoin urgent de réponses expérimentales circonstanciées dans ce domaine, et le rôle du Prix bisannuel de l'Académie. Grâce à la méprise de Carnot, ce concours de 1779-1781 jalonne aussi la perspective de l'effet des machines, et se trouve au point de convergence des trois directions de notre enquête.

Lazare Carnot, en effet, a beau entreprendre de nouvelles mesures, et considérablement développer entre les deux tours la partie expérimentale consacrée aux frottements et à la torsion des cordes, il ne semble pas voir là la partie la plus intéressante de son travail. A-t-il même compris que c'était là tout ce qu'on lui demandait? Ce qu'il remanie et élabore en profondeur à l'occasion du deuxième concours, ce qu'il publiera en 1783 sous le titre d'Essai sur les Machines en général (6), ce qu'il reprendra en 1803 sous une forme plus didactique dans ses Principes fondamentaux de l'équilibre et du mouvement, c'est la partie qui n'est ni expérimentale, ni orientée vers les phénomènes du frottement, ni même vers les machine simples; la plus originale et la seule qui nous retiendra ici. Carnot s'est sans doute trompé sur le sens de la question posée, mais ces concours ont été pour lui l'occasion de formuler un problème et d'éprouver une méthode de raisonnement dont la portée dépasse à tel point le sujet mis au concours qu'on pourra y découvrir et qu'il y reconnaîtra très vite lui-même, les bases d'une science des machines en général.

Dès lors cette problématique s'affranchit du cadre trop étroit de son origine, Carnot en reprend avec persévérance les concepts et les résultats. Le détail du développement de sa pensée a été minutieusement étudié par Gillispie, qui fait de la science des machines l'objet principal de son livre, et nous ne le suivrons pas ici. Nous tentons seulement de mettre en évidence les aspects les plus originaux de sa méthode, les concepts nouveaux qu'il dégage, et l'impact de sa théorie sur la problématique dont nous essayons de retracer l'histoire. Dans cette optique, nous ne privilégions aucune des quatre versions successives de l'oeuvre de Carnot. Nous aurons seulement le souci de nous référer à l'expression la plus accomplie et la plus claire de ses concepts, ou aux plus décisives de ses procédures. Mise à part la première version, qui n'a guère d'intérêt qu'archéologique, c'est d'ailleurs plutôt le vocabulaire que le raisonnement et les intentions qui a été modifié. Au surplus, peu de chose distingue le livre de 1783-1786 du deuxième mémoire. On a donc d'une part un exposé plus problématique (avec de légères variantes, 1781, 1783), et d'autre part un exposé plus didactique (1803), dans lequel Carnot a visiblement essayé de s'inspirer de l'exemple magistral de Lagrange, jusque dans l'intégration des références historiques.

Leitmotiv du livre de Gillispie: Carnot théoricien des machines a été un auteur méconnu, un écrivain sans lecteur. Passe encore que ses deux manuscrits n'aient été lus que par les juges, mais le livre de 1783 est introuvable, et celui de 1786 n'est cité nulle part. Carnot, il est vrai, était alors un inconnu. En revanche, que l'Organisateur de la Victoire, retiré de la politique mais membre influent de l'Institut, rencontre un aussi faible écho, comment le comprendre? Selon Gillispie, ceux même qui, tels Hachette et Guényveau, en font une mention élogieuse, ne le font que pour la forme, sans l'avoir lu (7). Ce n'est que la génération suivante, celle de son fils Sadi et de ses condisciples à Polytechnique, Navier et Coriolis, qui découvrira en lui un précurseur (8). Pourquoi l'oeuvre mécanique de Carnot a-t-elle été si méconnue, à une époque où les écoles d'ingénieurs mettent la science des machines à leur programme et forment un public pour des ouvrages tels que les siens, d'ailleurs fort peu nombreux. Si l'on cherche des raisons autres qu'anecdotiques -- et il n'est pas évident qu'il faille le faire -- on peut invoquer, comme Gillispie:

-- sa méthode d'exposition, qui doit moins à l'algèbre qu'à la géométrie vectorielle et à la trigonométrie,

-- son recours à l'espression verbale "prolixe et naïve",

-- le caractère hautement abstrait de ses considérations: "it presupposed the competence of scientifically literate persons, but was not couched in language that would attract their interest" (p.32). On peut enfin redouter que cette obscurité d'une oeuvre apparemment vouée à l'insuccès la maintienne en quelque sorte en marge du courant d'idées qui nous intéresse.

Voici pourquoi selon nous il n'en est rien. Certes Carnot a une façon bien à lui d'énoncer le problème fondamental de la science des machines. Il se dispense de mentionner des prédécesseurs récents. C'est plutôt dans l'histoire de la mécanique rationnelle qu'il prétend inscrire son intervention, après Maupertuis, Euler et Lagrange. Mais nous pensons que, homme de son temps, il est dans la ligne de Bernoulli et de Borda comme penseur. La réflexion sur l'hydraulique n'est pas directrice chez lui, mais il cherche lui aussi à déterminer ce qui se transmet dans l'opération des machines. En fait, cet auteur sans lecteurs est le seul qui, en ces dernières décennies du XVIIIe siècle, ait assigné en toute clarté à la théorie des machines la tâche de réfléchir sur le problème de leur effet De Carnot à Coriolis, dit à peu près Gillispie, il n'y a personne; plutôt, il n'y a nul traité, mais seulement des professeurs dans des écoles (p.116). Si bien que sa redécouverte par Navier et Coriolis le replace dans la situation historique qu'il occupait à l'insu de tous, et que ses résultats s'inscrivent dans la problématique de son siècle, même s'il les y introduit d'une façon abrupte, à la hussarde.

Qu'est, d'abord, la science des machines, pour Carnot?

-- une science à créer, et qui n'existe pas encore "dans les excellents traités sur les machines" dont on dispose (9), qui ne recherchent que les propriétés particulières à telle ou telle machine simple: "mais il me semble qu'on ne s'est pas beaucoup attaché à développer celles de ces propriétés qui sont communes à toutes ces machines".

-- donc une science à envisager d'abord dans son programme et son ambition. Son ambition est d'être parfaitement générale, ce qui veut dire plusieurs choses. Elle ne doit pas s'embarrasser des propriétés spécifiques de telle ou telle machine simple, ni de la distinction entre machines simples et composées. Plus original: on doit cesser de considérer comme on l'a fait jusqu'alors la machine comme un corps intermédiaire dont la masse et l'inertie sont laissées entre parenthèses par abstraction simplificatrice. La théorie des machines a été "une branche isolée de mécanique, dans laquelle il s'agit de considérer l'action réciproque des différentes parties d'un système de corps, parmi lesquelles il s'en trouve qui, privées de l'inertie commune à toutes les parties de la matière telle qu'elle existe dans la nature, ont retenu le nom de machine" (10). Elle n'a considéré la machine que comme un corps ou un ensemble de corps "dépouillés en partie de leurs propriétés naturelles". "Rendons enfin aux machines leur force d'inertie...la solution du problème sera aussi générale en même temps qu'elle sera plus simple" (11). En effet la théorie des machines conçue comme branche isolée de la mécanique était vouée au morcellement. Dans la première partie de l'Essai, Carnot reconsidère le rapport de la science des machines à la mécanique: il l'intègre à celle-ci. Il sera temps de passer ensuite à la considération exclusive des forces que les agents extérieurs, au nombre desquels on pourra compter la masse de la machine, appliquent au système dépouillé d'inertie, et de retrouver dans la seconde partie "la machine proprement dite" comme "assemblage d'obstacles immatériels et de mobiles incapables de réaction" (12). Mais restons en, pour l'instant, au premier temps de l'analyse. Ce degré de généralité atteint, la science des machines en général se confond avec la mécanique:

"La science des machines en général ainsi que toute la mécanique se réduit donc à la question suivante: connaissant le mouvement virtuel d'un système de corps (c'est-à-dire celui que prendrait chacun de ces corps s'il était libre), trouver le mouvement réel qu'il aura l'instant suivant à cause de l'action réciproque des corps, en les considérant tels qu'ils existent dans la nature, c'est-à-dire doués de l'inertie commune à toutes les parties de la matière" (13). Une machine n'est rien de plus qu'un système de corps durs dans lequel le mouvement virtuel est modifié en un autre mouvement en vertu des contraintes et interactions entre les corps. C'est pour assurer la généralité du modèle que (14) tout doit être ramené aux lois du mouvement des corps durs.

Enfin, la généralité appelle un principe: "peut-être n'y a-t-il encore aucun de ces principes (généraux de l'équilibre et du mouvement) qui joigne à une démonstration rigoureuse une assez grande généralité pour pouvoir suffire seul et indépendamment de tout autre à la solution des différentes questions qu'on peut poser tant sur l'équilibre que sur le mouvement des machines, c'est-à-dire pour réduire toutes les questions à une affaire de calcul et de géométrie; ce qui est le véritable objet de la mécanique" (15).

La science des machines en général implique donc l'établissement d'un principe mécanique fondamental. En 1803, rétrospectivement, Carnot prend mieux conscience de l'insertion historique de son geste, qui assure et fonde comme Euler et Lagrange avaient commencé à le faire pour le cas où le mouvement change par degrés insensibles le principe entrevu par Mauteruis de la moindre action. Il n'est pas besoin de souligner le haut degré de généralité de la question fondamentale, qui fait coïncider science des machines en général et mécanique. Apparemment on est très loin d'une interrogation sur les concepts lentement travaillés dans le courant du siècle par ceux qui se sont attachés à comprendre la machine hydraulique en action. Mais c'est seulement en apparence. Car la constitution d'une rationalité mécanique passe par cette réflexion fondamentale, d'où va venir la lumière et la rigueur.

Pourquoi Carnot a-t-il pu aller plus loin qu'Euler et anticiper dès 1781-1783 sur la Mécanique analytique de Lagrange, la complétant même par avance, en généralisant le principe de la moindre action (16) ? C'est à sa méthode qu'il faut avoir égard. Plus précisément, au concept opératoire qui lui permet de faire, de cette science des machines en général, une "science intermédiaire entre la géométrie ordinaire et la mécanique" (17). Ce concept est celui de "mouvement géométrique". Carnot ne parvient pas d'emblée à un énoncé définitif. En 1781 et 1783, il est défini par la réversibilité: "Si un système de corps part d'une position donnée avec un mouvement arbitraire, mais tel qu'il eût été possible aussi de lui en faire prendre un autre tout à fait égal et directement opposé; chacun de ces mouvements sera regardé comme mouvement géométrique" (18). Ce sont des mouvements imaginaires sur lesquels on peut raisonner en termes de géométrie indépendamment de la dynamique, puisqu'ils ne dépendent que de la liaison des corps. Dans les Principes fondamentaux, Carnot spécifie ainsi cette condition de possibilité: "Tout mouvement qui, imprimé à un système de corps ne change rien à l'intensité de l'action qu'ils exercent ou pourraient exercer les uns sur les autres si on leur imprimait d'autres mouvements quelqconques, sera nommé mouvement géométrique" (19). Deux exemples: le mouvement commun imprimé à deux corps au moment de se heurter, ou des vitesses verticales égales mais de sens opposé imprimées à deux corps attachés aux extrêmités d'une corde qui passe sur une poulie fixe. il en existe bien sûr une infinité d'autres.

A quoi servent-ils? Carnot établit d'abord, en vertu de l'égalité de l'action et de la réaction (conçues comme produit d'une quantité de mouvement par projection d'une vitesse sur la direction de la "force") l'équation fondamentale

$$\int m\ V\ U \cos Z = 0 \qquad \text{(E)}$$

où m est la masse de chacun des corpuscules du système,

W sa vitesse virtuelle,

V sa vitesse réelle,

U la vitesse qu'il perd de sorte que W soit la résultante de V et de U,

Z l'angle compris entre les directions de V et de U.

"Imaginons maintenant que, au moment où le choc va se faire, le mouvement virtuel du système soit tout à coup détruit, et qu'on lui fasse prendre à la place successivement deux autres mouvements arbitraires mais égaux et directement opposés, c'est-à-dire qu'on le fasse parir successivement de sa position actuelle avec deux mouvements tels qu'en vertu du second chaque point du système ait au premier instant une vitesse égale et directement opposée à celle qu'il aurait eues au premier instant en vertu du premier". Soit u la vitesse imprimée en vertu de ce mouvement géométrique à chaque corpuscule. "Si chaque corpuscule est animé des vitesses U et u, ou d'une vitesse unique qui en soit la résultante, U sera encore la vitesse perdue par m, et par tant u sera la vitesse réelle. Donc en nommant z l'angle compris entre les directions de U et de u, on aura

$$\int m\ u\ U \cos Z = 0 \qquad (F)$$

par la même raison qu'on a eu (E)".

Le problème est celui d'un système quelconque de corps dont le mouvement virtuel donné est changé par leur action réciproque en un autre qu'il s'agit de trouver. L'équation (E) donne pour un corpuscule la relation de sa vitesse actuelle V à la vitesse "perdue" U. (Si le corps M tend à se mouvoir avec la vitesse virtuelle MW, mais est contraint de prendre la vitesse MV, considérées comme quantités vectorielles, la vitesse MW peut être considérée comme constituée de deux composantes dont l'une MV est la vitesse réelle, et l'autre MU la vitesse "perdue" (20). L'équation (F) en revanche remplace la vitesse réelle V par une vitesse u idéalisée ou géométrique. On peut alors donner à u toutes les valeurs arbitraires que l'on voudra, à condition de respecter la clause de géométricité des mouvements, et s'en servir pour trouver l'inconnue U. (E) est un cas particulier de (F), comme le mouvement réel que prend le système à la suite d'une impulsion effective est un cas de mouvement géométrique. Les équations (E) et (F) répondent donc rigoureusement au "problème de la science ds machines en général". Les mouvements géométriques s'appliquent "sans distinction à toutes les espèces de corps, durs, mous, élastiques, solides ou fluides. Cette dénomination de mouvements géométriques est fondée sur ce que les mouvements dont il s'agit n'ayant aucun effet sur l'action qui peut s'exercer entre les corps du système, sont absolument indépendants des règles de la dynamique" (21). "Cette science n'a jamais été traitée spécialement: elle est entièrement à créer et mérite, tant par sa beauté en elle-même que par son utilité, toute l'attention des savants; car les grandes difficultés analytiques qu'on rencontre dans la mécanique, et surtout dans l'hydraulique, viennent uniquement de ce que la théorie des mouvements géométriques n'est point faite" (Ib°,p.116). Les difficultés qui avaient rebuté les grands esprits du siècle quant au choc des corps durs vont être tournées par référence à des formules qui valent pour tous les corps. "Ma théorie ne put être fondée précisément sur le principe des vitesses virtuelles, dont l'importance est aujourd'hui si bien connue par l'heureux usage qu'en a fait Lagrange dans sa Mécanique, mais qui n'est point applicable sans modification au choc des corps. Je partis donc d'un principe différent, mais qui est fort analogue, ou plutôt qui n'était que ce même principe des vitesses virtuelles étendu convenablement; cette généralisation consistait à substituer aux vitesses <u>virtuelles</u> qui sont infiniment petites, des vitesses finies que je nommais <u>géométriques</u>" (22).

Il est temps de s'interroger sur la nature des quantités définies par les équations fondamentales de Carnot. L'abstraction, la généralité du propos, la volonté de se situer à un niveau "intermédiaire entre la géométrie et la mécanique" ne doivent pas faire oublier que c'est une science des machines que Carnot veut fonder. Il le rappelle très vite dans l'<u>Essai</u>, quand il écrit: "Comme on le verra bientôt, l'analogie de cette équation (E) avec le principe de la conservation des forces vives dans le choc des corps parfaitement élastiques devient frappante, par une légère transformation; et nous verrons qu'en effet ce n'est rien d'autre que ce principe lui-même transféré aux corps durs, avec la modification qu'exige la différente nature de ces corps; c'est donc cette conservation des forces vives qui servira ...de base à toute notre théorie des machines, soit au repos, soit en mouvement" (p.39). La définition des quantités conservées fait partie du dispositif mis en place pour généraliser les principes du mouvement aux corps durs et aux changements brusques.

La quantité (m u V cos y)sera nommée moment de la quantité de mouvement mV à l'égard de la vitesse géométrique u. L'équation (F) signifie que: "Dans le choc des corps durs, soit que ce choc soit immédiat, ou qu'il se fasse par le moyen d'une machine quelconque sans ressort, il est constant qu'à l'égard d'un mouvement quelconque géométrique:

1. le moment de la quantité de mouvement perdue par tout le système est égal à 0.

2. le moment de la quantité de mouvement perdue par une partie quelconque des corps du système est égal au moment de la quantité de mouvement gagnée par l'autre partie.

3. le moment de la quantité de mouvement réelle du système général, immédiatement après le choc, est égal au moment de la quantité de mouvement du même système immédiatement avant le choc" (p.43-44).

Arrêtons-nous sur ce troisième point. On peut écrire:

$$\int m\ u\ W \cos x = \int m\ u\ V \cos y.$$

Dans toute percussion ou communication de mouvement, il y a une quantité qui n'est pas altérée par le choc: ce n'est ni ma quantité de mouvement, ni la somme des forces vives. "C'est le moment de quantité de mouvement du dystème général, à l'égard de chacun des mouvements géométriques dont il est susceptible" (p.45).

Dans les corollaires qui suivent, Carnot en vient à la conversion annoncée, à la transformation qui fait apparaître les forces vives. Voici le deuxième, sur le choc des corps durs: "Dans le choc des corps durs, quel que soit leur nombre, et soit que le choc soit immédiat, ou qu'il se fasse au moyen d'une machine quelconque sans ressort, la somme des forces vives avant le choc est toujours égale à la somme des forces vives après le choc, plus la somme des forces vives qui aurait lieu si chacun des corps se mouvait librement, avec la seule vitesse qu'il a perdue par le choc"(23). Le corollaire III examine le changement de mouvement par degrés insensibles, et le corollaire IV fait l'application des résultats acquis aux corps élastiques. On assiste donc à un renversement des rapports d'implication qui passaient pour évidents. Le choc des corps durs n'est plus l'exception qui fait obstacle à la généralité du choc élastique, mais ce dernier est un cas particulier (pas de vitesse perdue) du phénomène général du choc des corps durs. Même renversement entre changement par degrés insensibles et changement brusque. Le principe dont découlent tous ces corollaires renferme donc en lui toutes les lois de l'équilibre et du mouvement des corps durs mais aussi des autres. Tel est le résultat de la réflexion en profondeur poursuivie par Lazare Carnot, de la réinterprétation à laquelle il s'est exercé dans une sorte de réforme de la pensée réaffirmant calmement ses exigences.

On n'a considéré jusqu'à présent que des masses et des vitesses. Passer des principes fondamentaux de la mécanique à l'étude des machines "proprement dites" ne veut pas dire renoncer à la généralité, ou entrer dans le détail des liaisons, mais signifie qu'on va faire intervenir la considération de la force exercée sur ce système. Dans ce qu'on entend communément par machine, "il y a des cas où l'on fait abstraction de la masse des corps pour ne considérer que l'*effort* qu'ils font: par exemple, lorsqu'un homme tire un corps par un fil, ou le pousse par une verge, on n'introduit point dans le calcul la masse de cet homme, ni même l'effort dont il est capable, mais seulement celui qu'il exerce en effet sur le point auquel il est appliqué...On donne ne général le nom de puissance à l'effort exercé par l'agent" (24). La machine est alors "le système des points fixes, obstacles, verges, leviers et autres corps intermédiaires qui servent à transmettre ces différents efforts d'un agent à l'autre".

Sommes-nous si loin de ce qui a été acquis pour la machine "en général"? Non, bien sûr, car "une force prise dans ce sens n'en est pas moins une quantité de mouvement perdue par l'agent qui l'exerce...La pression (ou la tension) exprime également et l'effort qu'il exerce sur la machine et la quantité de mouvement qu'il perd lui-même par la réaction qu'il éprouve. Si donc on appelle $\underline{F}$ cette force, cette quantité $\underline{F}$ sera la même chose que celle qui est exprimée par $\underline{m\ U}$ dans nos équations" (25). L'équation fondamentale (F) s'écrit alors:

$$\int F\ u \cos z = 0 \qquad \text{(AA)}$$

A la lumière de l'équation (AA) la machine apparaît comme agent de transmission de "puissance". Et les composantes de celle-ci sont toutes vectorielles. On appellera forces mouvantes ou sollicitantes celles qui font un angle aigu avec la vitesse du point où elles sont appliquées, et forces résistantes celles qui font un angle obtus avec elle. Les premières sont celles qui tendent à favoriser le mouvement de la machine, tandis que les autres s'y opposent.

Carnot définit alors le moment d'activité consommé par la force $\underline{P}$ pendant le temps infiniment court $\underline{dt}$

$$P \cos z\ u\ dt$$

et pendant un temps donné

$$\int P \cos z\ u\ dt.$$

"Le moment d'activité consommé par les forces résistantes est une quantité négative".

Inversement, le moment d'activité produit par une force

est le produit de cette force par la vitesse du point où elle est appliquée estimée dans le sens opposé à cette force. On voit que moment d'activité consommé et moment d'activité produit par une même force sont des quantités égales mais de signes opposés. Pour finir, Carnot nomme moment d'activité exercé par une force celui qui est consommé par une force sollicitante, ou produit par une force résistante.

Les quantités ainsi définies sont, comme le dit Gillispie, la contribution la plus éclatante de Carnot à l'histoire du concept de "travail", en même temps qu'elles affectent ce que l'on entend par "machine" (26). On devine que c'est la pointe la plus avancée de sa pensée à ses incertitudes terminologiques. En 1781, il parle de "quantité d'action consommée" et de "quantité d'action produite", tout en notant que c'est autre chose quela quantité d'action au sens de Maupertuis (27). En 1803, le "moment d'activité consommé" est opposé au "moment d'activité absorbé", et la "quantité d'action dépensée" (ou moment d'activité consommé multiplié par dt) à la "quantité d'action acquise" (28). Les raisons qui ont pu amener Carnot à abandonner les termes de 1781 sont claires: il a voulu éviter la confusion contre laquelle il mettait en garde le lecteur. La nature de la quantité en question exigeait

-- une référence sinon à l'action, qui avait un sens bien précis depuis Maupertuis, du moins à l'activité dont les forces sollicitantes et résistantes sont consommatrices et productrices.

-- le terme de moment, puisque "on appelle en général moment de force ... le produit de cette force par une ligne", ce à quoi se réduit en effet la quantité considérée. Le jeu des qualificatifs est lui aussi important et significatif:

consommé	dépensé
produit, absorbé	acquis

Comme dans la première partie, un principe général focalise la pensée, avant de donner lieu à des corollaires qui en diversifient l'expression. Ce "principe général de l'équilibre et du mouvement dans les machines" est ainsi formulé:

"Quel que soit l'état de repos ou de mouvement où se trouve un système quelconque de forces appliquées à une machine, si on lui fait prendre tout à coup un mouvement quelconque géométrique, sans rien changer à ces forces, la somme des produits de chacune d'elles, par la vitesse qu'aura dans le premier instant le point auquel elle est appliquée, estimée dans le sens de cette force, sera égale à zéro" (29).

Ce théorème fondamental est l'expression verbale de la formule (AA) qui, on s'en souvient, était simplement la transposition aux systèmes de forces de l'équation (F) établissant la conservation du moment de quantité de mouvement pour un système de corps. Après les corollaires sur l'équilibre, vient le plus important de tous, le corollaire V, "loi particulière concernant les machines dont le mouvement change par degrés insensibles": "Dans une machine dont le mouvement change par degrés insensibles, le moment d'activité consommé dans un temps donné par les forces sollicitantes est égal au moment d'activité exercé en même temps par les forces résistantes" (30). Loi particulière? Carnot montre qu'en fait, elle est "certainement la plus importante de toute la théorie du mouvement des machines proprement dites" (p.77), et qu'elle "renferme... la principale partie de la théorie des machines en mouvement, parce que la plupart d'entre elles sont mues par des agents qui ne peuvent exercer que des forces mortes ou de pression: animaux, ressorts, poids etc. ce qui fait que la machine change ordinairement d'état par degrés insensibles" (p.81). Toute la fin du livre de 1783 est consacrée à ses applications et à ses développements.

Application presque immédiate: "pour élever un poids M g à une hauteur H, et lui faire prendre en même temps une vitesse V, il faut, en supposant ce corps en repos au premier instant, que les forces employées à produire cet effet consomment elles-mêmes un moment d'activité égal à

$$M\,g\,H + 1/2\,M\,V^2 \text{ ''.}$$

Car on vient de dire que "de quelque manière qu'on s'y prenne pour élever un certain poids à une hauteur donnée, il faut que les forces qui sont employées à produire cet effet consomment un moment d'activité égal au produit de ce poids par la hauteur à laquelle on doit l'élever" (p.78). Mais si, chemin faisant, il se produisait un choc? Il faudrait, pour arriver au même résultat, que les forces mouvantes consomment un plus grand moment d'activité. On verra par la suite que Carnot formule en vertu de cette remarque son "principe de la transmission continue" (31). Carnot le revandique comme son bien propre: "une des plus intéressantes propriétés des machines, qui je crois n'avait pas encore été remarquée" (32). La postérité s'en souviendra.

Reste à porter un jugement sur la partie purement théorique de l'Essai, avant d'aborder, pour faire toute la lumière sur les intentions de Carnot, le Scholie presque intégralement repris et développé en 1803.

Comme tout gravite autour des définitions conceptuelles, il importe de préciser celles-ci et d'évaluer leur fonction. Les innovations successives rendent parfois un peu difficile la comparaison des textes. Les décisions lexicales de Carnot n'ont pas exercé d'influence sur les autres théoriciens, elles n'ont pas directement fait école. Peut-être serait-il préférable de ne tenir compte que des formules des Principes de 1803, soigneusement intégrées du point de vue dimensionnel au corpus de la mécanique classique:

"Ainsi en général, si m représente une masse

e un espace ou quantité linéaire,

<u>t</u> un temps,

Toute quantité de la forme, ou réductible à la forme $\frac{e}{t}$ s'appelle vitesse.

Toute quantité de cette forme $m\frac{e}{t}$ s'appelle quantité de mouvement.

Toute quantité de cette forme $\frac{e}{t^2}$ s'appelle force accélératrice ou retardatrice.

Toute quantité de cette forme $m\frac{e}{t^2}$ s'appelle force motrice.

Toute quantité de cette forme $m\frac{e}{t}$ ou de celle-ci $m\frac{e}{t^2}$ s'appelle simplement force ou puissance.

Toute quantité de cette forme $m\frac{e^2}{t^2}$ se nomme force vive, moment de force motrice ou moment d'activité.

Toute quantité de cette forme $m\frac{e^2}{t}$ se nomme moment de quantité de mouvement, ou quantité d'action" (p.13).

Ce paragraphe, auquel nous avons déjà fait allusion, met au grand jour la nature des quantités sur lesquelles porte le raisonnement et fixe les règles de passage des unes aux autres. Il conserve la trace des hésitations de Carnot, et de celles de son siècle, dans la polysémie du mot <u>force</u>. Si les qualificatifs permettent de distinguer sans équivoque force <u>accélératrice</u>, force <u>motrice</u>, et force <u>vive</u>, <u>force</u> ou <u>puissance</u> prises absolument sont prises aussi bien pour la quantité de mouvement que pour la force motrice. Ambiguïté qui rejaillirait sur l'expression "moment de force" si Carnot ne précisait: "Le moment d'une force motrice peut toujours se résoudre en une force vive, et le moment d'une quantité de mouvement peut toujours se résoudre en une force vive multipliée par un temps...cette espèce de produit se nomme aussi quantité d'action" (p.38).

Dans l'<u>Essai</u>, Carnot avait donc bien raison de dire: "C'est (donc) cette conservation des forces vives qui servira (comme nous en avions prévenu) de base à toute notre théorie des machines, soit en repos soit en mouvement" (p.39). Mais il s'est donné les moyens d'appliquer à la généralité des cas ce principe encore particulier. C'est pour le diversifier et le généraliser qu'il introduit le vocable "moment de quantité de mouvement" qu'il n'emploiera plus dans ce sens dans les Principes (33).

Le "moment d'activité" (P cos z u dt) est la quantité de ce qui est consommé pour agir, et produit par l'action, on l'a vu, à travers un vocabulaire qui se cherche. Dimensionnellement, c'est le produit d'une force par une distance, ou d'une masse par le carré d'une vitesse, où l'on retrouve la force vive et sa double expression, P h et $1/2\ M\ V^2$. Remarque de Carnot dans les Principes: "La force vive peut se présenter ou sous la forme $M\ u^2$ d'une masse par le carré d'une vitesse, ou sous la forme P h d'une force motrice par une ligne. Dans le premier cas, c'est la force vive proprement dite; dans le second, on pourrait lui donner la dénomination particulière de force vive latente" (p.37). Partout, et méthodiquement, il médite sur des réciprocités, il projette des réversibilités, il insiste sur des inversions de signes, sur "des quantités prises dans des sens diamétralement opposés" (34), des latences... Les raisons de l'emploi du néologisme "moment d'activité consommé" ou "acquis" par une force motrice sont certainement ici: seul un terme renouvelé, évitant le mot "force", et permettant le jeu des qualificatifs, qui distinguent et relient diagonalement les versions du concept, répondait à cette méthode et satisfaisait à ce besoin de la pensée. Il n'est pas étranger à cette intelligibilité nouvelle de la force dont la Préface des Principes énonce l'ambition (p.XIII).

Enfin, revenant en 1803 sur la quantité qu'il nommait en 1783 "moment de quantité de mouvement", Carnot écrit:

"Nous avons observé ci-dessus que le moment d'une force motrice ou force morte se résout en une force vive; tandis que celui d'une quantité de mouvement est ce qu'on nomme quantité d'action. Mais si au lieu de multiplier cette quantité de mouvement par une ligne, pour avoir cette quantité d'action, on la multipliait seulement par une vitesse, on aurait une force vive; c'est-à-dire une quantité du même genre qu'un moment de force motrice. Or comme on a souvent à comparer ces deux quantités de même genre, je donnerai un nom particulier à ce produit de la quantité de mouvement d'un mobile par une vitesse; je le nommerai simplement moment d'activité du mobile, pour le distinguer de ce que nous avons nommé ci-dessus moment d'activité consommé ou absorbé par la force motrice; mais ces deux quantités sont de même nature, et l'une et l'autre peuvent se réduire en forces vives. J'appelle donc moment d'activité du mobile à chaque instant le produit de sa quantité de mouvement actuelle par la vitesse qu'il doit avoir l'instant d'après, estimée dans le sens de sa vitesse actuelle" (p.42-43).

Dans son livre quatre fois réécrit, Carnot a le sentiment d'avoir enfin trouvé les instruments et la méthode permettant de penser les machines. Cela consiste d'abord, on l'a vu, à remonter jusqu'au fondement mécanique de la machine en général comme système de corps aux liaisons quelconques. C'est ensuite édifier une théorie adequate au phénomène vraiment pertinent. Quel est-il? C'est celui de la communication du "moment d'activité", de la transmission de ce que Carnot commence à appeler "travail". Sa science des machines est une philosophie renouvelée de la machine.

Le long Scholie terminal de 1783 est repris en 1803 sous le titre "Considérations sur l'application des forces mouvantes aux machines". Double application, puisque s'y déploient les conséquences des principes théoriques posés, et qu'on y montre comment la force mouvante doit être communiquée aux machines, ce dernier point laissant transparaître les motifs déterminants de la recherche de Carnot. Ce n'est pas seulement un appendice, mais un énoncé des préoccupations à l'origine de toute son oeuvre mécanique. Ce scholie permet de comprendre comment Carnot se rattache au mouvement d'idées de son siècle.

Carnot commence par une définition, apparemment neutre et en fait très profonde, de la machine comme organe de communication (35): "Les machines en général sont des corps qu'on interpose entre deux ou plusieurs puissances, pour transmettre l'action de l'une à l'autre, suivant telles ou telles conditions, d'après l'objet qu'on a à remplir" (p.227). Quelle puissance, quelle action?

L'effet revêt deux sens nettement différents suivant que la machine est en équilibre ou en mouvement. "Dans le cas de l'équilibre, on n'a à considérer que l'intensité de ces forces, mais dans celui du mouvement, il faut de plus avoir égard au chemin que chacune a à parcourir" (p.228). Deux sens de l'effet qui renvoient à deux sens de la force. Soutenir et élever: dans un cas on considère des vitessses réelles, dans l'autre des vitesses virtuelles. "Archimède ne demandait qu'un levier et un point fixe pour soulever le globe de la terre; comment donc se peut-il faire, dit-on, qu'un homme aussi fort qu'Archimède ne ûisse pas , quand même il serait muni de la plus belle machine du monde, élever un poids de cent livres en une heure de temps à une hauteur médiocre donnée? C'est que l'effet d'une machine en repos et celui d'une machine en mouvement sont deux choses très différentes, et en quelque sorte hétérogènes. Dans le premier cas, il s'agit de détruire, d'empêcher le mouvement; dans le second, l'objet est de le faire naître et de l'entretenir; car il est clair que ce dernier cas exige une considération de plus que le premier; savoir la vitesse réelle de chaque point du système" (p.237). Antinomie entre le point de vue statique et la pensée dynamique de la machine comme système de communication de la puissance. Dans l'exemple d'Archimède, "ce n'est pas par la petite puissance que la grande est détruite; c'est par la résistance des points fixes...Si Archimède avait su ce qu'il demandait, ce n'est pas lui qui eût soutenu le globe de la terre, c'est son point fixe...Si au contraire il eût été question de faire naître un mouvement effectif, alors Archimède aurait été obligé de le tirer tout entier de son propre fonds; aussi n'aurait-il pu être que très petit, même après plusieurs années: n'attribuons donc pas aux forces actives ce qui n'est dû qu'à la résistance des obstacles, et l'effet ne paraîtra pas plus disproportionné à la cause dans les machines en repos que dans les machines en mouvement" (p.238).

Carnot rappelle le grand principe, bien connu et souvent oublié: "dans toute machine en mouvement, on perd toujours en temps ou en vitesse ce qu'on gagne en force" (p.231), que Galilée énonçait dans ses Mécaniques (36). "De quelque manière qu'on s'y prenne, écrit Carnot dans l'Essai, pour élever un certain poids à une hauteur donnée, il faut que les forces qui sont employées à produire cet effet consomment un moment d'activité égal au produit de ce poids par la hauteur à laquelle on doit l'élever" (p.78). La machine, dans le meilleur des cas, transmet. "Les machines sont très utiles non en augmentant l'effet dont les puissances naturelles sont capables, mais en modifiant cet effet; on ne parviendra jamais par elles il est vrai à diminuer la dépense...mais elles pourront aider à faire de cette quantité une répartition convenable au dessein qu'on a en vue" (p.89). La machine en mouvement est un instrument pour "faire varier à volonté les termes de la quantité F V T" (37).

Il existe deux manières "aussi naturelle l'une que l'autre" d'évaluer la force ou l'action qu'exercent effectivement les hommes, les animaux et autres agents de cette nature qui peuvent exercer des forces comparables à celle des poids. La première est de déterminer le fardeau qu'ils peuvent porter, étant en repos. Force de pression, force morte. Selon la seconde méthode, on examine l'ouvrage que l'agent est en état de faire dans un temps donné: "il est naturel d'évaluer ce travail et par le poids qu'il peut élever dans un temps donné, et par la hauteur à laquelle il élève ce poids". C'est là une manière d'envisage les forces "au moins aussi naturelle et aussi importante que la première" (p.35). Aussi naturelle, ou plus adéquate, moins arbitraire: "Il est naturel d'évaluer l'effet d'une puissance appliquée à une machine en repos par le poids qu'elle soutient; et celui d'une puissance appliquée à une machine en mouvement, non seulement par ce poids en lui-même, mais encore par la hauteur à laquelle on l'élève". Car les effets sont de nature différente: "Dans le cas de l'équilibre, la machine peut centupler l'effet de la force, tandis que dans la machine en mouvement, celui d'une puissance capable d'une certaine intensité donnée et d'une vitesse aussi donnée, est invariable, c'est-à-dire toujours le même quelle que soit la forme de la machine, et toujours égal au produit de cette force par le chemin qu'elle parcourt, estimé dans le sens de cette force" (p.230). Plus naturelle, parce que seule conforme à la rationalité mécanique. Mais aussi la plus importante, la plus réaliste, la plus conforme "aux acceptions reçues dans la pratique des arts", et à la rationalité économique: "quand on emploie des ouvriers, écrit Carnot, l'intérêt est de savoir ce qu'ils peuvent faire de travail dans un genre analogue à celui dont on vient de parler, bien plus que de savoir les fardeaux qu'ils pourraient porter sans bouger de place" (p.35). Le "travail" est l'évaluation adéquate de la force: "il suit que les forces sous ce nouveau point de vue, doivent être considérées comme en raison directe des poids à élever, et des hauteurs auxquelles il faut les porter, ou autres travaux comparables à celui-là. Or c'est sur cela qu'est fondée la notion des forces vives" (p.36).

"Il en est de même de tout autre effet produit par les forces mouvantes appliquées à une machine; on peuttoujours <u>comparer</u> cet effet à un poids à élever à une certaine hauteur, et par conséquent à une force vive soit réelle, soit latente. Ainsi par exemple, fermer un ressort d'une quantité donnée, comprimer une masse d'air donnée au point de la résuire à occuper telle ou telle capacité donnée; réduire en farine une certaine quantité de blé; traîner un chariot d'une charge donnée et d'un lieu donné à un autre, sur un chemin dont l'aspérité est donnée; etC...ce sont autant d'effets qu'on peut évaluer en forces vives" (p.245). Et enfin: "Quelles que soient les dénominations qu'on aura adoptées, la considération de ce que l'on appelle les forces vives sera toujours très importante dans la théorie des machines en mouvement, puisque c'est elle qui doit servir à apprécier le travail des hommes et des animaux, ainsi que des autres agents qu'on peut leur comparer" (p.246). C'est cette considération que Carnot développe comme ce qui constitue son apport le plus personnel (38).

Lazare Carnot apparaît comme un des promoteurs du concept de travail, et même du mot, qu'il emploie à diverses reprises dans le sens que lui donnera Coriolis en 1829 dans son livre <u>Du Calcul de l'effet des machines</u>. Dans le Mémoire de 1781, en particulier, alors que Carnot appelait encore "quantité d'action" ce qui dès l'<u>Essai</u> s'appellera "moment d'activité", il fait l'intéressante mise au point suivante: "Le travail de la force mouvante doit s'estimer par la quantité d'action qu'elle consomme, et son effet par la quantité d'action qu'elle produit...Il faut prendre garde e confondre le <u>travail absolu</u> ou la peine de l'agent, avec ce que j'appelle ici le <u>travail de la force mouvante</u> ou sollicitante, car celle-ci n'est qu'une partie de l'autre...la partie de l'effort absolu de l'agent qui est <u>transmise</u> aux forces résistantes par l'intermédiaire de la machine". Il faut cependant noter deux points importants: (39)

-- d'abord, sa réflexion solitaire n'a pas vraiment exercé une influence décisive sur l'histoire de la pensée. Il a été peu lu (40). La pensée la plus novatrice de Carnot n'a été reconnue et comprise qu'après coup, par son fils Sadi, par Navier, par Coriolis.

-- ensuite le terme "technique", le terme proprement scientifique qu'il propose pour désigner cette quantité dont il a montré que c'était un travail, est le terme moment d'activité. "Cette espèce de quantité, à laquelle j'ai donné le nom de moment d'activité, joue un très grand rôle dans la théorie des machines en mouvement; car c'est en général cette quantité qu'il faut économiser le plus qu'il est possible, pour tirer d'un agent tout l'effet dont il est capable. S'agit-il d'élever un poids, de l'eau par exemple, à une hauteur donnée? Vous en élèverez d'autant plus dans un temps donné, non que vous aurez exercé une plus grande quantité de force, mais que vous aurez consommé un plus grand moment d'activité" (41).

Certes, tout le monde sait que la force vive est la quantité significative pour évaluer l'opération des machines. C'est ainsi que Montgolfier disait: "la force vive est celle qui se paie" (42). Avec son concept de moment d'activité, Carnot va plus loin. Gillispie dit assez bien du tout venant des mécaniciens de l'époque: "Their conception of what that term (MgH ou $1/2\ MV^2$) conveyed did not yet distinguish between (kinetic) energy and work, the one being the capacity to perform the other, and the equivalence being a convertibility rather than a fundamental identity" (43). Carnot, en revanche, pose une distinction entre force vive et moment d'activité où l'on peut voir l'origine de la distinction entre énergie et travail, la convertibilité étant autre chose que pure et simple identité. La communication selon Carnot est un processus compris entre deux conversions de force vive latente en force vive réelle et inversement: d'un côté (à l'entrée, la force mouvante consomme unmoment d'activité, de l'autre (à la sortie), la résistance acquiert un moment d'activité. Les tentatives d'innovation lexicale montrent sur quoi porte l'effort de Carnot: ne plus appeler force vive tout uniment ce qui se transmet ou se communique. Là réside la différence entre Carnot et Petit, par exemple, qui écrira: "la force vive communiquée à la résistance est égale à celle que possédait le moteur, diminuée et des forces vives perdues dans les changements brusques de vitesse et de celles que le moteur conserve après avoir exercé son action" (44)

Cette différence, inscrite dans des formules qu'on jugerait au premier abord presque identiques, on la trouve peut-être déjà, tout bien considéré, entre Carnot et Lagrange. Certes, on peut se laisser enter par l'idée que Lagrange a emprunté à Carnot le contenu de l'article 227 de la Théorie des fonctions analytiques (An V) et Lagrange serait alors l'exception, considérable, à la loi du silence fait autour de l'Essai: mais même alors, il faudrait reconnaître que Lagrange n'a pas saisi le plus important prospectivement, le point le plus riche de perspectives. Il écrit:

"Cette loi des forces vives est d'une grande importance dans la théorie des machines. L'objet général des machines est de transmettre l'action des puissances motrices, de la manière la plus propre à vaincre les résistances qui s'opposent au mouvement qu'on veut produire. Ces résistances n'étant que des forces qui agissent dans un sens contraire à celui des puissances, on peut les regarder et traiter comme des puissances négatives. Ainsi dans une machine quelconque en mouvement, l'augmentation de la force vive totale est toujours égale à la somme des forces vives que les puissances auraient produites, moins la somme de celles qui auraient pu être produites par les résistances, si les points sur lesquels ces forces agissent s'étaient mus librement...

"Ainsi on peut dire qu'une chute d'eau, dont la quantité et la hauteur sont données; qu'une quantité donnée de charbon, en tant qu'elle peut être employée à vaporiser une quantité donnée d'eau; qu'une quantité donnée de poudre à canon; qu'une journée de travail d'un animal donné etc. renferment une quantité déterminée de force vive, dont on peut disposer, mais qu'on ne saurait augmenter par aucun moyen mécanique.

On peut donc toujours regarder une machine comme destinée à détruire une quantité donnée de force vive en consumant une autre force vive donnée. Et il suit du principe général que la force vive des puissances motrices doit surpasser celle des résistances, de la quantité dont la force vive totale de tous les corps qui se meuvent en vertu de ces forces augmente pendant que ces mêmes forces vives se consument; et s'il arrivait des changements brusques dans leurs mouvements, il y faudrait ajouter la somme des forces vives qui résulteraient des vitesses perdues dans les chocs (224). On peut calculer de cette manière l'effet de toute machine, et déterminer les conditions nécessaires pour que cet effet devienne le plus grand qu'il est possible, relativement aux circonstances de la machine donnée" (45).

Dans ces lignes de l'article 227, on retrouve beaucoup des idées maîtresses du livre de Carnot. L'article 224, qui évalue la perte de force vive dans le choc des corps durs, se termine par une phrase équivoque dont on pourra trouver qu'elle confirme, ou qu'elle ruine, la supposition d'une influence directe: "Ce théorème, écrit Lagrange, est dû, je crois, à Carnot, qui l'a trouvé d'une autre manière dans son Essai sur les machines en général; il est utile pour compléter l'équation des forces vives, dans les cas où il se fait une perte de ces forces par le choc" (46). Comment concilier, dans la même phrase, la désinvolture évasive du "je crois" et la référence à l'auteur et au livre, dont on a assez dit le caractère exceptionnel, et qui plus est à la "manière" propre de Carnot?

Si les points communs sont assez nombreux et assez frappants pour accréditer l'idée que Lagrange a lu l'Esai de Carnot, ils ne suffisent pas pour autoriser à penser qu'il a emprunté à ce dernier sa philosophie des machines. la différence tient principalement

-- à la définition de l'objet général des machines,

-- et au fait que l'élément intermédiaire, le moment d'activité, n'apparaît pas chez Lagrange, qui semble n'y voir qu'innovation superflue. Pour lui comme pour Coulomb dans la pièce primée en 1781, "l'objet général des machines est de transmettre l'action des puissances motrices, de la manière la plus propre à vaincre les résistances qui s'opposent au mouvement qu'on veut produire" (47). C'est le vocabulaire, et sous le vocabulaire, l'intelligence de l'efficience qui nous semblent différents. Chez Lagrange, la force vive est "acquise", "produite", lorsque Carnot dit que le moment d'activité est "consommé", et il dit qu'elle est "dépensée", "détruite", quand pour Carnot un moment d'activité est "acquis". Lagrange a cette formule: "On peut donc toujours regarder une machine comme destinée à détruire une quantité donnée de force vive en consumant une autre force vive donnée", où l'on retrouve bien la résistance. Celle-ci joue un rôle central parce qu'elle supporte le schèma de destruction mutuelle par opposition. Double sacrifice.

Carnot n'a donc pas été aussi méconnu que le dit Gillispie. Personne ne l'a lu... sauf Lagrange. Mais même si Lagrange s'est inspiré de Carnot, il n'a pas saisi ce que l'histoire ultérieure devait consacrer comme le point le plus original de sa pensée, et qui est sa philosophie de la communication mécanique: "Si cet agent est appliqué à une machine, sa force vive acquise se transmettra sans déperdition aux forces résistantes par l'entremise de cette machine; car ce qu'elle consommera sera absorbé en entier par ces forces résistantes, et sera précisément ce que nous appelons l'effet produit" (48). Le schèma de la transmission remplace celui de l'opposition.

Passons maintenant à la question du plus grand effet possible des machines, et de ses conditions. Question centrale du Scholie et par là de l'*Essai*. Carnot s'inscrit de plein droit dans la problématique du siècle. Le "théorème de Carnot" sur la déperdition des forces vives dans le choc des corps durs, le "principe de Carnot" sur la communication intégrale du moment d'activité dans les changements insensibles (Corollaire V dans l'*Essai*), légitiment l'idéal de transmission mécanique placée sous le signe de la continuité. Pour faire produire à une machine donnée le plus grand effet possible, il faut faire en sorte que tout le moment d'activité exercé par la force mouvante se retrouve dans le moment d'activité acquis par la force résistante. "Or pour remplir cette condition, je dis premièrement qu'on doit éviter tout choc ou changement brusque quelconque, car...toutes les fois qu'il y a choc, il y a en même temps perte de moment d'activité de la part des forces sollicitantes, perte si réelle que l'effet en est nécessairement diminué...C'est donc avec raison que nous avons avancé (LI) que pour faire produire aux machines le plus grand effet possible, il faut nécessairement qu'elles ne changent jamais de mouvement que par degrés insensibles" (49). C'est cette application que Gillispie nomme "principe de Carnot" (50).

Qu'en est-il alors des machines hydrauliques, et principalement des roues à aubes? Il est clair qu'il faut excepter de ce principe pris au pied de la lettre, rectifie aussitôt Carnot, "celles qui par leur nature même sont sujettes à éprouver différentes percussions, comme sont la plupart des moulins; mais dans ces cas-là même, il est clair qu'on doit éviter tout changement subit, qui ne serait pas essentiel à la construction de la machine" (51). Les conclusions de Deparcieux, Smeaton et Borda sont ainsi confirmées: "Le moyen de faire produire le plus grand effet possible à une machine hydraulique mue par un courant d'eau n'est pas d'y adapter une roue dont les ailes reçoivent le choc du fluide" (ib°) et en effet deux raisons diminuent alors l'effet: le choc de l'eau sur les ailes, et la vitesse conservée par l'eau après le choc. Veut-on se conformer à la pensée du pur idéal mécanique? "Pour faire la machine hydraulique la plus parfaite, ...le vrai noeud de la difficulté consisterait donc 1° à faire en sorte que le fluide perdît absolument tout son mouvement par son action sur la machine, ou que du moins il ne lui en restât précisément que la quantité nécessaire pour s'écahapper après son action, 2° à ce qu'il perdît tout ce mouvement par degrés insensibles et sans qu'il y eût aucune persussion ni de la part du fluide ni de la part des parties solides entre elles; peu importe d'ailleurs quelle fût la forme de la machine, car une machine hydraulique qui remplira ces deux conditions produira toujours le plus grand effet possible" (51). Nous sommes au terme de la séquence commencée avec D. Bernoulli: on ne peut aller plus loin dans la pensée de l'efficience fondée sur un idéal de communication.

Mais peut-on même aller aussi loin? Au moment où l'on s'attend à un nouveau plaidoyer pour la machine mue par le poids de l'eau, Carnot ajoute, dans l'Essai et dans les Principes, la remarque suivante: "Mais ce problème est très difficile à résoudre en général pour ne pas dire impossible. Peut-être même que dans l'état physique des choses, et eu égard à la simplicité, il n'y a rien de mieux que les roues mues par le choc, et dans ce cas, comme il est impossible de remplir à la fois les deux conditions désirables...on sent qu'il y a un milieu à prendre, au moyen duquel on déterminera sinon d'une manière absolue du moins eu égard à la nature de la machine, celle qui sera capable du plus grand effet" (53). Réhabilitation inattendue des roues à aubes par le théoricien de la transmission par degrés insensibles? Il a au plus haut point le sens de la difficulté d'inférer de la machine idéale à la machine réelle. Il coupe court aux applications trop immédiates et péremptoires de ses formules théoriques abruptes. De ce maximum dont on a tant parlé, Carnot sait qu'il est purement théorique, et ce que cela veut dire.

On lit dans la Préface des Principes: "Depuis la première édition de cet ouvrage en 1783 sous le nom d'Essai sur les machines en général, il en a paru sur toutes les parties de la mécanique de si beaux et de si étendus qu'à peine doit-il rester quelques souvenirs du mien". En fait, ces vingt années mouvementées n'ont vu paraître qu'un livre fondamental, la Mécanique analytique de Lagrange. Ce qui s'est prodigieusement développé, c'est l'enseignement (Ecole normale, Ecole polytechnique...). Dans le domaine de la théorie des machines telle qu'il l'entend, Carnot n'a pas eu, dans l'intervalle, de successeurs ni de concurrents. Si le livre de 1783 contenait des "idées nouvelles pour le temps où il a paru", elles sont en 1803 toujours aussi nouvelles. Rien par exemple ne leur fait écho dans la Nouvelle Architecture Hydraulique de Prony (54) ni dans sa Mécanique philosophique (55). Personne n'a rivalisé avec Carnot dans l'ambitieux projet de comprendre la machine en général. On peut penser que les Principes sont écrits pour servir de manuel dans les écoles, où le besoin d'un tel livre se faisait évidemment sentir...Pas assez, cependant, pour qu'il fût adopté. Les "Cours de machines", tels que ceux de Lanz et Bétancourt (56) et d'Hachette (57), professés et publiés plus tard, obéissent à une autre conception de la science des machines.

En revanche, quand vingt-et-un ans plus tard, en 1824, Sadi Carnot écrit: "Les machines qui ne reçoivent pas leur mouvement de la chaleur, celles qui ont pour moteur la force des hommes ou des animaux, une chute d'eau, un courant d'air, etc. peuvent être étudiées jusque dans leurs moindres détails par la théorie mécanique. Tous les cas sont prévus, tous les mouvements imaginables sont soumis à des principes généraux solidement établis et applicables en toutes circonstances. C'est là le caractère d'une théorie complète"(58), à quelle théorie peut-il penser? Très probablement à celle de son père, mais en tant qu'elle n'est plus tout à fait une propriété personnelle ou familiale. Navier a écrit l'important article de 1818 (59), et surtout il a rédigé notes et additions accompagnant sa réédition de l'Architecture Hydraulique de Bélidor en 1819. Petit, que Sadi Carnot contredit sur l'évaluation de la puissance motrice de la chaleur appliquée à l'air et à la vapeur d'eau (60), admet au moins ce que Lagrange avait retenu de Carnot. Et Ampère -- une note de l'article des Annales de Chimie et de Physique nous l'apprend (61) -- "s'est occupé de l'application du principe des forces vives à la théorie des machines". Coriolis, lecteur de Carnot comme l'attestera la préface de son livre de 1829, est en communication avec Ampère en 1820. Dans les années qui précèdent celle de sa mort en exil à Magdebourg (1823), les idées de Carnot sont adoptées dans les cercles scientifiques et dans les principaux centres d'enseignement (62). Il est dès lors légitime de comparer "la puissance motrice de la chaleur à celle d'une chute d'eau" (63). Sadi ne doit pas seulement à son père une base théorique en passe de tomber dans le domaine public: c'est la méthode de Lazare qui le conduit à une intelligence si neuve de la force motrice de la chaleur. Il faut bien alors parler avec C.C. Gillispie d'un trait de famille, particulièrement sensible dans "le caractère abstrait du système, dans la notion d'un processus consistant en la transition entre "états" successifs, dans l'exigence (restrictive) d'une transition graduelle et continue, dans le requisit de réversibilité, dans l'indifférence aux détails associée à la pertinence de cette schématisation à la réalité mécanique" (p.61).

Dans son Essai sur la Science des machines (Paris-Lyon, 1820), qui traite principalement des moteurs, roues hydrauliques, machines à colonne d'eau, béliers, machines à vapeur, machines mues par les hommes ou par les chevaux, l'ingénieur des Mines A. Guényveau distingue "deux objets très différents dans l'emploi des machines": "Quelquefois on se propose de communiquer à un ou plusieurs corps, ou bien à quelque partie de la machine elle-même de certains mouvements déterminés; tel est le but de tous les métiers pour les étoffes, des machines à filer, des ouvrages d'horlogerie etc...On peut souvent exécuter avec ces machines des ouvrages plus parfaits qu'en employant la main des hommes, et presque toujours avec moins de dépense...Ceux qui les construisent s'appliquent plutôt à bien coordonner toutes les parties pour produire l'effet désiré, qu'à ménager la force motrice, qui n'a presque jamais besoin d'être bien considérable. Le nombre de ces machines est immense, et augmente tous les jours, parce que de nouvelles combinaisons produisent de nouveaux effets, et qu'elles sont inépuisables...L'autre classe comprend les machines dont l'objet est de suppléer à nos forces physiques et de produire ces grands effets mécaniques qui sont si éloignés de ceux auxquels la nature semblait nous avoir restreints. Les combinaison que le génie doit chercher sont donc celles qui peuvent utiliser les moteurs puissants que la nature nous présente, tels que le mouvement de l'air, celui des eaux etc. et les employer en diminuant autant qu'on le peut la perte de force que nous avons dit être inévitable quand on se sert de machines" (p.15-16).

C'est l'histoire du second de ces sens de l'effet que nous avons tenté de suivre dans la pensée scientifique des XVIIe et XVIIIe siècles. L'effort de la mécanique rationnelle, confrontée à l'élaboration d'une véritable science des machines, a été avant tout consacré à comprendre comment la force travaille dans la machine. Spécialement la force de l'eau dans les machines hydrauliques.

Si Deparcieux pouvait écrire en 1759 que, "depuis que les sciences ont pris une nouvelle face et qu'on a appliqué les nouveaux calculs à toutes les sciences physico-mathématiques, les savants du premier ordre ont porté leur attention sur les machines mues par l'eau pour déterminer la quantité de force qui les entretient en mouvement" (64), deux points nous ont particulièrement frappé: la difficulté de l'entreprise, et sa réussite. En effet, la science des machines comme science de l'effet ne découle pas immédiatement de la mécanique classique. Celle-ci, comme l'a remarqué D.S.L. Cardwell, est admirablement apte à résoudre des problèmes comme ceux du mouvement des planètes, "mais elle ne se prêtait pas directement à l'étude de la puissance qu'on peut tirer d'une machine à vitesse uniforme" (65). Les incertitudes terminologiques ont gêné et retardé la conceptualisation, les mots <u>force</u>, <u>action</u>, <u>puissance</u>, <u>effet</u> étant souvent ambigus. Par exemple dans le <u>Scholium to the Laws of Motion</u> (66), Newton emploie <u>action</u> en un sens différent de celui de la Troisième Loi du Mouvement, puisqu'il l'estime par le produit d'une force et de la vitesse de son point d'application. Et Maxwell aura bien raison de dire: "According to this definition, the Action of the external agent is the rate at which it does work. This is what is meant by the Power of a steam engine or other prime mover...The use of the term "Energy", in a precise and scientific sense, to express the quantity of work which a material system can do, was introduced by Dr Young (<u>Lectures on Natural Philosophy</u>, VIII, 1807)" (67). Enfin la science de l'effet des machines a souffert et bénéficié à la fois de la rivalité de la mécanique newtonienne et de clle des forces vives. Elle a souffert des disputes interminables soulevées par les adversaires, de leurs arrière-pensées métaphysico-théologiques, et du soupçon si répandu de n'avoir disputé que sur des mots. Mais elle a tiré profit de l'approfondissement conceptuel auquel les tenants de la théorie des forces vives ont été coduits. Cette dernière a permis de remonter jusqu'aux raisons de la faible performance que constitue l'effet maximum des machines mues par le choc de l'eau, et d'avancer dans la compréhension de la machine comme système et processus de communication (68).

CHAPITRE VII

CINEMATIQUE ET MECANIQUE INDUSTRIELLE

1. La machine comme communication du mouvement: la Cinématique.

Comme, au milieu et à la fin du XVIIe siècle, une politique volontariste de la science s'était traduite par l'institution d'Académies, on voit, à la fin du XVIIIe siècle, le volontarisme révolutionnaire s'affirmer par l'institution d'écoles: Ecole Normale de l'an III (1), Ecole entrale desTravaux publics fondée par l'arrêté du 7 vendémiaire an III (2) et appelée Ecole polytechnique dès l'année suivante, Ecoles dites "spéciales" où l'on accédait au sortir de Polytechnique: Ecole des Ponts et Chaussées, Ecole des Ingénieurs géographes, Ecole du génie maritime...(3). Les Académies étaient vouées moins à l'enseignement qu'à la découverte, grâce à la collaboration et à l'expérimentation. Les écoles révolutionnaires, qui naissent à un moment où les Académies sont supprimées, ou peu avant leur réorganisation, sont des instruments de diffusion des sciences, des centres d'instruction, mais aussi et surtout des lieux et des agents de perfectionnement et de systématisation des savoirs. C'est pourquoi on leur donne pour maîtres les plus grands savants dans tous les domaines: Lagrange Laplace, Monge, Prony, Borda, Berthollet, Daubenton, Sicard, et bientôt Fourier et Poisson. L'Ecole polytechnique sera le foyer le plus important de la recherche dans les sciences appliquées. L'enseignement qu'elle met au point est d'un type inconnu jusqu'alors. Se fixant des programmes largement en avance sur les instruments de leur réalisation, exigeant des cours magistraux à côté de travaux dirigés dans des domaines encore incertains, tels que géométrie descriptive ou éléments des machines, son Conseil de perfectionnement a la responsabilité d'inventer, de définir et d'éprouver un genre de formation véritablement "révolutionnaire". Il veille à l'élaboration d'un savoir systématique de ce pouvoir qu'est l'application des sciences mathématiques et physiques aux différents services de l'ingénieur. Quand l'Académie des sciences est reconstituée sous le nom de Classe des Sciences Physiques et Mathématiques de l'Institut national établi par la loi du 3 Brumaire an IV, les principaux membres du Conseil de perfectionnement sont appelés des premiers à l'Institut. Le Journal de l'Ecole polytechnique, publication régulière, permet enfin la diffusion hors de l'école des principaux cours éléborés pour elle et par elle, rappelant le rôle des recueils académiques. La variété des articles n'a d'égale que la célébrité des signatures.

Cette création d'écoles est le signe et le signal d'une mutation du rapport de la société à ses machines. La science des machines est dans une large mesure une production de ce milieu scientifique et enseignant, un artefact de ce type d'institution. Incluse dans les programmes en vertu d'une exigence largement ressentie par les ingénieurs, elle n'existe, au départ et plus longtemps que prévu, que d'une façon programmatique. Les écoles sont, dans les trois premières décennies du XIXe siècle, le cadre dans lequel cette science va se chercher, s'inventer, se codifier. C'est dans des leçons et des cours, rarement et tardivement publiés, que, en réponse à une demande deplus en plus pressante de l'industrie, la machine devient une réalité scientifique, et son fonctionnement un processus de communication maîtrisable par la pensée et le calcul, grâce à l'idée de cinématique et au concept de travail.

Pour qui cherche à préciser la part de l'étude des machines dans les programmes révolutionnaires de 1795, l'Ecole centrale des Travaux publics est évidemment de première importance. Cependant, il n'est pas superflu de relever que l'Ecole Normale de l'an III, destinée à former les professeurs des écoles secondaires, appelées alors écoles "centrales", pour toute la république, et non des ingénieurs, fait elle-même appel à Gaspard Monge pour enseigner la <u>géométrie descriptive</u>, et de relire l'introduction à ses leçons (4), dans laquelle il proclame l'intérêt et l'utilité de cette discipline, son rôle décisif dans le programme d'une nouvelle éducation nationale. Monge avait déjà enseigné la géométrie descriptive à Mézières à partir de 1769 (5). Mais les circonstances étaient tout autres: il ne s'agissait alors que d'un enseignement de type professionnel, réservé aux futurs ingénieurs militaires, et même d'un secret jalousement gardé qui ne franchit pas les limites de l'école. Telle n'est pas l'école de la république. La méthode que Monge met au point à la fin de l'ancien régime, en rationalisant les démarches empiriques des tailleurs de pierres et des architectes, est une technique propre à simplifier les opérations graphiques des constructeurs de fortifications. Pourquoi, en revanche, la toute nouvelle éducation nationale a-t-elle tant à attendre de la géométrie descriptive?

"Cet art, dit Monge, a deux objets principaux: -- le premier est de <u>représenter</u> avec exactitude sur des dessins qui n'ont que deux dimensions les objets qui en ont trois, et qui sont susceptibles de définition rigoureuse. Sous ce point de vue, c'est une langue nécessaire à l'homme de génie qui conçoit un projet, à ceux qui doivent en diriger l'exécution, et enfin aux artistes qui doivent eux-mêmes en exécuter les différentes parties". Bref, une langue assurant la communication entre les différents agents de la construction, dans une société dont la raison d'être est de plus en plus de construire une oeuvre commune. Langue de la collaboration, et non seulement de la conception, c'est le medium universel de toutes les pratiques de l'objet tri-dimensionnel, dans le monde de l'exactitude et de la précision. Mais Monge va plus loin: "-- Le second objet de la géométrie descriptive est de déduire de la description exacte des corps tout ce qui suit nécessairement de leurs formes et de leurs positions respectives. Dans ce sens, c'est un moyen de rechercher la vérité; elle offre des exemples perpétuels du passage du connu à l'inconnu; et parce qu'elle est toujours appliquée à des objets susceptibles de la plus grande évidence il est nécessaire de la faire entrer dans le plan d'une éducation nationale" (6). Son rôle technique se voit donc relayé par une fonction pédagogique bien plus vaste. Le graphisme a d'abord les vertus heuristiques d'un schème par le moyen duquel l'objet articule et révèle ses propriétés: la géométrie descriptive accomplit la tâche de la description et de la représentation en faisant accéder celles-ci à l'intelligibilité rigoureuse des formes et des mouvements respectifs, des modifications situationnelles et de leurs transformations réglées. Elle est en cela une iconographie résolument "nouménalisante", pour reprendre les termes de F. Dagognet. Monge a toutes les raisons de considérer qu'elle constitue un exercice, et même une discipline sans équivalent du regard et de l'intuition spatiale. La construction graphique, préalable de la construction effective, est inséparablement l'école de la perception et son idéal. Il aurait souhaité que "les jeunes gens de l'âge de douze ans et qui se destinent à la pratique de quelques uns des arts" fussent exercé pendant deux ans aux constructions graphiques, "ce qui, en développant leur intelligence, et en leur donnant l'habitude et le sentiment de la précision, aurait contribué de la manière la plus certaine aux progrès de l'industrie nationale et ce qui, en les accoutumant à l'évidence, les aurait garantis pour toujours de la séduction des imposteurs de tous les genres" (7). L'âge de l'oeil dont on a parlé à propos de Léonard de Vinci, et que Valéry a si profondément pensé, n'est-ce pas celui-là même que la République des ingénieurs réactualise, comme une exigence de la raison, libérée de toutes les séductions?

La machine est, évidemment, la première bénéficiaire de cette éducation généralisée du regard. Elle trouve dans la géométrie descriptive l'instrument de sa représentation et de la détermination de ses composantes. Celle-ci semble faite pour résoudre les problèmes de figuration qui ont si longtemps embarrassé artistes et ingénieurs. L'exactitude du dessin fait de celui-ci l'auxiliaire de la reproduction, mais aussi de l'amélioration des mécanismes. Bien plus, en réduisant la tri-dimensionnalité et les mouvements de tous ordres à des projections planes, à des traces arrêtées et instantanément évidentes, on libère l'intelligence, on l'affranchit des hésitations, du flou et des pesanteurs de l'imagination, on établit le génie humain sur son véritable terrain. "On contribuera donc à donner à l'éducation nationale une direction avantageuse, en familiarisant nos jeunes artistes avec l'application de la géométrie descriptive aux constructions graphiques qui sont nécessaires au plus grand nombre des arts, et en faisant usage de cette géométrie pour la représentation et la détermination des éléments des machines, au moyen desquelles l'homme mettant à contribution les forces de la nature, ne se réserve, pour ainsi dire dans ses opérations d'autre travail que celui de son intelligence" (8).

Monge a conscience d'apporter une arme pour l'émancipation. Emancipation nationale: il s'agit, disent les premiers mots du Programme, de "tirer la Nation Française de la dépendance où elle a été jusqu'à présent de l'industrie étrangère". Mais aussi émancipation de la main par l'outil et la machine: il faut "répandre parmi nos artistes la connaissance des procédés des arts et celle des machines qui ont pour objet ou de diminuer la main d'oeuvre, ou de donner aux résultats des travaux plus d'uniformité et plus de précision" (9). La machine, agent de production uniforme et régulière, devient le modèle de l'opération manuelle. Anticipation audacieuse, en pleine crise révolutionnaire, de la "machinofacture moderne" (10). Ainsi l'enseignement de la géométrie descriptive est une grande cause nationale. Les écoles centrales doivent en faire bénéficier "tous les jeunes gens qui ont de l'intelligence, tant ceux qui ont une fortune acquise afin qu'un jour ils soient en état de faire de leurs capitaux un emploi plus utile et pour eux et pour la nation, que ceux même qui n'ont d'autre fortune que leur éducation, afin qu'ils puissent un jour donner un plus grand prix à leur travail" (11).

Indispensable, la géométrie descriptive l'est a fortiori pour la classe des ingénieurs de tous ordres auxquels l'Ecole polytechnique prétend apporter les bases communes de leur savoir et de leur pouvoir. D'où la place que Monge, qui est avec Fourcroy le principal promoteur de l'école, lui accorde dans les premiers programmes. Inspirés, voire rédigés par Monge, les Développements sur l'Enseignement adopté pour l'Ecole centrale des Travaux publics distinguent deux genres de connaissances:
-- celles qui sont relatives aux formes et mouvements des corps; elles sont de nature à être comprises par le raisonnement; elles exigent ou l'emploi du calcul, ou l'usage de la règle et du compas. Elles dépendent des mathématiques.
-- les autres ont rapport à la composition des corps. Elles relèvent des expériences de laboratoire et des procédés d'atelier. Elles font partie de la physique. L'enseignement des mathématiques dans une école "centrale" d'ingénieurs doit donc comprendre d'une part celui de l'analyse et d'autre part celui de la description graphique des objets, réunissant la géométrie

descriptive et les arts du dessin. La géométrie descriptive comporte

-- la stéréotomie (étude générale des procédés "tant pour représenter les corps que pour rechercher ce qui suit nécessairement... des données immédiates" (12)), enseignée en première année,

-- l'application à l'architecture, enseignée en seconde année,

-- l'application à la fortification, enseignée en troisième année.

La stéréotomie comprend elle-même l'application de ses règles aux traits de la coupe des pierres et de la charpenterie, aux ombres des corps, à la perspective linéaire et aérienne, aux cartes et plans et au nivellement, aux machines simples et aux machines composées.

Selon une conviction unanime, orchestrée par l'idéologie de la centralisation et de l'unification républicaines, analyse et géométrie descriptive donneront aux ingénieurs de l'Ecole une langue qui leur permettra de communiquer. Ainsi Prony dans son Discours d'ouverture du 7 Pluviôse an VII: "Nous nous ménageons le précieux avantage d'introduire parmi vous dans toutes les parties des mathématiques, une langue méthodique et surtout uniforme. C'est ici un des services les plus importants que l'Ecole Polytechnique doit rendre et aux mathématiques et aux sciences en général. De ce foyer d'instruction se répandra en tous les points de la République une foule d'hommes éclairés qui auront puisé leurs connaissances dans une source commune. De là, une grande facilité de se communiquer, de s'entendre" (13). De même, la géométrie descriptive fait tomber les barrières entre les divers corps d'ingénieurs et met fin à leur isolationnisme puisqu'elle rend à tous des services équivalents: "Les artistes en font usage pour se transmettre les uns aux autres la connaissance des objets... elle est devenue une espèce de langue nécessaire à tous les artistes, même à ceux dont le talent consiste dans l'imitation libre des corps qui ne sont pas susceptibles de définition exacte" (14). Elle fait communiquer, converger et se répondre les procédures spécialisées du serrurier et du cartographe, du charpentier et du peintre, de l'architecte militaire et du constructeur de vaisseaux. Cette langue officielle de la république des ingénieurs est aussi la langue bien faite de l'objet spatial défini et de ses propriétés opératoires. Quand Monge écrit qu'elle "contribue à inspirer aux artistes le sentiment de la loi de continuité" (15), il s'agit aussi bien de la continuité de chaque ligne et de chaque volume de l'objet spatial que de leur génération par le mouvement réglé de points et de courbes, ou encore des trajectoires de leurs déplacements possibles. Eduquer la perception, c'est ôter à l'intuition spatiale brute ce qu'elle a toujours d'incomplet et d'interrompu. Ce lien établi par la "loi de continuité" entre la figure et le mouvement (16) est à la base de la correspondance affirmée par Monge entre les opérations de l'Analyse et les méthodes de la géométrie descriptive. "Il faut, dit-il, que l'élève se mette en état d'une part de pouvoir écrire en Analyse tous les mouvements qu'il peut concevoir dans l'espace, et de l'autre de se eprésenter perpétuellement dans l'espace le spectacle mouvant dont chacune des opérations analytiques est l'écriture" (17). Monge parle avec enthousiasme de cette rencontre inouïe et prometteuse: "Ce cours, considéré dans toutes les parties qui l'ont composé, a été réellement une des choses extraordinaires que la Révolution a produites en si grand nombre" (18).

Il fait ainsi allusion aux vingt-quatre leçons professées par lui en Nivôse an III au "cours révolutionnaire", enseignement accéléré pour la première promotion. Appelé en 1796 à suivre les armées, et Bonaparte, en Italie puis en Egypte, Monge ne donna que le cours de première année (stéréotomie) de façon complète (19). Il n'a donc pas exécuté lui-même l'intégralité de la tâche dont il avait fixé le contour. C'est Hachette, toujours soucieux de fidélité, qui lui supplée. D'après Fourcy, de longs tâtonnements ont marqué sinon l'enseignement de la stéréotomie en première année, du moins les applications de celle-ci aux "éléments des machines". Monge avait en effet émis dès le départ à ce sujet des idées trop précises et trop neuves pour qu'il soit facile de se substituer à lui au pied levé. Hachette ne prétendra jamais avoir fait plus ni autre chose que remplir un programme tracé dans ses grandes lignes au moment de la fondation de l'Ecole.

Dans les Développements de l'été 1794 où il faisait connaître les buts de l'Ecole centrale, Monge proposait de consacrer deux mois de la première année d'études à la description des éléments des machines en usage dans les travaux publics. "On entend, écrivait-il, par éléments des machines, les moyens par lesquels on change la direction des mouvements, ceux par lesquels on peut faire naître les uns des autres, le mouvement progressif en ligne directe, le mouvement de rotation, le mouvement alternatif de va-et-vient. On sent que les machines les plus compliquées ne sont que les résultats des combinaisons de quelques uns de ces moyens individuels, dont il faudra faire en sorte que l'énumération soit complète" (20). Dans le Programme des cours d'ouverture, imprimé en Janvier 1795, il donnait pour les quatre dernières leçons de son cours le résumé suivant: "Exposition des divers mécanismes au moyen desquels on peut convertir les uns dans les autres les différents genres de mouvements. Mécanismes par lesquels on facilite les mouvements de tous les genres. Description des principales Machines connues dans les arts, et mues par les animaux ou par des forces prises dans la nature" (21). Ce qu'il développe ainsi dans le 1er Cahier du Journal Polytechnique: "Les forces de la nature qui sont à la disposition de l'homme ont trois éléments distincts, la masse, la vitesse, la direction du mouvement. Rarement dans ces forces les trois éléments dont il s'agit ont les qualités qui conviennent au but que l'on se propose; et les machines ont pour objet principal de convertir les forces dont on peut disposer en d'autres dans lesquelles ces éléments soient de nature à produire l'effet désiré. Chaque machine est composée de plusieurs parties élémentaires dont chacune a un but particulier, et ce but peut être atteint de plusieurs manières différentes suivant les circonstances. L'énumération complète de toutes les manières dont on peut changer les éléments des forces, et la description des moyens différents de produire le même changement dans des circonstances différentes, doivent offrir aux artistes les plus grandes ressources pour les travaux de tous les genres. Dans le Cours préliminaire, on a exposé la méthode générale à suivre pour cet objet" (22).

Avant d'étudier la réalisation de ce programme par les continuateurs de Monge, signalons les deux traits les plus remarquables de sa visée. D'abord, la notion d'élément: l'élémentaire n'est pas le simple, puisque l'élément est agent de conversion ou de changement d'un mouvement en un autre. Comme les genres de mouvements sont peu nombreux, il renvoie à leur combinatoire: c'est une place dans un tableau. Ensuite, la notion de mouvement: le mouvement n'est pas la force, puisqu'il est un des aspects de la force. Dans son Traité élémentaire de statique (1788), Monge avait écrit: "On appelle machine tout instrument destiné à transmettre l'action d'une force déterminée à un point qui ne se trouve pas sur sa direction, de manière que cette force puisse mouvoir un corps auquel elle n'est pas immédiatement appliquée, et le mouvoir selon une direction différente de la sienne" (23). De la force, il ne retenait que la réalité purement spatiale, géométrique, du point d'application et de la direction. Transmission de l'action de la force voulait dire transmission du mouvement dans l'espace, par relais et organes modifiant son parcours et son sens. Ce que va préciser sa typologie des mouvements mécaniques. La substitution du mouvement à la force dans la lecture des machines inclut la science de leurs éléments dans la géométrie descriptive. Elle met du même coup la machine en position d'intermédiaire indispensable de l'utilisation des forces naturelles. Le rapport de l'homme à la nature devient essentiellement celui d'un concepteur d'engins, d'un conducteur de machines. Dans une lettre à son gendre Marey de la fin de l'année 1795, Monge parle de mettre "à contribution non l'ignorance des peuples voisins, mais les forces inépuisables de la nature" et de ne réserver "à l'homme que l'exercice de son intelligence pour diriger l'emploi de ces forces" (24). Il termine cette lettre en évoquant l'avenir rayonnant que promet la Révolution et son programme d'enseignement, par la métaphore laborieuse du gland et du chêne, "qui fourniront au bétail une nourriture abondante, au génie l'encre qui communique les lumières, les vaisseaux qui les portent d'un bout de l'univers à l'autre, et à l'industrie tous les myens par lesquels l'homme substitue à ses faibles bras la force des éléments et s'appoprie, pour ainsi dire, toute celle de la Nature entière". Nous pensons que c'est là, et non dans la phrase si souvent invoquée du Discours de Descartes, à laquelle Monge fait inconsciemment ou non écho, que s'affirme pour la première fois une pensée de l'appropriation humaine de la nature par l'entremise des machines. C'est cette prise de conscience qui donne sa mesure à l'ambition du plan d'enseignement conçu par Monge pour les ingénieurs de la République.

Quand la durée des études fut réduite de trois à deux ans, l'enseignement relatif aux machines fut ajourné, sans être totalement abandonné. Hassenfratz fut chargé de l'enseignement des "éléments des machines" en 1799, comme l'atteste un discours de Gayvernon: "On s'est occupé, jusqu'à présent, de représenter les machines ingénieuses que les hommes ont inventées, et l'on a publié les recueils de ces machines sous le nom de Théâtre des Machines; on a déterminé les lois du mouvement, et l'on a créé les éléments de mécanique; mais personne n'était encore parvenu à décomposer les machines faites et à faire, de manière à en déterminer les éléments; c'est un cours absolument neuf que l'on doit à la réunion des lumières des hommes instruits qui composent l'enseignement de l'école; ce travail a été fait par le citoyen Hassenfratz qui est chargé de cette partie de l'enseignement. Ce cours ramenant la construction des machines à la simplicité qui leur appartient procurera aux arts, aux manufactures, et à l'industrie française un perfectionnement qu'ils auraient inutilement attendu d'ailleurs" (25). En fait, Hassenfratz n'a certainement (26) fourni qu'un maigre substitut de fortune à ce qu'avait voulu faire Monge. La prévision de Gayvernon était prématurée.

Il fallut attendre décembre 1806 por que le Conseil de perfectionnement désigne l'un des professeurs de géométrie descriptive (Hachette) pour faire le cours sur les éléments des machines par lequel il venait de remplacer les cours spéciaux des mines et des ponts et chaussées. Hachette eut désormais la haute main sur "cette partie essentielle de la Géométrie descriptive". C'est la programme proposé par lui qui est adopté par le Conseil de perfectionnement en 1807 et 1808. Y est prévue "l'étude des Machines simples, du mouvement circulaire, du mouvement rectiligne, du mouvement de va et vient; de la forme des machines par lesquelles ces mouvements se combinent deux à deux; division de ces machines en dix séries" (27). Hachette fut assez beau joueur pour plaider avec Monge auprès du Conseil d'instruction l'impression aux frais de l'Ecole des résultats du travail de Lanz et Bétancourt sous le titre d'<u>Essai sur la composition des Machines</u> (1808). Cet essai relevait de la même méthode, du même "plan"; il se présentait comme le commentaire d'un tableau analogue à celui d'Hachette. Mais celui-ci eut toujours le souci de revendiquer l'autonomie de sa propre recherche, et surtout la responsabilité de la mise en place du cours des Machines à Polytechnique. A ce titre, il se considérait même comme l'un des auteurs de la première édition du livre, et l'y affirmait dans une note liminaire significative: "Le texte de cet Essai...a été revu par M. Hachette; les figures ont été dessinées à l'Ecole polytechnique sous sa direction" (28). Nous attacherons moins d'importance aux différences que peuvent présenter les tableaux de Lanz et Bétancourt (1819) par rapport à celui d'Hachette, qu'à ce qu'ils ont de commun, et qu'ils doivent, en dernier ressort, à Monge.

Hachette s'en est toujours tenu, dans les rééditions de son Traité élémentaire des Machines (29) à sa classification initiale en dix séries, sans qu'on puisse décider si c'est là fidélité à des directives de Monge ou à ses propres élaborations: "Chargé seul en son absence de l'enseignement de la géométrie descriptive et de l'analyse appliquée à la géométrie, j'ai dû spécialement m'occuper de la préparation d'un cours dont Monge avait seulement donné la première idée, et je me suis spécialement livré à l'étude des machines, m'étant proposé de les analyser, de les classer et de faire connaître les principes de géométrie et de mécanique qui servent de base à leur construction" (30). On retrouve la conception de l'"élément" qui fait coïncider analyse et classification, ou décomposition et tableau. "J'ai fait voir que l'on parvenait à l'énumération complète des machines éllémentaires, en les classant en dix séries. Cette division est fondée sur cette considération, que tout mécanisme, quelque composé qu'il soit, résulte de la combinaison de deux quelconques de ces quatre mouvements:circulaire continu, rectiligne continu, circulaire alternatif, rectiligne alternatif. Le tableau des machines élémentaires formé sur ce système a servi d'introduction au premier cours sur les machines qui se fit à l'Ecole polytechnique" (30). Si on se reporte au Programme d'Hachette dans le Rapport de la session de 1808 du Conseil de perfectionnement, on trouve en effet que nommant R, r, C et c les quatre sortes de mouvement, "on a les dix combinaisons suivantes des quatre lettres prises deux à deux dans l'ordre où le tableau les présente:

1° RR, 2° Rr, 3° RC, 4° Rc, 5° Cr, 6° CC, 7° Cc, 8° rr, 9° rc, 10° cc. Et Hachette ajoute la remarque suivante, qui a son importance car elle montre qu'il est malgré tout sensible au problème de la réversibilité des conversions d'un type de mouvement en un autre: "De ces dix séries, si on soustrait les quatre combinaisons CC, RR, cc, rr, chacune des six autres pourrait en former deux; car, de ce que le mouvement C par exemple se change par un certain mécanisme en R, il ne s'ensuit pas que le mouvement R se change enC par le même mécanisme; cependant, pour diminuer autant que possible le nombre des séries, on a compris dans la même série toutes les combinaisons de deux quelconques des quatre mouvements C, R, c, r, et leurs réciproques".

Lanz et Bétancourt ne mentionnent plus Hachette dans la deuxième édition (1819) et ils présentent un tableau "plus complet": "Les mouvments qu'on emploie dans les arts sont ou rectilignes, ou circulaires, ou déterminés d'après des courbes données; ils peuvent être continus ou alternatifs (de va-et-vient) et on peut, par conséquent, les combiner deux à deux de quinze manières différentes, ou de vingt-et-une, si on combine chacun de ces mouvements avec lui-même. Toute machine a pour but de changer ou de communiquer un ou plusieurs de ces vingt-et-un mouvements" Tableau complet, mais inachevé: "On a laissé des places vides, destinées aux mouvements échappés à notre mémoire, ou qui ne nous sont pas connus, ainsi qu'à ceux qu'on inventera après l'impression de cet ouvrage, que nous regardons comme un recueil général d'éléments de machines, que les savants et les artistes de tous les pays s'empresseront sans doute d'enrichir par leurs découvertes".

A partir de la Géométrie descriptive, se profile une science des mécanismes, qui doit à Monge l'idée qu'un mécanisme est ce qui convertit un type de mouvement en un autre. La description instrument de représentation fait place à la description instrument d'analyse du monde machinique. En effet, la machine quelconque est décomposable en mécanismes discrets et repérables, qui sont autant d'éléments structurels, fonctionnels, opératoires. Ces mécanismes sont susceptibles de classification systématique, en un tableau où s'ordonne le connu et où la place de l'inconnu peut apparaître. Cette classification rapproche sur une même ligne des mécanismes, si différents soient-ils par ailleurs, dont l'effet opératoire est identique. Elle doit selon ses promoteurs permettre à l'intelligence mécanicienne de maîtriserr les solutions de tous ses problèmes: la classification devrait être le pas décisif vers la rationalisation. L'ordre du tableau est la base à partir de laquelle la synthèse ou "composition" de machines nouvelles deviendra simple affaire de méthode. Ou de discipline. La machine devenant objet d'enseignement, est importée dans l'ordre mécanique la structure enseignant/ enseigné/ enseignable. Idée formulée très tôt dans la crise révolutionnaire. Des Réflexions adressées à la Convention par le Bureau de consultation des arts et métiers en 1793 disaient déjà que toute machine est "susceptible d'être décomposée, d'être réduite en éléments simples" et distinguaient dans leur examen le calcul de la force, objet de la mécanique théorique, de "la direction de l'agence et le moyen dont la force est appliquée" qui sont celui de la "mécanique pratique, science qui n'existe point encore ou du moins sur laquelle il n'a point été rédigé de traité méthodique et élémentaire" (31). Une systématique des opérations mécaniques était à l'ordre du jour. L'application de la stéréotomie que Monge a l'idée de faire aux machines répond à ce besoin.

Comte, qui dit tout ignorer de ses successeurs, lui rendra, dans une note de la 18e Leçon du Cours de Philosophie positive un hommage nuancé. "La mécanique industrielle...se compose de deux classes de recherches très différentes, les unes dynamiques, les autres géométriques", ces dernières ayant pour objet de "changer, à volonté, à l'aide d'un mécanisme convenable, les lignes décrites par les points d'application des forces" et dépendant "de cette <u>géométrie de situation</u> entrevue par Leibniz, mais qui n'a fait jusqu'ici presqu'aucun progrès" (32). "Je ne connais à cet égard d'autre travail réel qu'une ingénieuse considération élémentaire présentée par Monge, et qui, quoique simplement empirique, mérite d'être notée ici, ne fût-ce que pour indiquer la véritable nature de cet ordre d'idées". Comte reproche au tableau en dix séries d'être seulement une classification des "moyens empiriques" offerts au mécanicien pour chaque cas de transformation, témoignage sans doute de la façon dont étaient enseignés les éléments des machines en 1814-1815 à Polytechnique. Encore est-il permis d'en douter quand on lit le problème que Ferry plaçait au début d'un ouvrage, certes inachevé (l'impression en fut commencée en 1812), <u>Essai sur l'art de construire les machines</u>: "Deux axes de rotation étant donnés, il s'agit de trouver une forme d'engrenage qui transmette le mouvement de l'un à l'autre avec des vitesses déterminées" (33).

On est plus étonné de ne pas trouver le nom de Monge, mais seulement celui de ses épigones, dans l'<u>Essai sur la Philosdophie des Sciences</u> à propos de ce qu'Ampère nomme <u>cinématique</u>, en 1834. Rappelons que ce livre est, aussi, le commentaire d'un tableau systématique, "l'exposition analytique d'une classification naturelle de toutes les connaissances humaines". "Longtemps avant de m'occuper du travail que j'expose ici, j'avais remarqué écrit Ampère, qu'on omet généralement au commencement de tous les livres qui traitent de ces sciences (celles qui sont relatives à la détermination des mouvements et des forces) des considérations qui, développées suffisamment, doivent constituer une science du troisième ordre, dont quelques parties ont été traitées, soit dans des mémoires, soit même dans des ouvrages spéciaux, tels par exemple que ce qu'a écrit Carnot sur le mouvement considéré géométriquement, et l'<u>Essai sur la composition des machines</u> de Lanz et Bétancourt" (34).Ampère pense-t-il à l'ouvrage de 1803 <u>Géométrie</u>

de position, ou à l'usage que fait Carnot du concept de "mouvement géométrique" dans son étude des machines? Celui-ci, dont Ampère voit bien la liaison avec la notion de "vitesse virtuelle", reste plutôt chez Carnot au niveau de ce qu'il nomme "science du second ordre", mécanique élémentaire ou transcendante. Avec l'idée de réversibilité, le mouvement géométrique inclut bien celle de mécanisme, de liaison géométrique, mais de mécanisme quelconque, de liaison quelconque. Carnot ne nous semble pas avoir exploré cette analyse cinématique dont il indique, mais évasivement, la place. C'est Monge, évidemment, qui est à l'origine de la cinématique. Et Ampère peut difficilement l'ignorer, puisqu'il rectifie, mais sans en altérer les principes, la définition de la machine donnée par Monge, en radicalisant la distinction de la force et du mouvement: "Cette science, poursuit-il en effet, doit renfermer tout ce qu'il y a à dire des différentes sortes de mouvements, indépendamment des forces qui peuvent les produire. Elle doit d'abord s'occuper de toutes les considérations relatives aux espaces parcourus dans les différents mouvements, aux temps employés à les parcourir, à la détermination des vitesses d'après les diverses relations qui peuvent exister entre ces espaces et ces temps. Elle doit ensuite étudier les différents instruments à l'aide desquels on peut changer un mouvement en un autre; en sorte qu'en comprenant, comme c'est l'usage, ces instruments sous le nom de machines, il faudra définir une machine, non pas comme on le fait ordinairement, un instrument à l'aide duquel on peut changer la direction et l'intensité d'une force donnée, mais bien un instrument à l'aide duquel on peut changer la direction et la vitesse d'un mouvement donné". C'est une didactique de la machine qu'Ampère a en vue, et à laquelle il donne le nom que l'histoire a conservé: "Un traité où l'on considèrerait ainsi tous les mouvements indépendamment des forces qui peuvent les produire serait d'une extrême utilité dans l'instruction, en présentant les difficultés que peut offrir le jeu des diverses machines, sans que l'esprit de l'élève eût à vaincre en même temps celles qui peuvent résulter des considérations relatives à l'équilibre des forces" (p.52). "C'est à cette science où les mouvements sont considérés en eux-mêmes tels que nous les observons dans les corps qui nous environnent, et spécialement dans les appareils appelés machines, que j'ai donné le nom de cinématique". la science à laquelle Ampère donne ainsi un nom dépasse donc l'ébauche de cours donnée à Polytechnique (dix leçons en 1811, quinze leçons en 1818, vingt-deux en 1827).

On s'étonnera peut-être que le XVIIIe siècle, "si soucieux...de redéfinir l'espace, de le purger ou de le libérer, -- non moins de le diviser, à travers de justes partages, et aussi de le géométriser" (34), ait attendu si longtemps pour concevoir cette analyse spatiale du mouvement mécanique et cette idée d'une géométrie du mouvement relatif des éléments assemblés. La géométrie systématique des liaisons, ou de la communication des mouvments, commencée au XVIIe siècle par Desargues et La Hire dans un cadre intellectuel que R. Taton a rapproché de celui de la Géométrie descriptive (35), n'a occupé les géomètres du siècle suivant que d'une façon épisodique. Par exemple Euler et Camus (36) sur les engrenages. Faute d'une science des configurations spatiales et du mouvement relatif des parties, la pratique du mécanicien reste tributaire et de l'empirie qui répète et du génie qui innove. En 1782, à la mort de Vaucanson et célébrant sa mémoire, Condorcet constate en ce domaine la carence du savoir: "le génie, dans cette partie des sciences, consiste principalement à imaginer et à disposer dans l'espace les différents mécanismes qui doivent produire un effet donné, et qui servent à régler, à distribuer, à diriger la force motrice". La véritable théorie de la mécanique "dépend de cette géométrie de situation dont Leibniz a connu l'existence, mais qui n'a fait encore que peu de progrès. Aucun livre élémentaire ne contient les principes de la science;

aucun ne peut même en apprendre l'histoire; les ateliers des arts, les recueils de machines montrent ce qui a été fait. Mais pour en tirer des résultats, il faut soi-même les former; pour entendr une machine, il faut la deviner: telle est la cause qui rend le talent pour la mécanique si rare, et surtout si prompt à s'égarer; voilà pourquoi il ne se présente presque jamais sans montrer à la fois la hardiesse et les écarts qui, dans l'enfance des sciences, caractérisent le génie" (37). Quant à Diderot, dans l'aricle "Art" de l'Encyclopédie, c'est à propos de la "langue des arts" et non de la "géométrie des arts" qu'il envisage une réduction aux mouvements élémentaires, pour les manoeuvres et non pour les machines, dont l'analyse et la langue bien faite pourraient se contenter de l'élément que fournissent les machines simples. De même, c'est à une caractéristique sans figures que Leibniz a pensé pour la description des machines: "J'ai trouvé, écrit-il à Huygens (8 septembre I679), quelques éléments d'une nouvelle caractéristique tout à fait différente de l'algèbre, et qui aura de grands avantages pour représenter à l'esprit exacterment et au naturel, quoique sans figures, tout ce qui dépend de l'imagination...Si elle était achevée de la manière que je la conçois, on pourrait faire en caractères, qui ne seront que des lettres de l'Alphabet, la description d'une machine quelque composée qu'elle pourrait être, ce qui donnerait moyen à l'esprit de la connaître distinctement et facilement avec toutes les pièces et même avec leur usage et mouvement sans se servir de figures ni de modèles et sans gêner l'imagination, et on ne laisserait pas d'en avoir la figure présente dans l'esprit autant que l'on se voudrait faire l'interprétation des caractères" (38). La description de la structure de l'animal ou de la machine (voir Phil. Schrift. IV, p.555) est tentée par le moyen d'une notation symbolique qui "exprime directement la situation, les angles et le mouvement", ce qui situe Leibniz dans une histoire qui va de Hooke

(<u>Art of Invention or Mechanical Algebra</u> (39) à Babbage ("On a Method of Expressing by Signs the Action of Machinery" (40)). La langue des machines que Monge souhaite voir développer pour les élèves ingénieurs part d'une représentation graphique et implique une confiance toute neuve en les pouvoirs de la géométrie, pour lui à la fois descriptive <u>et</u> heuristique. Rien ne fait mieux sentir son originalité que la remarque suivante de Leibniz, à la suite des textes cités: "S'il ne s'agit que de la description, il vaudra mieux si on en peut et veut faire la dépense, d'avoir les figures et même les modèles, ou plutôt les originaux des choses. Mais l'utilité principale consiste dans les conséquences et raisonnements, qui se peuvent faire par les opérations des caractères, qui ne se sauraient exprimer par des figures (et encore moins par des modèles) sans les trop multiplier" (41). La cinématique issue de Monge et de sa "mécano-graphie nouménalisante" ne s'est pas orientée vers une logique des relations opérationnelles entre éléments mécaniques, mais s'en est tenue à ce qui était le plus original en elle, une géométrie générale des transmissions, qui est certes une partie indispensable de toute cinématique, et un tableau systématique des conversions mutuelles des divers types de mouvements, lequel devait se révéler bien vite décevant.

Il reste qu'avec les leçons d'"éléments des machines" ou "composition des machines", un savoir prend pour la première fois pour objet les mécanismes en général. Leur analyse et leur classification consacre la fin de l'idée tenace selon laquelle toutes sont des agrégats plus ou moins compliqués de <u>machines simples</u>. Diderot la postulait encore dans l'<u>Encyclopédie</u> comme allant de soi. Monge et Hachette, "instituteurs de géométrie descriptive à l'Ecole polytechnique" sont les fondateurs de toutes les cinématiques ultérieures, et c'est bien comme cela que Reuleaux, novateur lui aussi, l'a compris (42). En cherchant l'élément sans s'occuper de la machine simple, ils ont ouvert la voie qu'empruntera la <u>Getriebelehre</u>.

Entre les mains des épigones de Monge, les "éléments" restent cependant plus une discipline, une matière au programme, qu'une science. Le "succès" des ouvrages de Lanz et d'Hachette a été trop durable pour être de bon aloi Laboulaye en 1848 suggère le soupçon d'une longue désaffection pour la cinématique, figée dans une forme canonique trop tôt atteinte. Selon lui (43), Lanz et Monge avant lui, ont le tort de "borner la composition des machines à la transformation des mouvements", ce qui fait que leur travail "conçu sans vues scientifiques, n'offre rien de satisfaisant à l'esprit, ne peut servir de base à aucun enseignement rationnel". La base du système et de la classification sera contestée par les théoriciens du milieu du siècle: leur point de départ sera toujours une vigoureuse remise en cause des idées de Monge et de ses disciples. Ainsi en est-il dans les Principles of Mechanisms de R. Willis en 1841, dans le Traité des mécanismes de Haton de la Goupillière en 1864, dans la Cinématique de Reuleaux, en 1875 (tr.fr. 1877),et dans l'Introduction à une théorie nouvelle des mécanismes de G. Koenigs en 1905.

Koenigs dresse un parallèle entre l'histoire de la zoologie et celle de la science des mécanismes: "Le machinisme est une véritable zoologie artificielle, où le créateur est l'homme lui-même,guidé par une large et mystérieuse intuition. Cela est si vrai que, comme la zoologie, son étude a commencé par n'être qu'une simple nomenclature, ainsi qu'en témoignent les écrits les plus anciens jusqu'au traité de Leupold; jusqu'à cette époque, les recueils de machines ne présentent que des descriptions plus ou moins détaillées sans aucun souci de rapprocher les uns des autres les engins qui s'y trouvent décrits. (...)L'ère des classifications fut ensuite ouverte par Monge, Hachette, Lanz et Bétancourt, Laboulaye, Bélanger...Pour compléter l'évolution, il reste donc à créer, pour le machinisme, l'analogue de l'anatomie comparée et de la physiologie, autrement dit il reste à porter son étude sur le terrain de l'analyse rationnelle" (p.11-12). Koenigs, qui nous apprend d'ailleurs qu'en 1905 la doctrine "populaire" de Monge est encore "en honneur dans les enseignements les plus élevés comme dans les plus élémentaires" (p.9), critique, comme Laboulaye, la réalisation, non rationnelle, non scientifique, ou insuffisamment scientifique, de l'idée cinématique par Monge et son école. on verra Christian aller jusqu'à critiquer l'idée même.

R. Taton plaide les circonstances atténuantes: "Il y a une telle disparité entre l'état encore primitif du machinisme à l'époque de la Révolution et le développement extraordinaire qu'il connut au cours du XIXe siècle, qu'il était pratiquement impossible à un esprit de cette époque de concevoir d'après ses observations directes un système capable de survivre valablement un siècle plus tard" (44). Les limites de la cinématique révolutionnaire ne nous semblent pas seulement imputables à cet état de fait. C'est la décision théorique de considérer le mécanisme comme un simple relais entre un mouvement d'entrée et un mouvement de sortie, qui est ici déterminante. Quelle philosophie de la communication suppose une telle discipline? Communiquer le mouvement, c'est 1) déplacer le lieu de son effectuation, transmettre tel mouvement de tel point à tel autre de l'espace, et c'est 2) modifier le mouvement, le transformer, en changer la configuration. De ces deux façons, la communication des mouvements pouvait donner carrière à un géométrisme délibéré. Une fois la communication conçue comme transformation, conversion de mouvements, l'esprit se tient pour satisfait quand il a déployé le tableau de toutes les combinaisons possibles. Il lui semble avoir atteint l'ordre et l'exhaustivité. Sur un point précis, les engrenages, cette méthode apporte toute l'intelligibilité souhaitable: "cette théorie (des engrenages) est une des applications les plus importantes de la Géométrie descriptive; elle n'avait été qu'ébauchée avant que cette géométrie fût autant connue qu'elle l'est maintenant" (Hachette).

Quant au tableau, il est symptomatique, tout autant que d'un certain "état" de la science (Koenigs), de la liaison étroite établie alors entre science et enseignement. Le Journal de l'Ecole polytechnique regorge de tableaux et tables synoptiques. Mais en ce qui concerne les mécanismes, le critère retenu manque de pertinence, et la communication n'est pas envisagée en elle-même, dans la structure fine de ses liaisons et de ses figures, dans les événements de son accomplissement et de ses interruptions. L'embarras d'Hachette quant à la réversibilité en est la preuve. Commande, manoeuvre, degrés de liberté, dissociation guidage restent malencontreusement en dehors de la sphère des éléments retenus par la géométrie descriptive des mécanismes.

L'inadéquation des critères exclusivement géométriques saute aux yeux quand on voit Lanz et Bétancourt, par exemple, traiter dans la case N 7' du régulateur à boules (45) comme si la fonction de ce mécanisme était, purement et simplement, de transformer un mouvement circulaire continu en mouvement rectiligne alternatif. De ce fait, ils placeront ailleurs (reproche grave, dans la mesure où, sur un tableau, placer un objet, c'est prétendûment le comprendre...) d'autres régulateurs: en Q 8, les roues à ailes des sonneries, en M 8, les fusées des montres (46), et en R 9, S 9, T 9, A 9', B 9', C 9', D 9', E 9' les échappements qui, dans les horloges, assurent une boucle de rétroaction (47).

Ainsi ne doit-on pas s'étonner que, parallèlement, s'affirme une idée bien différente de la "composition" des machines, chez certains contemporains, moins géomètres mais plus attentifs à la structure des opérations et à l'anatomie des organes mécaniques. L'ingénieur G. A. Borgnis publie en 1818 les trois premiers volumes de son Traité complet de Mécanique appliquée aux arts. Le premier s'intitule Traité de la composition des machines, contenant la classification, la description et l'examen comparatif des organes mécaniques. Ces termes, dont certains nous sont devenus familiers, entrent ici dans un dispositif tout autre. La composition, selon Hachette, c'était après subsomption des appareils empiriquement trouvés sous de grandes catégories abstraites, leur assemblage professoralement reconstitué, ou "institué". Composition à l'aide des éléments bien rangés sur le tableau. Pour Borgnis, la grande affaire, c'est la décomposition, qui doit permettre d'atteindre les "organes". "J'ai cru qu'il était nécessaire de rechercher d'abord soigneusement tous les effets que les machines peuvent produire, et les diverses méthodes inventées pour les obtenir...En suivant ce système, il a fallu décomposer les machines dans leurs parties primordiales, et imiter l'anatomiste qui, pour connaître à fond la structure et les fonctions vitales des corps animés, les décompose dans toutes leurs parties organiques, les analyse exactement, les examine séparément, et reconnaît les formes, la disposition, la manière d'être de chacune d'elles; ensuite il les compare et reconnaît l'artifice admirable de leurs combinaisons diverses. J'ai pensé qu'on devait suivre la même marche à l'égard des machines, dont la plupart sont trop compliquées pour qu'on puisse, sans le secours de la décomposition, s'en faire des idées justes, nettes, distinctes et surtout durables. Il ne suffit pas, pour arriver à ce résultat, d'en décomposer quelques unes séparément; il faut les soumettre toutes, simultanément, à l'analyse" (p.XIII-XIV).Les organes deviennent comparables et ordonnables dès lors qu'on les réfère aux grandes fonctions qu'ils assurent. Leurs noms mêmes attestent qu'ils sont pensés à partir de ces fonctions, et cela pour la première fois."La nécessité d'éviter une fastidieuse prolixité m'a obligé d'employer quelques dénominations inusitées pour désigner les organes des machines. Les noms que j'ai choisis m'ont paru les plus propres pour caractériser ces organes". Il nomme récepteurs "les organes destinés à recevoir l'action immédiate des agents moteurs", communicateurs "les organes destinés à transmettre les mouvements" et aussi (voir Chap.XV) à les transformer,

modificateurs ceux qui modiffient la vitesse des parties mobiles

supports ceux qui servent de centre de suspension ou de rotation et d'appui aux autres organes. Ils leur permettent les mouvements qui leur sont convenables, en leur interdisant les autres" (48)

régulateurs les organes qui "corrigent les irrégularités des mouvements, préviennent et diminuent les effets nuisibles des résistances passives; règlent la grandeur, la durée, la vitesse du mouvement, en dirigent les interruptions, les renouvellements périodiques..."

opérateurs les organes qui "opèrent et produisent l'effet final".

Ce résultat très positif ne nous semble pas remis en cause par l'allure que prend finalement le tableau synoptique: Borgnis pousse le souci de rivaliser avec les naturalistes jusqu'à donner à ce tableau une vaine apparence taxinomique. Chacune des grandes catégories précédentes est baptisée "Ordre", et se subdivise successivement en classes, genres, espèces et variétés. Ce n'est qu'un artifice de présentation. Borgnis s'efforce vraiment de comprendre, de définir avec précision les modalités concurrentes, d'articuler finement les opérations. Il distribue ainsi les Régulateurs en trois classes:

Modérateurs qui "ont pour but de réduire les mouvements à l'uniformité",

Directeurs, qui "règlent le mouvement par rapport à sa durée, à sa vitesse et à son amplitude, et dirigent les interruptions, les renouvellements et les variations périodiques de mouvement",

Correcteurs qui "préviennent et diminuent les effets nuisibles des résistances passives".

L'intérêt de ces définitions analytiques est de ne pas s'en tenir à la nomenclature usuelle. Ainsi l'étude des échappements entre dans celle des régulateurs. On est loin de la dispersion des premiers essais de classification. Les fusées sont une "espèce" du "genre deuxième" des Modérateurs: "Compensateurs qui corrigent de grandes irrégularités". Les échappements occupent tout le "genre troisième": "Compensateurs qui rendent le mouvement uniforme, et règlent en même temps sa vitesse". La suite reprend l'article de Lagrange cité (47). Le pendule conique de Watt se trouve classé dans les Limitateurs, genre deuxième des Directeurs, comme une variété de l'espèce des "Limitateurs qui règlent la vitesse ou la force d'une machine"(voir p.375-378).

Christian, Directeur du Conservatoire Royal des Arts et Métiers -- et à qui le Traité de Borgnis était dédié -- articule, mieux que Borgnis, les griefs et objections de principe que les promoteurs de la "mécanique usuelle" (49), de la "mécanique industrielle" (50), peuvent formuler à l'encontre des ambitions cinématiciennes. Il dirige un établissement qui ne ressemble à aucune des grandes écoles d'ingénieurs. Le 18 Vendémiaire an III (10 octobre 1794), la Convention décidait: "Il sera formé à Paris, sous le nom de Conservatoire des Arts et Métiers, un dépôt public de machines, outils, modèles, descriptions et livres de tous genres d'arts et métiers: l'original des instruments, des machines inventées ou perfectionnées, sera déposé au Conservatoire". Le décret ajoutait: "On y expliquera la construction et l'emploi des outils et machines utiles aux arts et métiers". En fait c'est seulement en 1819 que les trois premiers cours furent créés; cours publics ouverts à toutes personnes intéressées. Christian a publié en 1819 ses Vues sur le Système général des opérations manufacturières ou Système de Technonomie (51) et en 1822-1825 son Traité de Mécanique industrielle ou Exposé de la science de la mécanique déduite de l'expérience et de l'observation, principalement à l'usage des manufactures et des artistes. Ce qu'il nomme mécanique industrielle, c'est une étude des machines insérées dans la perspective de la production manufacturière, dans la chaîne d'opérations conduisant au produit fini. Comme tous les auteurs de l'époque, Guényveau, Hachette, Borgnis ou Sadi Carnot, il distingue moteur (= puissance motrice) et machine. En outre, il impose durablement (52) cette vision d'ensemble du procès mécanique comme "fondement de l'étude des machines en France": "Si l'on examine plus à fond une grande opération mécanique, c'est-à-dire une de celles qui s'exécutent par machines, par une combinaison de pièces plus ou moins compliquées, on remarque qu'une première partie des pièces qui composent la totalité de la machine est exclusivement employée à recueillir d'une certaine manière le mouvement naturel du moteur; qu'une seconde partie est spécialement destinée à transmettre en différentes directions et à modifier de toutes sortes de manières le mouvement que les premières pièces ont reçu du moteur; qu'enfin une troisième partie de ces pièces est uniquement appropriée au genre d'action que la force doit exercer sur la matière soumise au travail mécanique" (tome I, p.1). Comment étudie-t-on cette seconde partie, dont l'office est de transmettre et de modifier le mouvement disponible? N'est-ce pas le programme d'une cinématique qui va être énoncé?

Quand Christian consacre à cette question le second livre de son ouvrage, Tome II, p.395-444, il annonce d'emblée qu'il sera bref. Pourquoi? Parce qu'à l'exception de la théorie des modifications de vitesses, "tout le reste...n'est qu'une suite d'exemples pour montrer comment on a résolu les divers problèmes que ce sujet comporte" (p.396). Convaincu qu'il n'y a pas dans ce domaine de place pour une théorie géométrique pure, à cette exception près, il juge le tableau doublement inutile. Il ne lui reproche pas d'être seulement empirique, comme Comte quelques années plus tard, mais de ne pas l'être assez; entendons de ne pas prendre son parti des éliminations, des coupes sombres que l'empirie s'est chargée d'opérer dans son sein. Le dénombrement exhaustif des procédés mécaniques de transformations de mouvements sera avantageusement remplacé par l'exposé des moyens les plus en usage, ou que l'usage a sanctionnés. Etalant des superfluités, des tentatives souvent malheureuses, le Tableau est un résidu, passé à l'état de didactique scolaire, des vieux Théâtres, dont il exhume les archéologies poussiéreuses. Son exhaustivité pédante est à l'opposé des sélections de la réussite. Christian croit à la sélection industrielle des mécanismes, toujours victorieuse en dernière instance. Mais le Tableau est inutile aussi parce que "toutes les personnes qui s'occupent de machines ou qui veulent sérieusement s'en occuper, imaginent toujours assez facilement les moyens dont ils ont besoin pour produire les divers effets..." (p.397). C'est dans les zones 1 et 3 que les inventions et les progrès décisifs déploient la dynamique de leurs effets révolutionnaires.

Cependant, Christian précise le rôle de ces intermédiaires mécaniques. Il conceptualise ainsi leurs fonctions:

1) <u>transmettre</u> le mouvement moteur à distance,

2) <u>transformer</u> le mouvement moteur. "Toutes les pièces qui composent un mécanisme devant être fixées et soutenues sur des points déterminés, elles décrivent, en se mouvant autour de ces points, des cercles ou des portions de cercles" (p.425). Mais alors que la machine est particulièrement le lieu de mouvements rotatifs (53), "l'action des moteurs, qui seule donne vie à ces mécanismes est ...toujours en ligne droite". D'où nécessité de transformation. A laquelle s'ajoute le besoin de mouvements infiniment variés pour l'exécution du travail. "C'est donc entre...le mouvement primitif du moteur et le mode d'exécuter le travail mécanique industriel qu'a lieu ce jeu admirable de mouvements décomposés, modifiés, accumulés, combinés de toutes les façons, transmis dans tous les sens et concourant

tous à un effet unique, ou à plusieurs effets semblables, analogues ou essentiellement différents" (p426).

3. modifier le mouvement moteur. Cet ajout contient les points les plus originaux. "Nous entendons par modification du mouvement moteur, les moyens spéciaux de le régulariser, de l'accumuler, de l'accélérer, de le retarder, de le suspendre etc." Exemple unique: celui du volant, comme accumulateur et régulateur.

Christian avait promis d'être bref. Il termine non par un tableau analytique mais par une planche (planche 36) où il présente une synthèse délibérément sélective des dispositifs principaux.

Homme du Conservatoire, c'est-à-dire au départ de la collection de modèles de Vaucanson, face aux géomètres de Polytechnique (54), Christian n'a pas fini de dénoncer le contresens des cinématiciens. C'est, déjà en 1825, une tradition, pernicieuse, qu'il combat. "A le bien prendre, la mécanique scientifique ne porte essentiellement que sur la connaissance 1° des qualités des moteurs et 2° de toutes les conditions à remplir pour atteindre avec le plus de perfectionnement possible le but d'un travail mécanique quelconque" (tome III, p.5). Développant les vues de son système de 1819, il propose dans ce IIIe livre d'approfondir les buts essentiels de chaque opération mécanique, travail à exécuter, besoin industriel à satisfaire, pour déterminer exactement les conditions qu'il faut remplir pour l'atteindre avec le plus d'avantage et de perfection. La description des machines ne serait pertinente que si l'on avait déjà en sa possession les moyens d'atteindre ce but. "On ne peut se dissimuler qu'on a trop longtemps confondu cette partie de la science mécanique avec la description des machines, comme si l'on avait confondu la science de la médecine avec un recueil de recettes ou avec un formulaire pharmaceutique". Contre la géométrie descriptive des éléments, il prône une ergonomie, une technonomie directive et normative. C'est en 1829 qu'est fondée l'Ecole Centrale des Arts et Manufactures, qui correspond au projet de Christian comme Polytechnique jadis à celui de Monge.

Si "le principal but qu'on puisse se proposer, dans l'examen d'une machine quelconque, c'est de l'améliorer, c'est-à-dire de la changer" (tome III, p.17), on comprendra qu'on n'a pas un besoin urgent de la cinématique des professeurs. "Ainsi remarque-t-on que les véritables progrès, les progrès les plus importants dans l'application de la mécanique, dépendent principalement de la découverte de quelques modes d'appliquer les moteurs avec plus d'avantage, ou de quelques moyens de remplir plus exactement quelques conditions connues ou nouvellement aperçues dans la manière d'exécuter immédiatement un travail" (tome III, p.5). Christian exclut donc, "pour ainsi dire", la cinématique: "C'est à l'étude des qualités des moteurs et des conditions des opérations mécaniques, ainsi qu'à celle des substances sur lesquelles on opère que, comme nous l'avons déjà dit, vous devez principalement vous attacher; c'est la source féconde d'où découlent les principes fondamentaux de la science; c'est là, pour ainsi dire, tout son domaine" (p.17). La "perspective" sur le présent n'a pas d'intérêt, seule importe la prospective. L'impératif de la recherche industrielle prend le pas sur celui de la rationalisation de l'enseignement.

Point de vue d'industriel philosophe, qui s'oppose à un point de vue de géomètre et de professeur, que nous avons tenté de présenter comme découlant des idées de Monge et prenant naissance dans les premières écoles d'ingénieurs, sans en représenter l'apport unique ni peut-être essentiel dans ce domaine. La critique de Christian ne doit pas faire oublier que, moyennant révision de son programme, et intégration de ce que Borgnis ajoute à l'idée de "composition", la cinématique constitue une des bases scientifiques du perfectionnement des machines industrielles au XIXe siècle. Et que c'est bien, historiquement, la géométrie descriptive de Monge qui lui a donné, sous le nom d'"éléments des machines", sa première identité. Contribuant à faire des machines l'objet essentiel de la mécanique industrielle, elle rompt de la manière la plus résolue avec le programme et les procédures de l'Encyclopédie, hâtant l'âge d'un nouveau machinisme: d'abord l'enseignement institutionnalisé prend définitivement le relais de la vulgarisation par le livre; ensuite la composition des machines n'a plus pour éléments les "machines simples" (55), mais des organes de conversion ou de combinaison des mouvements; enfin, aux planches de l'Encyclopédie, plus adaptées à l'anecdote des "façons", aux manoeuvres des métiers qu'à l'opération des machines, l'image géométrique, rationnelle et définitive substitue sa rigueur et sa systématicité.

2. La machine comme communication du travail. La mécanique industrielle.

Chez les promoteurs de la mécanique "appliquée aux arts", de la mécanique industrielle, quelques distinctions fondamentales reviennent avec une grande régularité.

D'abord, on distingue la machine de son "moteur". Depuis Hachette, la pluralité ouverte des machines est subordonnée à la pluralité close des moteurs ou forces motrices qui leur sont applicables: "Les moteurs applicables aux machines sont: les animaux, l'eau, l'air et les substances combustibles dont on se sert pour élever la température de l'air et de l'eau, ou la chaleur qui se dégage par la combustion de ces substances" (56). De ces moteurs, les machines reçoivent l'action (Poncelet (57) et Hachette: "Toute machine a pour objet de transmettre l'action d'un moteur et de l'appliquer à un système de corps, de manière que chacun de ces corps prenne à chaque instant la vitesse dont la direction et l'intensité sont données" (58)), la force (Guényveau (59)), le mouvement (Hachette:

"Un système de corps fixes ou mobiles liés entre eux de manière que le mouvement imprimé à l'un de ces corps se transmette aux autres corps du même système, se nomme en général Machine" (60)), la vie (Christian: "l'action des moteurs, qui seule donne la vie à ces mécanismes..." (61)).

Ensuite, et c'est la conséquence du point précédent, on distingue, dans la machine, les organes principaux fonctionnellement définis. Poncelet, par exemple: "Nous devons remarquer qu'elles se composent, en général, d'une suite de pièces matérielles qui se communiquent le mouvement de proche en proche, depuis celle qui est immédiatement soumise à l'action du moteur et qu'on nomme le récepteur, jusqu'à celle qui opère immédiatement le travail utile et qu'on nomme l'outil ou l'opérateur... Entre ces deux pièces extrêmes, celles qui servent d'intermédiaires sont nommées communicateurs" (62). Cette tripartition des organes, dont Poncelet n'est pas l'inventeur (63), donne lieu à une bipartition des machines en deux classes phénoménologiquement différenciées. "On peut, écrit Christian, les ranger en deux classes générales: la première comprend les machines qui n'ont pour objet que le développement d'une grande force; la seconde celles qui sont spécialement chargées d'un travail dans lequel l'adresse est la principale condition" (64). Hachette distingue les "Machines-outils", "dont le but principal est de produire, avec économie, un ouvrage plus parfait que celui qu'on obtiendrait du simple travail des mains" et les "Machines motrices". Dans la classification d'organes de Borgnis, les termes extrêmes "récepteur" et "opérateur" en viennent à désigner deux sortes de machines: "J'appelle récepteurs thermiques les réunions d'organes connus sous le nom de machines à vapeur (et qui sont destinées à recevoir et à transmettre le mouvement produit par l'action de la vapeur de l'eau bouillante" (65). C'est encore à cette bipartition que renvoie Navier dans sa réédition de l'Architecture hydraulique de Bélidor (1819), quoiqu'en y introduisant une classe intermédiaire ou mixte. Pour Navier "les machines nommées communément outils" sont celles "au moyen desquelles on exécute certains mouvements particuliers, sans prendre en considération la grandeur de la force employée à les produire", à l'opposé des "machines qui, étant soumises à l'action permanente d'un moteur, produisent un travail continu..." (Tome I, p.376. Noter que la notion de travail a subi une mutation de sens, et qu'elle a changé de lieu par rapport aux citations précédentes: elle a émigré vers les machines motrices, pour désigner ce que Christian appelle force "stérile" (tome III, p.2)).

Opposition machine / moteur, tripartition des organes, bipartition des machines, ces distinctions assurent et assument l'interprétation de la machine comme modèle de communication. Il nous reste à montrer qu'elles le font doublement. Les débuts de la cinématique tels qu'Ampère les a décelés chez Carnot et chez Lanz, et que nous les avons aperçus dans l'enseignement de Monge et d'Hachette, supposent la distinction de la force ou action et du mouvement. C'est ce dernier qui est purement géométrique. Carnot a postulé la distinction, mais il n'a pas exploré la géométrie de la transmission mécanique des mouvements, la laissant parfaitement indéterminée dans ses deux livres sur les machines. Tout son effort est allé à penser la machine comme communication de "moment d'activité". Tout se passe comme si la place, indiquée mais laissée vide par lui, se trouvait remplie par les auteurs que nous avons examinés, avec leur étude systématique des transmissions, transformations et modifications des mouvements. Mais sur ce schèma, encore incertain, de communication, il faut articuler son corrélat, la communication de la force, ou plutôt de ce qu'on a tant de peine à nommer avant 1829. Le premier type de communication, que nous appellerons cinématique, supporte le second, qu'on pourrait appeler dynamique. Ainsi la théorie des machines, au début du XIXe siècle, se signale par la jonction d'une science de la communication des mouvements et d'une science de la communication de la force. Mais ces deux communications impliquent des structures bien différentes. Avec la communication de l'action ou de la force, il s'agit encore du transport de quelque chose d'un point à un autre de l'espace, mais pas de transformations réglées: l'évaluation de la force ou de l'action en fait une grandeur extensive et le problème est celui de sa communication totale ou de sa communication partielle.La difficulté est ici de définir rigoureusement ce qui se communique, et de concevoir, puis d'assurer une communication sans déchet. Difficulté supplémentaire, la transformation n'est pas à écarter totalement car bien que l'action n'ait pas la plasticité infinie des mouvements, qui fait leur jeu, elle est l'expression ou la traduction d'une réalité qui peut exister sous des modes différents. Le terme nouveau de travail sera introduit, distinct de la force vive, pour marquer une conversion d'état.

Comte écrit en 1830: "La mécanique industrielle, abstraction faite de la formation des moteurs, qui dépend de l'ensemble de nos connaissances sur la nature, se compose de deux classes de recherches très différentes, les unes dynamiques, les autres géométriques. Les premières ont pour objet la détermination des appareils les plus convenables, afin d'utiliser autant que possible les forces motrices données; c'est-à-dire d'obtenir, entre la force vive du corps à mouvoir et celle du moteur le rapport le plus rapproché de l'unité, en ayant égard aux modifications exigées dans la vitesse par la destination connue de la machine. Quant aux autres, on s'y propose de changer à volonté, à l'aide d'un mécanisme convenable, les lignes décrites par les points d'application des forces...Les premières se rapportent à une doctrine entièrement neuve, au sujet de laquelle il n'a encore été produit aucune conception directe et vraiment rationnelle. Il en est à peu près de même pour les autres" (66). Cet ancien polytechnicien (promotion de 1814) donne, pour la mécanique industrielle, les grandes lignes d'un programme que les "disciples" de Carnot ont, en 1830, déjà largement réalisé.

Tout s'est passé relativement vite. En 1815, l'article de Burdin "Considérations générales sur les machines en mouvement" (67) dresse un constat symptomatique, assorti d'un programme et d'un appareil conceptuel qui sera effectivement déterminant. Aspirant en 1815 au Corps Royal des ingénieurs des mines, Burdin était entré à Polytechnique en 1807, dans la promotion de J.V. Poncelet et d'A. T. Petit. Si Navier ne le mentionne pas, Poncelet fait figurer son nom parmi ceux de "ses anciens camarades" (68) et Coriolis, qui ne l'a découvert que plus tard, le cite avec éloge (69) en 1829. Cet article plaide d'abord pour une certaine idée de la mécanique, "qui intéresse tous les arts et contribue puissamment à la prospérité publique". "En rattachant (ainsi) la mécanique à l'économie politique, on montre le véritable point de vue sous lequel cette science doit être cultivée et envisagée..." Cependant Burdin constate qu'on est loin, au moment où il écrit, de disposer d'une telle science opératoire: "On est forcé de convenir que la science des machines n'a pas encore retiré tout le fruit qu'elle pouvait espérer des découvertes modernes, et n'a pas marché d'un pas égal avec la mécanique rationnelle" (p.322). Voici la question qui comprend à elle seule toute la science des machines: " Un effet à produire étant connu et donné, quelles devront être la nature et la dépense du moteur et des mécanismes employés, dans chaque circonstance, pour remplir ce but le plus économiquement et le plus avantageusement possible?" Donc, connaissance des moteurs, connaissance des résistances, et connaissance des mécanismes qui sont du ressort de la géométrie: "c'est en <u>associant</u> ces trois connaissances...qu'on peut espérer faire les machines les plus parfaites possibles". Or, elles ont été traitées "avec beaucoup de sagacité, en quelques ouvrages", mais séparément. L'idée de rassembler ces savoirs séparés est à la base de la mécanique industrielle, science "spéciale" des machines, comme dira Coriolis en 1829, maais en même temps science générale des machines. Science générale, mais en même temps science "appliquée", pour reprendre le titre du cours de Poncelet. Burdin a très bien compris de quelle science l'industrie de son temps avait besoin. Il a très bien vu aussi qu'en 1815, c'est vers Carnot qu'il fallait se tourner. Il lui emprunte ses concepts, seul auteur à notre connaissance à reprendre le vocable de "moment d'activité". Malheureusement, il tient dans la suite de l'article un propos qui ne dépasse guère la paraphrase. Il fallait plus. Par bonheur, Burdin n'était pas seul.

Au cours de notre enquête sur la notion d'effet (Chapitre V), nous avons rencontré parfois des lacunes chronologiques considérables, et nous avons eu affaire à des individualités isolées qui ne se répondaient que de loin en loin. Le milieu pédagogique et intellectuel où s'édifie la science des machines au début du XIXe siècle est tout différent. Il s'agit d'un petit nombre de centres, écoles parisiennes et école de Metz, rapprochées par l'origine polytechnicienne des professeurs et souvent des élèves, la communauté de leurs préoccupations, et les bases scientifiques identiques. Si les noms de Claude-Louis Navier, Jean-Victor et Gaspard Coriolis dominent cette histoire, c'est dans une constellation où ceux de Petit, de Burdin, de Bélanger, de Dupin, d'Ampère, de Prony, de Fourneyron, de Sadi Carnot sont à mentionner (70). Navier enseigne la mécanique à l'Ecole des Ponts et Chaussées à partir de 1819 (71) et l'analyse à Polytechnique à partir de 1830 (72). Poncelet est chargé du cours de mécanique appliquée à l'Ecole d'application du Génie à Metz depuis 1825. Coriolis, professeur à Polytechnique, comme Petit, est également chargé d'un cours à l'Ecole Centrale des Arts et Manufactures à partir de sa création en 1829. Les cours professés sont le plus souvent lithographiés chaque année, à un petit nombre d'exemplaires, essentiellement pour aider les élèves dans leur travail, et s'ils sont publiés, c'est parfois extraordinairement tard: Barré de Saint-Venant édite en 1864 le Cours de Navier aux Ponts et Chaussées de 1826 (73) et Kretz en 1874-76 celui que Poncelet donnait à Metz à la même époque. Si l'on se reporte à la situation qui prévalait dans les années 1820, on constate que les savants qui se sont occupés de la question des machines, pour les nécessités de l'enseignement avant tout, entretenaient des relations personnelles, plus ou moins directes, sur le détail desquelles nous reviendrons, mais qu'ils ont travaillé dans une relative indépendance, préservant une relative originalité de leurs résultats. Il en résulte un curieux système, assez ambigu, où chacun semble informé relativement tôt des acquis des autres, mais où les communications ne sont pas néanmoins immédiates. D'un côté les très officiels rapports académiques, très attentifs à enregistrer les nouveautés dans les cours lithographiés ou les livres soumis à l'examen des commissions, opèrent déjà une première et rapide diffusion dans le milieu savant, tout en constituant des pièces à conviction en cas de querelle de priorité. Les revues scientifiques et techniques, tels le Bulletin Universel des Sciences et son supplément le Bulletin des Sciences technologiques (74), les répandent auprès d'un public beaucoup plus large, parmi d'innombrables comptes rendus et informations. De l'autre, un certain cloisonnement des milieux scolaires, tenant au fait que l'institution élabore un enseignement destiné à un public choisi et limité. On peut hésiter à parler de rivalité personnelle entre les hommes, mais on constate une concurrence entre les Ecoles soucieuses de leur prestige. Pour toutes ces raisons, nous aimons mieux parler de convergence que de collaboration, pour interpréter cet affleurement simultané de nouveautés concomitantes. Même quand ils n'emploient pas un vocabulaire rigoureusement identique, les savants se fondent sur un corps doctrinal qui fait l'unanimité. Les débats auxquels nous allons consacrer quelques réflexions paraîtraient cependant à tort exclusivement terminologiques. Bien qu'ils soient difficiles à suivre en détail pour qui ne dispose pas de l'intégralité, difficilement réunissable, des transcriptions lithographiques des cours annuels, nous tenterons d'y apercevoir les principaux moments de la réunion des points de vue, dans les années décisives qui vont de la parution des deux articles de Navier et de Petit (1818) à celle de l'ouvrage de Coriolis (1829). Tout se passe comme si Auguste Comte avait rédigé sa 18e Leçon en se fondant sur les euls souvenirs de l'enseignement qu'il avait pu recevoir en 1814, comme s'il n'avait pas été au courant de "l'heureuse et prompte révolution" dont parlera Barré de Saint-Venant en saluant "l'apparition d'une ère nouvelle où la mécanique pratique se fonde désormais sur des principes certains" (75).

Navier, Poncelet et Coriolis ont tous trois souligné l'indépendance de leur recherche, et réclamé, de manière discrète mais ferme, leur droit respectif au titre de fondateur de la science nouvelle. Avec un peu de perspicacité, on découvre derrière des déclarations assez anodines des hommes très attentifs aux questions de priorité. Coriolis, qui e publie qu'en 1829 Du Calcul de l'effet des machines, indique dans l'avertissement non seulement qu'une bonne partie du livre était rédigée dix ans plus tôt, mais encor les noms des personnes à qui il a communiqué cette première version, et les dates de ces communications. Il en a fait part à Mallet, Bélanger et Drappier en 1819, à Ampère en 1820 et, en décembre 1824 à Poncelet. Or cette première strate était une innovation. Tout le mérite lui revient donc, puisqu'il a réalisé seul un projet qu'il avait conçu seul: il ignorait l'article de Burdin, et n'avait de contact ni avec Petit, qui publie "en même temps" don article ("succinct") des Annales de Chimie, ni avec Navier, qui donne "peu après" sa réédition du "Bélidor". Mais ces publications, ainsi que les Cours lithographiés de Poncelet, à partir de 1826, lui "ont ôté aujourd'hui toute priorité sur quelques idées où il était naturel de se rencontrer". Sage philosophie, où perce une certaine amertume: à quoi bon se prévaloir d'une découverte que plusieurs ont pu faire?

La position de Poncelet est plus défensive. Il est venu tard et un peu malgré lui, à la mécanique appliquée. Appelé à l'improviste à créer en 1825 le Cours de Machines à Metz, "il s'est écarté à regret de la route où l'entraînaient ses goûts et ses insticts primitifs" de géomètre disciple de Carnot et de Monge (76). Il reconnaît que Coriolis lui a été d'un grand secours en cette circonstance et qu'il connaissait "tout à fait à fond ses feuilles manuscrites de 1819 sur la science des moteurs et des machines", feuilles dont il lui avait donné communication "en décembre 1824" (77). Poncelet juge utile de préciser encore: "C'est dans l'année même de 1826 que j'ai présenté et déposé à l'Académie l'exemplaire de la lithographie de mes leçons, qui a servi de base à MM les Commissaires..." (78). C'est pour cela qu'il rappelle discrètement ces faits en 1829, à la suite de la publication du livre de Coriolis. Encore une revendication de priorité: "Cet ouvrage contient, sur la théorie des machines, divers sujets de recherches qui ont directement trait à la matière des leçons que je professe, depuis 1825, à MM. les élèves de l'Ecole d'application de Metz". La deuxième "strate" du livre de Coriolis est ici visée. La querelle s'envenimera quelque peu, Poncelet (79) ayant le sentiment d'avoir été spolié, et Coriolis laissant penser que Poncelet lui devait tout.

Enfin, nommé rapporteur de la Commission académique chargée de l'examen du livre de Coriolis, Navier ne se fait évidemment pas faute de rappeler à ceux qui l'auraient oublié qu'il fut le premier à <u>publier</u>, en 1819, des analyses vraiment décisives sur les machines. Ce qui ne l'empêche pas d'authentifier les affirmations de son concurrent: "M. Coriolis s'en était occupé de son côté, et avait rédigé en grande partie, à la même époque, l'ouvrage qu'il vient de présenter à l'Académie". L'insistance avec laquelle chacun tient à rappeler son apport et à prendre date, prouve bien que ces hommes ont conscience d'une innovation de longue portée. Ce n'est pas tant le mot "travail" qui importe, mais la chose dont on fait la théorie. (Poncelet: "Je n'attache d'importance aux mots qu'autant qu'ils représentent des idées nouvelles" (80)).

Après Navier, Poncelet, Coriolis, on a les moyens théoriques d'apprécier l'action des différents moteurs et de la régler pour satisfaire aux conditions du maximum. Quant au fait de la convergence, il s'explique concurremment par la formation polytechnicienne des protagonistes, par leur appartenance à un milieu intellectuel participant à la même entreprise d'application de la science à l'industrie, par l'état de développement des idées auquel on était parvenu, ou mieux par l'acquisition et la diffusion, grâce à l'enseignement officiel, des résultats théoriques nécessaires à l'aperception de la machine comme organe de communication de l'action, enfin par l'évidence dans la pratique industrielle du principe qui veut que l'on paie ce qui, dans les machines, travaille.

La formation d'ingénieurs usant de "la même langue", et dont la spécialisation soit postérieure à une formation théorique de base commune était, on s'en souvient, le but poursuivi par les fondateurs de l'Ecole polytechnique. La rencontre des trois principaux fondateurs de la mécanique industrielle prouve que ce but fut atteint. Monge et Fourcroy l'avaient compris, la formation d'une classe d'ingénieurs devait avoir pour effet, et n'avait pas pour condition, le développement d'une science appliquée, encore très rudimentaire aux débuts de l'Ecole. Qui compare le livre de Coriolis et celui de Carnot découvre la tâche considérable accomplie par les professeurs de Polytechnique et des écoles spéciales. Le rapport de Navier en 1829 (81) conclut très justement: "L'auteur, qui réunit à la connaissance approfondie de ces principes (= ceux de la mécanique) les connaissances spéciales qui appartiennent aux ingénieurs, expose ses idées avec la concision que permet l'emploi du langage analytique, et par conséquent cet ouvrage est destiné principalement aux personnes qui ont fait des études semblables à celles de l'Ecole polytechnique". Défense et illustration de l'Ecole polytechnique, de la mécanique analytique et de la notion de travail, inséparablement.

Le consensus d'un public autour de principes théoriques, de méthodes et de vérités qui ne sont plus soumises à discussion, on le voit quand le malheureux L.M. Prosper Coste publie en 1828 ses Etudes sur les Machines d'après l'expérience et le raisonnement. Il faut lire le compte rendu du Bulletin des Sciences technologiques (82): c'est une exécution. L'auteur en reste à des "notions confuses, dont le défaut peut être en partie attribué à l'imperfection du langage de la mécanique". "On n'insistera pas davantage sur un ouvrage qui aurait présenté plus d'intérêt si l'auteur, sans s'éloigner des notions généralement admises, eût présenté les expériences qu'il a faites". Le malentendu est complet, puisque ce franc tireur ne renonce pas: "c'est du choc des opinions que jaillit la lumière" conclut-il, sans s'apercevoir qu'il ne s'agit pas là, qu'il ne s'agit plus là, d'"opinions". En 1828, on n'a plus le droit de méconnaître une certaine façon d'apprécier le "travail des machines" sans s'exclure, par là-même, de la république scientifique.

Depuis quand? Et qu'est-ce qui permet à Burdin et à Petit, à Navier et à Poncelet, à Coriolis et à Ampère, à prony et à Hachette, de poser en termes assez voisins les bases d'un savoir nouveau, la mécanique pratique? Qu'est-ce qui permet l'application des principes généraux de la mécanique à la question de l'effet des machines? La réponse ne semble pas douteuse: c'est la leçon de Carnot, ou au moins l'utilisation convenable du principe de conservation des forces vives telle que Lagrange l'a retenue.

L'article d'A.T. Petit "Sur l'emploi du principe des forces vives dans le calcul de l'effet des machines" publié en 1818 dans les <u>Annales de Chimie et de Physique</u> (83) emprunte à Lagrange son vocabulaire et sa méthode. Le principe des forces vives est "parmi les propriétés générales du mouvement...plus spécialement approprié qu'aucun autre au calcul des machines. Cela résulte, comme on le sait, de ce que les forces vives fournissent, dans chaque cas, l'évaluation la plus naturelle du moteur et de l'effet produit, l'équation qui détermine la relation qui lie ces deux quantités donne la solution directe et immédiate du seul problème qu'on ait besoin de considérer dans la pratique". Petit ne présente pas une innovation. Il se réfère à des observations bien connues de tous, passées dans le domaine public et dans le corpus de l'enseignement. Qui ne connaît cet avant-dernier paragraphe de la <u>Théorie des fonctions analytiques</u>, qu'il ne fait que reprendre? Il montre brièvement qu'on peut déjà traiter, par ce moyen, un certain nombre de questions simples, et calculer quelques machines hydrauliques et à vaapeur. Mais mis à part ces exercices prometteurs, "la théorie des machines, envisagée sous ce point de vue, est presque entièrement à créer". Ces remarques sans feinte expliquent que tout va pouvoir et va effectivement, se jouer très vite.

Pour Petit, la force vive se <u>communique</u> ou se transmet, et cela parce que les expressions du moteur et de l'effet sont convertibles. Il reprend parfois Lagrange mot à mot: raison de plus pour prêter attention aux différences. Elles résident dans l'interprétation de l'objet des machines. Pour Lagrange, on peut toujours regarder une machine comme destinée "à détruire une quantité donnée de force vive en consumant une autre force vive donnée". A l'entrée, on consume la force vive du moteur, à la sortie, on détruit la force vive de la résistance. Ce que les machines transmettent c'est pour Lagrange "l'action des puissances motrices", pour Petit, la force vive. Les formules de Petit, à la différence de celles de Carnot, n'ouvrent à aucune distinction entre l'énergie et le travail.

A l'occasion des règles pour déterminer la force vive des moteurs, Petit fait une incursion hors du domaine des machines hydrauliques; il examine celles -- qui préoccupent si vivement les théoriciens contemporains -- où des fluides élastiques agissent en se dilatant. Il en vient à conclure que la même quantité de chaleur, employée successivement à vaporiser de l'eau (machine à vapeur) et à échauffer de l'air (pyréolophore de Niepce) produit des forces vives différentes, avec un net avantage pour l'air atmosphérique. On peut, sur cet exemple, juger de la limitation de son point de vue, que Sadi Carnot devait lui reprocher comme "méthode tout à fait incomplète de considérer l'action de la chaleur" (84). Les autres machine sur lesquelles Petit fait l'essai de sa méthode sont la machine à force centrifuge, la roue à aubes, la roue à augets, la roue mue par la réaction de l'eau et la Danaïde de M. Mannoury. La réflexion sur les machines comme communication de force vive a donc un domaine privilégié, les machines hydrauliques, mais elle ne s'y réduit pas.

L'article de Petit suscite aussitôt une curieuse mise au point de Navier dans les mêmes Annales (85). Ces "Détails historiques sur l'emploi du principe des forces vives dans la théorie des machines et sur diverses roues hydrauliques" témoignent d'une attitude profondément originale. "En rappelant ce qui a déjà été fait sur le même sujet, et tâchant de faire revivre des résultats et des procédés presque oubliés",

Navier ne vise pas à diminuer Petit le moins du monde, mais à retrouver, à l'état d'ébauches, les premières tentatives d'une même approche du problème (voir nos chapitres V et VI). Cette perspective historique a un double effet:

1° elle permet à Navier de porter un jugement sur Carnot, dont les livres constituent, à la différence de tous les essais précédents, "une théorie générale": "Carnot a démontré d'une manière générale le théorème qui porte son nom, sur l'évaluation de la perte de force vive résultant des chocs entre corps non élastiques; théorème que Borda et Coulomb avaient remarqué seulement dans un cas particulier".

2° elle indique le point sensible, le concept de "quantité d'action", que l recherche contemporaine est en train d'élaborer. Cette rétrospective si juste, si concise et si érudite témoigne de l'intérêt porté par Navier au passé à la lumière d'un présent en cours de gestation: c'est une prise de conscience de l'originalité des ingénieurs-savants de l'époque, en premier lieu de celle de Navier lui-même. Navier ne porterait pas un jugement si pertinent sur l'histoire de la science des machines s'il n'avait, au moment même où il écrit, en sa possession la théorie de base à peu près complète de la mécanique industrielle. Il est un peu dans la position de Lagrange récapitulant les étapes de la mécanique analytique dans ses chapitres historiques. Inversement, il saisirait moins bien le sens et la portée de ses propres élaborations s'il n'était pas au courant de tout le passé de sa discipline.

Il doit sans doute cette position originale à une circonstance historique à laquelle il fait allusion à la fin de l'article: "Je me propose de soumettre dans quelques mois à l'examen de l'Académie des sciences des notes et additions considérables faites pour une nouvelle édition de l'*Architecture Hydraulique* de Bélidor. J'ai tâché d'y rattacher ces considérations d'une manière tout à fait élémentaire aux premoers principes de la mécanique, et elles se trouveront appliquées à une grande quantité de machines de toute espèce. Comme le livre dans lequel ces notions vont être développées est très répandu parmi les mécaniciens, il me paraît qu'on peut espérer qu'elles leur deviendront désormais familières". La préparation de ces "additions" à un ouvrage caduc et vieux de quatre-vingts ans, où Navier s'est livré à une enquête historique très sérieuse, l'a amené à lire dans les originaux ces "résultats presque oubliés".

Pourquoi cette réédition de 1819? Et surtout, comment comprendre que Navier publie sous cette forme dispersée et marginale un corps cohérent de savoir? Pourquoi l'affleurement d'idées nouvelles, le nouveau corps de doctrine, se présente-t-il comme une addition à un livre suranné? Cela tient inséparablement aux circonstances historiques et à une intention stratégique (86).

Les circonstances. Ingénieurs et mécaniciens, au moins ceux qui n'ont pas été formés par les Ecoles, utilisent encore couramment, dans la deuxième décennie du siècle, l'ouvrage de Bélidor. Une catégorie de praticiens, qu'on appelle encore "artistes", trouve encore dans ce vieux livre réponse à ses problèmes de fondations, de canalisations, d'écluses, de construction de moulins...Face à cette demande, l'éditeur Firmin Didot décide d'engager les frais d'une seconde gravure des planches, rendue nécessaire par les multiples rééditions précédentes, mais moyennant une modernisation du contenu du texte, qui, pour ne rien supprimer de Bélidor, sera l'objet de notes en bas de pages, et d'additions en fin de chapitres. Navier, déjà responsable de la réédition de la Science des Ingénieurs en 1813, s'est acquitté de cette tâche pour le premier tome de l'Architecture Hydraulique.

La stratégie. Le cas est exceptionnel, en histoire des sciences d'une réimpression complète (au moins pour ce tome Ier) d'un ouvrage aussi périmé (songeons que les unités de mesure sont entre temps tombées en désuétude, ou sont entrées dans une sorte de clandestinité...), accompagné d'un commentaire rectificatif aussi considérable. Les erreurs de Bélidor sont relevées une à une, reliées les unes aux autres, à la fois "expliquées" et "corrigées" chemin faisant. Si étonnant que soit le résultat, la stratégie est claire. N'en déplaise à R. McKeon (87), il ne s'agit pas de rendre le Bélidor utilisable par les polytechniciens, mais de rendre accessible à la masse des hommes de métier, qui ne l'ont pas été, la nouvelle science de l'ingénieur, telle que les Ecoles l'ont développée. C'est alors Bélidor, bien malgré lui, qui est l'introducteur auprès d'eux du nouveau savoir, particulièrement en ce qui concerne l'étude des machines, à propos de laquelle il était, même en son temps, plutôt déficient. (Navier intervient ici, comme le premier ingénieur de sa génération à codifier, sous le nom de "quantité d'action", le concept naissant de travail mécanique).

"La composition de ces notes équivaut à celle d'un ouvrage considérable" écrivent avec raison les rapporteurs. En présence du conservatisme têtu des utilisateurs, le seul moyen de neutraliser des résultats erronés, ce n'est pas d'abandonner complètement la rédaction à laquelle ils sont attachés, mais c'est de la reproduire, en obligeant le lecteur à un réexamen perpétuel et à la vigilance critique. "Rien ne sent moins l'esprit de spéculation que ces notes si parfaites et si consciencieuses qui partout révèlent un ardent désir d'être utile à la science et à l'art, écrit Barré de Saint-Venant en 1864 (88). Plusieurs de ces notes sont des chefs-d'oeuvre, et leur publication a signalé l'apparition d'une ère nouvelle où la mécanique pratique se fonde désormais sur des principes certains. Et cette heureuse révolution devait être prompte, car avec Navier, elle a eu pour promoteurs Coriolis et Poncelet".

Nous insisterons sur un seul point: les concepts de "quantité d'action" et de travail, tels qu'ils apparaissent en particulier dans l'addition Sur les Principes du calcul et de l'établissement des machines et sur les moteurs (89).

Les machines travaillent: le terme "travail" va se voir préféré à celui d'effet. Mais il reste chez Navier quelque peu ambigu et instable, si bien que le concept scientifique n'est pas pour lui en définitive "quantité de travail", mais "quantité d'action".

"La comparaison des diverses machines, pour le négociant et le capitaliste, se fait naturellement d'après la quantité de travail qu'elles exécutent, et le prix de ce travail" (p.376). Soient à comparer, du point de vue du capitaliste, un moulin à blé et un moulin à scier, "on estimera la valeur du premier d'après la quantité de farine moulue annuellement et le prix d la mouture, et la valeur du second d'après la quantité de bois qu'il débitera dans le même temps et le prix du sciage". Mais ces comparaisons ne sont de mise qu'entre des machines déjà construites, déjà insérées dans le procès de la production. S'agit-il au contraire d'innover, de convertir, de spéculer...elles ne suffisent plus. "Supposons une personne qui possède un moulin à blé, et qui désirerait au moyen de quelques changements dans son mécanisme en faire un moulin à scier. Elle ne pourrait juger de l'avantage ou du désavantage de cette opération qu'autant qu'elle saurait évaluer, d'après la quantité de farine produite par son moulin, la quantité de bois qu'il serait dans le cas de débiter". Répondre à cette question, primordiale pour le capitaliste, c'est répondre à la question: que peut la machine? Il faut trouver "une mesure commune pour ces deux travaux de nature si différente". Les évaluations "naturellement" opérées ne suffisent pas pour comparer des travaux de "nature" différente. D'où "la nécessité d'établir une sorte de monnaie mécanique, si l'on peut s'exprimer ainsi, avec laquelle on puisse estimer les quantités de travail employées pour effectuer toute espèce de fabrication". Les travaux qualitativement distincts doivent être ramenés à une unité commune de mesure, à laquelle on puisse tous les rapporter: c'est le lieu précis du déplacement que nous avions relevé en comparant le sens du mot travail chez Navier et chez Christian. L'expression "monnaie mécanique" sera fréquemment reprise par les contemporains. Elle évoque bien l'idée d'un équivalent universel, et surtout la perspective à la fois technologique et économique qui préside à e travail de pensée. La pratique "bourgeoise" de la substitution, du remplacement en vue d'un profit supérieur, a son versant théorique. On avait déjà rencontré la substitution comme opérateur théorique à l'origine de la segmentation des opérations mécaniques et de la distinction des organes. La voici à l'oeuvre à l'origine de la notion de travail. Maintenant, comment est-il possible de définir cette monnaie mécanique?

"Le genre de travail le plus propre à servir à l'évaluation de tous les autres est l'élévation verticale des corps pesants. En effet, indépendamment de ce qu'il est susceptible...d'une expression numérique précise, invariable et exempte d'arbitraire, on peut toujours, quelle que soit la nature du travail exécuté par une machine donnée, non seulement dans la pensée et par une abstraction de l'esprit, mais dans la réalité, substituer à ce travail l'élévation d'un poids; car on peut supprimer la résistance" pour lui substituer un poids à soulever... Ce type de travail est donc réellement substituable à tous les autres. C'est l'équivalent incontestable de tous les travaux, leur représentant idéal. Ainsi le terme concret "travail" se laisse ramener à un noyau de sens plus rigoureux et précis: le produit d'une pression par un espace parcouru dans le sens de cette pression, "qui représentera un nombre de kilogrammes élevés à 1 mètre" (p.378). Dans les travaux, dans les ouvrages confiés aux machines, c'est toujours de cela qu'il s'agit. C'est toujours, en définitive, cela qu'on paie: "la quantité de travail exécutée par une machine, ou le produit susceptible d'être évalué en argent qu'elle fournit est toujours relatif à la quantité d'action fournie par le moteur qui met la machine en mouvement" (p.336, note d a). Un travail générique exprime la quantité de tous les travaux, selon l'axe du sérieux économique et selon l'axe du sérieux technique. La raison technique et la raison capitaliste se retrouvent à ce carrefour.

C'est ici que Navier opère la jonction entre la mécanique rationnelle et la mécanique pratique. C'est le deuxième temps de son analyse. Que découvre-t-on, en effet, dans ce travail monnayé? Précisément cette quantité que Navier a introduite sous le nom de quantité d'action dans l'énoncé du principe des forces vives. La note ai Sur le mouvement varié (p.103-122) a établi que "ce produit d'une pression soufferte par un corps, multipliée par l'espace que ce corps a parcouru dans la direction de cette pression sera nommé quantité d'action exercée par la force et imprimée au corps". Cela voulait dire que la force vive acquise pendant un certain temps par un corps qui se meut sous l'action de plusieurs forces quelconques est égale au double des quantités d'action que ces forces lui ont imprimées pendant le même temps, en prenant négativement les quantités d'action quand les espaces parcourus sont en sens contraire de l'action des forces (p.106). Au fait de la substitution et de l'équivalence, Navier trouve ici une raison. Comprendre la notion de travail d'une machine, c'est s'apercevoir que ce dernier est exprimable dans les mêmes unités que la quantité d'action exercée par une force quelconque. "On voit que le produit Q q représente précisément la quantité d'action consommée au point d'application de la résistance. Cette quantité d'action est donc véritablement la mesure du travail ou de l'effet de la machine; et on voit aussi que la nature de cette espèce particulière de quantité est de présenter en général à l'esprit l'idée d'un certain travail exécuté, et spécialement l'idée d'un certain nombre de poids élevés à l'unité de hauteur" (p.378). La quantité d'action consommée au point d'application de la résistance est la mesure du travail produit par la machine. Désormais, le concept scientifique utilisé par Navier est celui de quantité d'action, "espèce particulière de quantité qui va lui rendre les plus grands services.

Le concept qui vient d'être forgé est également celui dont nous avons besoin pour comprendre ce qui se passe à l'entrée de la machine: "le moteur agit sur la machine comme celle-ci agit sur la résistance". "L'action exercée par les moteurs sur les machines ...doit s'exprimer en mécanique de la même manière et dans la même espèce d'unité que le travail effectué par les machines" (p.379). Au point d'application du moteur, comme au point d'application de la résistance, une quantité d'action est consommée. "L'espèce particulière de quantité" définie par Navier convient donc pour exprimer aussi bien l'action fournie par le moteur et les travaux exécutés par la machine. Celle-ci devient donc un véritable agent de transmission et de communication.

"Les travaux exécutés par les machines ne font proprement que représenter les quantités de force vive qu'auraient pu faire naître les forces qui ont agi sur ces machines si au lieu de cela elles avaient agi sur des corps qui leur eussent cédé librement" (p.380). Navier donne un nom, un statut scientifique particulier, à cette quantité d'action consommée par les forces, qui, quoique convertible en force vive, se distingue d'elle en ceci qu'elle est directement pertinente dans la phénoménologie de la machine. Elle est mécaniquement et économiquement opératoire sans transposition. Quand les quantités d'action développées à leur point d'application par le moteur et par la résistance sont parfaitement égales, la machine estsoumise à l'action de deux forces qui "lui impriment en sens contraires des quantités d'action parfaitement égales, lesquelles se détruisent réciproquement". Alors, "la quantité d'action qui lui est imprimée est nulle, et par conséquent cette machine ne peut plus acquérir aucune force vive, c'est-à-dire aucune vitesse au-delà de celle qu'elle possède". Elle a donc atteint un régime stable, et son mouvement restera uniforme. Enfin, Navier montre que la quantité d'action est "ce que l'on paie", suivant la formule populaire de Montgolfier: "C'est toujours proportionnellement (à elle) que s'établissent les prix en argent payés pour les diverses espèces de travaux...." Le temps de travail de l'ouvrier lui-même s'estime plus ou moins cher, suivant que le travail exige "plus ou moins de vigueur, d'intelligence ou de connaissances acquises", c'est-à-dire qu'il représente ou qu'il consomme une plus grande quantité d'action (p.379).

S'il a donné un statut à "cette espèce particulière de quantités, en lesquelles on évalue les travaux faits par les machines et l'action exercée par les moteurs", Navier n'est cependant pas le premier à avoir pressenti son importance, et il ne prétend pas l'être. Son souci de l'histoire, déjà relevé, sa culture et son honnêteté lui font au contraire mentionner ses prédécesseurs, comme s'il était seulement responsable d'une décision linguistique. "Smeaton lui avait donné le nom de puissance mécanique (The Miscellaneous Papers, p.30 et 84, ou Recherches expérimentales, trad. par M. Girard, p.6 et 74), M. Carnot, celui de moment d'activité (Principes fondamentaux), et plus récemment M. Monge celui d'effet dynamique (Traité élémentaire des Machines, par M. Hachette). L'expression de quantité d'action, adoptée par Coulomb (Mémoire sur la quantité d'action que les hommes peuvent fournir par leur travail journalier, tome 2 des Mémoires de l'Institut, Sciences physiques et mathématiques) m'a semblé préférable aux autres, comme s'éloignant moins du langage ordinaire, et plus significative, et quoiqu'elle ait le défaut d'être déjà connue et employée en mécanique dans un sens un peu différent; car le principe connu sous le nom de moindre action s'applique à une espèce de quantité qui n'est point la quantité d'action telle qu'on la conçoit dans la théorie des machines et des moteurs" (p.379). A ce chapelet de références, nous ajouterons la puissance motrice de Sadi Carnot (op. cit. p.6-7) et l'effet mécanique de Christian (1822). Pour le problème de la détermination de l'unité mécanique, on se reportera à la "Notice historique sur les unités employées en mécanique et sur les dynamomètres" (90) d'Hachette (1827). Le nom que Navier a cru devoir préférer, après avoir été adopté par Poncelet et Fourneyron dans son "Mémoire sur l'emploi du frein de M. Prony" (1829) (91), ne subsistera pas. Coriolis n'aura pas de peine à imposer les noms de "travail moteur" et "travail résistant", dans son livre de 1829 déjà en partie rédigé dès 1819. Navier lui même, qui ne met aucun acharnement à défendre "sa" terminologie, emploie accidentellement le terme "travail" dans ses notes sur Bélidor et plus tard dans son article sur Coste, et les académiciens rapporteurs de son ouvrage de 1819 l'emploient aussi: "Il établit la relation numérique qui existe entre les quantités de travail que les forces agissant sur les machines peuvent exécuter et les quantités de force vive qu'elles feraient naître si elles agissaient sur des corps qui leur cédassent librement" (92). En définitive, la principale différence entre Navier et ses deux grands contemporains (il est l'ainé, et le premier à publier) est dans le fait qu'il accède au concept au terme de sa recherche, alors que Poncelet et Coriolis partent du principe de la transmission du travail.

Le Cours de Mécanique appliquée aux Machines, de Poncelet, connut de nombreuses éditions lithographiées (1826, 1828, 1832, 1836...) pour les élèves de l'Ecole d'application de Metz, et une édition posthume publiée en 1874-1876 par Kretz. C'est la première section du premier volume, "Considérations générales sur les machines en mouvement", qui nous intéresse. Elle n'a reçu, au cours des lithographies successives, aucune modification, sauf l'addition, en 1832, de l'exposition du principe des forces vives (paragraphes 11 à 14), et de quelques développements dans les paragraphes 17, 18 et 30, indique Kretz (tome I, p.VII). Dans les premières éditions, au lieu d'établir lui-même les théorèmes relatifs à la quantité de mouvement et à la force vive, Poncelet renvoyait aux traités de mécanique de Prony et de Poisson. Tout repose sur l'application du principe des forces vives au mouvement des machines (par.19), dont les équations générales déterminent la composition en termes de travaux instantanés ou élémentaires des forces motrices, des résistances nuisibles, des résistances utiles, des poids et de la force d'inertie des différents éléments. Le travail des moteurs et des machines est d'entrée de jeu (par.4) mesuré par l'élévation verticale des corps pesants. "Cette définition et cette mesure du travail mécanique cadrent d'ailleurs, écrit Poncelet, avec la manière dont se paient, dans les arts, tous les travaux qui se rapportent à l'élévation verticale des fardeaux". Se référant plus d'une fois à Navier Poncelet ne se signale que par des initiatives menues: il emploie indifféremment "quantité d'action" et "quantité de travail", il nomme "kilogrammètre" l'unité de travail. Comme chez Navier, dont Poncelet fait (par.8) un très intelligent commentaire, l'évaluation mécanique du travail des forces quelconques permet de ramener l'expression de sa mesure aux mêmes unités que celle qui se rapporte à l'élévation des fardeaux suivant la verticale. Poncelet reprend la démonstration de Navier pour le cas de l'effort et de la résistance à valeur constante. Pour le cas plus compliqué du travail des forces d'intensité variable, la quantité de travail élémentaire est identifiée avec ce qu'on nomme moment virtuel de la force en mécanique rationnelle. "De cette identité de nature entre les moments virtuels et les quantités de travail élémentairs ou instantanées des forces pour le cas où le mouvement virtuel considéré est précisément le mouvement actuel et infiniment petit du point d'application de ces forces, on conclut de suite diverses conséquences relatives aux lois que suit en général la transmission du travail dans les systèmes matériels soumis à des puissances et à des résistances quelconques et qui sont d'une application immédiate à la science des moteurs et des machines" (par.10).

On trouve une présentation plus ingénue et plus vivante de ce que Poncelet estime avoir, avec d'autres, apporté de neuf à la science des machines, dans le Cours de Mécanique industrielle (Metz, 1829), réédité sous le titre d'Introduction à la Mécanique industrielle (Metz-Paris, 1841). Ce n'est pas le contenu de son cours à l'Ecole d'application, mais celui des leçons professées depuis 1827 en faveur des ouvriers de la ville de Metz. Oeuvre exotérique, comme le Bélidor de Navier. A l'aide des indications fournies par son Avant-propos, et des renseignements complémentaires donnés dans sa Note sur quelques principes de mécanique relatifs à la science des machines ("réponse" de Poncelet à l'ouvrage de Coriolis (1829) (93)), on peut reconstituer son itinéraire intellectuel. Dans le cours de 1826, il employait concurremment "quantité d'action" et "quantité de travail". Aucune de ces expressions ne lui est propre, l'une lui vient de Navier, l'autre de Coriolis. Il en est très conscient: "Il convient de rappeler ici que c'est plus particulièrement aux travaux de D. Bernoulli, de Borda, de Carnot, de Navier, ainsi qu'à ceux de mes anciens camarades à l'Ecole polytechnique, MM. Petit, Burdin, Coriolis et Bélanger qu'on doit cette importante application, et les développements les plus clairs, les notions les plus positives sur le principe des forces vives, pris pour base de la science des moteurs et des machines" (1841, p.XII). Coriolis lui a "donné communication en décembre 1824" de ses feuilles manuscrites de 1819 sur la science des moteurs et des machines (Bulletin, p.299). C'est seulement dans ses leçons aux ouvriers messins, à partir de 1827, qu'il adopte l'expression "travail mécanique" d'une manière définitive, sinon exclusive, après y avoir "été encouragé verbalement par M. Coriolis, qui s'en servait de son côté dans ses répétitions à l'Ecole polytechnique" (Introduction, p.X et p.65). Volonté donc de se ranger à un usage que l'enseignement de Coriolis accrédite, et de ne pas multiplier sans nécessité les mots, au demeurant secondaires, qui s'appliquent à des idées nouvelles, seules importantes. Le mot, cependant, n'est pas neutre: "Je n'attache d'importance aux mots qu'autant qu'ils s'appliquent à des idées nouvelles, ou qu'ils s'adressent plus facilement à l'intelligence d'une certaine classe de lecteurs ou d'auditeurs, tels que ceux qui suivaient les cours industriels de Metz..." Le mot, cette fois, semble mettre le concept "à la portée des intelligences les plus ordinaires" (p.XIII). Un autre versant de la simplification vantée par Arago et Dupin, dans leur rapport (7 mai 1827) sur le Cours lithographié: "C'est une production remarquable par la rigueur de l'esprit qui en a tracé la marche, et par les simplifications opérées pour rendre moins difficilement applicables à la pratique des calculs réservés pour la plupart à des spéculations transcendantes" (Cours, tome I, p.VI).

La méthode d'exposition, "qui se rapproche davantage de la métode qu'ont adoptée le petit nombre de géomètres qui ont cultivé spécialement la science des machines", offre le double avantage d'être axiomatiquement plus rigoureuse et de pouvoir, plus évidente, être plus facilement communiquée à tous.

-- "Une théorie générale des lois du mouvement des machines, un peu plus complète et plus rigoureuse que celles que l'on connaissait jusqu'alors" (Introduction, p.XIII). Poncelet conçoit le principe général des forces vives (Carnot et Lagrange) comme le corollaire d'un principe plus général, le principe général de la transmission de l'action ou du travail mécanique, lequel à son tour revient au principe des vitesses virtuelles, "dès qu'on envisage le moment virtuel des forces, en général, comme la mesure de leur quantité de travail instantané".

-- Le principe de la transmission du travail ainsi conçu se présente aux jeunes élèves comme "une sorte d'axiome évident par lui-même...dès qu'ils ont bien saisi ce qu'on entend par travail mécanique, quantité d'action, et dès qu'il leur est clairement démontré que ce travail, réduit en unités d'une certaine espèce, est, dans tous les arts, l'expression vraie de l'activité des forces" (ib°, p.XI). Il est à l'origine de toutes les applications de la mécanique à la science des machines, "la mécanique industrielle, qu'on pourrait nommer la Science du travail des forces. A sa lumière apparaît une intelligibilité nouvelle de toute la mécanique appliquée. Il lui donne son objet et son statut. Base de la science, base de son enseignement, base de ses applications. Grâce à ce principe "d'une application immédiate dans les arts", l'intervalle qui sépare les abstractions de la mécanique abstraite ("La Mécanique rationnelle est-elle autre chose qu'une science d'abstractions avant l'instant où on essaie de l'introduire, en quelque sorte, dans le monde physique et matériel tel que nous le présentent les ateliers des arts?") et les réalités de la pratique ("A la vérité, les praticiens sont peu enclins à prendre les abstractions pour des réalités"), cet intervalle n'est plus un obstacle. Poncelet ne désespère pas de répandre cette science du travail parmi les travailleurs eux-mêmes, ouvriers et artistes...Elle doit instruire la classe industrielle tout entière, alors que les ingénieurs en ont eu jusqu'alors le monopole ou le prvilège. Ces doctrines, "qu'elle ne peut ignorer sans préjudice", ne seront pas vulgarisées, si vulgariser c'est transmettre une connaissance parcellaire, un reflet du savoir: rapporter dans les ateliers des idées incomplètes, donc fausses, serait catastrophique.

Le travail, "expression vraie de l'activité des forces" dans les arts, s'insère chez Poncelet dans un riche réseau conceptuel, où nous aimerions assigner le jeu de la notion de dépense. "Travailler, c'est vaincre ou détruire, pour le besoin des arts, des résistances telles que la force d'adhésion des molécules des corps, la force des ressorts, celle de la pesanteur, etc." (Introduction, p.55). Poncelet oppose "la résistance vaincue une fois pour toutes" ou "mise en équilibre par une force motrice", et "la résistance constamment détruite le long d'un chemin parcouru par le point où elle s'exerce et dans la direction propre de ce chemin". Le travail, exercice ou activité de la force, appelle "un effort...qui se renouvelle", dans le temps et dans l'espace (Cours, tome I, p.7). Il est déjà dépense en ce sens là.

Mais Poncelet, comme Navier avant lui, dit aussi: "Un des caractères distinctifs du travail mécanique, c'est qu'il est la chose qu'on paie dans l'exercice de la force, et que sa valeur, son prix en argent, croît précisément comme sa quantité" (Introduction, p.66). Investissement que représente la construction de moulins, droits afférents à l'exploitation des rivières, prix d'achat du charbon,entretien des chevaux, salaires des ouvriers: obtenir du travail moteur se traduit pour l'industriel par une dépense en argent. Mais la formule est surdéterminée: à ce sens économique patent s'en ajoutent deux autres, qui impliquent des modèles irréductibles de dépense.

D'abord, "toute production de travail suppose une consommation"

(Introduction, p.91), selon un schèma de communication que Poncelet nomme "restitution" ou "reproduction" du travail (p.88-89). Tout ouvrage réclame "une dépense absolue de travail" (p.91), la dépense strictement et absolument nécessaire pour faire un ouvrage défini, et ne faire que lui. D'où toute une ligne de procédures liées à la communication conservatrice, restitutive, reproductrice: emmagasiner le travail mécanique des forces pour le rendre disponible au besoin, par exemple par le moyen de ressorts, qui font fonction de réservoirs de travail (p.82). L'eau, s'échappant du réservoir "où elle a été accumulée par la nature ou par l'art" meut le moulin. Dans l'art et la nature, dans la mécanique et dans la physique, derrière toute capacité de travail, il faut chercher un travail antécédent. "Ce que nous disons des machines industrielles peut s'étendre aux agents de toute espèce que présente la nature, lesquels, considérés en eux-mêmes, nous paraissent quelque fois doués d'une énergie d'action qui leur est propre et qui ne suppose point une consommation primitive de travail; mais c'est une erreur qui vient de ce que nous ne réfléchissons pas toujours attentivement aux causes plus ou moins immédiates de cette action" (p.91). L'eau qui actionne la roue du moulin, et que nous appelons "moteur", est descendue (actiond ela gravité) du haut des montagnes où l'avaient amenée les pluies provenant des nuages, eux-mêmes produits par l'action de la chaleur du soleil. "Il est impossible de se procurer, encore moins de créer de toutes pièces, de la force motrice ou plutôt du travail, sans qu'il y en ait eu de consommé primitivement" (p.92). Une chaîne ininterrompue remonte de nos usines à la force motrice de la chaleur solaire. Poncelet explique ainsi la production de travail par la chaleur: le calorique dilate les corps en s'insinuant entre leurs molécules, et les rend par là-même capables de développer du travail mécanique. D'où l'usage du calorique comme moteur. Poncelet vient d'employer deux fois "énergie" en un sens qui n'est pas du tout celui du milieu du siècle. La limitation de son point de vue est confirmée par ce qu'il dit de la houille comme réservoir de travail: "la houille ou charbon de terre qui alimente les chaudières des machines à vapeur, a été extraite, du fond des mines qui la recèlent, et amenée sur les lieux de sa consommation, au moyen de voitures et de bateaux traînés par des chevaux; elle a exigé en outre des chargements et déchargements successifs; et si l'on calculait tout ce qu'elle a coûté de travail mécanique, avant de recevoir sa destination utile et définitive, on trouverait que, dans certains cas, ce travail égale presque celui qu'elle produit effectivement en convertissant l'eau en vapeur pour la faire agir sur les machines, et par l'intermédiaire des machines sur les outils, sur la matière à confectionner" (p.92). On dirait que la houille n'est que l'accumulation des travaux mécaniques exercés sur elle pour la livrer à destination, et qu'elle permet seulement de les reproduire: "Ce n'est pourtant point un motif de croire qu'il fût avantageux, même dans de telles circonstances, de renoncer à cette manière de reproduire le travail, puisqu'on obtient ce travail coërcé dans un petit espace, et sous une forme infiniment commode, infiniment avantageuse pour les besoins de l'industrie manufacturière". Confusion caractérisée entre deux idées de la restitution, l'une économique, l'autre physique.

Troisième sens, enfin, de la formule "le travail mécanique, c'est la chose qu'on paie", celui qui découle de la constatation suivante: "la restitution complète de travail n'arrive, à proprement parler, dans aucun des appareils de l'industrie et quels que soient les agents qu'on y emploie" (p.89). Une portion plus ou moins grande du travail développé par le moteur est détruite par les résistances étrangères à celle qu'on veut précisément surmonter. Leur opposition est inévitable. Consommation non-restitutive, troisième modèle de dépense. Très curieusement, Kretz (Cours, tome I, p.60, note) fait de cette portion du travail moteur primitif inévitablement perdue dans toute opération mécanique la "dépense absolue que tout ouvrage réclame", évoquée plus haut. Selon la chaîne non restitutive, on paie toujours plus de travail mécanique qu'on n'en récupère. La portion "consumée" (p.80) est le prix qu'il faut payer (ou le sacrifice) pour la portion utilisée, pour le "travail utile". "Le travail recueilli dans nos moulins, dans nos usines hydrauliques, est, en réalité, une bien faible portion de celui qui a été primitivement dépensé par la force motrice de la chaleur solaire" (p.91). Mais Poncelet ne s'attarde pas sur la nécessité de la non-restitution dans le système solaire: ce sont les machines qui l'intéressent. Leur objet et leur avantage réel. Soumises comme elles le sont en vertu de leur structure à une foule de résistances passives, elles ne peuvent que transmettre avec perte le travail qu'on leur applique. "On estime comme excellentes sous ce rapport celles qui rendent en effets utiles les 0,50 ou les 0,60 de la quantité d'action absolue dépensée par le moteur".

Transmettre le travail mécanique, en contrôler à volonté la communication, en multiplier non la quantité mais les possibilités d'échange, tels sont "les services réels que les machines peuvent rendre à la société". "Quoiqu'il puisse bien arriver, par exemple, que telle quantité de travail mécanique, employée par un moteur à élever verticalement un corps à une certaine hauteur, coûte plus ou moins de fatigue et d'argent, que la même quantité de travail employée à transporter horizontalement sur une voiture un autre corps à une certaine distance, nous n'en regarderons pas moins ces quantités comme équivalentes; parce qu'en effet on peut, avec l'aide de machines, d'appareils convenables, transformer immédiatement l'une de ces opérations en l'autre, et que c'est même là l'objet de la Mécanique industrielle..." (Introduction, p.80). Le travail est bien une idée neuve, et une réalité nouvelle, en ce premier tiers du XIXe siècle. L'une et l'autre également inflexibles.

Quand il publie en 1829 Du Calcul de l'effet des machines, ou considérations sur l'emploi des moteurs et sur leur évaluation, pour servir d'introduction à l'étude spéciale des machines, Gaspard Coriolis (1792-1843) distingue plusieurs strates dans son ouvrage:

-- ce dont il se croit l'inventeur, fût-ce en renonçant à ses droits de priorité; les feuilles manuscrites de 1819. "J'étais parvenu, dans mon premier travail, à des considérations qui ma'avaient semblé neuves en quelques points".

-- ce qu'il a écrit après 1826: "Depuis l'époque de 1826, j'ai apporté à mon premier travail diverses additions et améliorations, qui complètent le cadre que j'avais en vue; elles concernent plus spécialement les pertes d'action dues aux frottements des engrenages, la dynamique des quantités de mouvement ou du choc (en traitant ce dernier point, je connaissais ce qui a été écrit l'année dernière sur le même sujet par M. Cauchy et par M. Poncelet..." Néanmoins, même sur ces derniers sujets, il se reconnaît une certaine originalité: "Postérieurement, M. Poncelet a donné, pour son Cours de machines à l'Ecole de Metz, des feuilles lithographiées qu'il m'a communiquées, et où, parmi un grand nombre de questions nouvelles, il a traité un certain nombre de celles que je viens de citer. Ces publications (Coriolis fait allusion à l'article de Petit et au "Bélidor" de Navier) m'ont ôté aujourd'hui toute priorité sur quelques idées où il était naturel de se rencontrer, en sorte qu'en plusieurs points, ce petit ouvrage ne diffèrera de ce qu'on a écrit sur le même sujet que par la manière dont ces mêmes points sont traités".

Le plus nouveau, c'est le terme travail et ce sont aussi les modifications proposées pour la formule de la force vive. La nouveauté, bie sûr, mais aussi le rôle du concept de travail apparaissent mieux dans la présentation de 1829 que dans le Traité de la mécanique des corps solides (et du calcul de l'effet des machines) (Paris, 1844), qui fait précéder la réédition des principaux articles de 1829 d'un exposé systématique de mécanique générale. "J'ai employé dans cet ouvrage quelques dénominations nouvelles: je désigne par le nom de travail la quantité qu'on appelle assez communément puissance mécanique, quantité d'action, ou effet dynamique" (Avertissement). Et Coriolis ajoute en note: "Ce mot de travail vient si naturellement dans le sens où je l'emploie que sans qu'il ait été ni proposé ni reconnu comme expression technique, cependant il a été employé accidentellement par M. Navier dans ses Notes sur Bélidor, et par M. Prony dans son mémoire sur la machine du Gros-Caillou". Il propose le nom de dynamode pour l'unité de cette quantité, ou travail qui résulte d'une force de 1000 Kg exercée sur un point qui parcourt 1 mètre dans le sens de cette force. En outre, pour la commodité de l'étude des machines et de l'enseignement, il propose d'appeler désormais force vive la moitié du produit de la masse par le carré de la vitesse, puisque l'attention porte maintenant sur le travail, ou le produit du poids par la hauteur due à la vitesse.

La philosophie du travail de Coriolis se trouve dans les "Considérations générales sur les machines servant à transmettre le travail d'un moteur" (p.26-30), immédiatement après l'établissement du principe de la transmission du travail. A l'aide du principe de d'Alembert, on exprime l'égalité respective des moments virtuels des forces appliquées au système, et des forces auxquelles seraient dus les mouvements que prennent les divers points matériels, et on en conclut immédiatement le principe des forces vives. Appelant le moment virtuel "travail élémentaire" et l'intégrale des moments virtuels "travail", Coriolis montre que c'est la véritable expression numérique des actions exercées par les moteurs sur les machines, et par les machines sur les résistances qu'elles doivent surmonter. Ainsi le principe de la conservation des forces vives devient pour lui le principe de la transmission du travail.

Coriolis donne un modèle de la transmission du travail dans et par les machines, qui peut nous aider à saisir la différence entre "conservation" et "transmission": c'est celui du réseau d'écoulement d'un fluide imaginaire "qui se répandrait dans les corps en passant de l'un à l'autre par les points de contact; se diviserait en plusieurs courants dans le cas où un seul corps en pousse plusieurs; ou formerait, au contraire, la réunion de plusieurs courants, dans le cas où plusieurs corps en poussent un seul. Ce fluide pourrait en outre s'accumuler dans certains corps et y rester en réserve jusqu'à ce que de nouveaux contacts, ou des contacts avec écoulement plus considérable, en fissent sortir une plus grande quantité: ce travail en réserve, que nous assimilons ici à un fluide est ce que nous avons appelé la force vive". (A propos de cette notion de réserve, Coriolis ne fait pas l'ébauche de distinction qu'on trouvait chez Poncelet entre ce qui sera après Helmholtz énergie cinétique et énergie potentielle. Poncelet: "l'inertie comme les ressorts sert à emmagasiner le travail mécanique, en le transformant en force vive, de sorte que la force vive est un véritable travail disponible" (Introduction, 114), mais aussi: "l'eau renfermée dans le réservoir d'un moulin représente un certain travail disponible, qui se change en force vive quand on ouvre la vanne de retenue" (p.129)). Dans ce réseau de distribution du fluide imaginaire, une machine dans le sens ordinaire du mot est un ensemble de corps en mouvement disposés de manière à former une espèce de canal par où le travail prend son cours pour se transmettre le plus intégralement possible sur les points où l'on en a besoin". Ainsi la machine n'acquiert sa positivité qu'à la lumière de ce procès de transmission et de transformations réglées du travail cheminant sur ce réseau. Elle en constitue ponctuellement lesconfluences, les noeuds, les aiguillages, les relais de distribution, voire des canaux de transmission optimale. C'est dire que son intelligibilité n'est pas isolable du procès récurrent. Malgré les machines, que devient, en effet, ce fluide? "Il se perd peu à peu par les frottements, et par les déformations des corps, ou bien il va se répandre dans la terre, où, s'étendant indéfiniment, il devient bientôt insensible". Le réseau est un réseau orienté. Comme un réseau hydrographique, il est soumis à une contrainte dominante, qui est l'orographie de la région qu'il draine. Mais c'est aussi un anti-réseau, car au lieu de collecter et d'entraîner vers la mer, il est le théâtre fuites sournoises, d'infiltrations souterraines, de disparitions lentes, de déperditions et de dissipations inéluctables. Tout s'achèvera ici, dans les sables. C'est pourquoi il nous semble très significatif qu'un principe de transmission du travail, jouant déjà le rôle d'un "principe d'évolution" (94), prenne la place du principe de "conservation" de la force vive, même si le contenu de ce dernier impliquait lui aussi les déperditions assignables. La pente sur laquelle elle se déroule impose son issue à l'aventure du travail. Les machines ne font qu'en différer la disparition. Elles l'orientent en essayant de limiter le coût de cette orientation. Sous le propos du capitaliste perce le sentiment d'une nécessité naturelle, d'une irréversibilité dramatisant la vision du monde (95).

"C'est à cette quantité que se rapportent principalement toutes les questions d'économie". Pourquoi et comment?

Satisfaire nos besoins implique surmonter des résistances, donc utiliser un certain travail. Or la ressource en est limitée. "Dès lors, la faculté de le produire se vend, s'achète et s'économise comme toutes les choses utiles qui ne sont pas en extrême abondance, et qu'on ne peut se procurer sans dépenses". Nous sommes au fondement naturel, physique de l'économie de marché. Coriolis trace à grands traits le mode d'articulation de ses lois sur les nécessités naturelles, physiques et biologiques. Il s'aperçoit alors que les machines sont à la fois instrument d'action et instrument de connaissance. Phénoménologiquement (et c'est pourquoi cela ne contredit nullement ce qu'on vient d'affirmer sur l'antériorité théorique du travail), c'est grâce aux machines que le travail nous est accessible: "Si nous n'avions pas les machines à notre disposition, deux déplacements différents seraient deux choses de nature distincte, qui n'admettraient en général pour leur évaluation aucune base mathématique: il en serait de ces déplacements comme de beaucoup de choses utiles dont les valeurs ne sont pas établies sur des bases mathématiques. Mais les machines.. donnent le moyen de poser pour les déplacements des moyens d'évaluation analogues à ceux qu'on possède pour des quantités plus ou moins grandes d'une même matière". Elles donnent aux hommes des moyens d'utilisation <u>et</u> des moyens de comparaison des facultés de produire du travail existant à l'état brut disséminées et disjointes. Autre manière de dire qu'elles ont charge de nouer les carrfours du réseau, et d'en connecter les lignes. On retrouve l'idée de substitution, déterminante pour penser la machine et pour penser l'action ou le travail des forces. Le travail est <u>ce que</u> les machines transmettent, économisent...mais il est aussi quantifiable, identifiable, seulement grâce à elles. C'est pour cela que le moment historique où écrit Coriolis est précisément celui où doit émerger la science du travail des forces: "C'est donc à cause de la facilité qu'on a aujourd'hui, et qu'on aura de plus en plus, de construire des machines pour y appliquer différents moteurs, et pour exécuter avec ces machines la même nature d'ouvrage, que l'on établit ainsi un mode de comparaison entre ces moteurs par le moyen des quantités de ce même ouvrage qu'ils sont capables de produire". Communication comme substitution et comparaison.

Suit un premier correctif, que Coriolis accepte. Le prix d'un moteur, ce n'est pas seulement la quantité de travail qu'il peut fournir. "Il en est du travail, pour évaluer les moteurs, comme de plusieurs éléments de mesures géométriques, qui supposent aussi des abstractions; dans la pratique, ce ne sont plus que des approximations". Outre la quantité de travail qu'ils peuvent produire, le prix des moteurs fait intervenir par exemple les frais d'entretien et d'établissement de la machine. La problématique pratique du calcul prévisionnel d'investissement affleure ici. Quelle source d'énergie, comme on ne dit pas encore, quel moteur, mais aussi quel récepteur sera plus avantageux et rentable à longue échéance, pour mettre en mouvement la machine-outil dont on a besoin? Sur le marché, la question-clé est celle du prix dee vente des machines à vapeur, qui se substituent progressivement aux machines hydrauliques. Poncelet et Coriolis écrivent pour des lecteurs qui savent la difficulté de spécifier la valeur mécanique d'un cours d'eau ou d'un moulin. On sait comment, dans l'impossibilité de fixer un prix non pas aux choses, mais aux récepteurs, Boulton et Watt, qui ont répandu l'usage de l'unité "routinière ou "horse power", se faiasaient payer: l'acheteur s'engageait à leur verser annuellement le tiers du bénéfice qu'il réalisait en employant leur machine au lieu de celle de Newcomen (96). "Il importe beaucoup, écrit Navier (97), d'employer de la manière la plus avantageuse qu'il est possible les capitaux considérables qui sont aujourd'hui consacrés aux entreprises de ce genre". Les tableaux dont Coriolis, comme lui et Poncelet, fait suivre son livre sont indispensables aux entrepreneurs industriels.

A une deuxième objection, selon laquelle le temps devrait intervenir dans la détermination du "travail", Coriolis réagit avec une grande vigueur théorique. Beaucoup de théoriciens, et à plus forte raison de mécaniciens, le pensaient en effet. Bien que dans la définition du horse power et dans celle du duty, on sache faire intervenir correctement la hauteur et le poids, on a de la peine à considérer ce produit indépendamment du temps, et à raisonner d'une façon correcte sur le travail. On a du mal à admettre que ce qui a de la valeur, ce soit cette quantité dont le temps est absent. On ne parvient pas toujours à saisir que l'effet et que l'effort, en tant que valeur précisément, sont indépendants de la durée. A cette objection, Coriolis réserve un traitement spécial. Il lui oppose une réponse spécifique.

"On dit que le temps est aussi un élément de valeur du déplacement, et que ce dernier ne doit pas être considéré indépendamment du plus ou moins de promptitude qu'on met à l'opérer". Le temps est-il un élément de la valeur du déplacement, et en est-il un élément quantifiable géométriquement? A la première question, Coriolis répond non, mais avec quelques nuances. A la seconde, il répond un non catégorique.

-- Il peut sembler plus profitable de produire un certain effet en un temps moindre. Mais à y regarder de plus près, qu'est-ce qu'obtenir un résultat plus rapide? Si l'on a intérêt à produire beaucoup de fer par jour, par exemple, on emploiera simultanément deux machines semblables, et "sans qu'il en coûte plus de charbon pour un poids déterminé de fer, on produira chaque jour, avec deux machines, ce qu'une seule produirait en deux jours". L'exemple économique fait justice de l'illusion entretenue par celui de la puissance physique individuelle. Pour le chef d'entreprise, la diminution du temps (entre certaines limites que Coriolis ne précise pas) ne coûte rien. La distinction entre le temps et le travail est du même ordre, dans l'évaluation des moteurs, que celle qui se fait entre la quantité de matière qu'on achète et le temps qui sera employé à la livrer: l'élément principal du marché, c'est la quantité de matière et non la vitesse de la livraison.

-- Le délai de livraison, ou le temps d'exécution de l'effet, sont, en tant qu'utilité, inaccessibles à une mesure fixe. "Le calcul n'a pas de prise sur ces circonstances de valeur". Exactement comme deux déplacements différents seraient, dans un monde sans machines, deux choses incommensurables, deux déplacements semblables accomplis dans des temps différents sont deux choses utiles "qui, sous le rapport du temps, n'admettent pas de comparaisons géométriques".

Poncelet aussi comprenait bien cela. "Le travail mécanique est en lui-même une chose <u>absolue</u>, qui ne suppose que l'idée d'un effort exercé et d'un chemin parcouru...Si le travail est longtemps continué d'une manière uniforme, son expression en nombres peut devenir embarrassante par sa longueur; de sorte qu'on se voit alors obligé, pour la simplicité, de ne considérer qu'une certaine fraction du travail total, relative à la durée d'un certain temps, qu'on prend à son tour pour unité. C'est de cette manière que l'idée du temps est introduite dans la notion du travail mécanique. bien que, envisagé sous un rapport plus absolu, ce dernier en soit véritablement indépendant".

On est frappé de voir revenir les termes "absolu" et "relatif", dont on se rappelle l'importance dans l'exposé leibnizien sur la force vive et son effet. Il ne s'agit plus ici d'un absolu métaphysique et substantiel mais d'un absolu physique et même économique (98), ce qui modifie du même coup la portée de la comparaison "monétaire". On est loin de Leibniz dans la mesure où cet absolu se perd, physiquement, dans les chocs et les frottements, et où son destin est justement de se perdre. Mais en tant qu'<u>absolu</u> signifie, pour le travail, qu'il est indépendant du temps, on retrouve bien l'intuition leibnizienne qui mettait le carré de la vitesse, par opposition à la vitesse, au mouvement et au temps, hors du domaine du relatif.

Il reste qu'on doit fréquemment évaluer les moteurs par

le travail qu'ils fournissent, c'est-à-dire qu'ils fournissent dans un temps donné. Dans son Chapitre IV, qui traite surtout des moteurs et des récepteurs, et parmi ceux-ci surtout des courants d'eau et des machines hydrauliques, Coriolis écrit: "Un cours d'eau qui descend étant une source indéfinie de travail, il faut, pour donner une idée de cette source,énoncer ce qu'elle produit dans une certaine unité de temps, comme une seconde ou vingt-quatre heures. Il y a ici analogie entre l'évaluation d'une source de travail et celle d'une source d'eau". On peut donc envisager une unité de débit, analogue au pouce de fontainier, pour les sources continues de travail. Mais Coriolis recule devant l'introduction d'un mot nouveau, en vertu d'une sorte de principe d'économie (il pense à l'unité plus qu'au concept de "puissance"): "Ce serait peut-être trop que d'introduire deux dénominations nouvelles, et alors la préférence doit être donnée à l'unité absolue, plutôt qu'à l'unité de produit continu...Nous ne serions donc pas de l'avis de quelques géomètres qui avaient proposé de consacrer le mot dyname à l'unité d'une source continue de travail sans donner de nom à l'autre unité". Allusion à C. Dupin, professeur au Conservatoire des arts et métiers, dont le dyname est égal à 1000 dynamies (de Clément, = 1000 Kg x 1 mètre) multipliées par l'unité de temps, 24 heures. (99). Alors qu'Hachette (100) n'envisage la décision à prendre entre les deux unités que comme "une question à la fois administrative et grammaticale", Coriolis donne les raisons qui motivent la préférence accordée au concept et à l'unité de travail.

Si l'absolu, c'est le travail, c'est lui qui entre dans la problématique de l'économie et de l'effet maximum. A l'autre extrêmité de la chaîne historique, Parent avait eu l'idée d'une conjonction entre vitesse et force qui donnât un produit maximum. Coriolis dispose de tous les éléments pour définir l'effet maximum d'une manière plus compréhensive. "Les expressions travail moteur, travail résistant, travail utile, et travail perdu, qui forment toutes les distinctions à établir dans l'emploi de ce mot, pour la théorie des machines, seront d'un usage clair et facile" (101). Comment s'exprime le problème de Parent pour Coriolis? Il devient un problème particulier dans le cadre d'un problème plus général. Problème général: "Lorsque l'on veut donner une idée de la bonté d'une machine destinée, soit à recueillir, soit à transmettre le travail, on compare ce qu'elle rend avec ce qu'elle reçoit, ou ce qu'elle pourrait recevoir théoriquement: la fraction qui exprime le rapport entre ces deux quantités est la mesure du degré de perfection de la machine". La "plus grande perfection possible des machines" selon Parent ne correspondait qu'au premier de ces problèmes, celui de la plus grande puissance. Coriolis écrit: "La connaissance du maximum de travail qu'on peut recueillir des moteurs, soit qu'on l'acquierre par l'expérience, ou par des considérations théoriques, est très nécessaire pour établir de justes bases dans les marchés qu'on peut faire à ce sujet". Aussi examine-t-il en détail les diverses façons de recueillir le travail que fournissent les cours d'eau. Les résultats nous sont familiers.L'"erreur" du résultat $v = u/3$ pour les roues à aubes vient de ce qu'il ne s'applique qu'à une seule aube toujours plongée dans le courant, et ne recevant pas ainsi dans l'unité de temps toute l'eau que fournit le courant, puisqu'elle recule devant lui. Comme Navier, Coriolis s'ingénie à prouver que le résultat de Parent est correct, dans certaines hypothèses (101).

Grâce à la notion de travail, on accède à un problème que Parent n'avait pas posé: celui du rendement, et ultérieurement, à celui du choix entre la plus grande puissance et le plus grand rendement. J. Guillerme, qui fait remarquer (102) que le mot "rendement" n'apparaît pas avant 1840, même si la notion est claire avant cette date pour les mécaniciens, voit dans l'adoption de ce terme et peut-être dans l'usage de ce concept une conséquence de la diffusion des moteurs thermiques, "c'est-à-dire des moteurs dont la puissance est à mettre en rapport économique direct avec le prix du combustible consommé dans les divers régimes de fonctionnement. Ce coût contrastait avec la gratuité des fluides moteurs dispensés autrefois aux moulins par une nature aussi providentielle que capricieuse -- si l'on omet toutefois les taxes qui pouvaient frapper l'établissement d'une usine sur un cours d'eau. Cette nouvelle circonstance fut pour beaucoup dans la généralisation des essais que l'on trouve déjà pratiqués par un Smeaton ou un Coulomb sur des machines hydrauliques, mais auxquels l'invention en 1822 du frein dynamométrique de Prony procurera un moyen d'étalonnage" (103). Nous ne croyons pas que la machine à vapeur ait exercé une influence aussi directe sur l'émergence du problèmr, ni que l'accès à la notion de rendement soit la conséquence de l'usage généralisé du charbon, parce que celui-ci s'achète. Après tout, depuis le milieu du XVIIIe siècle, on évaluait couramment en Angleterre le duty des machines à vapeur, en une unité qui était un million de livres-pied par boisseau. Cependant, cette unité tout à fait conforme à ce que J. Guillerme entend par rendement, met en relation une chose qui a un prix marchand, le boisseau de charbon, et quelque chose qui ne s'évalue pas aussi facilement et aussi immédiatement. Elle rapporte l'une à l'autre deux quantités foncièrement hétérogènes. Elle permet bien la comparaison entre les diverses machines à vapeur, mais pas du tout la comparaison entre celles-ci et leurs concurrentes. Le concept de rendement nous semble découler immédiatement, en revanche, du principe de la transmission du travail tel que le formulent Poncelet et Coriolis. Et pur base historique concrète, il a la pratique de la substitution, que le monde industriel généralise à cette époque. Comparée à la notion de duty, combien plus riche d'intelligibilité apparaît la mise en rapport de la quantité de travail moteur développé et de la quantité de travail "rendu" comme disent Poncelet et Coriolis! (104) La rareté et l'utilité des "moteurs" naturels en général, leur mise en concurrence , leur comparaison avec la force animale, dont on savait bien ce qu'elle coûtait, suffisaient à imposer l'évidence d'un prix du travail moteur, indépendamment de la généralisation de la machine à vapeur. Il n'est donc pas si étonnant que Coriolis consacre cinquante pages aux machines hydrauliques et aux moulins, et seulement huit à la machine à vapeur. C'est de la réflexion sur les machines les plus familières qu'est sortie l'intelligence du travail. (Et celle de la puissance par la même occasion,: la notion de duty ne suffit même pas pour régler les marchés, puisqu'elle ne dit rien sur la puissance de la machine.

L'utilisateur ne cherche pas tant à recueillir le maximum de travail dans l'unité de temps de la part du moteur, qu'à en recueillir le maximum sur l'outil. Ainsi, "en admettant que dans un moulin, par exemple, on sache par expérience que, quand la roue motrice a une vitesse moitié de celle du courant ($v = u/2$), les frottements depuis la meule jusqu'à la roue motrice font perdre le quart du travail que reçoit cette roue; pour recueillir un maximum de travail sur la meule, on devra donner aux aubes...une vitesse qui au lieu d'être la moitié de celle du courant sera les 7/16 de cette vitesse". La solution du problème théorique débouche alors sur le problème pratique, indépendamment duquel elle resterait sans effet. Comment disposer les choses de manière que cette vitesse soit produite, et qu'elle ne varie qu'entre des limites assez resserrées? D'abord, si on le peut, il faut ajouter un volant: "donner assez de force vive à la machine" pour que la vitesse de la roue varie peu par les inégalités du travail résistant. Une fois qu'on aura atteint ce but, il ne restera plus qu'à faire en sorte que la vitesse moyenne qui s'établira soit celle qui convient au maximum d'effet" (p.271).

Si on représente graphiquement le travail, en ordonnée, en fonction des vitesses, la courbe du travail résistant est une droite partant de l'origine, celle du travail moteur une demi-ellipse, partant aussi de l'origine. Ces deux courbes se rencontrent, sans quoi le travail résistant serait toujours supérieur au travail moteur, et la machine s'arrêterait ("la force vive irait en diminuant sans cesse jusqu"à zéro"). La vitesse correspondant à ce point d'intersection est la vitesse de stabilité: c'est la vitesse autour de laquelle oscillent les vitesses variables de l'appareil, les écarts produisant des effets qui tendent à ramener à cette vitesse. Il faut donc faire correspondre cette vitesse de stabilité avec celle qui correspond au maximum de travail à recueillir sur la roue, ou rapprocher cette intersection du maximum de la courbe du travail moteur. Suivant les circonstances, cela peut se faire en manipulant le travail moteur ou le travail résistant. Dans l'industrie, d'ailleurs, il y a bien d'autres circonstances à faire entrer en ligne de compte pour déterminer la "vitesse de règle" ou "vitesse normale" à laquelle fonctionne la machine. On en arrive ainsi à la diversité infinie desconditions et des circonstances, des stratégies industrielles. "Ce sont là des questions d'argent qu'on résoudra dans chaque cas particulier suivant les valeurs de chaque chose". Ainsi les dépenses en perfectionnement des machines doivent être compensées par l'accroissement qui en résulte pour les produits; mais quand c'est le cas, "c'est à tort qu'on néglige d'économiser le travail". D'après Coriolis, ses contemporains, très attentifs à diminuer chocs et frottements dans la transmission, devraient songer aussi à mieux employer les moteurs: "l'erreur de beaucoup de personnes est de voir dans le mode de transmission toute l'économie du travail, et l'on pourrait presque dire son accroissement, tandis que cette économie est presque tout entière dans le soin qu'on met à en recueillir le plus possible du moteur par le moyen de la première partie d la machine". Le frein de Prony est désormais l'auxiliaire indispensable de tout marché et de tout choix. C'est "le moyen de mesurer cequi est transmis" (p.313). Pour l'ingénieur et le mécanicien, Coriolis présente à la fin de son livre, des tableaux indiquant les quantités de travail nécessaires pour opérer les principales fabrications et les quantités de travail effectivement obtenues des divers moteurs.

"Cet ouvrage présente une très belle application des principes généraux de la mécanique à l'un des objets les plus utiles aux progrès de la richesse publique". Autour de ces deux mots, application et généralité, nous voudrions conclute. La généralité des principes de la mécanique a pris cette fois une forme qui lui permet de saisir cela même que les machines communiquent. Et de s'insinuer au plus près des opérations et des décisions qui garantissent cette richesse dont les savants ont mis en formules, sinon en circulation, la "monnaie".

C O N C L U S I O N

1630-1830. Sur une plage chronologique précise, nous avons essayé de reconstituer l'histoire de la science des machines. Nous n'avons pas seulement cherché "l'entrée d'une discipline dans l'univers scientifique" non plus qu'une "coupure dans l'apparente continuité de l'évolution historique" (1). Les machines n'ont jamais été l'objet d'un pur empirisme. Il n'y a pas, en ce qui les concerne, accession brusque à une scientificité préconstituée, mais des changements de registre dans la rationalisation. D'où une histoire moins linéaire, et une scansion dont nous voulons assumer la pleine responsabilité. Nos limites nous ont été assignées par ce que nous apprenait l'histoire, hors de toute idée préconçue et de toute coupure chronologique préalable, qui eût comporté un risque d'arbitraire, qu'elle relevât de l'histoire des techniques, de l'histoire des sciences, ou de l'histoire de la philosophie. C'est dans la trame du discours sur les machines, et parfois jusque dans les illustrations qui l'accompagnent qu'on a cherché les assurances muettes, les aveux discrets, les grandes certitudes non formulées, qui sont comme le sol sur lequel repose ce que l'ondit. C'est ainsi la théâtralité qui fut le premier cadre retenu, parce qu'au milieu du XVIIe siècle, on la voit perdre sa fonction de forme a priori de la perception mécanique. L'entrée du savoir mécanique dans le programme des écoles d'ingénieurs au début du XIXe siècle, coïncidant avec la définition du travail mécanique, nous a paru sanctionner l'accession de la science des machines à un âge nouveau. Entre ces deux événements se situe l'âge classique de la science des machines. Ouvert par les initiatives de Huygens et de Leibniz, ainsi que de savants moins illustres, à la fin du XVIIe siècle, il tente, au prix de réelles difficultés théoriques, trop souvent laissées dans l'ombre, de combler l'écart, qui lui paraît provisoire, entre la mécanique rationnelle dont il dispose et l'intelligence de la machine en mouvement. Il conçoit le progrès sous l'espèce d'une stratégie de la raison, du calcul et de l'ordre.

Ainsi conduite, l'histoire de cet objet scientifique original, la machine, ménage quelques surprises. La science des machines ne s'élabore pas là où, précisément, on aurait pu la croire déjà à l'oeuvre: ce ne sont ni la philosophie cartésienne ni la physique cartésienne qui lui donnent ses premières directives. Elle ne découle pas non plus directement des Principia de Newton. Malgré le nom qu'on leur a donné, la philosophie mécaniste et la science qui prend un essor si rapide, la mécanique, ne font pas de la machine, directement, un objet de connaissance. La science générale des machines se fait longtemps attendre. Les problèmes du mouvement perturbé, les problèmes terre à terre, ont été plus longs et plus difficiles à résoudre que les problèmes sublimes de la mécanique céleste.

C'est la raison profonde qui nous a fait choisir le concept de communication comme fil directeur de cette étude. La science des machines a dû, sans jeu de mots, vaincre les obstacles du mouvement en milieu résistant, des frottements, de la difficile transmission de la force et du travail. A la pensée de la conservation et de l'équivalence, la machine oppose l'évidence têtue de la transmission imparfaite. La science des machines en formation à l'âge classique est comme le laboratoire et l'école d'une pensée spécifique de la communication, en s'en tenant à la syntaxe des mécanismes, à défaut de la "mécanique des langues". Il a fallu replacer cette science non seulement dans le système statique de l'encyclopédie, mais dans la stratégie du savoir et du pouvoir. On a insisté sur le moment du Colbertisme, où la codification uniformisante des signes sert principalement à créer un réseau où se transmettent sans bruit les renseignements, les messages et surtout les ordres, dans la transparence et l'immédiateté. Et sur celui des débuts de la grande industrie et des premières écoles d'ingénieurs, où la positivité nouvelle du travail, relié à la valeur, permet de formuler le programme systématique de l'exploitation industrielle de l'énergie.

Ainsi, nos trois lignes de force se rattachent à l'idée de communication, en vertu d'une secrète mais impérative nécessité qui les fait converger selon une perspective commune. La manoeuvre des vaisseaux fait miroiter l'espoir classique d'une maîtrise de la machine par le savoir du contrôle et de la commande. C'est la communication optimale du capitaine avec le navire, avec son équipage, et avec la mer. La question des frottements, en revanche, est celle des obstacles à la communication du mouvement et à la communication de la force. L'enquête qu'elle sucite favorise la saisie du fonctionnement des machines comme processus selon l'axe d'une transmission qui n'est plus seulement correspondance et proportion entre deux extrêmes par rapport à un centre. Transmission où l'on ne retrouve pas à l'arrivée ce qui avait été mis au départ. Ce n'est pas un hasard si les frottements ont été pris dans la trame expérimentale et conceptuelle des premiers essais de quantification non plus de la force humaine ponctuelle et instantanée, mais du travail humain dans la continuité de son exercice normal. Nos deux premiers parcours ne peuvent donc recevoir leur conclusion que du troisième, qui aboutit à ce que Poncelet et Coriolis ont appelé "principe de la transmission du travail". La machine en fonctionnement uniforme est le lieu d'une communication qui est emprunt à l'entrée et restitution partielle à la sortie. Elle emprunte quelque chose à la force qui se consume à la mouvoir, et elle fournit quelque chose aux corps qu'elle meut et qui lui résistent. On a essayé de comprendre l'histoire de ce problème, jusqu'à la définition de ce que les machines communiquent et qui se paie dans leur fonctionnement: le travail. Source et production de valeur comme le travail selon Ricardo, il nous fait accéder à un type nouveau de positivité, et met en place la configuration où le concept physique de l'énergie viendra s'inscrire. La notion de travail est élaborée au terme d'une longue réflexion sur les machines hydrauliques et sur les machines "en général". Elle ne doit rien, semble-t-il, à la machine à vapeur. Du moins elle ne lui doit rien directement... car c'est, en dernier ressort, la pratique et la nécessité de la substitution des forces motrices, dans la perspective de l'économie et du profit, qui attire l'attention des savants sur cette "monnaie mécanique".

Abordons de façon plus synthétique le concept de communication, tel que l'histoire de la science des machines peut le proposer à la philosophie, ou tel que la philosophie peut le penser à partir d'une réflexion sur l'histoire. Essayons de le replacer dans son contexte systématique et de le relier aux notions de conservation, de discipline, de maximum, de transformation et de perte.

1. Communication et conservation. Tant que les concepts et les méthodes de la statique dominent le savoir des machines, ce n'est pas de communication qu'il s'agit, mais de proportion, d'équivalence entre les quantités qui se font équilibre ou se répondent de façon spéculaire autour d'un centre. La communication suppose, pour apparaître, l'affirmation d'un principe de conservation. C'est pourquoi nous avons cherché dans l'étude des lois du choc, à partir de Descartes, les premières traces de cette idée. Déterminer l'issue de la rencontre de deux corps revient apparemment à résoudre le problème typique de la communication du mouvement de l'un à l'autre, moyennant conservation de la quantité totale. Mais la conservation n'y suffit pas. Chez Descartes, cette communication, qui est effective,

est pensée comme redistribution instantanée et ponctuelle, et n'est pensable que comme redistribution. Les machines sont des occasions, plus que des agents, de pareilles redistributions. Huygens et Leibniz, à la suite de Galilée, se sont donné les moyens de penser tout autre chose: l la communication de la force et la transformation de la force en effet ou de l'effet en force. Pour cela, le pendule est leur modèle: on y voit l'effet consumer, puis restituer la force. Penser la force, à l'âge classique, et sa communication -- fût-on géomètre comme Huygens, ou aussi philosophe comme Leibniz et Newton -- n'est rien de facile. Le besoin de changer de terrain (philosophie naturelle, métaphysique, théologie), ressenti par plus d'un, n'est que l'indice de cette difficulté. La force et la communication de la force, dans le cadre d'une pensée de la conservation mais aussi de la transformation, et dans une certaine mesure de la perte (car les effets qui peuvent restituer la force vive doivent être distingués de ceux qui en consacrent la métamorphose définitive), sont un objet que la *mathesis* classique maîtrise mal. Peut-être parce qu'elle était orientée vers la communication des signes...

2. Communication et discipline. De l'absolutisme du Grand Siècle au Despotisme éclairé, de la stratégie de Vauban à clle de Frédéric II, la pratique et la théorie du commandement fournissent un modèle surdéterminé de communication par signes et signaux, une image superlative de l'enchaînement réglé des mouvements, que l'échange des richesses et l'encyclopédisme répercutent dans le champ économique et dans celui du savoir. C'est cette communication des signes et des mouvements, des signes monétaires et des richesses, du savoir théorique et pratique (sous le biais de l'"accommodation"), qui illustre le mieux l'*épistèmè* de cet âge. Nous rencontrons cette "mégamachine" typiquement classique aussi bien dans les directives de Colbert que dans le programme de l'Académie des sciences , ou dans

l'économie de la science et des voyages au XVIIIe siècle.Dans la communication scolaire proprement dite, à l'époque révolutionnaire et post-révolutionnaire, la discipline prendra un tout autre sens, parce qu'elle sera ordonnée au service d'une positivité extérieure et antérieure à elle.

3. Communication et maximum. Ou l'économie par le calcul à l'âge classique. La communication entre le prince et son royaume, celle qui doit s'établir entre les différents secteurs du savoir, celle des divers savoir-faire (inspection, diffusion, uniformisation), sont hantées par l'idéal et par la stratégie d'une "perfection". Conduire à l'optimum ce qui n'est encore que partiellement achevé, généraliser les réussites ponctuelles, répandre partout le meilleur atteint ici ou là. Il n'est donc pas étonnant que la recherche et le calcul des maxima mécaniques, par voie mathématique, donne ses traits à la figure proprement classique de la communication. Le maximum dans la manoeuvre des vaisseaux, comme le maximum d'effet de la roue hydraulique, sont des visées typiques de l'âge classique. C'est la voie courte de la connaissance et de la puissance, par repérage des points d'inflexion sur la courbe. Détermination brusque de l'avantage par vision instantanée de la totalité des relata. Au départ, une stratégie, et pas du tout une physique. La physique viendra ensuite. Quand Parent fixe les conditions de l'effet maximum des moulins, il ne se demande pas si le résidu (que minimise le maximum d'effet) est une perte. Il cherche seulement la vitesse de la roue pour laquelle l'effet est maximum. Je mise tant, je gagne tant. On distinguera donc la pensée classique, qui maximise le rapport gain-mise, et la pensée physique, pensée d'une nouvelle positivité, qui fixe l'idéal d'une communication intégrale et assigne à des structures et processus physiques la responsabilité des pertes, dans une économie de la dépense inéluctable et du coût de la production. Le maximum maîtrisé et contrôlé est l'instrument d'une efficacité par la

commande, qu'il faut évidemment distinguer de la pratique politique du commandement, et qui va s'en émanciper, mais celle-ci reste l'horizon de la pensée classique. Ingénieurs et hommes de science ont prélevé dans les procédures du calcul l'idée d'une voie courte, celle du savoir, vers l'efficacité. Dans les deux problèmes de maximum ici étudiés, la communication n'apparaît que sous la forme d'un rapport optimal entre une variable dépendant partiellement de nous et la variable constituant l'effet utile. L'intention de maximisation met sur la voie de l'idée de communication dans la mesure où, dans la situation de maximum, on obtient la traduction optimale du phénomène-cause en phénomène-effet.

4. Communication et perte. Quand on passe de la machine "parfaite" à la machine "idéale", processus modélisé de communication mécanique, on a affaire à un schèma radicalement neuf. A l'entrée, travail consommé, à la sortie, travail produit. Insistons moins sur la conservation qui fait que la machine idéale est restitutive, que sur le fait que les conditions garantissant la réversibilité parfaite des transformations, et la récupération intégrale sous forme detravail utile de la dépense de travail initiale sont idéales, c'est-à-dire structurellement irréalisables ou antinomiques. Intrinsèquement incompatibles avec les conditions effectives de l'expérience, elles imposent une limitation toute neuve à la pensée. Les penseurs de la machine au début du XIXe siècle, indépendamment même de Sadi Carnot, et dans une réflexion sur la machine mue par impulsion mécanique, sont confrontés à l'étrange constat d'une perte inéluctable en cours de route, sanction en quelque sorte nécessaire de la transmission des travaux, déperdition souterraine qui est comme un prix supplémentaire à payer. Découverte d'un absolu, mais en voie d'épuisement.

Mais cette figure nouvelle de la communication des travaux ne structure pas à elle seule la pensée mécanique du début de l'âge positif.

Elle fait système avec la géométrie descriptive cinématique, qui étudie méthodiquement les transmissions mécaniques. Tous les auteurs font la distinction entre deux sortes de machines, machines de force et machines-outils, qui projette dans le monde industriel, sous la forme d'une dualité phénoménologique et pragmatique évidente, la dualité des modèles de communication forgés par la science. Mais cette cinématique naissante fait déjà figure de maillon faible et désuet du complexe systématique de 1830.

Voici donc la machine "arraisonnée" entre les positivités du travail et de l'argent. La notion de travail mécanique, centrale dans la mécanique industrielle, est à la fois un concept relevant de plein droit de la mécanique, puisqu'il est relié à tous ses concepts fondamentaux, et un concept "emprunté" à la réflexion, ou au moins au vocabulaire, des dirigeants d'entreprises et des théoriciens de l'économie politique. "Quantité d'action" ou travail sont appelés par Navier "monnaie mécanique" parce que l'élévation d'un poids est un équivalent général, substituable à tous les autres travaux non seulement par une abstraction de la pensée mais réellement, c'est-à-dire par un procédé mécanique. Mais elle est aussi ce que le fonctionnement de toute machine consomme réellement, ce qui se convertit en effet réel. La machine en fonctionnement est le lieu où s'accomplit une certaine dépense, dépense de travail et dépense d'une somme d'argent. Quand Montgolfier dit que "la force vive est ce qui se paie", la force vive ou son représentant, travail ou quantité d'action, sont une marchandise qu'on achète pour l'exploiter et en tirer profit. La nouvelle positivité surgit en un point où se nouent travail et valeur. On sait la grande propension de l'économie classique à confondre souvent valeur du travail et travail comme source de la valeur d'échange. Mais même les auteurs qui, de Willim Petty à Adam Smith en passant par Benjamin Franklin (2), parviennent à des formules dénuées d'équivoque, sont longtemps incapables de donner au travail le rôle de "source de toute valeur" que Ricardo sera le premier à lui reconnaître (3). L'apparition simultanée du concept de travail mécanique, au terme d'une histoire longue de deux siècles, bien loin d'être l'effet d'une importation plus ou moins métaphorique, nous paraît relever du même ébranlement du savoir. Ou du même déplacement "vers la région périlleuse où la vie s'affronte à la mort" (4), où la dépense n'est plus conçue exclusivement comme abnégation et sacrifice du repos, mais en même temps comme "affirmation normale de la vie" (5).

N O T E S

I N T R O D U C T I O N.

1. Voir Jacques NOÏRAY, Le Romancier et la Machine (L'image de la machine dans le roman fraçais, 1850-1900), Paris, 1981, 1982.

C H A P I T R E I .

1. Le Capital, Livre Ier, chap.15 (Trad. fr. Joseph ROY, Editions sociales, Paris, 1948, tome II, p.164). "Métier" vient en réalité de ministerium.
2. Die philosophischen Schriften von G.W. LEIBNIZ (éd. par C.I. GERHARDT), Berlin, 1875-1890. Tome VII, p.181-182.
3. Oeuvres complètes, éd. ASSEZAT et TOURNEUX, tome XIII, p.140.
4. Voir René TATON, Les origines de l'Académie royale des Sciences, Palais de la Découverte, Paris, 1965; et Margery PURVER, The Royal Society: Concept and Creation, Cambridge-Mass. (MIT Press) 1967, pour la bibliographie. Voir aussi la fin de la 2ème section du présent chapître.
5. Voir L'Encyclopédie et le Progrès des Sciences et des Techniques, Paris, 1952. B. GILLE, "L'Encyclopédie, dictionnaire technique", et G. HUARD, "Les planches de l'Encyclopédie et celles de la Description des arts et métiers de L'Académie royale des Sciences".
6. AGRICOLA (GEORG BAUER), De Re Metallica, Bâle, 1556. L. ERCKER, Beschreibung allerfürnemisten mineralischen Ertzt- und Bergwerksarten...Prague, 1573.
7. Phil. Schrift. I, p.394.
8. Bâle, 1565.
9. G. BRUIN ou BRAUN, Cologne, 1579. Et G. et J. BLAEU, Amsterdam, 1635.
10. Theatrum Florae in quo ex toto orbe selecti mirabiles, venustiores ac praecipui flores tamquam ab ipsius Deae sinu proferuntur.
11. Amsterdam, 1632.
12. J.BESSON, Instrumentorum et Machinarum Liber Primus. slnd. (Orléans? 1571 ? L'édition de 1578 porte le titre: Théâtre des Instruments mathé-

matiques et méchaniques. (Lyon, 1578). Octave de STRADA, *Desseins artificiaux* de toutes sortes de moulins à vent, à l'eau, à Cheval et à la main etc. Francfort, 1617-1618.

13. Vittorio ZONCA, *Teatro Nuovo di Machine et Edificii*, Padoue, 1607.

14. Voir note 12.

15. Voir Bertrand GILLE, *Les ingénieurs de la Renaissance*, Paris, 1964. Et W. B. PARSON, *Engineers and Engineering in the Renaissance*, Baltimore, 1939. Voir aussi B. GILLE, *Histoire des Techniques*, Paris, 1978.

16. M. BETTINO, *Apiaria Universae Philosophiae Mathematicae*, Bologne, 1645 (4ième édition).

17. *Ars Magna Lucis et Umbrae*, Rome, 1646.

18. *Magia Universalis Naturae et Artis*, Wurzbourg, 1657-1659 et *Technica curiosa* sive Mirabilia Artis, Nurenberg, 1664.

19. *Magia naturalis* sive de miraculis rerum naturalium Libri IV, Anvers, 1561.

20. *De Subtilitate*, Lyon, 1559. *Opus novum*, sd Bâle.

21. Agostino RAMELLI, *Le Diverse et Artificiose Machine*, Paris, 1588.

22. *Apiarium IV*, début. (Voir note 16).

23. *Cogitata Physico-Mathematica*, Paris, 1644.

24. Salomon de CAUS, *Les Raisons des Forces mouvantes*, Francfort, 1615.

25. Jacob LEUPOLD, *Theatrum Machinarum* (8 vol.), Leipzig, 1724-1735. Entre BESSON et LEUPOLD, G. A. BOECKLER, *Theatrum Machinarum Novum*, Nurenberg-Cologne, 1662.

26. Voir Ladislao RETI, "The Leonardo Codices in the Biblioteca Nacional of Madrid", *Technology and Culture*, VIII, 1967, et *Burlington Magazine*, 1968, p. 10-22 et 81-89.

27. *Cinématique*, trad. fr. Paris, 1877 (p.638).

28. "Leonardo and Ramelli", *Technology and Culture*, XIII, 1972 (p.577-605).

29. Bert S. HALL, "A Revolving Book-Case by A. Ramelli", *Technology and Culture*, XI, 1970 (p.389-400).

30. *Leibnizens nachgelassene Schriften*, éd. GERLAND, Leipzig, 1906, (p.246-252). Yvon BELAVAL a présenté et annoté ce texte, *Nouvelle Revue Française*, oct. 1958. Tout ce qui suit doit beaucoup à J. E. MORERE, J. GUILLERME et J. SEBESTIK, "Les commencements de la Technologie" *Thalès*, Année 1966.

31. Maurice DAUMAS, *Les instruments scientifiques au XVIIe et au XVIIIe*

siècle, Paris, 1953.

32. "L'univers de la précision" in Etudes d'histoire de la pensée philosophique, 2 ème édition, 1971, p.346.

33. "Une expérience de mesure" in Etudes d'histoire de la pensée scientifique, 1966, p.275.

34. Voir Avis nécessaire... Oeuvres complètes, éd. Jacques Chevalier, (Pléiade), Paris, 1954, (p.357).

35. Oeuvres, éd. Charles ADAM et Paul TANNERY, Paris, 1897-1913. Abrégé: A T et l'indication du volume en chiffres romains. A.T. I, p.13.

36. 8 octobre 1629, A.T. I, p.33.

37. 25 janvier 1638, à Huygens, A.T. I, p.505.

38. 12 février 1638, à Huygens, A.T. I, p.520.

39. op.cit. p.354.

40. Mémoires, Amsterdam, 1755, tome III, p.214. Voir Jacques PROUST, Diderot et l'Encyclopédie, Paris, 1962.

41. Paris, 1666 et 1672.

42. Lettres, Instructions et Mémoires, éd. P. CLEMENT, tome II, 2ème partie, pièce n° 173, p.585.

43. Ib°, pièce n° 143, p.560-563.

44. Voir J. GUILLERME et J. SEBESTIK, op.cit. p.15, note 2.

45. Le catalogue s'intitule Explication des modèles des Machines et forces mouvantes, que l'on expose à Paris dans la rue de la Harpe, vis-à vis de Saint-Cosme (VIII + 48 pages et 12 planches). Et Arthur BIREMBAUT, "L'exposition de modèles de machines à Paris, en 1683", Revue d'Histoire des Sciences, avril-juin 1967, p.141 sq.

46. Histoire de l'Académie royale des Sciences, tome I, depuis 1666 jusqu'à 1686, p.70.

47. ib°, p.144.

48. ib°, p.22.

49. Voir la "Note sur l'Académie des Arts" in A. BIREMBAUT, P. COSTABEL, S. DELORME, "La correspondance Leibniz-Fontenelle et les relations de Leibniz avec l'Académie royale des Sciences en 1700-1701", Revue d'Histoire des Sciences, avril-juin 1966 (IX,2), p.119.

50. Voir ci-dessus, note 4.

51. Cl. SALOMON-BAYET, "Un préambule théorique à une Académie des Arts", Revue d'Histoire des Sciences, 1970, (XXIII, 3).

52. A la Bibliothèque de l'Institut (Ms Institut, 2741) et à la Bibliothèque Nationale (Ms BN fr.9157-9158). Décrit dans le Catalogue L'art du

Livre, sous le n° 166. Voir J. PROUST, op.cit. p.184. Voir aussi les références de notre note 5 ci-dessus.

CHAPITRE II.

1. Mémoire pour prouver que l'Amiral n'a pas le droit de nommer les Capitaines de Vaisseaux, mais que c'est le Roi seulement. Voir Colbert. Lettres, Instructions, Mémoires, éd. P. CLEMENT, Paris, 1864. Tome III-A, p.138-139.
2. A Colbert de CROISSY, 7 juillet 1673.
3. A d'Almeras, 1668.
4. A Médavy de Grancey, 1669.
5. A Matherel, 1670. Op.cit. p.275.
6. Lettre à Arnoul fils, op. cit. p.125-126.
7. Ib°, p.127.
8. Ib°, p.126.
9. Ib°, p.127.
10. A Duguay, ib°, p.112.
11. Voir AUBIN, Dictionnaire de Marine, Amsterdam, 1702. Artices "lisse" et "gabarit", avec figures de maîtresses cotes ou premiers gabarits.
12. A Tourville,chef d'escadre, 1er septembre 1780, ib°, p.198.
13. A Arnoul fils, 12 septembre 1678, ib°, p.125.
14. Remarques faites par le Sieur Arnoul sur la marine de Hollande et d'Angleterre, 1670. Bibliothèque nationale.
15. 1663. Archives nationales, Marine, B51, fol.150.
16. Service Hydrographique de la Marine, Ms 90, fol.7 et 14.
17. Colbert à Colbert de Terron, 19 février 1671, ib° p.336.
18. A Arnoul fils, 3 février 1679, ib° p.144-145.

Quelques traités d'architecture navale de l'époque, plus accessibles que les manuscrits de charpentiers: N. WITSEN Sheeps Bouuw en Bestier, Amsterdam, 1671. D. DASSIE, Architecture Navale, Paris, 1677. Van RYck, L'art de bâtir les Vaisseaux, Amsterdam, 1668. E. BATTINE, Method of Building and Rigging Ships of War, Londres, 1684.

19. Christian HUYGENS, Oeuvres complètes, 22 volumes, La Haye,1888-1950, tome IV, p.325-329.

20. Discours reproduit in G. BIGOURDAN, Les premières sociétés savantes de Paris, Paris, 1919.

21. Cité in C. de LA RONCIERE, Histoire de la Marine française, 1910 sq. Tome V, 1920, p.412. La citation précédente de Huygens provient du tome VIII des Oeuvres, p.196.

22. Voir M. DAUMAS, Histoire générale des Techniques, tome II, p.346, "Les techniques de mesure" par A. MACHABEY.

23. J.B. DUHAMEL, Regiae Scientiarum Academiae Historia, 2ème édition, Paris, 1701, p.214.

24. Voir R. TATON, Enseignement et diffusion des Sciences en France au XVIIIe siècle, Paris, 1964, p.481: article du R.P. de DAINVILLE.

25. VAUBAN, Projet d'une Dixme royale, Paris, 1708, p.227-228.

26. HUYGENS, op.cit. tome IV, p.296.

29. Ib° p.318.

30. op.cit. p.208.

31. CONDORCET, Oeuvres complètes, éd. ARAGO, Paris, 1847, tome II, p.42.

32. op.cit. tome XIX, p.121-122. Voir aussi p.144-157. Huygens a présenté ses expériences à l'Académie le 10 avril et le 24 juillet 1669, avec l'aide de Couplet. Voir aussi R. DUGAS, La Mécanique au XVIIe siècle, Paris-Neuchâtel, 1954, p.530-535.

33. HUYGENS, op.cit. tome VIII, p.523.

34. Madame de Sévigné, lettre à Coulanges, 26 juillet 1691.

35. FONTENELLE, Oeuvres complètes, Paris, 1756, tome VI, p.4 (Eloge de La Hire).

36. ib°, p.191 (2ç avril 1680).

37. ib°, p.148-149.

37 bis. P. BOUGUER, Traité du Navire, 1746, p.IX.

38. A d'Infreville, Intendant à Toulon, 19 juillet 1669, op.cit. p.148.

39. ib°, p.275 et 403.

40. Testard de la Guette à Colbert, cité in LA RONCIERE, op.cit. p.385.

Voir aussi les comptes rendus des Colloques d'Histoire maritime, à partir de 1956, édités sous la direction de Michel MOLLAT, sous la titre Le navire et l'économie maritime (1956, 1957, 1958) puis sous celui de Sources de l'Histoire maritime.

Sur l'Académie, on consultera R. HAHN, The Anatomy of a Scientific Institution, The Paris Academy of Science, 1666-1803. University of California

Press, Berkeley, 1971. Sur l'Observatoire, voir C. WOLF, Histoire de l'Observatoire de Paris, de sa fondation à 1793, Paris, 1902.

41. LA RONCIERE, op.cit. p.385. Et FONTENELLE, op.cit. p.78 (Eloge de Renau).

42. Voir HUYGENS, op.cit. tome X, p.593-594, n°2848. OU Journal des Savants, 16 mai 1695.

43. "rei navalis scientia mathematica", dit Leibniz. Voir LEIBNIZ-Jean BERNOULLI, Commercium Philosophicum et Mathematicum, 2 vol. Lausanne-Genève, 1745. Tome II, (8 mars 1700).

44. HUYGENS, op.cit. Tome X, p.525-533, n° 2826.

45. Opere di GALILEO GALILEI, Edizione Nazionale, 2o volumes, Florence, 189&-1906. Tome VIII, p.275. Et Discours (trad.fr. M. CLAVELIN, Hermann Collection Histoire de la Pensée, XIV, 1965 et Armand Colin 1970),p.211.

46. A.T. III, p.9-10. (Lettre à Mersenne, 29 janvier 1640).

47. Voir A.T. I, p.92. (Lettre à Mersenne, 18 décembre 1629).

48. Jean BERNOULLI, Opera omnia, Lausanne-Genève 1742. Tome II. Voir P. COSTABEL, "Une magistrale leçon de Jean I Bernoulli" in Hommage à Gaston Bachelard, Paris, 1957, p.83-92.

49. Acta Eruditorum, 1689, et Leibnizens mathematische Schriften, (éd. GERHARDT), 7 volumes, Berlin-Halle, 1849-1863. Tome VI, p.135.

50. op.cit. tome IX, p.367.

51. Voir R. DUGAS, op.cit. p.544.

52. HUYGENS, op.cit. tome X, p.49-52. Voir notre chapitre IV, section 2, sur le double sens des échanges entre Leibniz et Huygens.

53. A en croire la note de la p.531.

54. Dans les Acta Eruditorum, il avait publié un "Specimen alterum Calculi differentialis" (juin 1691).

55. HUYGENS, op.cit. tome X, p.329. Lettre à L'Hospital, 22 octobre 1692.

56. FONTENELLE, op.cit. p.86-87 (Eloge de Renau).

57. A Mersenne, 27 mai 1638, A.T. II, p.141.

58. in HUYGENS, op.cit. tome X, p.563.

59. Voir I. B. COHEN, "Isaac Newton, the Calculus of variations, and the design of ships: an Example of pure mathematics in Newton's Principia, allegedly developed for the sake of practical applications", in R. S. COHEN, J.J. STACHEL & M.W. WARTOFSKY, (eds), For Dirk STRUIK, Dordrecht-Boston, (Boston Studies in the Philosophy of Science, vol.15).

60. Voir Jean BERNOULLI, Oeuvres, tome II, p.97 et p.4 respectivement.

61. op.cit. tome X, p.610.

62. Lettre de Leibniz à Jean Bernoulli, 12 janvier 1700, Commercium Mathematicum, tome II, p.3.

63. Le Père P. Costabel a eu l'obligeance d'attirer notre attention sur les liens de Renau avec le milieu malebranchiste, au moment même où celui-ci était tout occupé par l'assimilation du calcul infinitésimal leibnizien. L'ouvrage que l'oratorien Reynau écrivit sur "L'Art de naviguer" (Manuscrit de la Bibliothèque de l'Oratoire), un an après celui de Renau, et pour développer les idées nouvelles de ce dernier, manifeste l'attention portée à d'autres facteurs que l'action du vent sur les voiles. Bien que Renau n'utilise pas effectivement la méthode des infiniment petits, le lien historique entre science de la manoeuvre et calcul leibnizien semble donc indubitable.

63 bis. L. EULER, Théorie Complète de la Construction et de la Manoeuvre des Vaisseaux, Paris, 1776, p.1.

64. P. BOUGUER, Traité du Navire, Paris, 1746, p.XXVIII.

65. d'ALEMBERT, Essai d'une nouvelle théorie de la résistance des Fluides, Paris, 1752, p.VIII-IX.

66. H. PITOT, La Théorie de la Manoeuvre des Vaisseaux, Paris, 1731. Préface non paginée.

67. op.cit. et De la Manoeuvre des Vaisseaux, Paris, 1757.

68. L. EULER, Scientia Navalis, Saint-Pétersbourg, 1749, et op.cit. note 63 bis, ci-dessus.

69. Examen maritime théorique et pratique, tr. fr. Paris, 1783, (l'original est de 1771).

70. op.cit. tome III, p.28 (Eloge d'Euler).

71. BELIDOR, Architecture Hydraulique, Paris, 1737, tome I, p.11.

72. op.cit. p.VII.

73. BOUGUER,op.cit. p.XXII.

74. P. HOSTE, Théorie de la Construction des Navires, Paris, 1697, p.1.

75. op.cit. p.39.

76. George Juan, op.cit. Préface de Lévêque,p.IX.

77. Traité du Navire, p.XVIII.

78. BOUGUER, De la Manoeuvre des Vaisseaux, Paris, 1757, p.XII.

79. SAVERIEN, La mâture discutée et soumise à de nouvelles lois, Paris, 1747, p.V.

80. H. PITOT, La théorie de la manoeuvre des vaisseaux, Paris, 1731, Préface.

81. Traité du Navire, p.2.

82. Traité du Navire, p.XX-XXI.

83. Scientia navalis, p.38.

84. VIAL DU CLAIRBOIS, Encyclopédie Méthodique, Marine, Paris, 1783-1787. Tome I, p.V.

85. BOUGUER, De la manoeuvre des vaisseaux, p.2.

86. VIAL DU CLAIRBOIS, Essai géométrique et pratique sur l'architecture navale, à l'usage des gens de mer. Paris, 1776.

87. Pierre Rémond de MONTMORT, Essai d'Analyse des Jeux de Hazards, 2ème éd. 1714, p.III.

88. Oeuvres, éd. ARAGO, tome II, p.471.

89. Ib°, tome III, p.216 (Eloge de M. de Praslin).

90. Ib°, tome II, p.166.

91. MAUPERTUIS, Lettre sur le Progrès des Sciences, 1752,p.XIII.

92. VOLTAIRE, Discours en vers sur l'homme, IV, De la modération en tout.

93. op.cit. tome II, p.472-473. (Eloge de Maurepas).

94. CONDORCET, op.cit. p.473.

95. MAUPERTUIS, La figure de la Terre, p.XV.

96. Voir Leibnizens nachgelassene Schriften de GERLAND.

97. Voir la Lettre sur le Progrès des Sciences, passim, et particulièrement p.37-38.

98. DIDEROT, Supplément au voyage de Bougainville. Publié seulement en 1796 il est probablement rédigé en 1772.

99. BOUGUER, Traité du Navire, p.2.

100. VAUCANSON, Lettre à l'Abbé D. F. reproduite in J. SABLIERE, De l'Automate à l'Automation, Paris, 1966. Voir A. DOYON et L. LIAIGRE, Jacques Vaucanson, Mécanicien de génie, Paris, 1966.

101. MONTUCLA, Histoire des Mathématiques, nouvelle édition, an X (1802). Tome IV, p.422.

102. ib°, tome III, p.VI.

103. VIAL DU CLAIRBOIS, Essai géométrique et pratique sur l'Architecture navale, Paris, 1776.

104. Traité élémentaire de la construction des bâtiments de mer, à l'usage des élèves du génie maritime, Paris, 1805. p.XVII.

105. op.cit. p.649.

106. Encyclopédie méthodique, Marine, tome I, p.III.

107. Discours à Madame de La Sablière. (Fables, Livre IX). Voir L. DEFOSSEZ, Les savants du XVIIe siècle et la mesure du temps, Lausanne, 1946. On pourra consulter aussi A. CHAPUIS et E. GELIS, Le Monde des Automates, Paris, 1928, et A. CHAPUIS et C. DROZ, Les Automates, Neuchâtel, 1948. On aura plaisir à se replonger dans F. BERTHOUD, Essai sur l'Horlogerie, Paris, 1786, et du même, Histoire de la mesure du temps par les horloges, Paris, 1802, réédition 1976. Des idées profondes et neuves font le prix d'ouvrages récents: J.C. BEAUNE, La technologie introuvable, Paris, 1980, et L'automate et ses mobiles, Paris, 1980. J. ATTALI, Histoires du Temps, Paris, 1982.

108. C. ROMME, L'art de la Marine, La Rochelle, 1787, p.8.

109. Traité du Navire, p.XIV.

110. VIAL DU CLAIRBOIS, Traité élémentaire de la construction des bâtiments de mer, p.II-III.

111. op. cit. p.8-9.

112. Traité élémentaire, p.XXIII.

113. Mémoire de 1699, in Histoire de l'Académie royale des Sciences (Mémoires), année 1699.

CHAPITRE III.

1. op.cit. tome VII, pièces n° 1850 et 1855, p.112 et 119. Voir la section 3 du présent chapître.

2. P. de LA HIRE, Mémoires de Mathématique et de Physique, Paris, 1694, contenant le Traité des Epicycloïdes.

3. Opere, tome VIII, p.49.

4. Oeuvres, tome VII, pièce n° 1607, datée de 1667.

5. E. GERLAND, Leinizens und Huyghens' Briefwechsel mit Papin (Berlin, 1881) et le déjà cité Leibnizens nachgelassene Schriften physikalischen, mechanischen und technischen Inhalts (Leipzig, 1906).

6. MALEBRANCHE, La Recherche de la Vérité, Livre VI, Ière Partie, Chapitre IV, (Ed. G. RODIS-LEWIS, Paris, 1962, tome 2, p.176).

7. Voir ci-dessus, Chapitre Ier, note 45.

8. Oeuvres, tome VII, pièce n° 2023, p.436.

9. Opere, ed. naz. tome II, p.179-181.

10. A.T. I, p.435-448. Et A.T. II, p.352-353.

11. A. Birembaut l'a identifié comme étant J.B. Picot, qui serait aussi l'auteur du catalogue de l'exposition de modèles de 1683. Voir notre note 45 du Chapitre Ier.

12. Machines et Inventions approuvées par l'Académie, (éd. par GALLON, Paris, 1735), tome Ier, p.151.

13. P. CASATI, Mechanicorum Libri Octo, Lyon, 1684.

14. A. KOYRE, "Du monde de l'à-peu-près à l'univers de la précision", Etudes d'histoire de la pensée philosophique, Paris, 1971, p.347.

15. S. de CAUS, Les raisons des forces mouvantes, Francfort, 1615. Feuille 8, verso.

16. Mss i de l'Institut. Folio 27 r. A rapprocher de Mss h, folio 86v et dessin.

17. Voir ci-dessus, note 13.

18. Voir Chapitre Ier, note 25. Tome I, planches XI (fig.1 à 5) et XIV (fig.1 à 7).

19. Voir Ladislao RETI, "Leonardo on Bearings and Gears", Scientific American, 224, (1971), p.101-110.

20. B. GILLE, in M. DAUMAS, Histoire générale des Techniques, tome II, p.31.

21. Voir Chapitre Ier, notes 12 et 21. Voir aussi T. BECK, Beiträge zur Geschichte des Maschinenbaues, Berlin, 1899.

22. Voir lettres à Mersenne du 27 mai et de 23 août 1638, A.T. II, p.136-137 et 305-343.

23. Les problèmes de M. de Dettonville sont de juin 1658. Voir Oeuvres Complètes, éd. J. CHEVALIER, 1954, p.173-312.

24. Voir ci-dessus, note 2.

25. MONTUCLA, Histoire des Mathématiques, éd. citée ci-dessus, chapitre II, note 101, tome II, p.388-389.

25 bis. R. TATON, L'Oeuvre mathématique de G. Desargues, Paris, 1951, p.4.

26. Voir la note 1 du présent chapître.

27. Tome II, P.391. Et référence, en note à LEIBNIZ-BERNOULLI, Commercium, tome I, p.347.

28. op.cit. tome II, p.80.

29. op. cit. Lettre LXVI, tome I, p.347.

30. Lettre CLXIX, tome II, p.178 (juin 1707).

31. Lettre LXVII, tome I, p.349.

32. op.cit. tome I, p.344.

33. Lettre LXVIII, tome I, p.352.

34. Voir Roemer et la vitesse de la lumière, Table ronde du CNRS, Paris, 16-17 juin 1976, édité avec un avant-propos de R. TATON, Paris, 1978.

35. Histoire de l'Académie, Année 1678.

36. Tome I, p.89-90.

37. Voir aussi sur cet engrenage LANZ et BETANCOURT, Essai sur la composition des Machines, 1808, p.103 et figure, planche VI.

38. Epistolae ad diversos (éd. C. KORTHOLTUS), Leipzig, 1735. Tome II: lettres du 18 mars 1700, 27 janvier 1703, 3 juillet 1703, 1er octobre 1705, 4 octobre 1706.

39. La seconde invention dont parle Leibniz est celle de la vitesse de la lumière,la troisième celle de la machine planétaire admirée par l'empereur de Chine.

40. KORTHOLT, Lettres VII, VIII et IX.

41. op.cit. p.65.

42. Voir GERLAND 1906, p.118.

43. op.cit. tome XVIII, p.607-620.

44. Novi Commentarii (Saint-Pétersbourg), V, années 1754-1755, p.299-316. Voir aussi le Supplementum de figura dentium, tome XI, (1765), p.207-231.

45. "Réflexions sur l'échappement", Histoire de l'Académie royale de Berlin, 1777, p.173. On trouvera les principaux renseignements bibliographiques sur la question de l'engrenage épicycloïdal dans les deux pages très denses de R.S. WOODBURY, "The First Epicycloïdal Gear Teeth", Isis, (49) 1958, p.375-377. On trouvera une mise au point "technique" sur le problème des engrenages dans PONCELET, Cours de Mécanique appliquée aux Machines (éd. KRETZ, Paris, 1874, p.205 sq).

46. Histoire de l'Académie royale des Sciences, (Mémoires), Année 1699, p.112-126.

47. Histoire... Tome I, 1666-1686, p.70. Et Histoire (Mémoires), Année 1699, p. 157.

48. Voir Oeuvres, tome VII, pièce n° 1971, à Lodewijk Huygens, 22 septembre 1673, p.356-357. Pièce n°1972, ib°, p.359. Et Divers ouvrages de Mathématique et de Physique par MM. de l'Académie royale des Sciences, 1693, p.320-321.

49. Voir D. PAPIN, "De novo Pulveris Pyrii usu", Acta Eruditorum, 1688. "Nova methodus ad vires motrices validissimas levi pretio comparandas",

Acta Eruditorum, 1690p.410-414. "Ars nova ad aquam ignis adminiculo efficacissime elevandas", Acta Eruditorum, 1707, p.420-423.

50. Voir Jon ELSTER, Leibniz et la formation de l'esprit capitaliste, Paris, 1975, p. 88, 90, 92-93, à propos des réflexions et des réalisations De Leibniz aux mines de Harz dans les années 1680.

51. Le Capital, (tr.fr. J.ROY), éd. citée, tome II, p.63 (I, XV).

52. Ib°, p.206-227.

53. Noter chez Amontons l'emploi d'un vocabulaire cartésien, ici "détermination".

54. Voici pour mémoire les principales références. A. PARENT, "Nouvelles expériences faites à l'Observatoire royal sur le ploiement des cordages" in Essais et Recherches de Mathématique et de Physique, Paris, 1713, tome II. J.T. DESAGULIERS, A Course of Experimental Philosophy, Londres, 1734, 1745. Trad.fr. 1751. P. MUSSCHENBROEK, Essai de Physique, Leyde, 1739. L. EULER, "Sur les frottements des corps solides" et "Sur la diminution de la résistance du frottement", in Histoire de l'Académie royale de Berlin, année 1748, p.122 et 133. C. A COULOMB, "Théorie des machines simples..." in Mémoires de Mathématiques et de Physique présentés à l'Académie des Sciences par divers savants, tome X.

55. Publiée par GERLAND, op.cit. 1906, pièce n°59, p.115-119. L'article des Miscellanea Berolinensia a le n° XXX, et occupe les pages 307-317.

56. Voir Chapitre VII.

C H A P I T R E I V.

1. A.T.I, p.435-448, à Constantin Huygens, 5 octobre 1637.
2. A savoir "sur le sujet des fondements de la mécanique, et les quatre ou cinq engins qu'on y démontre, libra, vectis, trochleon etc." De Guido Ubaldo voir Mechanicorum Liber, 1577.
3. Les Meccaniche de Galilée (Opere, tome II) ont été traduites par Mersenne en français en 1634.
4. A.T. I, p.397. Souligné par nous.
5. A.T. II, p.228 (13 juillet 1638).
6. A.T. II, p.353, 355 et 358.
7. A.T. I, p.436.
8. A.T.II, p.352-353.
9. A.T. II, p.353.

10. A.T. II, p.432.

11. A.T. II, p.432-433.

12. Ib°, p.432.

13. Ib°, p.433.

14. A.T. III, p.614 (2 février 1643).

15. A.T. II, p.353-355.

16. G. MILHAUD, Descartes savant, Paris, 1921, p.178. Voir aussi P. DUHEM, Les origines de la statique, tome I, p.350.

17. Revue philosophique, juillet-décembre 1922, p.243-277 et 483-511.

18. op.cit. p.246.

19. A.T. II, p.543 et 627.

20. A.T. III, p.613-614.

21. M. GUEROULT, Leibniz. Dynamique et Métaphysique. Paris, 1967 (2ème édition), p.68.

22. Principes, 2ème Partie, art.24.

23. A. KOYRE, Etudes galiléennes, III, (rééd. Hermann, Paris, 1966) p.320.

24. op.cit. p.322.

25. A.T. XI, p.43.

26. A.T. XI, p.11.

27. A.T. XI, p.37.

28. A.T. XI, p.37.

29. Ib° et p.43.

30. A.T. XI, p.38.

31. Lettre du 17 février 1645. A.T. IV, p.183-188.

32. P. COSTABEL, "Essai critique sur quelques concepts de la mécanique cartésienne", Archives internationales d'Histoire des Sciences, juillet-septembre 1967.

33. A l'art.41 des Principes II, en revanche, la détermination "se perd", c'est-à-dire qu'elle se renverse.

34. Voir A.T. II, p.543, lettre à F. de Beaune, 30 avril 1639. Voir A.T. II, p.627, lettre à Mersenne, 25 décembre 1639. Voir A.T. III, p.210-211, lettre à Mersenne, 28 octobre 1640.

35. Ce point a été souligné par le P. DUBARLE, "Remarques sur les règles du choc chez Descartes", Rivista di filosofia neoscolastica, juillet 1937, cité in Introduction à l'histoire des sciences (sous la direction de G. CANGUILHEM), Paris, 1970-1971, tome II, p.227. Et par CARTERON, art.cit.

p.492.

36. "Jamais"? Une fois au moins, Descartes la considère comme accélératrice ou retardatrice: voir A.T. II, p.355: "encore qu'il n'y ait aucun mouvement qui n'ait quelque vitesse, toutefois il n'y a que les augmentations ou diminutions de cette vitesse qui sont considérables".

37. Recherche de la Vérité, VI, 2ème partie, chap.III, par.10.

38. A.T. III, p.624.

39. Discorsi, op.cit. tome VIII, p.243-244.

40. Horologium Oscillatorium, 2ème Partie, Proposition IV.

41. Pour Galilée, voir op.cit. tome VIII, p.571-584, les fragments publiés sous le titre "Intorno agli effetti degl'istrumenti meccanici. (A proposito di una macchina con gravissimo pendolo adattato ad una leva).

42. The Athlone Press of the University of London, 1971. MACH, La Mécanique (tr. fr. E. BERTRAND), Paris, 1925, p.427, dit tout autre chose: qu'il faut chercher dans "le vieux fonds théologique" cartésien la source d'un "principe de conservation de l'énergie" dont Descartes n'est évidemment pas le père.

43. Voir G. CANGUILHEM, Idéologie et rationalité dans les sciences de la vie, Paris, 1977, p.84 et 90.

44. Math.Schrift. VI, p.117-123.

45. Dans les Discorsi de 1638, op.cit. p.205-206, et conclusion du Scolie de la Proposition XXIII, p.244-245. Voir M. CLAVELIN, La philosophie naturelle de Galilée, Paris, 1968, p.368-371. Et E. MACH, Vorlesungen, Vienne, 1903, p.166-214.

46. Horologium Oscillatorium, 2ème partie, proposition IV, proposition IX du de Descensu Gravium. Voir aussi lettre au fils de Simon Stevin, Oeuvres, tome XVIII, p.475-476.

47. Voir Essai de Dynamique, 1692, éd. P. COSTABEL, Leibniz et la dynamique, Paris, 1960, p.100: "cette proposition a été démontrée par Galilei, Mr Huygens et autres".

48. op.cit. p.371.

49. op.cit. note 106, p.370.

50. op.cit. notes 109 et 110, p.372. Et MACH, ci-dessus note 45.

51. op.cit. p.244.

52. A.T. III, p.624.

53. voir ci-dessus, note 41.

54. Voir GUEROULT, op.cit. p.23 et P.COSTABEL, op.cit. note 47, p.40-43.

55. HUYGENS, Oeuvres, tome XIX, p.162-165.

56. op.cit. tome XVIII, p.477.

57. Voir la communication du Pr HEINEKAMP, "Huygens im Urteil Leibnizens", Table ronde Huygens et la France, Paris, 1979.

58. op.cit. tome IX, pièces n° 2604 et 2606, p.455 et p.463. Datées août et juillet 1690.

59. op.cit. tome IX, p.455.

60. Ib°, p.463.

61. Sur la différence impetus/force vive, voir GUEROULT, op.cit. p.40.

62. Voir ci-dessus note 43.

63. Voir GUEROULT, op.cit. p.108.

64. Phil.Schrift. VII, p.414.

65. L. COUTURAT, La Logique de Leibniz, Paris, 1901, p.223-224.

66. L'histoire ne s'en achève pas là. Voir chapitre V (D. Bernoulli) et chapitre VI (Lazare Carnot).

67. Tr. fr. paris, 1983. p.258-260.

68. PASCAL, Pensées, fragment 79 (BRUNSCHVICG).

69. Publiée par F. BLONDEL dans son Art de jeter les bombes (Paris, 1683).

70. On pourra comparer ce problème à celui d'Amontons en 1699 (ci-dessus chapitre III). La philosophie mécanique d'Amontons est très différente, et plus intelligente.

71. A.T. III, p.624.

72. Rencontre d'un corps de masse 4 et de vitesse 1 avec un corps au repos de masse 1 à qui il communique la totalité de sa force, donc une vitesse égale à 2.

73. Voir note 47.

74. op.cit. p.104. Contrairement à ce qu'écrivait Gueroult, op.cit. p.33 note 4. Voir le commentaire de P. Costabel, p.51-52.

75. Voir ci-dessus, note 64.

76. Voir P. Costabel, op.cit.

77. Voir I. B. COHEN, The Newtonian Revolution, Cambridge University Press, 1980. Et R. S. WESTFALL, Force in Newton's Physics: The Science of Dynamics in the Seventeenth Century, Londres, 1971. Et C. A. TRUESDELL, Essays on the History of Mechanics, New York et Berlin, 1968, en particulier "A programm towards rediscovering the rational mechanics of the age of reason" p.85-137.

78. Londres, 1877. Par.96.

79. Sur les origines du principe de la conservation de l'énergie, voir E. MACH, "Uber das Prinzip der Erhaltung der Energie" in Populär-wissenschaftliche Vorlesungen, Leipzig, 1903. Et D. THEOBALD, The Concept of Energy, Londres, 1966. Et E. HIEBERT, The Historical ROOts of the Principle of Conservation of Energy, Madison, 1962.

80. L.L. LAUDAN, "The vis viva Controversy, a Post-Mortem", Isis, 1968 p.130-143.

81. Voir surtout l'article "Force" dans l'Encyclopédie.

82. T. HANKINS, "Eighteenth-Century attempts to resolve the vis viva Controversy", Isis, 1965, p.281-297.

83. Voir P. BRUNET, Maupertuis, l'Oeuvre, p.238. (Paris, 1929).

84. Oeuvres Philosophiques et Mathématiques de 'sGravesande, Amsterdam, 1774, tome I, p.255.

85. Hankins le remarque p.282. Mais le comble du dépouillement et de la rigueur nous semble atteint dans le mémoire de D. Bernoulli "De Legibus quibusdam mechanicis", Commentarii (Saint-Pétersbourg) 1736, §2.

86. DUGAS, op. cit.p.353.

87. VARIGNON, "Manière générale de déterminer les forces, les vitesses..." in Mémoires de l'Académie royale des sciences, année 1700.

88. Préface, 1743, p.XVI.

89. op.cit. p.266.

90. op.cit. p.284.

91. op.cit. p.248.

92. LAUDAN, art.cit. p.138.

93. Voir A. KOYRE et I.B. COHEN, "Newton et la correspondance Leibniz-Clarke", Archives internationales d'Histoire des sciences, 1962. Et HANKINS, art.cit. p.289.

94. op.cit. p.253.

95. Voir là-dessus W. L. SCOTT, "The significance of "Hard Bodies" in the History of Scientific Thought", Isis, 1959, p.199-210.

96. Voir ci-dessus, note 64.

97. Recueil de Pièces qui ont remporté les Prix de l'Académie royale des Sciences, depuis 1720 jusqu'en 1727.

98. Descartes (1644), Huygens (1669), Leibniz (1686 sq) considèrent dans leurs lois du choc des corps "durs" doués néanmoins de ressort puisqu'ils rebondissent. Le seul physicien des corps inélastiques en 1668, c'est Wallis. Voir J. VUILLEMIN, Physique et Métaphysique Kantiennes,

Paris, 1955, p.206.

99. 1743, p.XXI.

100. "Theoria nova de motu aquarum" Commentarii de l'Académie de Saint-Pétersbourg, année 1727, p.112.

101. Voir SCOTT, art.cit. p.203. Et P. BRUNET, Maupertuis, 1929, p.244. D'Alembert écrit (art. "Force"): "quand il regarde l'action envisagée sous ce point de vue comme la dépense de la nature, ce mot de dépense ne doit point sans doute être pris dans un sens métaphysique et rigoureux, mais dans un sens purement mathématique, c'est-à-dire pour une quantité mathématique qui dans plusieurs cas est égale à un minimum".

102. Le sens de "dur" accrédité par J. Bernoulli en 1724 est donc tombé en désuétude: dur n'est plus synonyme de "parfaitement élastique" mais de "parfaitement inélastique". Existe-t-il dans la nature des corps durs en ce sens nouveau? 'sGravesande juge pour sa part: "Nous ne connaissons pas de corps parfaitement durs, et nous n'osons décider de ce qui regarde leur choc" op.cit. p.232.

103. Berlin, 1847. Tr. fr. par L. PERARD, Paris, 1864, où le mémoire est précédé d'un "Exposé élémentaire de la transformation des forces naturelles".

104. Cela ne l'empêche pas de démontrer le principe indirect et régional de la conservation des forces vives (Traité de dynamique, IIe Partie, chapitre IV. Voir P. BRUNET, op.cit. p.242.

105. art.cit. p.297. Voir P. COSTABEL, "Le De Viribus Vivis de R. Boscovich ou de la vertu des querelles de mots", Archives internationales d'Histoire des Sciences, 1961, p.3-12, et " 'sGravesande et les forces vives" in Mélanges Alexandre Koyré, I, p.117.

106. BRUNET, op.cit. p.248.

107. Essai de Cosmologie, cité p.244 par BRUNET.

108. Essai sur les machines en général, Dijon, 1783, p.48-49.

109. SCOTT, art.cit. p.204.

110. Exemplaire BN, cote V 55 524.

111. Part I, IX, §71 et 72, p.18. Repris presque mot à mot dans le Course of Natural Philosophy and Mechanical Arts de 1807, tome I, p.78.

112. Voir note 78 ci-dessus.

113. Mémoire sur la conservation de la force, tr.fr. L. PERARD, Paris 1864. L'original est publié à Berlin en 1847.

C H A P I T R E V.

1. Histoire de l'Académie royale des sciences, année 1704, p.331 sq.
2. Tome II, p.259. Cité par J.F. WEIDLER, Tractatus de Machinis Hydraulicis, Vitenbergae, 1728, p.24.
3. Voir entre autres, Math.Schrift. VI, p.239 et p.117-119.
4. Eléments de mécanique et de physique, Paris, 1700.
5. Voir C. SINGER, A History of Technology, tome IV, p.148-167. Et A. STOWERS, "Observations on the History of Water Power" Transactions of the Newcomen Society, XXX (1955-1957), p.239-256.
6. Voir Fontenelle, Histoire de l'ARS, année 1704, p.117.
7. En un sens qui n'a plus rien de cartésien, néanmoins.
8. Principe emprunté à Mariotte. Voir plus bas.
9. Voir plus bas, les procédures expérimentales de J. Smeaton.
10. op.cit. p.119-120.
11. Histoire de l'ARS, année 1725, p.81.
12. Histoire de l'ARS, année 1704, p.118.
13. Voir ci-dessus note 4. Le titre complet est Eléments...où l'on donne géométriquement les principes du choc et des équilibres entre toutes sortes de corps".
14. op.cit. tome III, p.43-64.
15. BELIDOR, Architecture hydraulique, tome I, §588, p.246. (Paris, 1737). J. ACKERET (éd.) Euleri Opera Omnia, Série II, tome XV (1957), p.XV.
16. Mémoires, Année 1725, p.110-144. Pitot est revenu sur la question en 1727 (p.69-90), 1729 (p.359-365), 1730 (p.766-777), 1735 (p.444) et 1737 (p.269-275).
17.op.cit. tome I, p.248.
19. op.cit.p.XV.
18. NAVIER, Détails historiques sur l'emploi du principe des forces vives dans la théorie des machines" Annales de Chimie et de Physique, 1818, p.146 sq.
20. "Power technologies and the advance of Science, 1700-1825" Technology and Culture, 1965, p.192-193.
21. Contributions en 1727 ("Theoria nova de motu aquarum" et "De actione fluidorum"), 1728 ("Continuatio"), 1729 ("Experimenta coram Societate instituta..."), 1736 ("De legibus quibusdam mechanicis..."), 1772 ("Expositio ...machinae hydraulicae..."). Voir C.A. TRUESDELL, "Rational Fluid

Mechanics, 1687-1765" in Leonhardi EULERI Opera omnia, série II, vol.XII, Lausanne 1954, en particulier p.XXXIII-XXXVII.

22. "L'hydrodynamique au XVIIIe siècle. Aspects scientifiques et sociologiques" 7 novembre 1964.

23. Editions de ce livre à Leyde en 1710 et en 1743 à La Haye.

24. MONTUCLA, op.cit. tome III, p.684 (passage rédigé par Lalande et par Lagrange.

25. J.O. FLECKENSTEIN, "L'école mathématique bâloise des Bernoulli". Conférence au Palais de la Découverte, 3 mai 1958. p.18.

26. Sous titre du livre "opus academicum".

27. TRUESDELL, op.cit. p.XXX.

28. Hydrodynamica, Section I, §20, p.12-13.

29. Voir ci-dessus, chapitre IV, section 2.

30. op;cit. p.258-260 (tr.fr.).

31. Voir chapitre IV, section 2.

32. On porrait l'illustrer chez T. Kuhn lui-même: voir son article "Sadi Carnot and the Cagnard Engine" Isis, 1961, p.567-574.

33. art.cit. p.18.

34. Voir G. CANGUILHEM, "Physiologie animale" in R. TATON, Histoire générale des sciences, tome II, p.627-629.

35. On comparera à la façon dont procédait Amontons.

36. Sur le sens mathématique et physique de cette notion, voir S. BACHELARD "Maupertuis et le Principe de moindre action" Thalès (9) 1958, et "Maupertuis et le principe de moindre action" , Actes de la Journée Maupertuis Créteil 1973 (Paris, 1975).

37. in Recueil des Prix de l'Académie royale des sciences, tome VII (1769).

38. Coriolis écrira: "S'il était possible de construire des machines sans frottements, on pourrait dire alors que le travail est une quantité qui ne se perd pas " (Traité de la mécanique des corps solides, 1844, p.117.

39. GERLAND, 1906, n°78, p.158.

40. Nous verrons qu'il en est qui tiennent au fait qu'on y utilise le choc de l'eau.

41. J.F. WEIDLER, Tractatus de Machinis Hydraulicis, 1728.

42. L'intérêt du principe qui intervient dans la section XIII, dont Bernoulli se dit convaincu depuis deux ans, est qu'il permet de raisonner

non seulement du mouvement des eaux, mais ausi de leur pression, ce qui autorise la connaissance de beaucoup de choses auparavant inconnues (§21, p.13). Il permet d'aller, à l'inverse de la démarche habituelle, du mouvement à la pression. A rapprocher de Lagrange, <u>Mécanique analytique</u>, II, X, p.267-268, <u>Oeuvres</u>, éd. SERRET et DARBOUX, Paris, 1867-1892, Tome XIII, qui oppose l'explication par l'accélération (Newton, J. Bernoulli) à l'explication par le poids (Varignon).

43. "Sur l'emploi du principe des forces vives dans le calcul de l'effet des machines" <u>Annales de Chimie et de Physique</u> (VIII) 1818, p.287-305.

44. Parmi les nombreux mémoires d'Euler consacrés aux machines, on citera:

-- 1738 "De machinarum...usu maxime lucroso" <u>Commentarii</u> X p.67-94.

--1750-1751 "De Machinis in genere" <u>Novi Commentarii</u>, III, p.250-280.

-- 1752-1753 ""De constructione aptissima molrum alatarum" <u>Novi Commentarii</u> IV, p.41-108.

-- 1752 "Discussion plus particulière de diverses manières d'élever de l'eau par le moyen des pompes avec le plus grand avantage" <u>Mémoires de l'Académie de Berlin</u> 8, p.149-184.

-- 1752 "Maximes pour arranger le plus avantageusement les machines destinées à élever l'eau par le moyen des pompes" ib° p.185-232.

-- 1760-1761 "Principia theoriae machinarum" <u>Novi Commentarii</u> VIII, p.230-253.

Nous laissons évidemment de côté l'oeuvre hydrodynamique d'Euler, étudiée par Truesdell dans l'introduction aux <u>Opera omnia</u> vol.XII, série II, <u>Commentationes mechanicae ad theoriam corporum fluidorum pertinentes</u>, 1954; p.I-CXXV. Ainsi que les contributions les plus originales d'Euler concernant les roues à réaction de SEGNER et de DE MOUR, qui occupent la majeure partie du volume XV, mentionné ci-dessus, note 15.

45. Voir les réserves formulées dès la section précédente sur la "fausseté" des conclusions de Parent, et dans le chapitre VII, section 2, la mise au point de Navier sur ce problème.

46. Voir SINGER, op.cit. tome IV, p.180.

47. ib° p.179 et 206. Une partie de ce fonds a été publié en 1950 par la Newcomen Society sous le titre "A Catalogue of the Civil and Mechanical Engineering Designs 1741-1792". P.N. WILSON étudie dans le détail ce dossier: "The Waterwheels of John Smeaton" <u>Transactions of the Newcomen Society</u>, 1955-1956 (30).

48. La compétitivité durable des moulins à eau par rapport à la machine à vapeur s'explique en particulier par les <u>obstacles cinématiques</u> aux

utilisations de cette dernière. Voir SINGER, op.cit. p.153-154 et 148-167. A. WOLF, A History of Science, Technology and Philosophy in the Eighteenth Century, 2d ed. Londres, 1952. J.F. SANDFORT, Heat Engines, New York, 1962, rappelle qu'on appliquait roues et moulins au mouvement alternatif des pompes, mais que la transformation inverse du mouvement était jugée impraticable. Avant Watt...

49. Philosophical Transactions, année 1759, p.100-174. Il existe une traduction française: Recherches expérimentales sur l'eau et le vent considérés comme forces motrices applicables aux moulins, (trad. par P.S. GIRARD), Paris, 1810.

50 voir chapitre I, note 45.

51. A. DEPARCIEUX, "Mémoire dans lequel on démontre que l'eau...peut toujours produire plus d'effet en agissant par son poids qu'en agissant par son choc..." Mémoires de l'ARS, année 1754, p.603-614.
Et"Mémoire dans lequel on prouve que les Aubes des roues...feraient plus d'effet si elles étaient inclinées aux rayons..." Mémoires, année 1759, p.288-299.

52. Communications du 3 et du 10 mai 1759 à la Royal Society.

53. Voir J. SMEATON, "An Experimental Examination of the quantity and proportion of Mechanic Power necessary to be employed in giving different degrees of velocity to heavy Bodies from a stated rest" Phil. Trans. LXVI (1776), p.450.

54. Mémoire de 1759, p.130.

55. 1752, Société royale de Göttingen.

56. Voir ci-dessus, chapitre III, note 54.

57. Voir note 51 ci-dessus.

58. Nous laissons de côté le troisième volet de l'enquête, "Sur la construction et les effets des moulins à vent". Les expériences de Smeaton interviennent dans une histoire balisée par les mêmes noms: Parent (1701, 1711, 1713), Euler (1756, Berlin), Coulomb (1781), sans oublier Pitot (1727), Bélidor (1737) et D. Bernoulli (voir ci-dessus, note 21).

59. in "Maximes pour arranger le plus avantageusement les machines..." Mémoires de l'Académie de Berlin, 8, 1752.

60. Sa machine à vapeur de Long Benton (1772) accroît le rendement de la machine de Newcomen, mais ne contient, à la différence de celle de Watt, aucun changement révolutionnaire. Voir SINGER, op.cit. p.180.

61. Abbé C. BOSSUT (rapp.) Nouvelles Expériences sur la résistance des fluides, par MM. d'Alembert, le Marquis de Condorcet et l'Abbé Bossut,

Paris, 1777. Chevalier du BUAT, Principes d'Hydraulique, 1786 (nouvelle édition). J.A. FABRE, Essai sur la Manière la plus avantageuse de construire les machines hydrauliques, Paris, 1783.

62. "Observations théoriques et expérimentales sur l'effet des moulins à vent" Mémoires de l'ARS, année 1781, p.65-81.

63. Voir Thomas YOUNG, Lectures on Natural Philosophy, 1807, vol.1, p.132 sq. Et citation dans SINGER, op.cit. p.164.

64. op.cit. p.590.

65. Unités: pieds (ft), livres (lbs) / boisseau (bushel).

66. SANDFORT op.cit. p.24, qualifie cette formule de Tredgold de "the first generally recognized definition of engineering".

67. Voir note 18 ci-dessus.

68. Paris, An V; §227, p.275.

69. PETIT voir ci-dessus, note 43. p.287.

70. Mémoires de l'ARS, année 1766, p.579-607.

71. Mémoires de l'ARS, année 1767, p.270-287.

72. Voir chapitre IV, note 102.

73. Sur cette nécessité, la suite va apporter quelque lumière.

74. p.285-286. L'article 8 établissait que "le plus grand effet possible de la roue horizontale à palettes courbes est double du plus grand effet possible des roues à palettes planes".

75. Nous suivons les termes de Navier, op.cit. Ces termes ne figurent pas dans le corollaire général.

76. Mémoires de l'ARS, année 1767, p.503.

77. Dans la Biographie Universelle de MICHAUD.

78. art.cit. p.150.

C H A P I T R E V I.

1. Mémoires de Mathématiques et de Physique... tome X. Voir C.S. GILLMOR, Coulomb and the Evolution of Physics and Engineering in Eighteenth Century France, Princeton, 1971.

2. Princeton, 1971. Trad. fr. Paris, 1979.

3. Voir TATON, op.cit. au Chapitre II, note 24.

4. Autre rencontre: Coulomb ont suscité la même année un ouvrage important à Princeton.

5. BIOT, Mélanges scientifiques et littéraires, tome III.
6. Dijon, 1783. Sans nom d'auteur. La Bibliothèque Nationale ne possède qu'un exemplaire de la réédition de 1786, qui est d'ailleurs sans changement, à ceci près qu'elle mentionne le nom de l'auteur.
7. p.106-107.
8. p.101.
9. Essai, p.11.
10. Essai, p.19-20.
11. Essai, p.21.
12. Essai, p.62.
13. Essai, p.21.
14. Voir Mémoire de 1781, in GILLISPIE, p.305-306.
15. Essai, p.12.
16. Principes fondamentaux, Préface, p.VI-X.
17. Principes, p.116.
18. Essai, p.28.
19. Principes, p.108.
20. Voir GILLISPIE, p.41-42, note.
21. Principes, p.115.
22. Principes, p.X.
23. Essai, p.48-49. Principes, Théorème XII, p.145.
24. Essai, p.61-62.
25. Essai, p.63.
26. GILLISPIE, p.52: "the most significant recognition in all his writing, that of the importance to the science of power of the quantity that is now called work".
27. Mémoire de 1781, in GILLISPIE, p.316.
28. Principes p.40-42.
29. Essai p.68. Principes, p.196-197.
30. Essai, p.75. Principes, p.202.
31. Essai, p.91-92.
32. Principes, p.XXI.
33. Voir p.131 et 139, théorèmes X et XI.
34. Principes, p.39, qui rappelle le rôle des oppositions entre force gagnée et force perdue, vitesse gagnée et vitesse perdue. Voir aussi p.25 et passim.
35. Cette définition prend sa valeur dans la perspective du Corollaire V

de 1783 et du Théorème XXVI de 1803.

36. éd.naz. tome II, p.185.

37. Essai, p.88 et Principes, p.238.

38. Essai p.96 et Principes p.257.

39. Mémoire de 1781, §153, GILLISPIE, p.331.

40. GILLISPIE, p.82.

41. Essai, p.96 et Principes, p.257.

42. Cité par Hachette, Traité élémentaire des machines, 1811, p.XIV-XV.

43. op.cit. p.111.

44. Art. cit. note 43 chapitre V, p.290.

45. Edition de l'an V, p.275-276? Oeuvres (ed.cit.), tome IX, p.409-410.

46. An V, p.273 et Oeuvres, IX, p.407.

47. op.cit. p.272.

48. Principes p.247.

49. Essai, p.91-92.

50. op.cit. p.58.

51. Essai p.92.

53. Essai, p.93 et Principes p.249-250.

54. Paris, 1790, 1796.

55. Tome III du Journal de l'Ecole Polytechnique, cahiers 7 et 8, Paris, An VIII, 1800.

56. Essai sur la Composition des Machines, Paris, 1808.

57. Traité élémentaire des machines, Paris, 1811.

58. Réflexions sur la puissance motrice du feu, Paris, 1824, p.8.

59. Voir chapitre V, note 18.

60. Réflexions, p.86 note.

61. Annales de Chimie et de Physique, 1818 (VIII), p.297.

62. Navier enseigne à l'Ecole des Ponts et Chaussées, Coriolis à l'Ecole Polytechnique.

63. Réflexions, p.28.

65. D.S.L. CARDWELL, "Power technologies and the advance of Science, 1700-1825", Technology and Culture, VI, 1965, p.192.

66. Cité Chapitre IV, section 2 (fin).

67. J.C. MAXWELL, Matter and Motion, 1877, §96.

68. D.S.L. CARDWELL y insiste avec beaucoup de fair play, From Watt to Clausius, Londres, 1971, p.70.

C H A P I T R E V I I.

1. Voir le Programme général des Ecoles Normales, Paris, 1er Pluviôse An III, et les Séances des Ecoles Normales, recueillies par des Sténographes, et revues par les Professeurs, Paris, An IX.

2. 28 septembre 1794.

3. Voir TATON, L'Enseignement...., déjà cité. Certaines de ces écoles existaient déjà sous l'ancien régime, mais leur fonction et leur fonctionnement sont radicalement repensés, du fait du réaménagement du sytème éducatif et politique.

4. Voir Séances des Ecoles Normales, tome I, An IV, ou G. MONGE, Géométrie descriptive, 1799.

5. Voir R. TATON, L'oeuvre scientifique de Monge, Paris, 1951, p.14-15. Et l'ouvrage cité Chapitre II, note 24 et ci-dessus, note 3.

6. Séances... tome I, p.50.

7. MONGE, op.cit.(5ème édition, 1827) p.III.

8. Séances, p.51-52.

9. Séances, p.50-51.

10. Voir GUILLERME,SEBESTIK, MORERE, op.cit. Chapitre I, note 30. p.54.

11. Séances, p.50.

12. Voir FOURCY, Histoire de l'Ecole Polytechnique, Paris, 1828. Et Journal de l'Ecole Polytechnique, 1er cahier, Germinal An III, "Stéréotomie". Il est remarquable que le premier "bulletin du travail fait à l'Ecole centrale des Travaux publics" commence précisément par cet article de Monge.

13. Journal de l'Ecole Polytechnique, 6ème cahier, tome II, an VII, p.214.

14. Journal..., 1er cahier, p.1-2.

15. ib°, p.6. Valéry parle de "logique de la continuité" (Léonard).

16. Par exemple une surface de révolution est engendrée par la rotation d'une directrice. En général toute surface peut être considérée comme engendrée par une ligne courbe, constante de forme quand elle change de position, ou variable et de forme et de position.

17. Cité par R. TATON, 1951, p.85.

18. Journal..., 1er cahier, p.10.

19. TATON, 1951, p.93. Outre la Géométrie des criptive de 1799, on utilise comme manuel LACROIX, Essais de géométrie sur les plans et sur les surfaces courbes, Paris, 1795.

20 et 21. J.N. HACHETTE, Traité élémentaire des machines, 1811. 2ème

édition 1814, 3ème édition 1819, 4ème édition 1828. Nous citons toujours dans la 4ème édition. p.26.

22. p.9-10.

23. Traité élémentaire de Statique à l'usage des collèges de la marine, Paris, 1788, p.123-124.

24. Cité par E. CARTAN, Gaspard Monge, sa vie, son oeuvre, Conférence faite au Palais de la Découverte, le 15 janvier 1945, p.18-19. Monge stigmatise la politique de la Suisse.

25. Discours prononcé à l'Ecole polytechnique la 7 Pluviôse an VII, dans la séance d'ouverture de ses cours. Voir Journal de l'Ecole Polytechnique, An VII, p.253-254.

26. Voir HACHETTE, op.cit. p.27.

27. Conseil de perfectionnement, 6 novembre 1807. Cité Thalès (1966) p.50, note 3.

28. Seulement dans la première édition, de 1808, p.1. Fourcy nous apprend que Lanz et Bétancourt "étaient aussi chargés" des leçons sur les éléments des machines. Monge et Hachette avaient le titre d'"instituteurs" de géométrie descriptive (op.cit. p.278).

29. Voir ci-dessus note 20-21.

30. op.cit. p.IX.

31. Texte cité Thalès (1966),p.52-53. Hachette distingue de même la "théorie des machines élémentaires connues sous le nom d'engrenages", mécanismes etc. qui relève de la Géométrie descriptive, et "l'expression algébrique du rapport des effets et des forces" qui relève de "la mécanique rationnelle des géomètres" (p.VI-VII).

32. Ecrit au premier semestre 1830. Edition (Hermann) Paris, 1975, tome I, p.294-295.

33. Cité par HACHETTE, p.390.

34. op.cit. p.50-51.

34 bis. Les renseignements précédents viennent de FOURCY, op.cit. p.303. F. DAGOGNET, Théorie générale des formes, Paris, 1975, p.136.

35. Voir op.cit. p.52-62 et L'oeuvremathématique de G. Desargues, Paris, 1951.

36. Voir ci-dessus, chapitre III, section 3, pour les textes d'Euler. Charles Etienne Louis CAMUS (1699-1768), "Sur la figure des dents des roues et des ailes des pignons, pour rendre les horloges plus parfaites" prononcé à l'Académie royale des Sciences le 21 février 1733.

37. Oeuvres (éd. ARAGO citée), tome II, p.649-650.

38. Der Briefwechsel von G.W. Leibniz mit Mathematikern, (éd. GERHARDT) Berlin, 1899. p.570-571.

39. Voir HUYGENS, Oeuvres, tome VII, pièce n°2067, p.517 sq.

40. Philosophical Transactions, 1826. Voir aussi F. REULEAUX, La Cinématique, tr. fr. PARIS? 1877.

41. Voir Thalès (1966), p.36.

42. F. REULEAUX, op.cit. p.11. Edition originale: Theoretische Kinematik, Brauschweig, 1875.

43. Association polytechnique. Cours de Cinématique, Séance d'ouverture, 7 janvier 1848, p.18-19. C'est évidemment à J. Guillerme et J. Sebestik, qui le citent p.50, que nous devons la connaissance de ce texte rare.

44. op.cit. p.319.

45. Ils ne mentionnent pas le nom de Watt. Après avoir montré son emploi sur les machines à vapeur, ils disent en avoir vu en Angleterre sur les moulins à vent, et ils rappellent sa présence dans les Théâtres de Ramell (fig.120) et de Boeckler (fig.19 et 47).

46. Les fusées ont pour fonction d'égaliser la force inégale du ressort.

47. "Pour peu qu'on ait de connaissances dans l'horlogerie, on sait que l'échappement est cette mécanique par laquelle l'action du poids ou du ressort moteur est réglée et modérée par celle du pendule ou du balancier, qu'on appelle à cause de cela le régulateur de l'horloge; car comme la force motrice agit continuellement, et toujours dans le même sens, elle tend nécessairement à imprimer un mouvement accéléré au rouage, mais en vertu de l'échappement, la dernière roue, qu'on appelle aussi roue de rencontre ou d'échappement, ne peut continuer son mouvement circulaire, qu'en imprimant au régulateur un mouvement d'oscillation; or cette combinaison et liaison de deux mouvements, l'un continu, l'autre alternatif, dans laquelle consiste proprement la nature des horloges, sert à entretenir l'uniformité de leur marche par la réaction mutuelle des forces qui résultent de ces différents mouvements" . LAGRANGE, "Réflexions sur l'Echappement" Histoire de l'Académie royale de Berlin, année 1777, p.173. Lagrange nous semble accéder à une intelligence plus profonde du mécanisme.

48. Anticipation de "la solution générale du problème des machines" par Reuleaux? "Dans les machines, les corps en mouvement sont empêchés par d'autres corps, avec lesquels ils sont en contact, d'exécuter des mouvements différents de ceux que l'on a en vue...Ce sont toujours au moins deux corps qui ont entre eux la relation réciproque: couple d'élé-

ments..." (op.cit. p.45-46).

49. BORGNIS, Traité de la Mécanique usuelle, Paris, 1821.

50. J.G. CHRISTIAN, Traité de Mécanique industrielle, Paris, 1822. J.V. PONCELET, Cours de Mécanique industrielle, Paris sd (1829 ?).

51. Thalès (1966) p.58-61.

52. Reuleaux attribue à Poncelet l'énoncé de cette articulation fondamentale de la machine complète, qui sera le propre de la mécanique industrielle française (op.cit. p.503). Reuleaux est disciple de Poinsot.

53. Cette idée sera développée par Poncelet et Reuleaux.

54. Voir B. GILLE, Histoire de la Technique, Paris, 1978, p.728.

55. Cela est si neuf que tout le monde n'a pas compris tout de suite. Reuleaux cite POPPE (1821), LANGSDORFF (1826), GERSTNER (1831), KAYSER (1836)...parmi les récalcitrants (op.cit. p.292 et 640).

56. HACHETTE, op.cit. p.17.

57. J.V. PONCELET, Cours de mécanique appliquée aux machines, Paris 1874, tome I, p.19. Ce texte est en réalité de 1826.

58. op.cit. p.45.

59. GUENYVEAU, Essai sur la science des machines, Lyon-Paris, 1810, p.16.

60. op.cit. p.1.

61. CHRISTIAN, Traité de Mécanique industrielle, tome II, Paris, 1823, p.426. Cuvier écrivait de son côté en 1826 que la machine à vapeur était "de la géométrie et de la mécanique vivifiées".

62. op.cit. p.19 (tome I).

63. Nous l'avons trouvée chez CHRISTIAN (1822). Les termes sont déjà chez BORGNIS (1818), mais les "ordres" de celui-ci sont au nombre de 6.

64. op.cit. p.25. Pour Guényveau, voir le texte cité à la fin de notre chapitre VI.

65. op.cit. tome I, p.88. On pourra s'étonner qu'à ce compte, la vapeur ne fasse pas partie de la machine à vapeur.

66. COMTE, Cours de Philosophie positive, XVIIIème leçon (rédigée en 1830 1er semestre) éd. citée, tome I, p.294. Voir aussi 2ème Leçon, p.47.

67. Journal des Mines, n°221, p.319-346 (Volume 37).

68. Cours de Mécanique industrielle, Metz, 1829. Réédité en 1841, sous le titre Introduction à la Mécanique industrielle. Avertissement, p.XII.

69. G. CORIOLIS, Du calcul de l'effet des machines, Paris, 1829. Avertissement.

70. Rappel de dates: Navier (1785-1836. Pol. 1805). Coriolis (1792-1843)

Pol.1808). Poncelet (1788-1867, Pol. 1807). Petit (1791-1820, Pol. 1807). Burdin (Pol. 1807). Bélanger (Pol. 1808). Dupin (1784-1873). Ampère (1775-1836). Prony (1755-1839). Sadi Carnot (1796-1832, Pol.1812).

71. NAVIER, Résumé des Leçons de mécanique, Paris, 1841. Et Résumé des Leçons données à l'Ecole des Ponts et chaussées, sur l'application de la mécanique à l'établissement des machines, Paris, 1826.

72. Résumé des leçons d'analyse, Paris, sd. Réédition par LIOUVILLE, 1856.

73. Résumé des Leçons données à l'Ecole des Ponts et Chaussées, 1ère partie 1ère section, De la résistance des corps solides. 3ème édition, avec notes et appendices par M. BARRE DE SAINT-VENANT, Paris, 1864.

Pour l'édition de PONCELET par KRETZ, voir ci-dessus note 57.

74. Et bien d'autres titres. Voir Thalès (1966) p.103. Les éditeurs des Bulletins mentionnés ici sont FERUSSAC et DUBRUN-FAUT.

75. Barré de Saint-Venant, in NAVIER, 1864 (voir note 73 ci-dessus). Tome I, p.LIX.

76. PONCELET, Traité des propriétés projectives des figures.

77. Bulletin des Sciences technologiques, (XIII) 1829, p.299.

78. ib°, p.296. Les commissaires sont Arago et Dupin.

79. Voir le pamphlet publié (par Poncelet?) vers 1835, Notice analytique sur les travaux de M. Poncelet, (B.N. 4° Ln 27 16475) et GILLISPIE, Lazare Carnot, Savant,p.104.

80. NAVIER, Bulletin... (XIII) 1829, p.284. PONCELET, op.cit.1841, p.X.

81. Les deux autres membres de la commission sont Prony et Girard;

82. Bulletin des Sciences technologiques, (X) 1828, p.138 et p.253. Navier, visé dans l'ouvrage, rédacteur de la revue, est manifestement l'auteur de l'article. Même Coste l'a compris.

83. Voir ci-dessus, Chapitre V, note 43.

84. Réflexions p.86 note.

85. Voir ci-dessus, Chapitre V, note 18. Lire la notice biographique sur Navier rédigée par Prony dans NAVIER, op.cit.1864. (note 73).

86. Architecture Hydraulique par Bélidor (tome I). Nouvelle édition avec des notes et des additions par M. Navier, Ingénieur du Corps Royal des Ponts et Chaussées, paris, 1819.

87. Article "Navier" dans C.C. GILLISPIE, Dictionary of Scientific Biography, New York, 1970.

88. op.cit. p.LIX.

89. op.cit. p.376-396.

90. Bulletin de la société d'encouragement, juillet 1827, p.259.

91. Annales de l'Industrie française et étrangère, 1829, p.145. Voir Thalès (1966), p.51.

92. Ce sont Poisson, Girard, Fourier et Prony.

93. Bulletin des Sciences Technologiques, tome XIII, p.295.

94. Voir Alfred KASTLER, "Les principes d'évolution: le principe de Carnot et le principe de symétrie", Troisième centenaire de lAcadémie des Sciences, Paris, Gauthier-Villars, 1967, tome I, p.435-441.

95. On rapprochera cette intuition de celles de Lamarck et de Sadi Carnot.

96. Voir SINGER, op.cit. p.164 et 184. Et PONCELET, Introduction..., p.64.

97. Le rapport académique du 8 juin 1829 est publié dans Bulletin des Sciences technologiques, (XIII) 1829, p.283 sq.

98. Voir LEIBNIZ, Phil.Schrift., VII, p.414, cité ci-dessus Chapitre IV, note 64. ET Jon ELSTER, Leibniz et la formation de l'esprit capitaliste, Paris, 1975, p.169.

99. C. DUPIN, Géométrie et Mécanique des Arts et Métiers et des Beaux-Arts, (Cours normal à l'usage des artistes et des ouvriers, des sous-chefs et des chefs d'ateliers et de manufactures professé au Conservatoire royal des arts et métiers. 2ème édition, 1828. 3 volumes: 1. Géométrie, 2. Machines, 3. Forces de l'homme et des animaux.

100. Voir ci-dessus, note 90.

101. Edition de 1844, p.122-123. Ce que nous citons ensuite: p.311.

101 bis. NAVIER, Architecture hydraulique, p.337.

102. "Des raisons machinales du corps", Traverses (14-15), avril 1979, p.112.

103. "Sur quelques antécédents de la machinerie athlétique" Recherches (43) avril 1980, p.104. Coulomb a écrit sur les moulins à vent. Le frein de Prony est de 1821.

104. PONCELET, Cours... tome I, p.60. CORIOLIS, op.cit.p.311.

C O N C L U S I O N.

1. GUILLERME et SEBESTIK, Thalès 1966.

2. William PETTY, Quantulumcumque concerning money, 1682. B. FRANKLIN, The Works of B. Franklin, ed. SPARKS, Boston 1836, tome II, p.267.
A. SMITH, An Inquiry into the Nature and Causes of the Wealth of Nations, 1776. Voir K. MARX, Le Capital, éd.citée, tome I, p.58, 91 et 61.

3. D. RICARDO, On the Principles of Political Economy and Taxation, 3ème

éd. Londres ,1821. Voir M. FOUCAULT, Les mots et les choses, p.266-269.

4. FOUCAULT, op.cit. p.269.

5. MARX, op.cit. p.61. Marx impute la première conception à Smith.

TABLE DES MATIERES